스마트팜,
미래 농업의 퍼즐을 맞추다

스마트팜,
미래 농업의
퍼즐을 맞추다

이인규 지음

좋은땅

들어가며

농업의 경계가 무너지고 있습니다.

사람이 없는 유리온실에서, AI가 빛과 물, 이산화탄소를 자동으로 조절하며 작물의 생장을 설계하는 시대. 이것은 먼 미래의 이야기가 아니라, 지금 네덜란드, 싱가포르, 일본, 그리고 한국의 스마트팜 온실에서 실제로 벌어지고 있는 현실입니다.

우리는 그 어느 때보다 중요한 질문을 마주하고 있습니다.

기후 위기와 노동력 부족 속에서, 농업은 어떻게 지속 가능할 수 있을까?
기술은 농업의 어떤 문제를 해결할 수 있으며, 어떤 한계를 가지고 있는가?
이 변화의 중심에서 우리는 어떤 선택을 해야 하는가?

이 책은 스마트팜이라는 기술 키워드를 매개로 농업의 현재와 미래를 총체적으로 다룹니다. 작물 생리에 기반한 환경 제어 원리부터, 에너지·물 관리 전략, AI 기반 온실 자동화, 유통과 정책까지.

현장에서 실무자로서 겪은 경험과 과학적 원리에 근거한 설명을 통해 독자 여러분을 "농업 기술의 다음 단계"로 안내하고자 합니다.

스마트팜이라는 키워드는 기술의 집약체처럼 보이지만, 그 실체를 들여다보면 놀라울 정도로 농업의 본질과 맞닿아 있습니다.

저자는 지난 20여 년간 국내외 스마트팜 설계와 운영, 정책 자문, 교육 현장을 오가며 기후 환경, 에너지, 자동화 기술, 작물 생리, 유통 시스템까지 농업의 전 영역을 현장에서 경험해 왔습니다. 그 결과, 스마트팜은 단순히 생산의 효율화를 넘어서 농업이 사회적·환경적 위기를 넘어설 수 있는 하나의 실용적 대안이 될 수 있다는 확신을 갖게 되었습니다.

이 책은 스마트팜의 원리와 기술을 설명하는 데 그치지 않고, 그 기술이 작물에, 사람에, 사회에 어떤 영향을 미치는지를 함께 조망합니다.

스마트팜은 이제

- 기후 위기 속 식량 안보 전략이자
- 농촌 고령화 대응책이며
- 도시와 농촌을 잇는 식품공급망의 미래 모델이며
- 데이터 기반의 농업 정책 설계를 위한 중요한 실험장이 되었습니다.

이 책은 그 미래를 함께 설계하고자 하는 이들을 위한 안내서입니다.

기술과 사람이 어떻게 공존해야 지속 가능한 농업이 될 수 있는지를 함께 탐구하며, 각자의 입장에서 새로운 통찰을 발견할 수 있도록 구성했습니다.

- **농업인과 스마트팜 종사자에게는**, 작물 중심의 환경 제어와 현장 문제 해결의 실마리를
- **농업 정책 입안자와 지자체 담당자에게는**, 스마트팜이 농업·에너지·복지 정책을 통합하는 전략적 도구로서의 가능성을
- **기술기업과 창업가에게는**, 새로운 시장과 서비스 모델을 구상할 수 있는 실질적 단서를
- **농업을 처음 접하는 일반 독자에게는**, 식탁 위 농산물의 진짜 이야기와 농업의 현재 위치를
- **교육자와 연구자에게는**, 과학적 원리와 실제 현장의 간극을 메울 수 있는 실천적 사례를 제공할 것입니다.

스마트팜은 더 이상 미래 기술이 아니라, 오늘 우리가 선택해야 할 방향입니다.

이 책은 그 길 위에서, 기술이 아닌 '사람'을 중심에 둔 농업의 미래를 함께 고민하고자 합니다. 그리고 그 시작은 지금, 이 책장을 넘기는 당신과 함께입니다.

스마트팜은 선택이 아닙니다. 이제는 지속 가능한 생존을 위한 필수입니다.

그러나 그 길은 기술만으로는 갈 수 없습니다.

사람의 감각과 자연의 질서를 잇는 '다리'로서의 기술, 그것이 이 책이 전하고자 하는 스마트팜의 진짜 얼굴입니다.

이 책이 여러분에게 단지 정보가 아니라 통찰과 영감, 그리고 미래를 향한 작은 희망이 되기를 바랍니다.

이제, 농업의 미래를 함께 열어 봅시다.

2025년 봄
수원 광교호수공원 언저리 어느 방에서
노트북을 덮으며….

목차

들어가며 ··· 4

1부 농업의 경계를 넘어서 - 스마트팜은 왜 필요한가

붉은 깃발법과 스마트팜: 반복되는 혁신의 역사 ··· 16
- 기술이 앞서갈 때, 사회는 무엇을 준비해야 하는가

기후 위기 속 생존 농업, 스마트팜이 희망이다 ··· 22
- 뜨거워지는 지구, 늙어 가는 농촌, 그리고 기술의 대답

농부는 이제 키보드와 센서로 농사짓는다? ··· 27
- 스마트팜이 바꾸는 농업의 미래

유리온실에서 혁신밸리까지 ··· 37
- 스마트팜의 역사, 그리고 지금 우리에게 필요한 이야기

스마트팜, 온실과 수직농장 - 미래 농업의 두 갈래 길 ··· 43
- 요즘 농장은 꼭 들판에만 있는 게 아니래요

스마트팜, 수익과 효율 사이의 선택 ··· 51
- 온실형과 수직농장 간 비교 분석(싱가포르 사례 중심)

스마트팜의 미래: 기술, 에너지, 식량 안보의 교차점에서 ··· 54
- 스마트팜이 여는 지속 가능 농업의 새로운 장(章)

공급망이 멈췄을 때, 우리의 식탁은 어떻게 되나? ··· 58
- 스마트팜이 열어 가는 로컬푸드의 미래

잠시 쉬어 가요 왜 식물공장 사진에는 늘 상추만 있을까? ··· 62
- 빛이 부족해서 과일은 꿈도 못 꿉니다

2부 스마트팜은 어떻게 작동할까 - 스마트한 재배의 원리

온실은 작은 우주다 - 작물이 자라는 기후, 과학이 답하다 ⋯ 66
- 온실 내부 환경을 지배하는 물리 법칙에 대하여

복합환경제어의 핵심 원리: "필요할 때, 필요한 만큼 자동으로" ⋯ 71
- 작물 중심의 환경 제어

최적의 생육 환경을 만드는 과학 ⋯ 75
- 스마트팜 온실 복합환경제어 기초 원리

최적의 상대습도는 몇 %인가요? ⋯ 92
- 스마트팜에서 이 질문이 위험한 이유

온도, 바람, 햇살⋯ 스마트팜 환기는 조율의 예술 ⋯ 98
- 외부 기후와 온실 환기의 정교한 균형

스마트팜 온실의 '환기창 설정 전략' ⋯ 102
- 작물이 말하는 기후를 들어라

몰리어 다이어그램, 스마트팜 내부 공기를 읽다 ⋯ 111
- 물과 공기, 그리고 식물 사이의 정밀한 조율

습도, 어떻게 다룰 것인가? ⋯ 117
- 상대습도 vs. 습도부족분, 스마트팜 환기의 두 축을 말하다

이산화탄소는 작물의 비료다? ⋯ 126
- 스마트팜 CO_2 공급의 진실

스마트팜, 이제 식물의 속삭임에 귀 기울일 때 ⋯ 135
- 'Plant Empowerment(플랜트 임파워먼트)'란?

온실 속 '보이지 않는 힘'을 기술로 밝히다 ⋯ 145
- 플랜트 임파워먼트의 물리 기반 환경제어 적용 사례

식물은 빛을 먹고 자란다 ⋯ 163
- 작물 생육과 광의 관계, 그리고 LED 보광등의 역할

LED 인공광, 빛을 넘어 전략이다 ⋯ 168
- 온실과 수직농장에서의 광 설계와 LED 인공광의 원리

어두운 겨울철에도 토마토는 자란다 ⋯ 175
- 겨울철 LED 보광등 점등 제어 전략

온실 내 보광등은 언제 켜지고 꺼질까? ⋯ 181
- 복합환경제어 시스템의 보광 설정 원리 쉽게 이해하기

빛은 단순한 조명이 아니라 생장을 설계하는 도구 ⋯ 189
- LED 보광등 도입 시 반드시 살펴야 할 다섯 가지 체크포인트

추운 날도 걱정 없는 온실, 난방비를 절반으로 줄인 비결은? ⋯ 193
- 네덜란드식 환경제어 방식으로 알아보는 에너지 절감 시나리오

스마트팜 스크린 작동 전략 이해하기 ⋯ 197
- Step Control의 원리와 설정법

작은 물방울이 농사의 성패를 가른다 ⋯ 202
- 분무시스템의 숨은 힘

잠시 쉬어 가요

같은 온실, 다른 계절 - 한국과 네덜란드, 작기(作期)가 다른 이유 ⋯ 208
- 빛의 양과 질, 에너지 효율, 생리 반응까지⋯ 기후가 만든 재배의 과학적 선택

3부 스마트팜, 물과 환경 이야기

물이 맑아야 작물이 웃는다 ⋯ 214
- 원수 품질 관리, 왜 중요한가?

물 한 방울에도 '농사의 운명'이 달려 있다 ⋯ 228
- 빗물, 수경재배의 숨은 보물

물 한 방울의 혁신, 스마트팜 관수 시스템 ⋯ 233
- 스마트팜 관수 시스템 설계 A to Z

스마트농업의 시작은 뿌리에서 ⋯ 245
- 초보 농부를 위한 스마트팜 급액 전략 완전 정복!

작물 중심 관수 제어의 핵심 조건들 ⋯ 258
- 습도, 증산, 배수, 센서 기반 수분 제어 전략의 이해

물이 도는 구조를 알아야, 수확이 돈이 된다 ⋯ 268
- 스마트팜 급액 시스템의 물 흐름 이야기

양분은 작물의 언어 ⋯ 278
- 양액 관리의 기술과 마음

물은 왜 전기가 통할까? ··· 292
- 전기전도도(EC)라는 걸 쉽게 풀어 보자

식물 재배와 물 이야기 ··· 299
- pH, 알칼리도, 그리고 경도

잠시 쉬어 가요 수경재배, 유기질 비료를 만나다 - 기대와 한계 사이 ··· 304
- 화학비료 없는 친환경 수경재배, 과연 가능할까?

4부 온실형 스마트팜의 진화 – 반밀폐형 온실

기후 위기 시대, 반밀폐형 온실이 스마트팜의 새로운 표준이 되다 ··· 310
- 기후가 더 이상 농업의 친구가 아니라 적이 되는 시대

열고 닫는 시대는 끝났다: 반밀폐형 온실이 바꾸는 농업의 상식 ··· 321
- 천창이 아닌 팬과 챔버로 기후를 통제하다

왜 반밀폐형 온실인가? ··· 329
- 전통 온실과의 차이를 넘어선 농업의 새로운 표준

온실의 기압을 조절하다: 공기로 만드는 최적 생장 환경 ··· 336
- 팬과 덕트, 압력 센서가 만든 반밀폐형 온실의 정밀 온도 제어 메커니즘

습도도 '데이터로 설계'하는 시대 ··· 343
- 반밀폐형 온실이 말하는 또 하나의 언어

마지막 물 한 방울까지 계산한다: 반밀폐형 온실의 물 관리 혁신 ··· 354
- 단순한 급수가 아니라, 작물의 생장을 설계하는 정밀 관수 전략

지친 작물의 SOS, 작물 피로의 진짜 이유 ··· 359
- 피로(Exhaustion)는 지속적인 과로의 결과

HRV 시스템과 반밀폐형 온실, 정말 같은 걸까? ··· 362
- 헷갈리는 두 기술의 본질을 파헤치다

반밀폐형 온실에서 냉각 기술의 선택 ··· 366
- Adiabatic Cooling과 Hygroscopic Adiabatic Cooling

잠시 쉬어 가요
네덜란드는 어떻게 스마트팜의 세계 최강국이 되었는가? ··· 373
- 지속 가능 농업의 교과서, 네덜란드식 스마트팜을 읽는다

5부 지속 가능한 농업을 위하여 – 스마트팜의 비전과 과제

데이터 기반 농업생산정보와 유통 정보의 통합 ··· 380
- 스마트팜과 농산물 유통 시스템의 혁신

도심형 수직농장을 위한 새로운 유통 해법 ··· 398
- Food Assembly를 아시나요?

스마트팜 기반 장애인표준사업장, 기업 투자의 새로운 대안인가? ··· 405
- 사회적 가치와 경제적 절세 효과를 동시에 노리는 기업을 위한 전략적 기회

도시 유휴 공간과 수직농장, 그리고 대마 산업의 미래 ··· 415
- 도시 속 농장, 새로운 시대의 시작

스마트팜의 성공, 종자에서 시작됩니다 ··· 420
- 스마트농업에 적합한 전용 품종 개발의 필요성과 과제

농업, 데이터, 에너지가 만나는 곳 ··· 427
- 네덜란드 Agriport A7 이야기

인도산 대신 제주산? 스마트팜이 열어 주는 농업의 새로운 지평 ··· 438
- 리만코리아의 병풀 스마트팜

도심 속 농업의 실험장, 싱가포르 ··· 443
- 스마트팜 기업이 진출하기 전에 알아야 할 기회와 과제들

사막 한가운데서 자라는 신선함 ··· 450
- Pure Harvest가 보여 주는 스마트팜의 진화

일본 사라다보울, 지역을 키우는 스마트팜 ··· 458
- 농업의 새로운 형태를 창조한다

물 한 방울의 가치, 데이터센터의 열 한 줄기에서 시작된다 ··· 463
- 폐열을 활용한 스마트팜 냉난방 혁신 이야기

서해안 간척지 스마트팜의 에너지 자립형 모델에 대한 단상(斷想) ··· 470
- 투자와 수익 분석

감자 산업의 미래, 스마트팜 '분무경'에서 시작된다 ··· 474
- 스마트팜 '분무경'이 열어 가는 감자의 미래

아쿠아포닉스(Aquaponics)와 수경재배(Hydroponics)의 차이 ··· 480
- 아쿠아포닉스의 가능성과 과제

친환경 스마트팜의 필수 전략, 생물학적 방제의 길 ··· 485
- 생물학적 방제의 중요성과 문제점, 그리고 해결 방안

K-스마트팜의 글로벌 도약, 무엇이 성공을 결정할까? ··· 491
- 스마트팜 기업이 해외시장에 진출하기 위한 전략과 유의해야 할 점

한국형 스마트팜의 글로벌 확산을 위한 현실적 접근 ··· 495
- 해외시장에서 스마트팜 SaaS 플랫폼을 확산하기 위한 전략과 과제

스마트팜은 AI가 아니라 사람이 돌린다 ··· 499
- 사람을 키우지 않았다면, 이미 실패의 씨앗을 뿌린 셈입니다

과수 스마트팜의 역설: 스마트팜 기술이 넘지 못한 벽 ··· 505
- 사과와 배를 스마트팜에서 재배하기 위한 도전

수직농장과 스마트팜은 곡물 생산까지 확장될 수 있을까? ··· 514
- 곡물 수직농장의 가능성과 한계 사이

잠시 쉬어 가요 흙 없이 자란 채소, 유기농이라 할 수 있을까? ··· 519
- 물에서 자란 작물과 유기농의 경계, 지금 대한민국은 어디쯤 와 있을까?

6부 AI 시대의 스마트팜, 새로운 도약을 위하여

농업의 미래를 묻다: 자율형 온실 챌린지가 던지는 질문 ··· 528
- AI가 인간 농부를 대신할 수 있을까?

AI가 작물의 하루를 설계한다 ··· 535
- Priva 'Plantonomy'가 보여 주는 스마트팜의 진짜 진화

작물이 알려 주는 리듬에 맞춰 재배하라 ··· 542
- Priva의 Plantonomy와 국내 벤치마킹을 위한 세 가지 과제

AI와 스마트팜의 만남, 그 한계를 넘어서기 위한 해법은? ··· 547
- AI 시대, 넘어야 할 벽은 무엇인가?

AI 시대에도 '사람'이 필요한 이유 ··· 551
- 스마트팜 재배전문가는 사라지지 않습니다

서로의 데이터는 지키고, 똑똑한 AI는 함께 만든다 ··· 555
- 스마트팜의 미래를 여는 연합학습(Federated Learning)

데이터가 부족해도 배우는 AI ⋯ 559
- 강화학습은 스마트팜에 적합할까?

스마트팜 데이터를 모으자! ⋯ 564
- 말은 쉽지만, 표준화는 왜 이렇게 어려울까?

10년 치 농업 데이터를 AI가 잘 읽으려면? ⋯ 569
- 스마트팜 예측 모델을 위한 메타데이터, 사람, 교육의 삼박자

농부를 위한 기술이어야 진짜 스마트하다 ⋯ 576
- '친절한 스마트팜'을 만들기 위한 오늘의 고민과 내일의 해법

누구나 쓸 수 있는 스마트팜, 정말 가능할까? ⋯ 585
- 친절한 스마트팜이 마주한 현실의 벽과 그 돌파 전략

<mark>잠시 쉬어 가요</mark> 로봇이 농사를 짓는 시대? ⋯ 592
- 스마트팜 자동화의 현주소와 넘어야 할 장벽들

1부

농업의 경계를 넘어서
- 스마트팜은 왜 필요한가

붉은 깃발법과 스마트팜: 반복되는 혁신의 역사
- 기술이 앞서갈 때, 사회는 무엇을 준비해야 하는가

① 기술을 가로막은 붉은 깃발, 그리고 오늘날의 스마트팜

1865년, 영국은 새로운 교통 수단인 '증기자동차'를 맞이하면서 한 가지 법을 제정했습니다. 바로 '붉은 깃발법(Red Flag Act)'입니다. 이 법은 증기자동차가 공공 도로를 주행할 경우, 반드시 한 명의 보행자가 빨간 깃발을 들고 그 앞에서 걸어가야 한다는 내용을 포함하고 있었습니다. 현대인의 시선으로 보면 터무니없이 느껴질 수도 있지만, 당시로서는 새로운 기술이 기존 도로 체계나 시민들의 인식보다 너무 빠르게 등장하면서 사회적 혼란을 방지하기 위한 일종의 '안전장치'였던 셈입니다. 문제는 이 제도가 너무 오래 지속되었다는 데에 있습니다. 기술은 멈추지 않았고, 세계는 이미 자동차를 중심으로 재편되고 있었지만, 영국은 스스로 만든 규제의 족쇄에 갇혀 새로운 산업혁명의 흐름에서 뒤처지고 말았습니다. 결과적으로 자동차 산업의 주도권은 독일과 미국으로 넘어갔고,

영국은 결정적인 기회를 스스로 포기한 셈이 되었습니다. 기술을 두려워한 사회는, 결국 발전을 외면한 사회가 되었습니다. 이 역사적 사실은 오늘날의 스마트팜 산업을 둘러싼 현실과 너무도 닮아 있습니다.

붉은 깃발법을 풍자한 그림

스마트팜은 센서, 데이터, AI, 자동화 기술을 농업에 접목시킨 21세기형 농업 모델입니다. 기후 위기와 식량 안보, 고령화와 인력난 같은 농촌의 복합 위기를 해결할 해법으로 각광받고 있지만, 정작 그 확산을 막는 것은 기술의 한계가 아니라 사회와 제도의 경직성입니다. 지금의 스마트팜은 마치 19세기 영국의 증기자동차처럼, 기술적으로는 이미 주행할 수 있는 준비가 되어 있습니다. 하지만 아직도 스마트팜 설치를 어렵게 만드는 각종 법규, 기존 농업과 충돌하는 정책들, 그리고 "농업은 전통이어야 한다"는 고정관념이 그 앞을 가로막고 있습니다. 예를 들어, 복합환경 제어 시스템이나 ICT 기반 온실을 도입하려 해도 농지 전용 규정, 건축 기준, 에너지 사용 기준 등 여러 벽에 부딪히게 됩니다. 농민 중심의 기술 확산보다는 아직도 "지켜야 할 절차"에 중심을 둔 행정이 곳곳에 존재하는 것도 현실입니다. 더욱이, 일부에서는 스마트팜을 '돈이 많이 드는 기술' 혹은 '대기업만을 위한 농업'으로 오해하고 경계합니다. 마치 19세기 영국에서 증기자동차가 시민을 위협하는 존재로만 받아들여졌던 것처럼, 기술이 본래 가진 가능성보다는 부정적인 이미지를 먼저 떠올리고 우려하는 반응을 보이는 것입니다. 하지만 분명한 것은, 기술은 기다려 주지 않는다는 점입니다. 지금도 네덜란드, 싱가포르, 일본 등은 스마트팜을 국가 차원의 산업으로 집중 육성하고 있으며, 단지 시설을 지원하는 것을 넘어서 관련 법률 정비, 기술 보급 체계 구축, 농민 교육 시스템까지 통합적으로 변화시키고 있습니다. 그들은 기술의 등장을 두려워하기보다는, 그 기술을 어떻게 품고 조화롭게 발전할지를 고민하고 행동하고 있습니다. 지금 우리가 선택해야 할 것은 붉은 깃발을 계속 들고 서 있는 것이 아니라, 그 깃발을 내려놓고 기술이 달릴 수 있도록 길을 열어 주는 일입니다. 스마트팜은 농업의 본질을 훼손하는 기술이 아니라, 농업이 지속될 수 있도록 지켜 주는 새로운 도구입니다. 더 늦기 전에, 기술을 품을 수 있는 사회와 제도, 그리고 인식을 함께 만들어야 합니다. 그렇지 않으면, 우리는 또 한 번 결정적인 기회를 잃게 될지도 모릅니다.

② 스마트팜이라는 '새로운 바퀴'

지금, 농업이라는 고요한 땅 위에 또 다른 바퀴가 굴러가기 시작했습니다. 바로 스마트팜입니다. 센서가 작물의 상태를 읽고, 인공지능이 생육 환경을 제어하며, 데이터가 농사의 방향을 결정짓는 시대가 열리고 있습니다.

하지만 이러한 첨단 농업기술은 아직 많은 지역 농가에게 낯설고, 때로는 위협적으로 다가옵니다. 고령의 농업 종사자들에게는 스마트팜은 "농사의 본질을 왜곡하는 기계놀음"처럼 비칠 수 있으며, 현행 농지법과 규제 체계는 스마트팜의 도입과 확산을 오히려 어렵게 만들고 있습니다.

초기의 스마트팜 기술은 여전히 복잡하고, 투자 대비 수익 구조도 뚜렷하지 않아 많은 농가에서 '경제성이 없다'고 판단되기도 합니다. 실제로 스마트팜 하우스를 세워 두고도 운영하지 못하는 사례가 곳곳에서 발생하고 있습니다. 이것은 마치 19세기 후반 영국 도심에 증기자동차가 진입하지 못하던 그 모습과 다르지 않습니다.

③ '기술'보다 '제도'가 느릴 때 생기는 단절

기술은 앞서 나가지만, 제도와 인식은 더디게 따라옵니다. 지금의 스마트팜 산업도 비슷한 교착상태에 놓여 있습니다. 그 필요성과 잠재력은 분명하지만, 제도는 낡았고, 현장은 준비되지 않았으며, 인프라는 불균형적입니다.

이러한 괴리는 결국 기술의 정체를 낳고, '붉은 깃발'을 들고 천천히 걸어가는 사람의 발걸음에 모든 농업 기술의 속도가 맞춰지게 됩니다. 이는 한국 농업의 경쟁력을 근본적으로 떨어뜨릴 수 있으며, 20세기 초 영국이 겪었던 아픔을 되풀이할 위험이 있습니다.

④ 해답은 '공존'에 있다

　스마트팜은 전통 농업의 종말을 뜻하지 않습니다. 오히려 그것은 기후 위기, 식량 안보, 노동력 고령화 등 우리가 직면한 위기를 돌파할 도구가 될 수 있습니다.
　우리는 기술을 억누르거나 강제하는 대신, 전통과 기술이 공존할 수 있는 제도적 장치를 설계해야 합니다. 예를 들어, 고령 농가를 위한 맞춤형 스마트팜 교육, 운영 컨설턴트의 현장 배치, 지역 농산물 특화형 스마트팜 모델 개발 등은 기술을 현장에 적응시키는 현실적 방법입니다.

　또한, 스마트팜이 '대기업의 놀이터'가 아닌 '지역 농가의 생존 도구'가 되기 위해서는 정책의 방향성도 바뀌어야 합니다. 농지를 둘러싼 규제를 유연하게 조정하고, 소규모 농가의 스마트팜 접근성을 높이며, 수익 구조를 보조하는 방안이 필요합니다.

⑤ 과거를 잊은 기술은, 미래를 잃는다

　우리는 지금, 다시 붉은 깃발을 마주하고 있습니다. 이번엔 선택해야 합니다. 기술의 속도를 억제할 것인가, 아니면 그 속도에 맞춰 사회를 혁신할 것인가. 스마트팜은 단지 농업을 바꾸는 것이 아닙니다. 농업을 매개로 우리의 생산과 소비, 자연과 기술, 사람과 미래의 관계를 다시 묻는 일입니다. 그리고 그 질문에 제대로 답하지 못한다면, 우리는 다시 한번 기술의 중심에서 멀어지는 길을 걷게 될지도 모릅니다.

기후 위기 속 생존 농업, 스마트팜이 희망이다
― 뜨거워지는 지구, 늙어 가는 농촌, 그리고 기술의 대답

2년 전 중동 지역의 한 토마토 온실에 다녀왔습니다. 온실 안은 25℃로 쾌적했고, 빨갛게 익은 토마토가 주렁주렁 매달려 있었습니다. 하지만 그 밖은 40℃를 넘는 열사의 두바이 사막이었습니다.

이 묘한 온도 차이 속에서 저는 하나의 확신을 얻었습니다.

"이제 농사는 땀만으로 되는 게 아니다. 기술이 함께해야 살아남는다."

지구가 점점 뜨거워지고 있어요. 전 세계는 지금 기후 위기와 식량 불안을 동시에 겪고 있죠. 가뭄과 홍수, 이상기후로 농사짓기가 점점 더 어려워지고, 전쟁과 유통 불안까지 겹치며 식량자급률도 흔들리고 있습니다. 그런데 정작 농촌을 떠받치던 인력은 점점 늙어 가고 있고, 한국의 농업인 평균 나이는 이미 67세를 넘어섰습니다. "농사꾼은 사라지고, 땅만

남았다"는 말이 농촌에선 더 이상 우스갯소리가 아닌 셈이죠.

그렇다면 답은 없는 걸까요?

있습니다. 그리고 그 실마리는 '스마트팜'이라는 낱말 속에 숨어 있습니다.

스마트팜은 이름만 보면 미래 농업의 기계화 정도로 느껴질 수도 있어요. 하지만 실상은 훨씬 더 깊습니다. 이는 단지 자동화된 농장이 아니라, 기후를 극복하고, 인력을 대체하며, 청년에게 농업을 다시 꿈꾸게 하는 '농업 플랫폼'입니다.

내부 온도를 25°C로 유지하고, 습도를 조절하며, 광량을 계산해 스크린을 닫고 여는 일. 과거엔 경험 많은 농부의 감과 손발로 이뤄졌지만, 지금은 센서와 알고리즘이 그 역할을 대신합니다.

이런 변화는 청년들에게 농업을 다시 바라볼 수 있는 새로운 창을 열어줍니다. 과거에는 '농촌으로 가라'는 말이 낯설고 무겁게 들렸지만, 이제는 데이터를 기반으로 생장을 설계하고, 환경을 제어하는 농업이라는 새로운 가능성이 보이기 시작했습니다.

스마트팜은 기계를 대신 돌리는 '편한 농사'가 아니라, 기술과 감각이 공존하는 '지식 산업'인 거죠.

센서로 환경을 읽고, 데이터를 분석하며, 최적의 생육 조건을 결정하는 이 과정은 코딩을 배우는 마음으로, 경영을 기획하는 자세로 임해야 하는 지적인 농업입니다. 청년들에게 스마트팜은 단지 일자리가 아니라, 직접 기획하고 운영할 수 있는 '미래형 창업 모델'인 것입니다.

기술은 그들의 언어로 농업을 번역해 주고, 청년은 그 기술을 통해 농업에 자신의 언어를 덧입힙니다. 이제는 몸을 덜 써도 땀을 덜 흘려도, 농업에 기여할 수 있는 시대입니다. 청년이 기술을 통해 농업에 들어올 수 있게 하고, 그 청년이 머물며 의미를 찾게 하는 것, 그것이 바로 스마트팜의 진짜 가치입니다.

더 나아가, 스마트팜은 국경을 넘어 세계로 뻗어 갈 수 있는 산업입니다. 기후와 작물 조건에 따라 기술 구성이 달라지기 때문에, 스마트팜은 표준화된 기계가 아니라 지역 맞춤형 솔루션으로 설계돼야 한다는 특징이 있습니다.

예를 들어, 두바이와 같은 중동 사막 지역에서는 복사열이 강하고 외기 온도가 45℃를 넘는 날이 많아, 냉방이 핵심 과제입니다. 이곳의 스마트팜은 고효율 패드앤팬 시스템, 기계식 냉방(칠러 또는 흡수식 냉동기), 그리고 차광 스크린(내열성 알루미늄 코팅)이 필수입니다.

또한, 고온에서도 내식성이 강한 강화유리, 이중 천장 구조, 지중 온도 안정화 시스템 등이 적용됩니다.

온실 내부는 Priva와 같은 제어 시스템을 통해 내부 온도가 25℃±1로 자동 유지되며, 내부 CO_2 농도도 일정하게 보정됩니다.

반면, 동남아시아 지역은 연평균 기온은 중동보다는 상대적으로 낮지만, 연중 습도가 80~90%로 매우 높아, 병해충 발생과 곰팡이 피해가 심하죠. 이 지역에서는 강력한 제습형 환기 시스템, 고압 미스트를 최소화하는 미세기류 제어, 기공 열림 시기 조절을 위한 정밀 조명 제어 등이 중요합니다. 무작정 창을 열면 외부의 고습한 공기만 들어오므로, 이산화탄소 농도와 환기 타이밍을 정밀하게 제어하는 AI 기반 환기 전략이 적용됩니다.

한편, 북유럽 지역은 겨울철 광량 부족과 짧은 일조 시간이 큰 문제죠. 이 지역의 온실은 고단열 구조에 더해, LED 보광 시스템(PPFD 기반 정밀 조명)이 필수입니다. 낮에는 부족한 광량을 보완하고, 겨울에는 광주기를 조정해 작물 생육 속도를 유지시킵니다. 심지어 일부 스마트팜은 지열 히트펌프 등을 통해 난방 비용을 줄이며 탄소 배출을 최소화하고 있습니다.

이처럼 스마트팜은 단일 모델이 아니라, 기후별로 구성 요소를 선택해 맞춤화하는 시스템 산업입니다. 따라서 기술뿐 아니라 설계, 운영 매뉴얼, 교육 패키지까지 함께 수출할 수 있어, 스마트팜 자체가 고부가가치 수출 상품이 되는 것입니다.

여기에 교육, 운영 노하우, 유지관리까지 포함된 "스마트팜 패키지"를 만든다면, 기술 이전을 넘어 파트너십 기반의 글로벌 농업 협력도 가능해집니다. 단순히 기계를 팔고 떠나는 것이 아니라, 식량 주권을 함께 만들어 가는 기술 동맹이 되는 것입니다.

물론 시작은 쉽지 않습니다. 초기 비용은 만만치 않고, 여전히 농촌에는 기술 격차가 존재합니다. 하지만 이 길을 선택하지 않으면 남는 것은 더 이상한 선택들뿐입니다. 이제는 땀보다 똑똑함이, 감보다 데이터가, 고립보다 연결이 필요한 시대인 셈이죠.

기후 위기 속에서 농업의 지속 가능성을 말하려면, 스마트팜은 선택이 아닌 생존 전략이 되어야 합니다.

늙어 가는 농촌에 젊은 기술을 심고, 지구의 열기를 이기는 농사를 지어야 합니다.

그 시작이 바로, 스마트팜입니다.

농부는 이제
키보드와 센서로 농사짓는다?
– 스마트팜이 바꾸는 농업의 미래

한때 농부는 날씨를 읽는 사람이라 불렸습니다. 하늘을 올려다보고, 흙을 만지며, 경험과 직감에 의지해 작물의 운명을 예측하던 시절. 그러나 지금, 농부는 모니터 앞에 앉아 대기 온도와 습도, 이산화탄소 농도를 분석합니다. 스마트폰으로 양액을 조절하고, 클라우드에 저장된 데이터를 비교하며 가장 이상적인 생육 조건을 찾아냅니다. 더 이상 흙과 씨앗만이 농사의 전부가 아닙니다. 농부는 키보드를 두드리고, 센서로 식물의 신호를 읽는 새로운 농업의 주인공이 되었습니다.

스마트팜은 단지 농사를 편리하게 만드는 기술이 아닙니다. 그것은 '농업의 생존 전략'이자, '지속 가능한 미래'로 가는 출구입니다.

지금 세계는 기후 위기의 문 앞에 서 있습니다. 예측 불가능한 가뭄과 폭우, 사라지는 농토와 빠르게 줄어드는 노동력. 기존의 방식으로는 식량 생산을 지속할 수 없는 시대가 도래한 것입니다. 우리는 더 적은 자원으로 더 많은 식량을, 더 안정적으로 생산해야 합니다. 바로 여기에서 스마트팜의 필요성이 대두됩니다.

스마트팜은 데이터를 기반으로 환경을 통제하고, 인간의 개입 없이도 최적의 작물 생장을 유도합니다. 기계가 대신 측정하고 판단하며, 알고리즘이 농부의 오랜 경험을 대신하는 시대. 그 정교함은 단순히 '편리함'을 넘어서 '정확함'과 '예측 가능성'이라는 새로운 가치를 만듭니다.

그러나 진짜 중요한 것은 기술이 아닙니다. 기술은 도구일 뿐이죠. 스마트팜이 진정한 가치를 가지는 이유는, 더 많은 사람이 '농업'이라는 삶의 방식에 참여할 수 있게 하기 때문입니다. 청년은 창업 아이템으로, 퇴직자는 제2의 인생 설계로, 장애를 가진 사람도 자립의 기회로 농업을 선택할 수 있게 됩니다. 나이도, 체력도, 경험도 이제 큰 장벽이 아닙니다. 키보드와 센서를 다룰 수 있다면, 누구나 농부가 될 수 있습니다.

농업은 더 이상 과거의 산업이 아닙니다. 그것은 기술과 융합하며, 교육, 관광, 문화와도 연결되는 '미래 산업'으로 변화하고 있습니다. 건물 옥상, 지하 공간, 심지어 가상현실 속에서도 농작물이 자랍니다. 스마트팜은 농촌을 도시로 확장시키고, 먹거리의 개념을 새롭게 정의하고 있습니다.

① "농부는 이제 키보드와 센서로 농사짓는다?"

경상북도 의성에 사는 김정호 씨는 올해 40살. 대학 졸업 후 서울에서 직장 생활을 하다가 5년 전 귀농을 결심했습니다. 그런데 그의 농장은 우리가 상상하는 그런 모습과는 조금 다릅니다. 논이나 밭에서 삽을 들고 땀을 흘리는 대신, 그는 노트북 앞에 앉아 하루를 시작합니다.

김 씨의 스마트팜 온실에는 수십 개의 센서가 설치되어 있습니다. 이 센서들은 온도, 습도, 빛, CO_2 농도, 토양 수분 등 작물이 자라는 데 필요한 정보를 24시간 실시간으로 수집합니다. 김 씨는 이 데이터를 기반으로 양액 비율을 조절하고, 창문을 자동으로 열어 환기하며, 밤에는 LED 조명을 켭니다. 농사일 대부분이 키보드 클릭 몇 번으로 이뤄지는 겁니다.

어르신들은 처음엔 고개를 갸우뚱하셨다고 합니다. "농사가 저렇게 되는 게 말이 되나…" 하지만 이제는 수확철만 되면 김 씨의 농장을 찾아와 물어보십니다. "나도 그거 한번 배워 볼까?"

이처럼, 스마트팜은 단지 농사를 '편하게' 만드는 기술이 아닙니다. 농업을 누구나 도전할 수 있는 분야로 바꾸는 기술입니다. 나이 든 부모님도, 농업 경험이 전혀 없는 청년도, 심지어 몸이 불편한 사람도 센서와 자동화 기술을 활용하면 충분히 '농부'가 될 수 있습니다.

서울의 한 지하철역 근처에는 수직농장이 있습니다. 커다란 창고 안에

층층이 쌓인 채소 선반들, 내부는 마치 IT 기업 서버실처럼 조용하고 깔끔합니다. 이곳에선 하루에도 수백 포기의 상추와 케일이 생산됩니다. 기후의 영향을 받지 않고, 병충해도 없고, 물 사용량은 기존 노지농업보다 90% 가까이 줄일 수 있습니다. 거기서 일하는 사람들은 예전처럼 흙을 일구고 삽질만 하는 농부의 모습과는 조금 다릅니다. 그렇다고 해서 하얀 셔츠를 입고 노트북만 두드리는 IT 개발자는 아닙니다.

이들은 여전히 아침 일찍 온실 문을 열고 작물의 잎을 살피며, 물방울 하나하나에 집중하는 '근면한 농부'입니다. 하지만 동시에, 센서의 숫자를 이해하고, 앱을 통해 농장 환경을 조절하며, 데이터를 통해 작물의 작은 이상 징후를 먼저 알아차리는 세련된 전문가이기도 하죠.

스마트팜 시대의 농부는 기술이 모든 걸 대신 해 주는 사람이 아니라, 기술을 도구로 삼아 더 정밀하게 작물과 소통하는 사람입니다.
예전에는 '감'으로 판단하던 것을 이제는 데이터로 보완하고, 손으로 일일이 하던 작업을 자동화 시스템으로 조율하며, 더 넓고 복잡한 농장을 혼자서도 효율적으로 운영할 수 있는 능력을 갖춰 가고 있습니다.

이제 농부는 흙을 읽는 동시에 데이터를 해석해야 하는 사람입니다. '근면'과 '정직' 위에, 기술적 감각과 판단력이 더해진 현대 농업의 전문가, 스마트한 장인(匠人)인 셈이죠.

이제 농업은 더 이상 고된 노동의 상징이 아닙니다. 센서와 키보드, AI

와 데이터 분석, 이 모든 것이 농부의 새로운 '삽'과 '호미'가 된 시대입니다. 그래서 이제 말할 수 있습니다.

"농부는 이제 키보드와 센서로 농사짓는다?"

그 물음표는 이제 느낌표로 바뀌어야 합니다. 이제 농업은 가장 스마트한 산업이며, 기후 위기와 식량 불안을 해결할 미래 산업의 열쇠입니다. 우리가 먹는 모든 것의 시작이 다시 매력적인 '꿈'이 되는 순간, 그 중심에 스마트팜이 있습니다.

② 현실의 벽, 스마트팜이 되기까지 넘어야 할 산들

스마트팜이 농업의 미래라고 말하면, 많은 사람들은 "그래서 당장 시작하면 되는 거냐"고 묻습니다. 하지만 그 대답은 생각보다 복잡합니다. 스마트팜이 단지 장비만 설치한다고 완성되는 건 아니기 때문입니다.

예를 들어, 경기도 평택에서 토마토 농장을 운영하는 최성우 씨는 2년 전 큰맘 먹고 스마트팜 시스템을 도입했습니다. 자동 관수, 환경 제어 시스템, 양액 공급 장치, 심지어 스마트폰으로 원격 제어도 가능한 최신 설비였습니다. 처음에는 모든 것이 잘 돌아가는 듯했습니다. 그런데 문제는 예상치 못한 곳에서 생겨났습니다.

온실 안 온도는 잘 맞췄지만, 토마토 잎의 수분 흡수 상태는 기술로만 설명되지 않았고, 초기에 설정한 양액 비율이 실제 농장 조건과 달라 수확량이 떨어지는 사태가 벌어졌습니다.

시공업체는 설치만 하고 떠났고, 이후 시스템 설정을 바꾸려면 별도의 유지비와 기술자 호출 비용이 발생했습니다.

스마트팜이 '자동'이라더니, 정작 최 씨는 밤마다 시스템 매뉴얼을 공부하고, 기술지원 센터에 전화하며, 시행착오를 거듭해야 했습니다.

또 다른 문제는 비용입니다. 일반 온실을 3,000평 규모로 짓는 데 들어가는 비용에, 스마트팜 시스템을 포함하면 최소 수억 원 이상이 추가됩니다. 정부의 보조금이 있긴 하지만, 그 과정은 복잡하고 심사를 통과하는 것도 쉽지 않습니다. 특히 영세농이나 고령농의 경우, 자부담을 감당하기 어렵고 '기술을 써 보기도 전에 포기하는' 경우도 적지 않습니다.

게다가 기술을 도입해도, 관리할 수 있는 인력과 교육의 부족은 또 다른 큰 벽입니다. 기기 하나 고장 났을 때 직접 고치지 못하면 농장 전체가 마비되기도 하고, 데이터를 활용하라지만 그 '데이터를 읽는 법'을 배울 기회조차 없는 농부도 많습니다.

결국 스마트팜은, 기술과 장비의 문제가 아니라 '사람'과 '현장'의 이야기입니다.

그럼에도 불구하고, 많은 농부들이 이 길을 택하고 있습니다. 왜일까요?

불안정한 기후, 줄어드는 노동력, 농촌 인구 감소, 높아지는 소비자의 요구…. 이 모든 문제를 조금이라도 버틸 수 있는 방법이 결국 '기술을 잘 이해하고 활용하는 농업'이기 때문입니다.

스마트팜은 지금도 변화를 겪고 있는 중입니다. 누구나 쉽게 다룰 수 있도록 인터페이스가 바뀌고, 데이터를 자동으로 해석해 주는 시스템이 도입되고, 지원 정책도 '설치 중심'에서 '운영 중심'으로 옮겨 가고 있습니다.

넘어야 할 산은 분명히 존재하지만, 그 산을 넘는 과정 속에서 농업은 더 강하고 유연한 산업으로 진화하고 있습니다.

③ "스마트팜이 진짜 미래라고? 그럼 이 벽부터 같이 넘자."

스마트팜이 농업의 미래라는 말, 이제 낯설지 않습니다. TV에서는 자동으로 물을 주고, 앱 하나로 온실을 조절하는 장면이 종종 나오곤 합니다. 서울 강남의 빌딩 옥상이나, 지하철역 근처에서도 채소가 자란다는 뉴스가 흘러나옵니다.

청년 창업을 꿈꾸는 이들, 기후 위기를 걱정하는 학자들, 농촌에 새로운 활력을 불어넣고 싶은 지자체들 모두가 스마트팜을 미래 농업의 '정답'처럼 말합니다.

그 말이 틀린 건 아닙니다. 하지만 농업 현장에 있는 사람이라면, 그 말이 얼마나 간단하게만 들리는지도 잘 압니다.

현실은 그렇게 쉽게 바뀌지 않습니다. 좋은 기술이 있다는 것과, 그것을 '잘' 쓰는 것은 하늘과 땅 차이입니다.

경북 구미에서 토마토 농장을 운영하는 지인을 통해 스마트팜 도입의 현장을 들은 적이 있습니다. 그는 정부 지원 사업을 통해 최첨단 시설을 설치했다고 합니다. 양액 재배 시스템, 자동 온실 개폐, 실시간 모니터링 센서까지.

처음엔 마치 꿈을 꾸는 것 같았다고 하네요. 하지만 그 꿈은 며칠 만에 현실의 두터운 벽과 마주하게 되었습니다.

센서가 이상 수치를 보였는데, 어떤 데이터를 기준으로 설정해야 하는지 알 수 없었죠. 양액 농도가 높았는지, 빛의 세기가 약했는지, 토마토의 잎이 변색되기 시작했지만 누구도 정확한 원인을 알려 주지 못했습니다. 시공업체는 기술 문의는 '계약 외'라며 손을 뗐고, 농장주는 그날 밤부터 유튜브와 매뉴얼을 뒤지며 스스로 '농업 데이터 분석가'가 되기로 마음먹었습니다.

그는 이렇게 말했습니다.
"기계는 좋은데, 그걸 사람한테 맞추는 게 어렵더라."
그 말이 마음에 박혔습니다. 지금 농촌에서 벌어지고 있는 많은 시행착오는 기계가 부족해서가 아닙니다. 사람과 기계 사이의 간격이 아직 너무 멀기 때문입니다.

지금 우리가 해야 할 일은 '더 화려한 기술'을 개발하는 게 아닙니다. 오히려 기술을 더 작고 단순하고 친절하게 만드는 일입니다.
복잡한 인터페이스 대신, 현장 농부가 하루만 배우면 쓸 수 있는 시스템. 고장 나면 '앱 고객센터'가 아니라 근처 농업센터에 연락하면 즉시 와주는 서비스.

    기술 이전에 사람과 사람이 연결되는 구조가 필요합니다.

    그리고 무엇보다도, '교육'과 '운영 지원'이 필요합니다. 지금까지의 보조금은 대부분 시설 설치에 집중됐습니다. 하지만 정말 중요한 건, 설치 이후의 일입니다. 작물별로 데이터를 해석할 수 있게 돕는 실습형 교육, 농가에 배정된 기술 멘토나 코디네이터의 정기 방문, 소규모 농가도 자립할 수 있도록 유지보수 비용을 분산하는 방식.

    '운영이 되는 스마트팜'을 만들어야 기술이 제 역할을 합니다.

    또 하나 간과해서는 안 되는 게 있어요. 스마트팜이란 이름 아래 작물은 점점 다양해지고, 농가 환경도 제각각이라는 점입니다.

    딸기 재배에 성공한 모델을 그대로 상추나 파프리카에 적용하면 문제가 생기게 되어 있습니다. 강원도 고랭지의 기후와 전라도 평야의 기후는 완전히 다릅니다. 우리는 지역별, 작물별 '현장 맞춤형 모델'을 더 많이 쌓아야 합니다.

    빅데이터가 필요하다고요? 그 전에 '작은 데이터'라도 차근차근 모으는 게 먼저입니다.

    마지막으로, 스마트팜의 가능성을 단지 "생산성을 올리는 수단"으로만 보지 않았으면 합니다. 스마트팜은 생산만으로 끝나지 않습니다.

도시민에게는 체험의 공간이 되고, 학생에게는 학습의 공간이 되며, 누군가에게는 새로운 인생의 기회가 될 수 있습니다. 지하 공간에 세운 농업 체험센터, 미디어 아트와 결합한 농장 전시, 귀농을 고민하는 청년에게 제공되는 임대 스마트팜.

이러한 실험은 이미 곳곳에서 시작되고 있습니다. 기술은 빠르게 발전하지만, 농업은 여전히 사람의 손과 마음을 필요로 합니다. 우리는 그 사이를 연결해야 합니다. 농업이 고단함이 아닌, 자부심과 기술이 결합된 새로운 전문직이 되도록.

스마트팜이 진짜 미래 농업의 중심이 되기 위해선 먼저 이 벽부터 넘어야 합니다. 사람을 위한 기술. 현장을 위한 구조. 농부를 위한 배움.
그것이 있다면, 스마트팜은 단지 '미래형 농장'이 아니라 다음 세대를 위한 생존 전략이 될 수 있습니다.

유리온실에서 혁신밸리까지
– 스마트팜의 역사, 그리고 지금 우리에게 필요한 이야기

우리는 지금, 농업의 새로운 전환점을 지나고 있습니다. 예전처럼 땀 흘리며 하늘만 바라보던 농사에서 벗어나, 기술과 데이터, 그리고 사람이 함께 작물을 키우는 시대가 열린 것이죠. 바로 '스마트팜'입니다.

하지만 스마트팜은 어느 날 갑자기 생긴 신기술이 아닙니다. 그 뿌리를 따라가 보면, 20세기 중반의 네덜란드로 거슬러 올라가게 됩니다.

① 스마트팜의 기원 - 네덜란드 유리온실에서 시작된 혁명

국토의 3분의 1이 해수면보다 낮고, 기후도 농사에 적합하지 않은 나라. 바로 네덜란드입니다. 그런데 지금 이 나라는 미국 다음으로 많은 농산물을 수출하는 세계 농업 강국입니다. 그 비밀은 '기술'에 있었죠.

- 1950년대, 유리온실에 가스난방을 도입하면서 계절에 구애받지 않

고 재배할 수 있는 환경을 만들었고,
- 1960년대, 토양 없이 암면(rockwool)으로 작물을 키우는 수경재배가 시작되었습니다.
- 1980년대, 컴퓨터 기반 복합환경제어 시스템이 등장하며, 스마트팜의 기술적 토대가 마련되었죠.

이후 2000년대부터는 **AI, 로봇, 빅데이터**까지 더해져, 오늘날 우리가 알고 있는 '디지털 농업', '지능형 재배 시스템'이 탄생하게 됩니다.

암면배지에서 재배하는 토마토

② 한국의 스마트팜, 그 조용한 시작

우리나라에 스마트팜이 처음 도입된 시점은 1980~1990년대입니다. 포스코 박태준 회장이 네덜란드형 유리온실을 전남 광양에 시범 도입한 것이 시작이었죠. 이후 제주도의 한국공항 유리온실, 그리고 김제 지역의 농산무역 파프리카 온실로 이어지며 스마트 온실 기술이 천천히 확산되었습니다.

2000년대에는 농업진흥청과 지자체를 중심으로 ICT 융합 온실 보급이 확대되었고, 2010년대부터는 정부의 적극적인 정책 지원 속에서 청년농 창업 스마트팜, 데이터 기반 생육 관리 시스템, AI 생육 예측 같은 보다 고도화된 형태의 스마트팜이 우리 땅에서 자리 잡기 시작했습니다.

③ 세계는 지금, '스마트팜 클러스터'로 진화 중

최근 가장 주목받는 변화는 네덜란드에서 일어나고 있습니다. 그들의 스마트팜 중심지였던 Westland를 넘어, 새로운 대규모 스마트팜 단지인 Agriport A7로 무게 중심이 옮겨지고 있습니다. 왜일까요?

Westland는 이미 너무 포화 상태이고, Agriport A7은 더 넓은 부지, 더 낮은 토지 비용, 그리고 태양광·지열 에너지 활용, 데이터센터 폐열 이용, 공항과 항구에 가까운 물류 인프라까지 갖춘, 농업을 넘는 농업산업 복합지구로 거듭나고 있기 때문입니다. 이제 농업도 '지역'이 아닌 '전략 산업단지' 단위로 움직이고 있는 것이죠.

④ 스마트팜, 방향이 아닌 속도의 문제 - '사람'이 미래 농업의 해답입니다

　기술이 농업을 만나는 변화의 물결이, 이제 대한민국 곳곳에서 현실로 다가오고 있습니다. 더 이상 먼 미래의 이야기가 아닌 지금 이 순간, 우리 농업은 결정적인 변곡점 위에 서 있습니다. 정부는 이 같은 변화에 발맞춰 전국 네 곳에 '스마트팜 혁신밸리'를 조성했습니다. 이곳은 단순한 농업 교육 시설이 아닙니다. 농업의 미래를 실험하고, 검증하고, 이끌어 갈 첨단 융합 플랫폼입니다.

김제 스마트팜 혁신밸리 조감도

- 전북 김제는 수출형 스마트팜의 거점으로서 ICT 기반 농업 기술을 실증하고,
- 경북 상주는 기업과 연계한 실증단지와 청년 농부 창업 교육의 전진

기지 역할을 하며,
- 경남 밀양은 자동화 시스템 중심의 첨단화된 농업 인프라를 구축하고,
- 전남 고흥은 지역 기후를 활용한 고효율 온실 운영 모델을 실험하고 있습니다.

이곳에서는 전통적인 방식의 농업 교육이 이루어지지 않습니다. AI 예측 시스템을 실험하고, 빅데이터 기반의 작물 생장 관리를 실습하며, 스타트업은 신기술 솔루션을 검증하고, 젊은 농부들은 스마트폰 앱 하나로 온실을 조정하는 감각을 익힙니다. 즉, 혁신밸리는 농업, 기술, 교육, 산업이 한데 어우러지는 융합 플랫폼입니다. 농사를 배우는 곳이 아니라, 농업의 미래를 설계하는 곳입니다.

이제 스마트팜은 더 이상 도입할 것인가 말 것인가의 문제가 아닙니다. 그 선택은 이미 끝났습니다. 이제 중요한 것은 누가 더 빨리, 더 제대로 준비하느냐입니다. 그러나 여기서 간과해서는 안 될 점이 하나 있습니다.

바로 사람입니다. 기술은 도구일 뿐입니다. 기술을 활용할 줄 아는 사람이 있고, 그 기술을 이해하고 응용할 줄 아는 사람이 있어야 진짜 변화는 일어납니다.

우리가 지금 준비해야 할 것은 단순한 인프라나 장비가 아닙니다. 미래 농업을 주도할 인재, 기술과 농업을 연결할 다리, 농업을 다시 꿈꾸게 할 젊은 세대입니다.

'스마트팜'은 결국 사람의 이야기입니다. 그리고 그 사람을 키우는 일

이야말로, 지금 우리가 가장 빠르게, 그리고 가장 깊이 고민해야 할 과제입니다.

스마트팜은 단순한 농업의 디지털화가 아닙니다. 그건 농업이 다시 살아나는 방법이며, 청년이 돌아오는 농촌의 길이며, 기후 위기 시대에 식량을 책임지는 해답입니다.

스마트팜의 기원은 유리온실이었지만, 그 미래는 하나의 도시이자 산업이 될 것입니다. 그리고 그 중심에 '기술을 이해하는 농부', '농업을 이해하는 기술자'가 함께 설 것입니다.

스마트팜, 온실과 수직농장
- 미래 농업의 두 갈래 길
- 요즘 농장은 꼭 들판에만 있는 게 아니래요

이런 말을 들으면 처음엔 고개를 갸웃하게 되실지도 모르겠습니다. 하지만 지금 이 순간에도 세계 곳곳에서는 빌딩 안에서 상추가 자라고, 사막 한가운데서 토마토가 수확되고 있습니다. 바로 '스마트팜'이라는 이름 아래 온실 농업과 수직농장이라는 두 가지 방식으로 농업이 새롭게 진화하고 있는 것입니다.

그렇다면 이 두 방식은 무엇이 다르고, 각각 어떤 장단점을 가지고 있을까요? 또한 어떤 방식이 우리나라와 같은 환경에 더 적합할까요?

이 질문에 답하기 위해, 세계 각국의 흥미로운 사례를 함께 살펴보겠습니다.

① 도시 속 농장, 수직농장 이야기

먼저 미국 뉴저지의 'AeroFarms'를 소개해 드리겠습니다. 이곳은 예전에는 낡은 공장이었던 곳이지만, 지금은 지구상에서 가장 첨단화된 농장 중 하나로 꼽히고 있습니다. 창문도 없는 이 실내 공간에서는 흙도 햇빛도 없이 식물이 자랍니다. 대신 물안개를 뿌려 주는 수경재배 방식과 LED 조명이 그 역할을 대신하고 있습니다.

놀라운 점은 같은 면적 대비 390배나 많은 수확량을 자랑한다는 점입니다. 덕분에 도시 한복판에서도 신선한 채소를 안정적으로 공급할 수 있고, 물류비용도 크게 줄일 수 있습니다.

싱가포르의 'Sky Greens' 역시 눈여겨볼 만한 사례입니다. 싱가포르는 국토 면적이 좁아 식량 대부분을 수입에 의존하고 있는데요. 이를 극복하기 위해 정부는 2030년까지 식량 자급률을 30%로 끌어올리겠다는 '30 by 30' 정책을 펼치고 있습니다. 그 중심에 바로 수직농장이 있습니다.

싱가포르 Sky Greens의 태양광원형 수직농장

하지만 수직농장은 단점도 분명합니다. 모든 환경을 기계로 제어해야 하다 보니, 전기료를 포함한 운영비용이 상당히 높습니다. 또 주로 잎채소류에 적합한 구조라 다양한 작물 재배에는 한계가 있습니다.

② 사막 속의 온실, 그 놀라운 가능성

반면, 아랍에미리트(UAE)의 'Pure Harvest Smart Farms'는 온실 농업의 가능성을 극적으로 보여 주는 사례입니다. 외부 온도는 45℃를 훌쩍 넘고, 습도도 낮아 농사가 거의 불가능한 지역이지만, 이곳의 온실 안은 25℃의 쾌적한 환경을 유지하고 있습니다.

태양광을 이용한 냉방 시스템, 내부 습도 및 CO_2 제어, 그리고 물의 재순환 시스템을 통해 사막 속에서도 연중 내내 토마토, 딸기, 채소를 재배하고 있는 것입니다.

이처럼 밀폐형 스마트 온실은 고온 건조한 지역에서 매우 유리하며, 재배할 수 있는 작물도 훨씬 다양하고 수익성도 높습니다.

UAE Pure Harvest 온실 내부

③ 한국형 스마트팜, 우리는 어디쯤 와 있을까?

그렇다면 우리나라의 스마트팜은 어떤 모습일까요? 한국은 미국처럼 넓은 국토를 가진 것도 아니고, 싱가포르처럼 극단적으로 도시화된 나라도 아닙니다. 하지만 기후 변화와 농촌 고령화라는 문제는 피할 수 없습니다.

최근 정부는 '스마트팜 혁신밸리'를 조성하며 본격적인 대응에 나섰습니다. 경북 상주, 전북 김제, 전남 고흥, 경남 밀양 등 네 곳에 거점단지를 만들어 청년 농업인을 교육하고, 기업의 실증 사업을 유치하고 있습니다. 특히 이러한 단지에서는 정보통신기술(ICT), 빅데이터, 인공지능 기반의 온실 운영이 핵심입니다.

이와 함께 도시 내 유휴 공간을 활용한 도시형 수직농장도 천천히 확대되고 있습니다. 또한 최근에는 데이터센터의 폐열을 활용해 난방비를 절감하는 에너지 융합형 스마트팜이나, 장애인 고용형 스마트팜, 체험형 스마트팜 교육센터 등 다양한 형태의 '한국형 융합 스마트팜' 모델을 생각해 볼 수 있을 것입니다.

④ 스마트팜, 방향이 아닌 전략의 문제

결국 스마트팜에서 중요한 것은 '어느 모델이 더 좋으냐'가 아니라, '어떤 전략이 우리에게 맞느냐'입니다. 예를 들어 도심 근처의 복합상업시설이나 학교 내에는 수직농장이 적합할 수 있습니다. 반면 교외 지역이나 농촌 지역에는 밀폐형 혹은 반밀폐형 온실이 더 효율적일 수 있습니다.

그리고 이 모든 전략의 핵심에는 데이터가 있습니다. 기후 데이터, 작물 생육 정보, 시장 수요 분석, 에너지 소비 효율 등의 정보를 어떻게 활용하느냐에 따라 스마트팜의 성공 가능성은 달라집니다.

⑤ 농업의 재정의, 우리가 만드는 미래

이제 농업은 더 이상 과거의 노동집약적 산업이 아닙니다. 기후와 시간, 공간의 제약을 넘어서고, 젊은 세대도 도전할 수 있는 기술 기반 산업으로 재정의되고 있습니다.

우리 손으로, 우리 기술로, 우리 땅에서 지구의 식탁을 채울 수 있는 날을 상상해 보세요. 온실이든, 수직농장이든, 중요한 것은 바로 그 의지와 전략입니다.

그리고 지금, 한국도 그 여정을 함께 걷기 시작했습니다.

⑥ 미래 농업, 스마트하게 진화하다 - 한국형 스마트팜의 네 가지 길

"이제 농사는 땅 위에서만 짓는 것이 아닙니다. 그리고 땀만으로 되는 일도 아닙니다."

이 문장은 더 이상 과장이 아닙니다. 기후 변화와 농촌 고령화, 식량 안보 위기를 마주한 지금, 농업은 기술과 전략을 동반해야 살아남을 수 있는 산업이 되었습니다.

세계 각국은 저마다의 방식으로 스마트한 농업을 발전시키고 있습니다. 한국도 이제 우리만의 조건과 환경에 맞는 '한국형 스마트팜 모델'을 구축해 가고 있습니다. 이번 장에서는 그 구체적인 방향을 네 가지 키워드로 나누어 소개해 드리고자 합니다.

온실형 스마트팜 - 기술로 무장한 유리농장의 진화

한국의 대표적인 스마트팜 형태는 바로 스마트 온실입니다. 최근 조성되고 있는 스마트팜 혁신밸리(상주, 김제, 고흥, 밀양)에는 ICT 환경제어, 자동급액, 환기 시스템이 적용된 연동형 유리온실 및 비닐온실이 대거 들어섰습니다.

이들 온실은 단순히 작물을 보호하는 시설이 아닙니다. 온도, 습도, CO_2, 광량, 양액 농도 등 생육 환경을 실시간으로 모니터링하고, 작물에 맞춰 자동으로 조정해 주는 복합환경제어 시스템이 핵심입니다.

특히, 최근에는 네덜란드형 반밀폐식 온실(Semi-closed greenhouse) 기술을 일부 도입하여, 외기로부터의 단열 효과를 높이고 냉난방비를 대폭 절감하는 시도도 이어지고 있습니다.

수직형 스마트팜 - 도시 속의 농장, 미래형 식량공장

도시화가 빠르게 진행되고 있는 한국에서는 수직농장(Vertical Farm, VF) 역시 중요한 대안으로 떠오르고 있습니다. 전국 각지 도심 지역에서는 건물 안, 혹은 지하 공간을 활용한 수직형 실내 농장이 시범 운영되고 있습니다. 이들 농장은 LED 조명, 항온항습 시스템, 순환식 양액 시스템 등을 갖추고 있으며, 외부 기후와 무관하게 연중무휴로 채소를 생산할 수 있습니다.

무엇보다도 물류비용이 적고, 소비자와의 거리가 가까우며, 병해충 발생이 적어 무농약 재배에 유리하다는 점이 장점입니다. 특히 학교 급식, 유치원, 병원, 고급 레스토랑 등 신선하고 안전한 먹거리를 중시하는 고객층에 특화된 프리미엄 농산물 시장에 적합합니다.

데이터에 의한 유통의 혁신 - "생산과 소비가 플랫폼에서 만나다"

스마트팜이 단순히 작물 재배 기술에 그치지 않고, 농산물 유통 자체를 바꾸는 혁신의 시작점이 되고 있다는 점도 주목할 필요가 있습니다.

기존에는 농민이 수확한 뒤 도매시장에 출하하고, 가격은 수급에 따라 경매로 결정되는 구조였지만, 스마트팜에서는 상황이 달라집니다. 생산자가 자신의 작물 생육 데이터를 바탕으로 수확 시기와 물량을 예측하고, 유통업체는 소비자 수요와 시장 데이터를 기반으로 사전 발주를 넣습니다.

이렇게 데이터가 플랫폼에서 만나면, 불필요한 재고나 폐기 없이 정확한 수요 예측에 기반한 농산물 공급이 가능해지고, 생산자는 가격 예측과 계약재배로 보다 안정적인 수익 확보가 가능해집니다.

화석연료 제로, 에너지 저감형 친환경 스마트팜

스마트팜의 경제성과 지속 가능성을 좌우하는 핵심 중 하나는 바로 에너지 문제입니다. 특히 온실이나 수직농장은 난방, 냉방, 조명 등에 상당한 에너지를 소비하게 되는데요, 이를 줄이지 않으면 아무리 똑똑한 농장이라도 지속 가능하다고 말하기 어렵습니다.

그래서 최근 한국형 스마트팜에서는 산업단지 또는 발전소 등에서 발생하는 폐열 등을 온실 난방 및 수직농장 냉난방에 활용하고 있으며, 각종 친환경 재생에너지의 활용 방안도 강구하고 있습니다.

이러한 기술을 통해 온실가스 배출을 줄이고, 에너지 비용을 최대 30~40%까지 절감할 수 있습니다. 더 나아가 ESG(환경·사회·지배구조) 경영을 실천하는 농업 모델로 각광받고 있습니다.

⑦ 한국형 스마트팜의 본질은 '맞춤형 전략'

지금까지 살펴본 것처럼 한국형 스마트팜은 단순히 유리온실 몇 동, 빌딩 안 실내 농장 몇 곳으로 설명될 수 있는 개념이 아닙니다.

온실과 수직농장, 유통과 에너지 전략까지 모두 포괄하는 농업 전환의 총체적 패러다임이라고 할 수 있습니다. 그리고 그 중심에는 늘 이런 질문이 있습니다.

"지금, 여기, 이 작물에는 어떤 기술과 전략이 가장 적절할까?"

그 질문에 답하는 것이야말로 우리에게 맞는 스마트한 농업, 바로 '한국형 스마트팜'의 본질이 될 것입니다.

스마트팜, 수익과 효율 사이의 선택
– 온실형과 수직농장 간 비교 분석(싱가포르 사례 중심)

기후 위기와 농촌 고령화, 식량 안보에 대한 관심이 고조되면서 스마트팜이 농업의 새로운 대안으로 주목받고 있습니다. 특히 도시 인구 집중에 따라 도심형 고밀도 재배가 가능한 수직농장(Indoor Vertical Farm)과 기존 농업 인프라를 디지털화한 온실형 스마트팜(Greenhouse Smart Farm)은 각기 다른 장점으로 주목받고 있습니다. 지난 2022년 싱가포르 스마트팜 시장조사를 하면서 실제 시뮬레이션 데이터를 바탕으로 수익성(ROI)과 에너지 효율성 측면에서 두 모델을 비교·분석해 보았습니다.

① 수익성: 좁은 공간에서 더 높은 수익?

수직농장은 3,300㎡의 공간에서 연간 약 693만 SGD의 수익을 올려, ㎡당 수익이 온실형의 약 5배 이상에 달합니다. 이는 다단 재배 구조와 인공광 활용으로 공간 활용도를 극대화했기 때문이죠. 다만 순이익 기준으로 볼 때, 수직농장의 투자금 회수 기간은 약 17년으로 상당히 긴 편입니다. 에너지 비용 및 운영비가 높은 구조가 수익성에 영향을 미친다는 점을 감안해야 하겠습니다.

② 에너지 효율성: 자연을 품은 온실 vs. 완전 제어형 인공환경

에너지 비용 면에서는 온실형 스마트팜이 압도적인 효율을 보입니다. 자연광과 자연환기를 활용하는 온실은 단위면적당 23 SGD 수준의 에너지 비용이 발생하지만, 인공광과 공조 설비에 의존하는 수직농장은 무려 844SGD/㎡에 달합니다. 특히 수익 대비 에너지 비용 비중이 40%를 넘는다는 점은 수직농장이 에너지 원가 의존형 모델이라는 사실을 여실히 보여 줍니다.

③ 현장 전략: 조건에 따라 최적 모델은 달라진다

수익성과 효율은 스마트팜의 양날의 검이라고 할 수 있습니다. 수직농장은 공간의 한계를 뛰어넘는 수익성을, 온실형은 운영비 절감과 안정적인 ROI를 제공합니다. 중요한 것은 자신의 사업 환경에 가장 적합한 모델을 선택하는 전략적 안목이겠죠.

결론적으로, 스마트팜은 단순한 농업 자동화가 아니라 공간·에너지·기술의 전략적 조합입니다. 이번 비교 분석을 통해 각 모델의 장단점을 면밀히 살피고, 현장 맞춤형 투자 전략을 수립하는 데 도움이 되길 바랍니다.

앞으로 스마트팜의 지속 가능한 성장을 위해서는 단순 수익률을 넘어, 에너지 절감 기술의 도입과 효율성 향상 전략이 필수적인 요소가 될 것입니다.

스마트팜의 미래:
기술, 에너지, 식량 안보의 교차점에서
– 스마트팜이 여는 지속 가능 농업의 새로운 장(章)

① 기술이 농업을 바꾸고 있습니다

오늘날 농업은 중요한 전환점을 맞이하고 있습니다. 기후 변화, 물 부족, 식량 위기와 같은 전 지구적인 문제에 직면하면서, 온실형 스마트팜, 특히 '반밀폐형 온실'은 단순한 기술 설비를 넘어 미래 농업의 핵심 열쇠로 주목받고 있습니다. 이 온실은 기후의 제약을 극복하고, 자원을 절약하며, 인공지능과 결합하여 농업의 자동화를 실현해 나가고 있습니다.

② 스마트팜은 '농업의 롤스로이스'입니다

스마트팜은 농업 형태 중에서도 가장 자본집약적인 방식입니다. 한번 잘 설계되면 15년 이상 안정적인 수익을 기대할 수 있습니다. 특히 태양광을 주요 에너지원으로 활용할 경우, 노지 재배에 비해 10배 이상의 생산성을 확보할 수 있습니다.

③ 에너지와 자동화가 농업을 새롭게 씁니다

스마트팜 산업의 진화는 에너지 패러다임과 밀접하게 연결되어 있습니다. 향후 저렴하고 지속 가능한 에너지가 보편화된다면, 인공광 기반의 완전 자동화 농장이 본격적으로 등장할 것입니다. 현재도 일부 국가에서는 발전소 인근의 온실이 폐열, 폐증기, 이산화탄소까지 활용하여 놀라운 생산 효율을 보여 주고 있습니다.

예를 들어, 카자흐스탄의 혹한기(-45℃), 일본의 고온 다습한 여름철에도 반밀폐형 온실은 안정적인 작물 생육을 가능케 했습니다. 이는 곧 에너지 기반 농업의 가능성을 실질적으로 보여 주는 사례입니다.

④ 스마트팜은 '농지 절감'과 '물 절약'의 해답입니다

스마트팜은 동일한 열량의 식량을 생산하는 데 필요한 면적이 가장 적습니다. 예를 들어, 온실 토마토는 100kcal를 생산하는 데 단 0.03㎡만 있으면 되며, 이는 방목 소고기에 비해 100배 이상 효율적입니다. 또한 물 사용 측면에서도 탁월합니다. 온실에서 재배한 토마토는 1kg당 약 20리터의 물만 필요합니다. 일부 완전 밀폐형 시스템에서는 작물의 증산수를 100% 회수하여 완전한 수분 순환도 가능합니다.

⑤ AI와 로봇이 '노동 없는 농장'을 실현합니다

최근 인공지능(AI) 기술의 발전은 숙련된 재배자의 직관적 판단을 점차 대체하고 있습니다. 와겐닝겐 대학교(Wageningen University & Research, WUR)의 '자율 온실 챌린지'에서 AI 제어팀은 네덜란드의 숙련된 재배자보다 더 높은 생산성과 수익률을 달성하였습니다.

AI는 온도, 습도, 이산화탄소, 급수 등을 통합 제어하며, 인간은 병해충 관리나 수확 등 일부 업무만 담당하게 될 것입니다. 수확·수분·전정 작업의 로봇화도 빠르게 진전되고 있습니다.

⑥ 식량 안보는 스마트팜 투자로 연결될 것입니다

1970년대 석유 파동, 그리고 2020년대 코로나19 팬데믹은 '식량 자립'의 중요성을 다시금 부각시켰습니다. 스마트팜은 안정적인 식량 공급뿐만 아니라, 잔류 농약 없이 안전하게 생산할 수 있다는 점에서 식품안전성 측면에서도 큰 장점을 지니고 있습니다.

이러한 이유로 중동, 중국 등 식량 수입 의존도가 높았던 국가들은 최근 스마트팜에 대한 투자에 적극 나서고 있습니다.

⑦ 스마트팜은 미래 농업의 주축입니다

향후 20년간 농업의 중심은 유리온실, 그중에서도 반밀폐형 및 완전 밀폐형 온실이 될 것입니다. 물론 쌀, 밀, 옥수수와 같은 곡물 작물은 여전히 노지 위주로 생산될 것입니다. 하지만 고부가가치 품목인 채소, 허브, 베리류 등은 온실 중심으로 재배 전환이 가속화될 것입니다.

농업이 단지 작물을 기르는 행위를 넘어, 지속 가능성, 자원 절감, 안정성, 그리고 지능형 운영을 필요로 하는 시대가 왔습니다. 스마트팜 산업은 이러한 모든 조건을 충족시킬 수 있는 가장 유력한 해답입니다.

지금이야말로 스마트팜의 가능성에 주목하고, 그 미래에 투자해야 할 때입니다.

> **공급망이 멈췄을 때,
> 우리의 식탁은 어떻게 되나?**
> – 스마트팜이 열어 가는 로컬푸드의 미래

① 세계 공급망이 흔들리자, 우리의 식탁도 흔들렸다

코로나19 팬데믹 이후, 우리는 식료품이 매일 마트에 진열되는 것이 더 이상 '당연하지 않다'는 사실을 깨닫게 되었습니다. 항만 폐쇄, 물류 지연, 인력 부족 등의 문제가 전 세계 식품 공급망을 뒤흔들었습니다. 여기에 러시아-우크라이나 전쟁, 기후 이상 현상까지 겹치면서 곡물 수출이 통제되고 국제 가격은 급등했습니다. 이처럼 외부 변수에 크게 의존하는 글로벌 농업 시스템은 위기 앞에서 매우 취약하다는 사실이 드러났습니다.

② 위기 속에서 다시 주목받는 '로컬푸드'

이런 상황 속에서 '로컬푸드(Local Food)'의 가치가 재조명되고 있습니다. 로컬푸드는 말 그대로 지역에서 생산되고, 지역에서 소비되는 먹거리를 뜻합니다. 물류거리가 짧아 운송비가 줄고, 저장 시간이 짧아 신선도는 더 오래 유지되며, 탄소 배출도 감소시킬 수 있다는 장점이 있습니다. 하지만 전통적인 로컬푸드 시스템은 여전히 계절 변화, 기후 리스크, 인력난에 취약하다는 한계를 지니고 있습니다.

③ 스마트팜, 로컬푸드의 새로운 동력

이러한 로컬푸드의 약점을 보완하고 미래형 농업을 실현하는 기술로 주목받는 것이 바로 '스마트팜(Smart Farm)'입니다. 스마트팜은 온실이나 수직농장 등에서 센서, 자동화 시스템, 데이터 기반 제어 기술을 활용해 작물의 생육 환경을 정밀하게 조절하는 농업 형태입니다. 작물의 생육에 필요한 온도, 습도, CO_2, 빛, 물, 양분을 기후와 무관하게 조절할 수 있어 도심 한가운데나 혹은 사막 한복판에서도 재배가 가능해집니다.

④ 도심 속 채소밭, 세계의 사례들

미국 뉴욕의 'Bowery Farming'은 도시 외곽의 창고형 건물에서 상추와 허브를 수직재배한 뒤, 24시간 이내에 맨해튼의 슈퍼마켓으로 공급합니다. 토지 비용, 물류비용을 줄이고, 소비자에게는 더 신선한 채소를 제공할 수 있는 구조입니다.

싱가포르는 팬데믹 이후 식량 안보 강화를 위해 도시형 스마트팜 기업에 투자하고, 2030년까지 자국 식량 자급률 30% 달성을 목표로 삼고 있습니다. Sky Greens, Sustenir 등은 도심 내에서 채소를 연중무휴로 재배하며, 수입 의존도를 낮추고 있습니다.

⑤ 한국에서도 시작된 변화 - 병풀을 직접 기르는 이유

우리나라에서도 스마트팜을 통한 공급망 개선 사례가 나타나고 있습니다. 최근 한 국내 화장품 기업은 병풀(Centella asiatica)을 인도네시아에서 수입하는 대신, 제주도 내 스마트팜에서 수경재배 방식으로 직접 재배하고 있습니다. 이는 병풀의 잔류 농약, 품질 불균일성, 공급의 불안정성을 줄이기 위한 전략으로, 결과적으로 생산 원가와 공급 리스크를 동시에 낮추는 효과를 거두고 있습니다.

⑥ 스마트팜 기반 로컬푸드는 어떻게 다른가

기존의 로컬푸드는 기후와 계절, 농촌 인구에 의존하지만, 스마트팜은 도시 안에서도 연중 안정적인 생산이 가능하며 자동화 시스템으로 인력 부담을 줄일 수 있습니다. 토지와 날씨에 구애받지 않고, 빠른 운송과 즉시 소비가 가능한 이 구조는 로컬푸드의 진화된 형태라 할 수 있습니다. 이는 단순히 신선한 먹거리를 넘어서 지역 식량 안보, 탄소 중립, 청년 일자리 창출 등 다방면에서 긍정적인 파급 효과를 낳고 있습니다.

⑦ 식량 위기 시대, 농업은 기술과 함께 진화해야 한다

스마트팜은 더 이상 미래의 농업이 아닙니다. 그것은 이미 도시와 농촌, 유통과 소비, 기후와 생태를 아우르는 현재의 필수 인프라로 자리 잡아 가고 있습니다.

이제 우리는 상추 한 포기도, 토마토 한 알도 단순한 먹거리가 아닌 '지역 식탁을 지키는 전략'으로 바라보아야 합니다. 공급망이 흔들리는 시대, 스마트팜은 식량의 최전선에서 로컬푸드를 실현하는 가장 현실적인 기술이자, 우리가 다시 농업을 시작해야 할 장소가 될 것입니다.

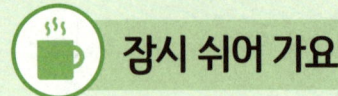 잠시 쉬어 가요

왜 식물공장 사진에는 늘 상추만 있을까?
– 빛이 부족해서 과일은 꿈도 못 꿉니다

식물공장(Indoor farm)이나 수직농장(Vertical farm) 사진을 보면 늘 나오는 작물은 한결같습니다. 큼지막한 상추, 가지런한 청경채, 혹은 케일 같은 녹색 엽채류. 그런데 유독 토마토, 파프리카, 딸기 같은 과일을 볼 수 없는 이유는 무엇일까요? 그 답은 의외로 단순합니다. '빛이 부족하기 때문'입니다.

① 자연광 vs. 인공광 - 비교가 될까?

태양은 지구 생명체에게 가장 강력한 에너지원입니다. 맑은 날 햇볕 아래, 식물은 1,000μmol/㎡/s 이상의 강한 빛을 받습니다. 하루 총광량(DLI)으로 따지면 20~30mol/㎡/day 수준. 이 정도면 광합성이 한창 활발하게 일어날 수 있고, 특히 과채류처럼 에너지 집약적인 작물에게는 최적의 조건입니다.

반면 식물공장에서 사용하는 인공조명(LED)은 아무리 고성능이라 해도 대부분 200~300μmol/㎡/s, 하루 총광량은 10mol/㎡/day 이하인 경우가 많습니다. 딱 잘라 말하면 자연광의 절반도 안 되는 빛을 공급하는 셈입니다.

② 과채류는 '빛을 먹고 자란다'

과채류(토마토, 오이, 파프리카 등)는 단순히 잎만 키우는 게 아닙니다. 꽃을 피우고 열매를 맺으며 당도를 올리기 위해 많은 에너지가 필요합니다. 이 과정에 필요한 빛의 양, 즉 광포화점은 약 700~850μmol/㎡/s나 됩니다. 상추보다 2~3배 이상 더 강한 빛을 요구하는 셈입니다. 또한 과채류는 생육 기간도 길고, 공간도 많이 차지합니다. 그만큼 전기료는 높고 생산량은 낮아 식물공장에서 키우기에는 경제성이 너무 떨어집니다.

③ 반대로 엽채류는 '빛이 적어도 잘 자란다'

엽채류는 어떨까요? 상추, 청경채, 케일 등은 광포화점이 낮고(약 300 μmol/㎡/s), 생육 속도도 빠릅니다. 심지어 하루 총광량이 8~10mol/㎡/day만 되어도 충분히 건강하게 자랍니다. 다층 수직재배도 가능하니 공간 활용도 높고, 수익성도 좋습니다. 그래서 식물공장 사진에는 항상 상추(또는 엽채류)가 주인공인 겁니다. 딸기 한 송이보다 상추 한 포기가 훨씬 경제적인 선택이기 때문이죠.

④ 사진 속 진실: 왜 상추만 자랄까?

식물공장 사진에 토마토나 파프리카가 보이지 않는 건 단순한 우연이 아니라 과학적인 필연입니다.

- 빛이 부족하니까 과일은 못 자라고
- 비용 대비 수익이 안 맞으니까 재배하지 않고
- 결국, 잘 자라는 엽채류만 선택되며
- 카메라 앞에 상추만 늘 서 있는 거죠.

구분	광포화점($\mu mol/m^2/s$)	인공광 재배 적합성
상추(엽채류)	약 300	매우 적합
토마토(과채류)	약 850	부적합(에너지 부족)

식물공장은 말 그대로 빛과 에너지의 경제학입니다. 자연광을 이용할 수 없는 공간에서 과일을 키우는 건, 어쩌면 밤하늘에 햇볕을 쬐려는 시도일지도 모릅니다. 그래서 오늘도 식물공장에는 푸른 상추들이 줄지어 서 있고, 그늘에서 과일은 조용히 자리를 양보합니다.

2부

스마트팜은 어떻게 작동할까
- 스마트한 재배의 원리

온실은 작은 우주다
- 작물이 자라는 기후, 과학이 답하다
- 온실 내부 환경을 지배하는 물리 법칙에 대하여

스마트팜의 핵심은 '자동화'가 아닙니다. 진짜 핵심은 '환경'입니다.

작물이 자라기 위해서는 단순히 온도만 맞추는 것이 아니라, 열과 수분, 이산화탄소의 균형, 즉 전체적인 환경의 정밀한 조화가 필요합니다. 우리가 흔히 '온실'이라고 부르는 공간은, 사실 단순한 온실이 아니라, 외부 세계와는 완전히 다른 물리 법칙이 작동하는 하나의 작은 우주입니다.

그 안에서 어떤 일이 벌어지는지, 운영자는 과학자의 눈으로 바라볼 필요가 있습니다.

① 온실에서 환경이 만들어지는 원리

온실 내부에는 두 가지 중요한 물리 메커니즘이 존재합니다.

첫째는 공기의 밀폐입니다. 외부와 공기가 잘 섞이지 않기 때문에, 내부 공기는 정체되고 따뜻하게 유지됩니다. 특히 겨울철 외부의 찬 공기가 차단되면서, 내부 온도는 상대적으로 더 높게 유지되며, 동시에 습도도 쉽게 상승합니다.

둘째는 빛과 복사열의 이동 방식입니다. 태양으로부터 오는 단파 복사선은 투명한 덮개를 통과하여 온실 내부로 들어오지만, 내부에서 발생하는 장파 복사선은 피복재에서 흡수되거나 반사되어 외부로 빠져나가기 어렵습니다. 결국 열은 안에 갇히게 되고, 이로 인해 온실은 따뜻한 상태를 유지합니다. 이것이 바로 '온실효과'입니다.

② 작물 생장에 영향을 미치는 다섯 가지 요소

이러한 온실효과는 내부의 다양한 환경 요소들을 변화시키게 됩니다. 대표적으로 다음 다섯 가지는 작물 생장에 직접적인 영향을 줍니다.

- 일사량: 작물이 광합성을 통해 자랄 수 있는 기본 에너지
- 공기 및 작물 온도: 세포의 대사 속도와 증산률에 큰 영향을 줌
- 습도(수증기압): 공기 중 수분량은 곧 작물의 증산과 병해에 직결
- 공기의 흐름: 열과 CO_2, 수증기의 순환을 좌우
- 이산화탄소 농도: 광합성의 핵심 원소

이 다섯 요소는 유기적으로 연결되어 있으며, 하나라도 균형이 깨지면 작물은 스트레스를 받습니다.

③ 온실 환경은 '에너지'와 '질량'의 흐름으로 설명된다

온실 환경을 이해하려면, 두 가지 흐름을 생각해야 합니다. 바로 에너지 흐름과 질량 흐름입니다.

에너지의 흐름

에너지는 주로 두 경로로 유입됩니다. 하나는 태양복사에너지, 또 하나는 난방시스템을 통한 열 공급입니다.

이 에너지는 온실 내에서 대류, 복사, 전도, 증발/응축 등의 방식으로 이동하며, 일부는 외부로 빠져나갑니다. 손실되는 경로는 다양합니다.

- 지붕 덮개를 통한 대류 손실
- 하늘로 나가는 장파 복사 에너지
- 환기에 의한 열 손실(현열+잠열)
- 지면과의 전도 손실

이 모든 작용을 종합하면 우리는 하나의 에너지 수지 방정식을 도출할 수 있습니다. 이를 통해 '언제 열이 축적되고, 언제 손실되는지'를 판단할 수 있어야 합니다.

질량의 흐름

질량의 흐름은 크게 두 가지, CO_2와 수증기입니다. 작물은 CO_2를 흡수하여 광합성을 하고, 수분을 증산하여 대기 중으로 내보냅니다. 이 과정은 온실 환경과 맞물려 정밀하게 조율되어야 합니다.

- CO_2는 외부에서 주입되기도 하고, 환기로 손실되기도 합니다.
- 수분은 증산으로 방출되거나, 피복재에 응축되기도 하며, 환기를 통해 빠져나가기도 합니다.

이 흐름도 하나의 방정식으로 표현됩니다.

"저장량=유입+생성-손실"

스마트팜 운영자가 반드시 숙지해야 할 기본 원리입니다.

④ 현장에서 적용되는 사례: 겨울철의 결로 문제

겨울철엔 외부 온도는 낮고, 온실 내부는 따뜻합니다. 이때 발생하는 대표적인 현상이 덮개 결로입니다. 온실 내부의 따뜻한 공기 중 수증기는 찬 덮개와 닿으면서 물방울로 변하고, 이는 병해균의 번식 조건을 만들어 냅니다.

운영자는 이를 방지하기 위해 온도만 높이는 것이 아니라, 적절한 환기와 열 순환 전략을 함께 고려해야 합니다. 난방을 하면서도 습도를 낮추고, 결로를 방지하기 위해 공기 흐름을 확보해야 합니다. 이 모든 판단은, 물리적인 원리를 이해한 사람만이 할 수 있는 일입니다.

⑤ 운영자가 알아야 할 네 가지 핵심 포인트

1. 피복재 소재 선택
   → 복사 투과율과 흡수율을 고려한 스마트한 선택 필요
2. 난방관의 위치와 가동 시점
   → 지표면과의 열 교환까지 고려해 최적화해야 함
3. 환기 전략
   → 습도, 온도, 일사량을 모두 반영한 다양한 영향값 설정 제어 필요
4. 데이터 기반 운영
   → 입력된 에너지와 손실된 에너지의 흐름을 수치로 분석할 수 있어야 함

⑥ 기술보다 중요한 것은 원리의 이해

스마트팜은 결국 환경을 설계하는 기술입니다. 그 환경은 기계가 만드는 것이 아니라, 운영자의 '이해'가 만드는 것입니다.

작물은 말이 없습니다. 대신, 기온과 습도, 일사량, 이산화탄소의 수치를 통해 우리에게 말을 겁니다. 이 말을 이해하고, 그 원리를 알고 움직일 수 있는 사람만이 진정한 스마트팜 운영자입니다.

"온실은 단순한 하우스가 아닙니다. 그것은 하나의 작은 우주이며, 그 속에서 기후는 과학의 법칙에 따라 움직입니다."

복합환경제어의 핵심 원리:
"필요할 때, 필요한 만큼 자동으로"
- 작물 중심의 환경 제어

① 난방 제어: "하루를 나눠, 상황에 맞게 따뜻하게"

온실 내부의 온도는 작물의 성장에 매우 중요합니다. 특히 아침에는 식물이 본격적으로 활동을 시작하기 전에 따뜻해져 있어야 수분이 과하게 증발하거나 결로가 생기는 것을 막을 수 있습니다.

예를 들어, 아침 6시에 해가 뜬다고 가정할게요. 그러면 'Period 1'은 해 뜨기 2시간 전인 4시에 시작되도록 설정할 수 있어요. 이 시간부터는 점점 온도를 높여서 해가 뜰 무렵에는 온실이 충분히 따뜻해지도록 해야 합니다. 여기서 "시간당 1℃씩 온도를 높이자"고 설정한다면, 4시에 18℃에서 시작해서 6시쯤엔 목표 온도인 20.5℃에 도달하게 됩니다.

이렇게 시간별로 최소 온도를 설정해 두면, Priva 시스템은 외부 온도나 복사광 조건에 따라 자동으로 난방을 조절합니다. 즉, 그날 복사광이 많다면 설정된 난방 온도보다 조금 덜 데워도 된다고 판단하고 자동으로 난방을 줄일 수 있어요.

② 습도까지 생각하는 파이프 난방

집에서 난방을 켜면 바닥부터 따뜻해지죠? 온실 또한 마찬가지입니다. 식물도 뿌리 근처가 너무 습하고 차가우면 병이 생겨요. 그래서 스마트팜에서는 바닥 가까이에 있는 파이프를 통해 습도를 조절하기도 해요.

예를 들어, 온실 내부 습도가 85%를 넘었다고 해 봅시다. 그럼 시스템은 이렇게 판단해요:

"이 정도면 뿌리 쪽이 너무 축축할 수 있어. 파이프 온도를 35℃로 올려서 바닥을 따뜻하게 데워 보자."

그렇게 따뜻한 공기가 아래에서 위로 올라가면서 습기를 날려 주고, 식물도 뿌리부터 건조하고 건강한 환경을 유지할 수 있게 됩니다.

③ 창문도 똑똑하게 열고 닫는다(환기)

사람은 더우면 창문을 열고, 추우면 닫죠. 온실도 마찬가지예요. 단, 식물은 바람을 너무 세게 맞으면 스트레스를 받아요. 그래서 창문은 '조금씩' 천천히 열어야 해요.

예를 들어, 설정된 목표 온도가 22℃인데, 실제 온도가 25℃라면?

"3℃ 높네. 전체 P-band가 10℃니까 지금은 창문을 30%만 열자."

이렇게 '지금 온도가 얼마나 더운가'를 계산해서 몇 퍼센트까지 창을 열지 비례적으로 결정하는 거예요. 온실 안이 다시 시원해지면 창도 천천히 닫히죠. 마치 자동 모드로 설정된 에어컨이 강약을 조절하는 것처럼요.

P-band(P-밴드)가 10℃라면, 온도가 기준보다 10℃ 높을 때 창문은 100% 완전히 열려요. 만약 지금 온실 온도가 25℃라면, 기준 온도인 22℃보다 3℃ 높으니까 창문은 약 30% 열리는 거예요. 이렇게 부드럽게 조절되니까, 작물이 갑자기 외부의 찬 공기에 노출되는 걸 방지할 수 있어요.

④ 커튼 제어: "햇빛을 막거나, 열을 가두거나"

온실에 설치된 커튼은 에너지 절약용, 차광용, 암막용 등 다양한 목적을 가지고 있어요. 예를 들어, 오전 7시부터 햇볕이 들어오는데, 그때 외부 복사광이 120W/㎡ 이하이고, 외기 온도가 7℃ 이하라면 커튼을 닫는 게 에너지 절약에 더 좋다고 판단할 수 있죠. 이 조건을 만족하면 Priva는 자동으로 커튼을 100% 닫습니다.

특히 'AUTO CLOSE'라는 기능을 설정해 두면, 조건이 다시 사라져도 해당 시간 동안은 커튼을 계속 닫은 상태로 유지시킬 수 있어요. 이는 잦은 개폐로 인한 장비 손상을 줄이기 위한 장치이기도 해요.

⑤ 급액 제어: "햇빛 많을 때 물도 많이, 자동으로"

작물에게 물을 주는 시점도 자동화할 수 있어요. 특히 복사량의 합계, 즉 '누적광량'을 기준으로 급수를 시작하는 것이 일반적입니다.

예를 들어, 오전 9시부터 누적 복사량이 108J/cm²가 되면 150ml의 물을 자동으로 주게 설정할 수 있어요. 그다음엔 9시 45분에 한 번 더 급수하고, 오전 11시부터 오후 2시 30분 사이에 세 번에 걸쳐 소량 급수도 할 수 있어요. 모두 설정만 해 두면 자동으로 진행됩니다.

이처럼 복합환경제어 시스템은 작물의 생리적 요구에 맞춰 난방, 환기, 급액, 커튼 등을 시간대별로 정밀하게 설정할 수 있게 해 줍니다. 그리고 각 설정은 날씨, 복사광, 습도, 외기 온도 같은 외부 조건에 따라 자동으로 보정되므로, 운영자는 "언제 어떻게 작물이 무엇을 필요로 하는지"에 대한 감각만 잘 유지하면 됩니다.

작물과 대화하듯, 그 신호를 읽고 해석하는 도구가 바로 이 복합환경제어 시스템인 셈이죠.

최적의 생육 환경을 만드는 과학

– 스마트팜 온실 복합환경제어 기초 원리

작물이 자라기 좋은 온도는 마치 사람이 따뜻한 이불 속에 들어가 편히 쉴 때의 온도와 비슷합니다. 너무 춥거나 너무 더우면 작물은 스트레스를 받습니다. 그래서 온실 내부에는 난방과 환기를 자동으로 조절하는 시스템이 마련되어 있습니다.

① 난방온도선과 환기온도선 - 따뜻하게, 그러나 넘치지 않게

스마트팜 온실에서는 두 개의 기준 온도를 설정합니다.

- 난방온도선: 이 선보다 온도가 낮아지면 히터가 작동합니다. 마치 겨울에 실내 온도가 18℃ 이하로 떨어졌을 때 보일러가 켜지는 것처럼요.
- 환기온도선: 이보다 온도가 높아지면 창문(환기창)을 열어 더운 공기

를 내보냅니다. 여름에 창문을 열어 바람을 넣는 것과 비슷합니다.

이 두 온도선 사이의 틈을 '사각 범위'라고 합니다. 이 범위는 보통 0.5~3℃ 정도로 두며, 그 목적은 기계가 너무 자주 켜졌다 꺼졌다 하지 않게 하기 위함입니다.

예를 들어 난방은 20℃ 이하일 때 작동하고, 환기는 23℃ 이상일 때 시작되면, 20~23℃ 구간은 기계가 쉬는 안정구간이 됩니다. 이게 바로 사각 범위입니다.

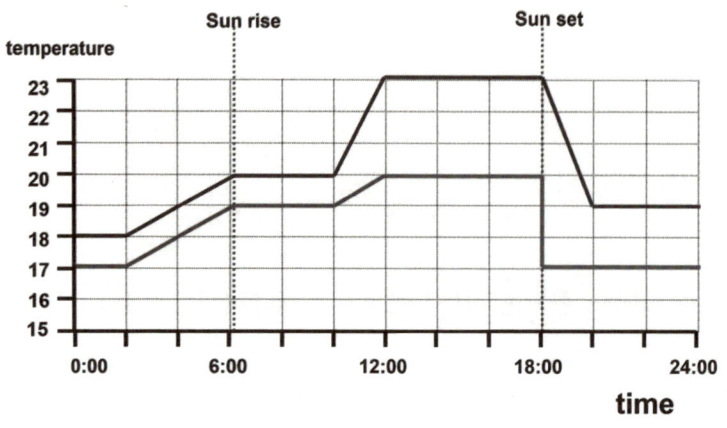

난방온도선과 환기온도선

② 지연시간 - 작물이 적응할 시간을 주세요

온도가 바뀌면 즉시 반응하는 것이 아니라, "조금 천천히" 변하도록 시간을 둡니다. 이것을 지연시간이라고 합니다. 예를 들어 1℃ 오르는 데 20분이 걸리도록 설정하면, 갑작스러운 변화 없이 식물이 안정적으로 적응할 수 있게 됩니다.

③ 주간과 야간의 전환 - 시간도 고려합니다

식물도 낮에는 활발히 자라고, 밤에는 쉬기 때문에, 낮과 밤의 온도 설정이 달라야 합니다.

- 낮(주간): 대체로 높은 온도를 유지(예: 20℃)
- 밤(야간): 에너지를 아끼고, 작물 생리에도 맞게 낮은 온도 유지(예: 18℃)

전환은 일출/일몰 시각 기준으로 천천히 진행되며, 일출 전부터 난방이 서서히 올라가고, 일몰 전에는 미리 낮춰 놓는 방식입니다. 이때 사용되는 것이 '천문시계'입니다. 자동으로 일출/일몰 시간을 인식하여 온도 전환을 조정해 줍니다.

④ 햇빛과 온도의 균형 - 빛이 많을수록 온도도 함께 높여야 한다.

작물이 건강하게 자라고 풍부한 수확을 얻기 위해서는 '빛'과 '온도'라는 두 요소의 조화가 무엇보다 중요합니다. 이 둘은 마치 짝을 이루는 파트너처럼, 어느 하나가 부족하거나 과하면 작물 생장에 불균형을 초래할 수 있습니다. 특히 온실 재배와 같은 통제된 환경에서는 이 두 요소를 잘 맞추는 것이 생육 최적화를 위한 핵심 전략입니다.

식물의 광합성은 단순히 빛만 충분하다고 해서 최대로 이루어지는 것이 아닙니다. 광합성 속도는 빛의 세기와 함께 '온도'라는 조건이 함께 충족될 때 비로소 효율이 극대화됩니다. 쉽게 말해, 밝은 햇빛이 내리쬐는 날이라면 그에 걸맞게 온도도 높여 주어야 식물의 생리 활동이 왕성해지는 것이죠.

예를 들어 구름이 많은 날이나 흐린 날처럼 햇빛이 약한 경우에는 작물의 에너지 생산 능력이 떨어지기 때문에, 이때는 과도한 온도 상승을 피하고 난방 온도는 15℃, 환기 온도는 17℃ 정도로 낮춰 설정하는 것이 좋습니다. 이는 식물이 과도한 호흡으로 에너지를 소모하지 않도록 도와주는 설정입니다.

반대로, 맑고 햇빛이 풍부한 날에는 식물이 흡수할 수 있는 빛 에너지가 많아지므로, 광합성 작용도 더욱 활발해질 수 있습니다. 이럴 때 난방 온도를 17℃, 환기 온도를 21℃까지 높여 주면, 식물이 빛과 열을 동시에 활용하면서 더욱 건강하게 성장할 수 있는 환경이 조성됩니다.

이러한 설정은 식물의 생장 속도를 촉진시킬 뿐 아니라, 온실 내 에너지 사용을 보다 효율적으로 조절하는 데에도 도움이 됩니다. 다시 말해, 기후 여건에 따라 유연하게 온도를 조절하는 것은 광합성 효율을 극대화하고 작물 생산성을 높이는 가장 기초적이면서도 효과적인 방법이라 할 수 있습니다.

결국, '빛이 많으면 온도도 함께 높인다'는 원칙은 스마트팜 환경 제어의 핵심 중 하나입니다. 식물에게 최적의 환경을 제공하기 위해서는 이러한 세밀한 설정 변화에 민감하게 대응할 줄 아는 감각이 필요합니다. 이것이 바로 기술과 생리학의 만남이 이루어지는 지점이며, 스마트한 농업의 출발점입니다.

⑤ 외부 온도와 바람을 고려한 환기창 제어 - 언제, 얼마나 열 것인가

온실에서 환기창을 여는 일은 단순히 "실내가 더우니까 열자"는 식으로 결정되는 것이 아닙니다. 환기는 온실 내의 온도를 조절하고 습도를 관리하는 중요한 수단이지만, 외부 환경에 따라 신중하게 판단하지 않으면 오히려 식물에게 스트레스를 줄 수 있습니다.

예를 들어, 외부 온도가 너무 낮거나 바람이 강하게 부는 날이라면, 환기창을 무작정 열었다가는 찬 바람이 온실 안으로 급격히 들어오면서 내부 온도를 급하강시키고, 작물의 잎과 뿌리에 큰 피해를 줄 수 있습니다. 특히 어린 식물이나 기온 변화에 민감한 품종은 이런 갑작스러운 환경 변화에 매우 취약합니다.

그래서 스마트팜에서는 이러한 위험을 줄이기 위해 P-band라는 기준을 사용해 환기창을 얼마나 열지, 얼마나 천천히 열지 결정합니다.

P-밴드(band)는 이렇게 생각하면 쉽습니다.

기준 온도를 '26℃'라고 설정해 두었을 때, 실제 온실 온도가 그보다 1℃ 높아졌는지, 2℃ 높아졌는지에 따라 환기창을 어느 정도 열지를 단계적으로 조절하는 방식입니다.

예를 들어,

- *설정 온도인 26℃일 때는 창문을 거의 닫아 둡니다.*
- *온도가 27℃로 1℃ 상승하면, 환기창을 25% 정도 엽니다.*
- *28℃가 되면 50%,*
- *29℃에서는 75%,*
- *30℃가 되면 100%까지 열리는 식으로, 온도 상승폭에 비례하여 환기량을 점진적으로 조절하는 것이죠.*

이러한 방식은 단순하면서도 매우 합리적입니다. 급격한 외기 유입을 방지하고, 외부 환경과 내부 조건 사이의 균형을 섬세하게 유지할 수 있기 때문입니다.

또한, 바람이 강한 날에는 센서가 이를 감지해 창문이 갑자기 많이 열리지 않도록 자동으로 조절해 줍니다. 경우에 따라 바람이 특정 세기 이상 불면 환기창을 아예 닫거나 미세하게만 여는 조치를 취하기도 합니다.

결국, 환기창 제어는 온실의 '호흡'을 조절하는 일입니다. 식물이 무리 없이 숨 쉬고, 자라기 좋은 환경을 만들어 주기 위해서는 이처럼 섬세하고 지능적인 조절이 꼭 필요합니다. 스마트팜 기술이 지향하는 것도 바로 이러한 정밀함입니다. 사람의 감각만으로는 놓치기 쉬운 작은 변화들을 데이터와 알고리즘이 읽어 내고, 그에 맞춰 환기량을 미세하게 조정해 주는 것이죠.

⑥ 습도까지 함께 조절해야 진짜 스마트한 온실 관리이다

스마트팜에서 온도 조절만 잘하면 작물이 잘 자랄 것 같지만, 실제로는 그렇지 않습니다. 온도만큼이나 중요한 것이 바로 습도 관리입니다. 습도가 너무 높으면 병해가 발생하기 쉽고, 너무 낮으면 작물이 스트레스를 받게 됩니다. 특히 곰팡이와 세균은 고온 다습한 환경을 좋아하기 때문에, 습도 조절은 건강한 작물 생장을 위한 필수 조건입니다.

그렇다면 습도는 어떻게 조절할 수 있을까요? 단순히 "창문을 열어 공기를 빼자"라고 생각하기 쉽지만, 스마트팜에서는 좀 더 정교하고 복합적인 방법을 사용합니다.

첫째, '최소 환기(minimum ventilation)'를 활용합니다.

외부 온도가 낮거나 바람이 강해서 창문을 크게 열기 어려운 상황이라도, 창문을 아주 조금이라도 열어 주는 것만으로도 실내의 수증기를 바깥으로 배출할 수 있습니다. 이는 온실 내부의 공기와 외부 공기를 부드럽게 교환해, 급격한 온도 변화 없이 습도를 낮추는 데 효과적입니다.

둘째, 파이프 온도를 활용한 제습입니다.

온실 바닥이나 작물 하단에 설치된 난방 파이프를 약간 따뜻하게 유지하면, 공기 중의 수증기가 차가운 표면에 맺히는 것을 줄이고, 동시에 수분을 증발시켜 습도를 낮출 수 있습니다. 이를 위해 '최저 파이프 온도'를 일정 수준 이상으로 설정하는 것이 필요합니다. 예를 들어, 바깥은 춥지만 내부 습도가 너무 높을 때, 파이프 온도를 40℃ 정도로 유지하면 효과적으로 습도를 제어할 수 있습니다.

셋째, 팬(순환팬)을 활용한 공기 흐름 조절입니다.

온실 내부의 공기가 특정 구역에 머무르면 그곳에 습기가 쉽게 고입니다. 팬을 돌려 공기를 온실 전체로 고르게 순환시켜 주면, 습도 차이가 줄어들고 병해 발생 가능성도 낮아집니다. 특히 천장 부근의 따뜻하고 습한 공기를 아래쪽으로 내려보내고, 바닥 부근의 찬 공기를 위로 끌어 올리는 방식은 습도와 온도를 동시에 균일하게 유지하는 데 큰 도움이 됩니다.

이처럼 스마트팜에서는 온도와 습도를 함께 고려한 정교한 환경 제어가 이루어집니다. 온실 내부는 매 순간 기후와 작물 상태에 따라 변화하기 때문에, 단순히 "온도 몇 도로 설정할까요?"라는 식의 관리로는 충분하지 않습니다.

결국, 스마트팜의 온도·습도 제어란 시간, 날씨, 햇빛, 바람, 작물의 상태까지 모두 고려한 '종합적인 생육 환경 조절'입니다. 이는 단순한 자동화가 아니라, 작물을 정성껏 돌보는 과학적인 손길이자, 농부의 경험과 기술, 데이터가 함께 어우러진 현대 농업의 지혜라 할 수 있습니다.

⑦ 스마트팜 온도 제어, 식물의 하루하루를 설계하는 과학

온실에서 식물이 잘 자라려면, 하루 동안의 온도 리듬이 아주 중요합니다. 단순히 "낮에는 따뜻하게, 밤에는 시원하게"가 아니라, 그 전체 흐름과 세부 온도 변화가 생육에 큰 영향을 미칩니다.

식물이 기억하는 온도 - 하루의 '총 온기'를 결정하는 24시간 평균 온도

스마트팜에서 기후를 조절할 때 많은 사람들은 "낮에는 몇 도, 밤에는 몇 도로 설정해야 할까?"에만 주목합니다. 물론 시간대별 온도 설정도 중요하지만, 작물의 생리에 더 큰 영향을 미치는 것은 바로 하루 전체를 통틀어 식물이 받은 '총 온기', 즉 24시간 평균 온도입니다.

식물은 단순히 낮에 더웠고, 밤에 추웠는지를 따로따로 인식하지 않습니다. 마치 하루 종일 받은 햇살을 몸에 고루 담듯, 온도도 하루 평균값을 중심으로 생장을 조절합니다.

예를 들어, 낮 동안 26℃, 밤에는 18℃였다면 그날의 평균 온도는 약 22℃입니다. 이 온도가 일정하게 유지된다면, 작물은 크게 스트레스를 받지 않고 안정적으로 자랄 수 있습니다. 하지만 이 평균 온도가 너무 낮아지면 문제가 발생합니다. 광합성 활동이 둔화되고, 성장 속도가 느려지며, 꽃이나 열매의 형성이 지연될 수 있습니다. 마치 봄 햇살이 부족한 날처럼 작물이 '기지개를 켜지 못한 채' 멈춰 버리는 상황이 발생하는 것이죠.

반대로, 평균 온도가 너무 높아지면 또 다른 문제가 나타납니다. 키는 빨리 크지만, 지나치게 빠른 생장은 잎과 줄기의 신장만 촉진시키고, 꽃이 잘 피지 않거나 열매가 제대로 성숙되기 전에 썩는 경우가 생길 수 있습니다. 특히 토마토나 파프리카 같은 과채류 작물은 이런 온도 불균형에 민감하게 반응합니다.

24시간 평균 온도는 단순한 숫자가 아닙니다. 이는 식물이 하루를 어떻게 보냈는지를 말해 주는 지표입니다. 기온의 높고 낮음뿐 아니라, 그 온도가 얼마나 지속됐는지까지 반영되기 때문에 작물의 생장 상태를 예측하거나 진단하는 데 매우 유용한 기준이 됩니다. 또한 이 평균 온도는 작물의 전체적인 균형 성장에도 영향을 줍니다. 잎이 너무 크고 두꺼우면 통풍이 잘 안되어 병해에 취약하고, 줄기만 자라면 영양분이 분산돼 열매가 부실해지고, 뿌리만 잘 자라도 지상부 생육이 제한됩니다. 바로 이럴 때, 평균 온도를 적정하게 유지하는 것이 잎, 줄기, 뿌리가 균형 있게 자라는 생육 환경을 만드는 핵심이 됩니다.

스마트팜에서는 이 24시간 평균 온도를 실시간으로 계산하고, 시간대별로 온도를 조정해 전체 평균이 적정 수준을 유지하도록 관리합니다. 즉, 낮에 조금 온도를 낮추고, 밤에 살짝 높여서 평균을 일정하게 유지하는 전략이 자주 사용됩니다.

결국, 24시간 평균 온도는 작물과 대화하는 중요한 언어입니다. "오늘 기분은 어땠어?"라고 묻는다면, 식물은 낮과 밤을 따로 얘기하지 않고 하루의 온기를 이야기할 것입니다. 그리고 우리는 그 온기를 기준으로 더 좋은 환경을 만들어 주어야 합니다. 이것이 바로 과학과 감성이 만나는 스마트팜의 온도 관리법입니다.

주야간 온도 차, 식물에게 보내는 리듬의 신호
- 생육을 조율하는 '자연의 템포'

사람이 아침에 일어나고 밤에는 잠을 자듯, 식물도 하루의 온도 변화를 통해 스스로의 생장을 조율합니다. 특히 낮과 밤의 기온 차, 즉 주야간 온도편차는 식물에게 매우 중요한 '신호'로 작용합니다. 이 온도 차는 단순한 기온 변화가 아니라, 식물이 언제 광합성을 해야 하고, 언제 자원을 분배하며 성장해야 하는지를 알려 주는 일종의 생체 리듬 알람인 셈입니다. 낮 동안 식물은 햇빛을 받아 광합성을 합니다. 이때 잎은 빛 에너지를 이용해 당분을 만들고, 뿌리로부터 물과 양분을 흡수하며 성장에 필요한 에너지를 축적합니다.

그리고 밤이 되면, 빛이 사라진 대신 낮에 만들어 놓은 에너지를 '분배'하고 '사용'하는 시간이 시작됩니다. 줄기와 뿌리를 자라게 하고, 꽃과 열매에 양분을 보내며 체내 균형을 맞추는 것이죠. 이때 중요한 역할을 하는 것이 바로 낮과 밤의 기온 차입니다.

적절한 온도 차는 식물에게 "지금은 자라야 할 시간이야" 또는 "지금은 휴식하고 체내를 정비할 시간이야"라고 알려 주는 생육 타이머 역할을 합니다.

하지만 이 온도 차가 너무 작으면 문제가 생깁니다. 낮과 밤의 온도가 거의 같다면, 식물은 밤에도 '광합성 모드'처럼 인식해 몸집 키우기에만 집중하게 됩니다. 즉, 잎과 줄기만 무성해지는 '영양생장'으로 치우치고, 꽃이 잘 피지 않거나 열매가 잘 맺히지 않는 현상이 나타납니다.

반대로, 낮과 밤의 온도 차가 너무 크면 또 다른 문제가 생깁니다. 큰 기온 차는 식물에게 스트레스를 유발하고, 이는 "위기 상황이니, 씨앗을 남기자"는 반응으로 이어져 꽃이 급격히 피고, 과도하게 '생식생장'으로 전환되기도 합니다. 이럴 경우 열매는 맺히지만 작고 단단하지 않거나, 성숙하기 전에 낙과되는 경우도 생길 수 있습니다. 그래서 스마트팜에서는 주야간 온도 차를 의도적으로 조절합니다.

예를 들어, 토마토나 파프리카의 경우, 낮 24℃, 밤 18℃ 정도로 6~8℃의 기온 차를 유지하면 광합성과 에너지 분배의 균형이 잘 맞아 잎, 줄기, 뿌리, 열매 모두 고르게 자랄 수 있습니다. 이러한 기온 리듬을 유지해 주는 것은 단순한 온도 설정이 아니라, 식물의 자연 리듬을 존중하고 맞춰 주는 과학적 배려입니다.

결국, 주야간 온도 차는 식물에게 "지금은 햇살을 받아 에너지를 만들 시간", "지금은 그 에너지를 써서 몸을 키울 시간"이라고 알려 주는 자연의 목소리입니다. 우리는 그 목소리를 듣고, 온실 안의 환경을 조율함으로써 더 건강하고 균형 잡힌 작물로 키워 낼 수 있는 것이죠. 스마트팜의 온도 제어란, 단순히 따뜻하게 하고 식히는 일이 아니라 생명의 리듬에 귀 기울이는 섬세한 과학이자 예술입니다.

결로, 식물 위에 맺히는 '밤의 이슬' - 작물을 위협하는 숨은 적

아침 일찍 온실을 들어가 보면, 작물 잎이나 열매 표면에 작은 물방울이 맺혀 있는 것을 자주 볼 수 있습니다. 마치 겨울철 창문에 송골송골 맺히는 이슬 같기도 하지요. 이것이 바로 결로(Condensation)입니다. 결로는 단순한 물방울이 아닙니다. 겉으로는 깨끗하고 자연스러워 보이지만, 실제로는 곰팡이균이나 세균이 자라기 좋은 환경을 만드는 주요 원인이 됩니다. 특히 표면이 부드러운 딸기, 토마토, 파프리카 같은 작물은 결로로 인해 쉽게 상처가 생기고, 곰팡이나 부패가 발생할 위험이 높아집니다.

그렇다면 이 결로는 왜 생기는 걸까요? 결로의 원리는 우리가 흔히 겪는 겨울 아침 유리창의 이슬과 같습니다.

- 이른 아침 해가 뜨면서 온실 내부의 공기 온도는 빠르게 올라갑니다.
- 식물의 증산 작용이 시작되고 바닥의 수분도 증발하면서, 내부 공기는 따뜻하고 습해지기 시작하지요.
- 하지만 밤사이 차갑게 식어있던 식물의 잎이나 열매(과실)는,
- 공기보다 훨씬 천천히 데워집니다.
- 즉, 공기는 이미 따뜻하고 습해졌는데, 작물체는 상대적으로 차가운 상태인 거죠.
- 이때, 따뜻하고 습기를 많이 머금은 공기가,
- 상대적으로 여전히 차가운 작물 표면에 닿으면 응결이 일어납니다.
- 그리고 그 수증기가 물방울로 변해 차가운 작물 표면에 맺히는 것,

- 이것이 바로 결로입니다.

쉽게 말해, 공기와 작물 사이의 온도 차가 클수록 결로가 생길 가능성도 높아지는 것입니다. 결로 자체는 자연스러운 현상이지만, 문제는 그 다음입니다.

- 맺힌 물방울은 식물 표면을 지속적으로 촉촉하게 만들어,
- 병원균이 활발하게 증식할 수 있는 환경이 되고,
- 병이 시작되면 순식간에 주변 작물로 퍼지기 쉽습니다.

딸기에서 곰팡이가 피거나, 토마토에 흑색 반점이 생기는 원인 중 상당수가 바로 이 결로 때문입니다. 그래서 스마트팜에서는 결로를 줄이기 위해 다음과 같은 전략을 씁니다:

- 밤사이에도 공기가 정체되지 않도록 순환팬을 돌려 주고,
- 공기 온도와 작물체의 온도 차를 줄이기 위해 저온 급강하를 방지하며,
- 새벽에 약간의 난방 또는 파이프 온도를 올려 공기 중 수증기를 줄이기도 합니다.

결국, 결로는 단순한 습기 문제가 아닙니다. 그 이슬 한 방울이 곧 수확량 손실, 상품성 저하, 병해 확산으로 이어질 수 있기 때문입니다. 결로는 식물이 말없이 보내는 위험 신호입니다. 눈에 잘 띄지 않지만, 현명한 농부는 그 작은 변화 하나도 놓치지 않습니다.

스마트한 환경 제어는 이처럼 눈에 보이지 않는 위험까지 미리 감지하고 대응하는, 과학과 섬세함이 만난 농사의 기술입니다.

조조가온 - 결로를 막는 '아침 준비 운동'의 과학적 원리

온실에서 작물을 재배하다 보면, 가장 골치 아픈 문제 중 하나가 바로 결로입니다. 특히 새벽 시간대, 작물 잎이나 열매에 송골송골 맺히는 물방울은 겉보기엔 이슬처럼 보이지만, 실제로는 병해와 품질 저하를 유발하는 '조용한 위협'이 됩니다. 이 결로를 사전에 예방하기 위한 스마트한 전략이 바로 '조조가온(朝朝加溫)', 즉 새벽 가온입니다.

조조가온은 왜 필요할까요? 결로는 대개 일출 직후에 발생합니다. 밤 사이 온실 안은 차가워지면서 공기 온도와 작물체 온도 모두 낮아진 상태가 됩니다. 그러나 해가 뜨기 시작하면 공기 온도는 빠르게 올라갑니다. 문제는, 잎이나 열매 표면은 공기보다 느리게 따뜻해진다는 점입니다.

이때 따뜻해진 공기 속 수증기가 아직 차가운 잎 표면에 닿으면 응결이 일어나고, 그 결과 잎에 물방울이 맺히는 현상이 바로 결로입니다. 이는 곰팡이나 세균이 번식하기 좋은 환경을 만들고, 특히 딸기, 토마토처럼 껍질이 약한 작물은 쉽게 병에 감염되거나 상품성이 떨어질 수 있습니다.

그렇다면 조조가온, 어떻게 작동할까요? 조조가온은 일출 약 1~3시간 전, 파이프 히터나 온풍기를 이용해 온실 내부의 공기를 부드럽게 따뜻하게 데워 주는 방식입니다. 중요한 점은 급격한 난방이 아니라, 서서히 2~3℃ 정도만 공기 온도를 높이는 것입니다. 이렇게 하면 공기 온도가 급상승하는 시간을 미리 앞당겨 주고, 작물체의 온도도 점차 함께 상승하게 되어 잎과 공기 간의 온도 차이를 줄일 수 있게 됩니다. 또한 이 시점에 환기창을 살짝 여는 '최소 환기'를 병행하면, 공기 중 수증기를 외부로 배출해 상대습도를 낮추는 데 도움이 됩니다. 온도와 습도, 두 요소를 동시에 다스리는 것이 결로 예방의 핵심입니다.

조조가온을 하지 않으면, 일출 후 빠르게 따뜻해진 공기 속 수증기가 차가운 잎에 닿아 물방울이 맺히고 곰팡이균의 침입 경로가 열리게 됩니다. 반면, 조조가온을 적용하면 잎의 온도가 공기 온도와 함께 자연스럽게 올라가 수증기가 응결되지 않고, 결로 없이 하루를 시작할 수 있습니다.

결국 조조가온은 단순한 새벽 난방이 아닙니다. 결로라는 보이지 않는 위험을 사전에 차단해 주는 정밀한 환경 제어 전략입니다. 작물이 하루를 건강하게 시작할 수 있도록 도와주는 스마트팜의 '아침 준비 운동'이자, 기술과 섬세한 배려가 만나 이루어지는 과학적인 생육 케어라 할 수 있습니다.

⑧ 요약하면 이렇게 정리할 수 있어요

- 24시간 평균 온도는 식물의 '하루 온열 에너지'입니다. 너무 높거나 낮으면 생육 불균형이 생깁니다.
- 주야간 온도 차는 작물에게 "생장하라"는 신호입니다. 너무 크거나 없으면 좋지 않습니다. 생식과 영양 생장 간의 균형을 유지하는 것

이 중요합니다.
- 작물과 공기 온도 차이로 생기는 결로는 병해의 원인입니다.
- 이를 예방하려면 일출 전 약한 난방(조조가온)과 최소 환기가 꼭 필요합니다.

최적의 상대습도는
몇 %인가요?
― 스마트팜에서 이 질문이 위험한 이유

스마트팜 현장에서 자주 듣는 질문 중 하나가 있습니다.

"토마토 재배에 가장 좋은 상대습도는 몇 %인가요?"

하지만 이 질문, 사실은 잘못된 출발점에서 시작된 것일 수도 있습니다.

왜 그럴까요? 바로 상대습도(Relative Humidity, RH) 자체가 절대적인 수치가 아니기 때문입니다.

① 같은 70%라도 식물이 느끼는 건 다르다
 - 온도에 따라 달라지는 '습도의 진실'

스마트팜에서 기후를 조절할 때, 우리는 흔히 '상대습도 70%'라는 수치를 기준으로 삼곤 합니다. 그런데 이 수치, 온도가 다르면 식물이 실제로 느끼는 습도 환경은 전혀 달라진다는 사실, 알고 계셨나요? 사람도 덥고

습한 날과 서늘하고 습한 날을 다르게 느끼듯, 식물도 온도에 따라 같은 상대습도라도 전혀 다른 환경처럼 느낍니다.

이 차이를 설명하는 개념이 바로 '절대습도(Absolute Humidity, AH)'입니다.

예를 들어 볼게요:

1. 온실 내부 온도가 15℃일 때, 상대습도 70%, 이때 공기 중에 포함된 실제 수증기량(절대습도)은 약 7.2g/㎥ 정도입니다.
2. 온도가 25℃일 때, 상대습도 70%, 이때는 약 17.3g/㎥로, 거의 2.4배 가까운 수증기를 포함하고 있습니다.

같은 '70%'라고 표시되더라도, 온도가 높을수록 공기가 머금을 수 있는 수분의 양이 많기 때문입니다. 즉, 온도가 높으면 상대습도 70%라도 공기 중에 수분이 꽤 많고, 온도가 낮으면 같은 70%여도 수분량은 훨씬 적은 것이죠.

식물은 '상대습도'보다 '실제 수분'을 느낍니다. 식물이 환경을 인식할 때는 상대습도 수치 자체보다, 공기 중에 실제로 얼마나 많은 수증기가 존재하는지, 즉 절대습도를 기준으로 반응합니다.

즉, 절대습도가 낮으면 잎의 수분이 쉽게 증발하고, 식물은 스트레스를 받아 증산을 줄이거나 기공을 닫게 됩니다. 반면, 절대습도가 높으면 수분 손실이 적고, 광합성이 원활해지며 생장이 안정적으로 이루어집니다.

그런데 온도가 낮은 상태에서 '상대습도 70%'만 보고 "아, 습도 괜찮네"라고 판단하고 지나치면 실제로는 공기가 매우 건조한 상태일 수 있습니다.

결과적으로 식물은 수분 부족에 시달리게 되고, 잎끝이 마르거나 생장이 정체되는 문제가 발생할 수 있는 것이죠.

그래서 스마트팜에서는 정확한 기후 관리를 위해서는 단순히 상대습도만 보는 것이 아니라, 온도와 절대습도를 함께 고려하는 방식의 환경 제어가 필요합니다.

예를 들어, 습도를 유지하려는 상황이라면 단순히 '습도 70% 유지'가 아닌, 온도 변화에 따라 수중기량을 환산해서 절대습도 기준을 맞추는 방식이 더 효과적이고 과학적인 관리 방법이 됩니다.

② 습도 제어의 진짜 기준은 '습도부족분(HD)'
- 식물이 느끼는 수분 스트레스를 봐야 한다

전통적인 농업에서는 "상대습도가 몇 %인가요?"라는 질문으로 온실 내 습도 상태를 판단하곤 했습니다. 하지만 스마트팜 시대에 들어서면서 이 접근법에는 한계가 있다는 것이 점점 더 분명해지고 있습니다. 왜일까요?

상대습도는 공기 중에 수분이 얼마나 찼는지를 백분율로 표현한 개념입니다. 그런데 앞서 살펴본 것처럼, 온도가 바뀌면 같은 RH라도 실제 수분량(절대습도)은 크게 달라지기 때문에, RH만으로는 작물이 처한 진짜 수분 환경을 알 수 없습니다. 그래서 스마트팜에서는 이제 RH 대신 '습도부족분(Humidity Deficit, HD)', 또는 유사 개념인 '수증기압차(Vapor Pressure Deficit, VPD)'를 기준으로 습도를 관리합니다.

③ HD란? 식물 입장에서 본 '갈증 지수'

HD는 쉽게 말해, "지금 이 공기가 식물에게서 얼마나 더 수분을 빨아들일 수 있느냐"를 수치로 나타낸 것입니다. 공기가 건조할수록, 즉 HD가 클수록, 식물은 수분을 더 많이 증발시키게 되고, 그만큼 증산량이 늘어나고 스트레스도 커집니다.

예시로 이해해 볼까요?
온실 온도가 25℃일 때를 기준으로 봤을 때, 상대습도 80%일 경우 HD는 약 3.4g/㎥, 상대습도 60%일 경우 HD는 약 6.8g/㎥입니다. 즉, 온도는 같아도 RH가 낮아지면, HD는 2배 가까이 증가합니다. 이 말은 식물이 겪는 수분 스트레스도 2배로 커진다는 뜻입니다.

스마트팜 시스템에서는 이를 어떻게 제어할까요? 스마트팜에 적용되는 복합환경제어 시스템에서는 온도와 습도 센서를 통해 실시간으로 HD를 계산하고, 작물의 생육 단계에 따라 적절한 HD 목표치를 설정하여 환경을 조절합니다.

- 주간 목표 HD: 약 4~6g/㎥
- 야간 목표 HD: 약 2~3g/㎥

이를 기준으로 시스템은 자동으로

- 환기량 조절,
- 히터나 파이프 가온 제어,
- 미스트나 분무 시스템 작동,
- CO_2 보충량 조절 등을 HD 중심으로 통합 관리합니다.

즉, RH는 단순한 숫자일 뿐, HD가 작물의 생리 상태와 직결되는 '생장 환경의 핵심 지표'인 셈입니다.

이제는 "RH 몇 %?"가 아니라 "HD 몇 g/㎥?"가 중요합니다. 스마트팜 농사는 더 이상 감(感)으로 하는 시대가 아닙니다. 작물이 실제로 느끼는 환경을 숫자로 이해하고, 과학적으로 제어하는 것, 이것이 바로 스마트한 재배의 본질입니다.

습도 제어의 진짜 목표는 '식물이 스트레스를 덜 받도록 돕는 것'입니다. 그 출발점은 상대습도 숫자가 아닌, HD라는 실질적인 생육 반응 수치를 기준으로 삼는 데에 있습니다.

스마트팜의 정밀농업은, 숫자 하나를 넘어 식물의 마음을 읽는 기술입니다.

HUMIDITY DEFICIT FOR DIFFERENT RELATIVE HUMIDITIES AND TEMPERATURES (g/m³)												
Temperature (°C)	Relative humidity											
	100%	95%	90%	85%	80%	75%	70%	65%	60%	55%	50%	45%	40%
8	0	0,4	0,8	1,2	1,6	2,1	2,5	2,9	3,3	3,7	4,1	4,5	4,9
9	0	0,4	0,9	1,3	1,8	2,2	2,6	3,1	3,5	4,0	4,4	4,8	5,3
10	0	0,5	0,9	1,4	1,9	2,4	2,8	3,3	3,8	4,2	4,7	5,2	5,6
11	0	0,5	1,0	1,5	2,0	2,5	3,0	3,5	4,0	4,5	5,0	5,5	6,0
12	0	0,5	1,1	1,6	2,1	2,7	3,2	3,7	4,2	4,8	5,3	5,8	6,4
13	0	0,6	1,1	1,7	2,3	2,9	3,4	4,0	4,6	5,1	5,7	6,3	6,8
14	0	0,6	1,2	1,8	2,4	3,0	3,6	4,2	4,8	5,4	6,0	6,6	7,2
15	0	0,6	1,3	1,9	2,6	3,2	3,8	4,5	5,1	5,8	6,4	7,0	7,7
16	0	0,7	1,4	2,0	2,7	3,4	4,1	4,8	5,4	6,1	6,8	7,5	8,2
17	0	0,7	1,4	2,2	2,9	3,6	4,3	5,0	5,8	6,5	7,2	7,9	8,6
18	0	0,8	1,5	2,3	3,1	3,9	4,6	5,4	6,2	6,9	7,7	8,5	9,2
19	0	0,8	1,6	2,5	3,3	4,1	4,9	5,7	6,6	7,4	8,2	9,0	9,8
20	0	0,9	1,7	2,6	3,5	4,4	5,2	6,1	7,0	7,8	8,7	9,6	10,4
21	0	0,9	1,8	2,8	3,7	4,6	5,5	6,4	7,4	8,3	9,2	10,1	11,0
22	0	1,0	1,9	2,9	3,9	4,9	5,8	6,8	7,8	8,7	9,7	10,7	11,6
23	0	1,0	2,1	3,1	4,1	5,2	6,2	7,2	8,2	9,3	10,3	11,3	12,4
24	0	1,1	2,2	3,3	4,4	5,5	6,5	7,6	8,7	9,8	10,9	12,0	13,1
25	0	1,2	2,3	3,5	4,6	5,8	6,9	8,1	9,2	10,4	11,5	12,7	13,8
26	0	1,2	2,4	3,7	4,9	6,1	7,3	8,5	9,8	11,0	12,2	13,4	14,6
27	0	1,3	2,6	3,9	5,2	6,5	7,7	9,0	10,3	11,6	12,9	14,2	15,5
28	0	1,4	2,7	4,1	5,4	6,8	8,2	9,5	10,9	12,2	13,6	15,0	16,3
29	0	1,4	2,9	4,3	5,8	7,2	8,6	10,1	11,5	13,0	14,4	15,8	17,3
30	0	1,5	3,1	4,6	6,1	7,6	9,2	10,7	12,2	13,7	15,3	16,8	18,3
31	0	1,6	3,2	4,8	6,4	8,1	9,7	11,3	12,9	14,5	16,1	17,7	19,3
32	0	1,7	3,4	5,1	6,8	8,5	10,2	11,9	13,6	15,3	17,0	18,7	20,4
33	0	1,8	3,6	5,4	7,2	9,0	10,7	12,5	14,3	16,1	17,9	19,7	21,5
34	0	1,9	3,8	5,7	7,5	9,4	11,3	13,2	15,1	17,0	18,9	20,7	22,6
35	0	2,0	4,0	6,0	7,9	9,9	11,9	13,9	15,9	17,9	19,9	21,8	23,8
36	0	2,1	4,2	6,3	8,4	10,5	12,5	14,6	16,7	18,8	20,9	23,0	25,1
37	0	2,2	4,4	6,6	8,8	11,0	13,2	15,4	17,6	19,8	22,0	24,2	26,4
38	0	2,3	4,6	6,9	9,2	11,6	13,9	16,2	18,5	20,8	23,1	25,4	27,7
39	0	2,4	4,9	7,3	9,7	12,2	14,6	17,0	19,4	21,9	24,3	26,7	29,2
40	0	2,6	5,1	7,7	10,2	12,8	15,3	17,9	20,4	23,0	25,5	28,1	30,6

© PTC⁺ Ede

습도부족분(HD)과 상대습도(RH)와의 관계

온도, 바람, 햇살…
스마트팜 환기는 조율의 예술
- 외부 기후와 온실 환기의 정교한 균형

스마트팜 온실을 설계하고 운영하는 데 있어 가장 중요한 요소 중 하나는 '환기'입니다. 환기는 단순히 공기를 순환시키는 차원을 넘어, 작물의 생육을 최적화하고 병해 발생을 줄이며, 에너지 효율까지 결정짓는 핵심 시스템입니다. 특히 외부 기후 조건(일사량, 온도, 풍속)은 환기 설정에 직접적인 영향을 미치며, 이를 정밀하게 반영하지 않으면 작물은 스트레스를 받고 수확량도 감소할 수 있습니다.

① 바람과 온실, 그 복잡한 관계

온실의 환기창은 크게 두 방향으로 나뉩니다. 하나는 바람이 불어오는 방향(Wind Side), 다른 하나는 바람 반대 방향(Lee Side)입니다. 이 두 방향의 환기 설정은 외부 조건에 따라 각기 다르게 조절되어야 합니다.

예를 들어, 일사량이 적은 날은 작물의 생장 에너지가 부족하기 때문에 높은 온도를 유지하는 것이 중요합니다. 이때는 CO_2 손실을 막기 위해 환기창을 작게 열고 내부의 따뜻한 공기를 유지하는 전략이 필요합니다. 반대로, 태양이 강하게 내리쬐는 날은 온실 내부가 빠르게 과열되므로, 조기에 충분한 환기를 통해 온도를 제어해야 합니다.

또한 외부 온도에 따라 조절 기준도 달라집니다. 외부 온도가 낮을 경우 환기를 너무 많이 하면 차가운 공기가 작물에 직접 닿아 스트레스를 줄 수 있기 때문에 최소한의 환기만 허용해야 합니다. 반대로 외기 온도가 30℃를 넘는 경우에는 온실 내부가 과열되기 쉬워, 환기를 극대화해야 합니다. 하지만 이 경우에도 공기 습도와 작물의 증산 반응까지 함께 고려되어야 하므로 간단한 문제가 아닙니다.

② 풍속은 환기의 질을 좌우한다

풍속 역시 환기에 지대한 영향을 미칩니다. 바람이 강할수록 환기창을 조금만 열어도 빠르게 공기가 교체되며 습도 제거가 용이합니다. 그러나 이 강풍은 또 다른 문제를 유발합니다. 지나친 공기 흐름은 작물의 잎을 흔들고 수분 손실을 유발하며, 병원균에 대한 저항력도 약화시킬 수 있습니다. 따라서 바람 방향의 환기창은 풍속이 강할수록 닫거나 아주 조금만 열어 두는 것이 이상적입니다.

③ P-factor: 환기 전략의 자동 조정 장치

이러한 복잡한 변수들을 매 순간 수동으로 조정하는 것은 현실적으로 불가능합니다. 그래서 등장한 개념이 바로 P-factor입니다. 이는 온실 자동화 시스템 내에서 바람과 온도 등의 외부 변수에 따라 환기 반응을 조정해 주는 보정 계수입니다.

간단한 예를 들어 보겠습니다.

어느 여름날, 외기 온도는 32℃, 풍속은 5m/s입니다. 시스템상 바람 반대 방향 환기창은 60% 개방으로 설정되어 있고, 바람 방향 환기창은 30% 개방으로 제한되어 있습니다. 그런데 바람이 갑자기 8m/s로 세지면, 같은 개방률이라도 훨씬 많은 공기 흐름이 발생하여 작물에 스트레스를 줄 수 있습니다. 이때 P-factor가 작동하여 바람 방향 환기창을 자동으로 15%로 줄이거나 닫고, 반대 방향은 유지하거나 조금 더 열게 조정합니다. 결과적으로 작물은 스트레스를 덜 받고, 온실 내부 기후도 안정적으로 유지됩니다.

P-factor는 마치 환기 시스템의 '센서 기반 자율 조정 두뇌'와 같습니다. 이를 통해 작물 중심의 환경 유지가 가능해지며, 환기 설정값을 일일이 세밀하게 설정하지 않더라도 변화하는 기후 조건에 실시간으로 대응할 수 있습니다.

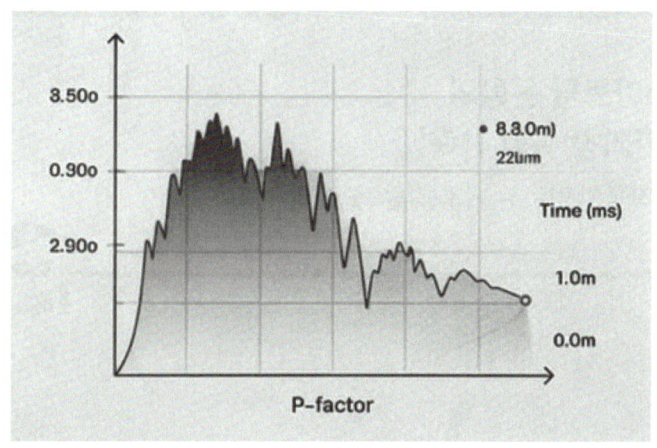

P-factor

④ "하나의 요인이 아니라, 조화의 기술이다"

온실 환기는 단일한 기후 요인을 기준으로 설정되는 것이 아니라, 일사량, 온도, 풍속 등의 조건이 유기적으로 얽혀 조화롭게 작동해야 합니다. 한 요인이 창을 닫으라고 요구할 때, 다른 요인은 열 것을 요구할 수 있습니다. 이럴 때 어떤 선택을 할지 결정짓는 것은 작물의 생리에 대한 이해와 시스템이 얼마나 똑똑하게 작동하느냐에 달려 있습니다.

현대 스마트팜에서는 인간의 직관과 자동화 시스템의 정밀함이 손을 잡아야 합니다. '기술'이 아니라 '균형'을 설계하는 것, 그것이 스마트팜 환기의 진짜 목표입니다.

스마트팜 온실의 '환기창 설정 전략'
– 작물이 말하는 기후를 들어라

① "창문 하나 열었을 뿐인데 작물이 웃는다?"

스마트팜 온실을 운영하다 보면 '환기'는 단순히 내부의 더운 공기를 빼는 일처럼 느껴지기 쉽습니다. 하지만 실제로는 환기창의 개방 타이밍과 각도 하나하나가 작물의 생장과 건강에 큰 영향을 줍니다.

잘못된 환기 설정은 작물에게 스트레스를 주고, 병해충 발생 가능성을 높이며, 내부 CO_2를 빠르게 날려 버려 광합성 효율 저하라는 치명적 결과를 초래하기도 합니다.

이번 장에서는 실제 네덜란드에서 사용하는 시간대별 환기 전략 자료를 기반으로, 실무에 활용할 수 있는 스마트팜 환기창 설정 전략을 소개합니다.

② 환기의 진짜 목적은?

우리가 환기창을 여는 이유는 단순히 '시원하게' 만들기 위한 것이 아닙니다. 그 이면에는 다음과 같은 작물 중심의 기후 전략이 숨어 있습니다.

- 작물 증산 촉진: 뿌리에서 양분을 흡수하려면 증산이 필요합니다.
- 습도 조절: 상대습도가 높아지면 병해(보트리티스 등)가 발생하기 쉬워집니다.
- 작물체 온도 낮추기: 고온기 작물 체온을 조절하지 않으면 생리장해가 생깁니다.
- CO_2 손실 최소화: 과도한 환기는 광합성에 필요한 CO_2를 외부로 날려 버립니다.

즉, 환기는 '식물이 호흡하기 좋은 공기'를 만들어 주는 행위입니다.

③ 시간대별 환기 온도 설정 - 식물의 리듬에 맞춰라

온실 내부의 기후 제어는 식물의 생리활동 리듬과 외기 조건에 맞춰 섬세하게 이루어져야 합니다. 네덜란드의 자료에서는 하루를 5개의 구간으로 나누고, 각 시간대에 맞는 '환기 온도 기준점'을 달리 설정합니다.

시간대(예시 기준)	작물 생리 상태	환기 전략
02:00 ~ 06:00(일출 전)	증산 시작 전	환기 최소화, 온기 유지
06:00 ~ 10:00	증산 시작	점진적 개방으로 습기 배출
10:00 ~ 14:00	광합성 최대	최대 개방, CO_2 손실 유의
14:00 ~ 18:00	증산 감소	점차 닫기 시작, 내부 열 축적 방지
18:00 ~ 22:00	생리활동 정지	환기 중단 또는 최소화

이처럼 단순히 '몇 도 이상이면 열어라'가 아니라, 작물의 하루 리듬에 맞춘 '시계열 기반 제어'가 환기의 핵심입니다.

④ 스마트팜 실무자를 위한 자동화 설정 팁 - P-band부터 CO_2까지

스마트팜에서 사용하는 환경제어 시스템(예: Priva, Hoogendoorn 등)은 매우 정교하게 온실 내부 환경을 조절해 줍니다. 하지만 이 시스템이 어떻게 작동하는지, 어떤 원리로 설정값을 조정하는지 정확히 이해하면 훨씬 더 효과적으로 운영할 수 있습니다. 아래는 실무자들이 꼭 알아 두면 좋은 주요 설정 요소들을 쉽고 구체적으로 설명한 내용입니다.

P-band 설정 - 환기창을 얼마나 '점진적으로' 열 것인가?

P-band는 '환기 시작 온도'와 '환기창이 100% 완전히 열리는 온도' 사이의 간격을 의미합니다. 쉽게 말해, 온도가 어느 정도 올라가야 환기창이 얼마나 열릴지를 결정하는 범위입니다.

예를 들어, P-band가 3℃로 설정되어 있고, 환기를 시작하는 온도가 25℃라면,

- 25°C에서는 창이 0%,
- 26.5°C에서는 약 50%,
- 28°C가 되면 100% 열림으로 설정됩니다.

즉, 온도가 점점 높아질수록 환기창이 서서히 열리는 '부드러운 개방 전략'을 만드는 것입니다. 급격한 환기보다 식물에게 훨씬 안정적인 환경을 제공할 수 있습니다.

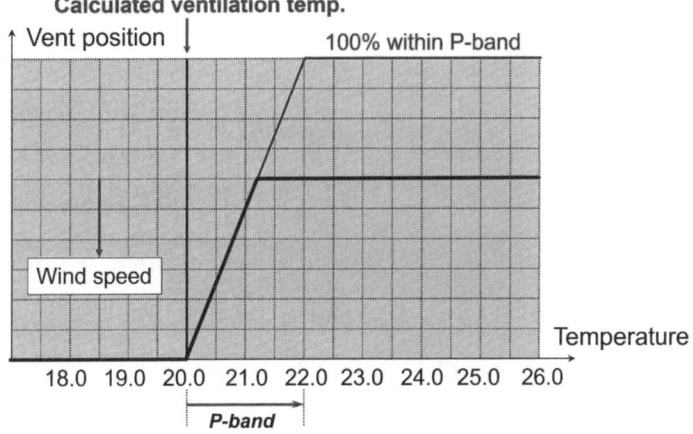

P-band와 최대환기창 설정

습도 연동 - 습도가 너무 높을 땐 환기를 더 빠르게!

스마트팜에서는 단순히 온도만 보지 않습니다. 상대습도(RH)도 중요한 환기 판단 요소입니다. 예를 들어, 설정된 환기 시작 온도가 25℃인데, RH가 85% 이상으로 올라가면, 환기 시작 온도를 1~2℃ 낮춰서, 23~24℃에서도 환기를 시작하게 만듭니다.

이렇게 하면 공기 중 수분을 더 빨리 빼내고, 결로와 병해 발생을 예방할 수 있습니다.

광량 연동 - 햇빛이 강할수록 환기창도 빠르게 열어야

햇빛이 강하게 들어오면, 작물의 광합성이 활발해지고, 증산량도 늘어나며 온실 내부의 온도와 습도도 급격히 상승하게 됩니다. 그래서 외부 복사광(햇빛의 양)이 일정 수준을 넘으면, 시스템은 환기창을 더 빠르게, 더 많이 열도록 조정합니다. 이 설정은 강한 햇빛에 의한 급격한 온도 상승을 막고, 식물이 과도한 수분 손실 없이 안정적으로 자랄 수 있게 도와줍니다.

CO_2 연동 - 광합성의 황금 시간대에 맞춰 환기 최소화

식물은 일반적으로 오전 9시부터 11시 사이에 광합성을 가장 활발하게 합니다. 이 시간에는 CO_2 농도를 최대한 유지하는 것이 중요합니다. 그래서 시스템은 이 시간대에 CO_2 공급량을 최대로 늘리고, 환기창은 최대한 덜 열도록 설정합니다. 왜냐하면, 환기창을 열면 CO_2가 외부로 빠져나가기 때문입니다.

이 설정은 광합성 효율을 극대화하고 생산성을 높이는 핵심 전략입니다.

이러한 설정들은 모두 식물이 '어떤 환경에서 가장 잘 자라는지'에 대한 깊은 이해를 바탕으로 만들어진 것입니다. 스마트팜 운영자는 단순히 온도 몇 도, 습도 몇 %를 설정하는 데 머무르지 않고, 작물의 생리 반응과 환경 데이터를 통합적으로 고려하는 감각을 가져야 합니다.

결국, 스마트한 제어란 작물을 위한 '맞춤형 환경'을 섬세하게 만들어가는 기술입니다. 그 시작은 위와 같은 설정들을 잘 이해하고, 작물과 대화를 나누는 태도에서 비롯됩니다.

⑤ 온도에 따라 달라지는 스마트한 환기 전략
- 계절마다 다르게, 작물에게 맞게

스마트팜 온실의 환기 전략은 단순히 "더울 땐 열고, 추울 땐 닫는다"는 수준에서 벗어나야 합니다. 외부 기온, 계절, 작물의 생장 단계에 따라 에너지 손실을 최소화하면서도 작물이 가장 잘 자랄 수 있는 환경을 유지하는 것이 핵심이죠. 다음은 계절별 외기 온도 조건에 따라 달라지는 스마트한 환기 전략을 구체적으로 설명한 내용입니다.

겨울~초봄(외기 온도 10℃ 미만)

이 시기에는 외부 공기가 매우 차기 때문에, 환기를 너무 많이 하거나 갑자기 창을 열면 실내 온도가 급격히 떨어지고, 난방에 더 많은 에너지를 소모하게 되며, 작물은 온도 스트레스를 받아 생장이 지연될 수 있습니다. 따라서 전략은 다음과 같습니다:

• 환기창은 천천히, 아주 조금씩 열고,

- 환기 시간도 짧게 유지합니다.
- 가능한 한 열 손실을 최소화하면서 내부 공기를 부드럽게 순환시킵니다.
- 특히 결로를 막기 위한 최소 환기(minimum ventilation) 위주로 운영합니다.

이때는 온도보다 습도 관리와 CO_2 배출 최소화가 중심입니다.

봄과 가을(외기 온도 10~20℃)

이때는 외기 온도가 온실 내부와 비교적 비슷하거나 약간 낮은 수준으로, 환기를 통한 온도 조절이 가장 유연하게 가능한 시기입니다. 전략은 다음과 같습니다:

- 작물의 생리 리듬(주야간 광합성/호흡 주기 등)에 맞춰
- 개방과 닫기를 반복적으로 조정합니다.
- 오전에는 증산을 촉진하기 위해 점진적으로 열고,
- 오후에는 과도한 수분 손실을 막기 위해 서서히 닫는 등,
- 시점별 미세 조정이 중요한 시기입니다.

이 시기에는 에너지 손실도 크지 않고, 작물의 생장 반응에 따라 정밀 제어가 가능한 이상적인 기간이기도 합니다.

여름(외기 온도 25℃ 이상)

여름철에는 외부 공기가 내부보다 오히려 더 뜨겁거나 습한 경우가 많습니다. 하지만 일출 직전 새벽 무렵에는 외부 공기가 가장 시원하므로 이 시점을 놓치지 않고 빠르게 환기를 시작하는 것이 핵심 전략입니다. 전략은 다음과 같습니다:

- 이른 새벽부터 환기창을 크게 열고,
- 햇빛이 강해지기 전부터 온실 내부 온도를 낮춰 둡니다.
- 한낮에는 내부 열 축적을 막기 위해 환기창을 거의 100% 개방하고,
- 필요에 따라 측면뿐 아니라 지붕 환기창까지 동시에 개방합니다.

여름에는 단순한 온도 조절을 넘어, 습도 제거+과습 방지+식물 스트레스 완화가 종합적으로 작동해야 하기 때문에 환기와 함께 미스트 시스템, 순환팬, 차광막 연동 제어까지 함께 활용하는 것이 좋습니다.

⑥ 작물과 전략의 조화

물론 위의 환기 전략은 계절별 일반 원칙이며, 작물의 종류(예: 토마토, 파프리카, 오이, 상추 등)에 따라 조정이 필요합니다.

예를 들어,

- 토마토는 강한 햇빛과 건조한 공기를 잘 견디므로 과습 방지가 중요하고,

- 오이나 상추는 상대적으로 수분에 민감해 과도한 증산을 막는 습도 유지가 더 중요합니다.

결국, 환기의 핵심은 '균형'입니다. 외기 온도에 따른 에너지 절감과 작물 생육 최적화라는 두 목표 사이에서 정확한 균형을 잡아가는 일입니다. 이런 정밀한 조절을 통해

- 불필요한 냉난방 에너지 낭비를 줄이고,
- 병해를 예방하며,
- 작물의 품질과 수확량까지 높일 수 있습니다.

⑦ "식물은 말을 하지 않지만, 우리가 들을 수 있다면…"

스마트팜은 기술이 주인공이 아닙니다. 기술은 오직 작물의 소리를 더 잘 듣기 위한 도구일 뿐입니다. 환기 전략 하나를 보더라도, 작물이 '언제 숨 쉬고', '언제 목이 마르고', '언제 햇살을 원하며', '언제 쉴 준비를 하는지'를 읽어 내는 것이 핵심입니다. 온실의 창문 하나, 시간 하나, 설정값 하나가 작물에게는 기후이자 세계입니다.

몰리어 다이어그램, 스마트팜 내부 공기를 읽다

- 물과 공기, 그리고 식물 사이의 정밀한 조율

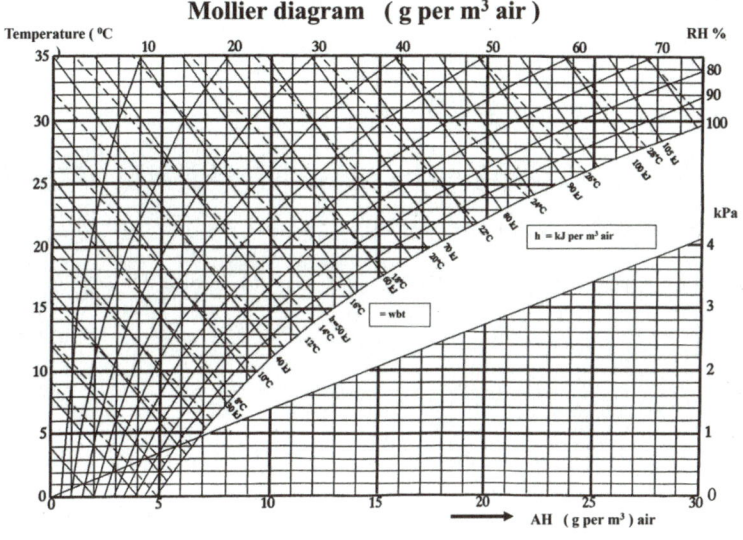

몰리어 다이어그램

스마트팜 온실에서 식물을 재배한다는 것은 단순히 온도와 습도를 맞추는 일을 넘어서, 식물이 "호흡"하고 "마시는" 공기의 질을 이해하고 제어하는 일입니다. 이 복잡한 환경을 과학적으로 해석하는 핵심 도구가 바로 몰리어 다이어그램(Mollier Diagram)입니다. 이 도표는 공기 중 수증기의 양, 온도, 상대습도, 절대습도, 이슬점, 엔탈피 등의 다양한 요소를 한눈에 볼 수 있도록 시각화한 '공기 상태 지도'라 할 수 있습니다.

① 공기 중 수분을 숫자로 읽는다 - 몰리어 다이어그램이란?

몰리어 다이어그램은 온도, 상대습도(RH), 절대습도(AH), 수증기량, 이슬점(Dew Point), 엔탈피(공기의 총에너지양) 등의 요소를 조합하여 한눈에 공기의 상태를 파악할 수 있도록 만든 도표입니다.

예를 들어, 어떤 온실 내부가 20℃이고 상대습도가 80%라면, 공기 1㎥당 수분은 약 13.9g입니다. 이때 몰리어 다이어그램을 통해 이 조건의 '포화수증기량(최대 수분 보유량)'이 약 17.4g/㎥임을 알 수 있고, 현재 상태와 포화 상태의 차이인 습도부족분(HD)은 3.5g/㎥임을 계산할 수 있습니다.

이 HD 수치가 크면 클수록 작물은 더 활발하게 증산하게 되며, 이는 곧 더 많은 양분을 흡수하고 빠르게 생장한다는 뜻입니다. 반대로 HD가 너무 작아지면 증산이 억제되고, 기공이 닫히며 생장이 둔화될 수 있습니다.

② 몰리에 다이어그램으로 결로를 예측하다

스마트팜에서는 증산만큼이나 '결로' 관리도 중요합니다. 온실 내부의 따뜻하고 습한 공기가 식은 유리나 과실 표면에 닿아 수분으로 맺히면, 이는 병해 발생의 단초가 됩니다. 몰리에 다이어그램을 통해 이러한 상황도 예측이 가능합니다. 예컨대, 내부 공기가 20℃, RH 80%(13.9g/㎥)인 상황에서 유리 표면이 12℃까지 내려가면, 포화수증기량은 10.6g/㎥로 줄어들고 이때 상대습도는 131%에 달해 결로가 발생합니다. 온실의 온도 차가 곧 병해를 부르는 수분의 응축으로 이어지기 때문에, 야간 난방이나 조조가온 등의 대응이 필요합니다.

③ 환기와 에너지 전략에도 필요한 습도 해석

몰리에 다이어그램은 외기와 내기의 절대습도 차이를 통해 환기 시 제습 효과 여부도 예측할 수 있습니다. 외기 온도가 10℃이고 RH가 100%일 경우 절대습도는 약 9.5g/㎥입니다. 이를 내부 공기와 비교하면 환기 시 내부 습도가 낮아질 수 있음을 알 수 있습니다.

반대로 외기가 16.5℃, RH 100%(13.9g/㎥)일 경우, 내부 공기와 습도 수준이 비슷해 환기 효과가 제한적일 수 있습니다. 이런 판단은 단순한 온도·습도 수치만으로는 어렵지만, 몰리에 다이어그램이 있으면 명확하게 알 수 있습니다.

또한 몰리어 다이어그램은 공기 중 수증기가 가진 에너지, 즉 잠열(latent heat)을 시각화함으로써, 우리가 체감하는 더위나 냉방의 부담까지 계산하게 합니다. 같은 온도라도 습도가 높을수록 에너지 총량은 커지며, 냉방이나 제습 설비가 더 많은 에너지를 소모해야 합니다. 예컨대 20℃에서 RH가 40%인 공기보다 80%일 때의 공기는 약 2배 이상의 열 에너지를 담고 있어 쾌적함이나 에너지 효율에 직접적인 영향을 줍니다.

④ **복합환경제어 시스템에서의 실전 활용**

스마트팜에서 사용하는 복합환경제어 시스템에서는 몰리어 다이어그램의 분석값이 직접 제어 전략에 반영됩니다.

예를 들어, 낮 동안 HD가 3.0g/㎥ 이하로 떨어지면 환기를 줄이고 CO_2 농도를 높여 기공이 열리도록 유도하거나, 밤에는 결로 발생 임계점을 예측하여 미리 난방을 가동하거나 환기를 최소화할 수 있습니다. 이러한 판단은 모두 HD, AH, RH 간의 상관관계를 정확히 읽을 수 있을 때 가능합니다.

네덜란드의 Priva Connext나 Hoogendoorn iSii, 일본의 미츠비시 제어 시스템 등 세계적인 환경제어 시스템은 모두 몰리어 다이어그램에 기반한 알고리즘을 내장하고 있습니다.

이들은 단순히 온도와 습도 수치를 입력하는 것이 아니라, 절대습도와

HD, 이슬점 등을 계산하여 정교하게 환기창, 난방기, 팬, CO_2 공급기, 커튼을 조작합니다. 그 기준값은 모두 몰리어 다이어그램을 이해하고 해석할 줄 아는 운영자의 '설정'에서 시작됩니다.

⑤ 스마트한 재배, 스마트한 읽기

몰리어 다이어그램은 단지 이론적인 도구가 아니라, 스마트팜 운영자의 감각을 데이터로 보완해 주는 과학적 눈입니다. 온실의 기후를 '체감'하는 대신, 수증기량과 에너지 흐름을 '해석'하고 '예측'하게 해 주기 때문입니다. 결국 몰리어 다이어그램은 식물과 환경의 대화를 도와주는 통역사이자, 기후 데이터를 정밀하게 해석하는 나침반이라 할 수 있습니다.

스마트팜이 '기술로 농사를 짓는 시대'라면, 몰리어 다이어그램은 그 기술을 '정확히 조율하는 악보'라 해도 과언이 아닙니다. 이제는 센서와 시스템이 스스로 판단하는 시대이지만, 그 판단의 기반을 이해하는 운영자의 역량이야말로 스마트팜의 진정한 경쟁력입니다.

몰리어 다이어그램은 복잡해 보이지만, 일단 익숙해지면 스마트팜 운영자에게 없어서는 안 될 나침반이 됩니다.

공기 중의 수분을 읽고, 증산을 유도하고, 결로를 방지하며, 불필요한 냉난방을 줄이는 '정밀 제어'의 시작점이기 때문입니다.

기술이 아무리 발전해도 결국 설정은 사람이 합니다. 몰리어 다이어그램을 이해하고 응용할 줄 아는 운영자만이 진짜 스마트한 온실을 만들 수 있습니다. 그리고 그 안에서 식물은 더 건강하게, 더 빠르게 자라게 됩니다.

> # 습도,
> # 어떻게 다룰 것인가?
> – 상대습도 vs. 습도부족분, 스마트팜 환기의 두 축을 말하다

① "같은 80% 습도인데, 왜 어떤 온실은 병이 나고 어떤 곳은 멀쩡할까?"

스마트팜 온실 운영에서 환기 제어는 단순한 온도 조절 이상의 전략이 요구됩니다. 특히 습도 조절은 작물 건강과 병해 억제, 그리고 광합성 효율에 지대한 영향을 미칩니다.

그런데 많은 운영자들이 "상대습도(RH)가 80%면 안전한 것 아니야?"라고 생각하지만, 온도가 다르면 같은 RH도 전혀 다른 작물 환경을 만든다는 사실, 알고 계셨나요?

이번 장에선 상대습도(RH) 기반 제어와 습도부족분(HD) 기반 제어의 차이를 비교하고, 왜 최근에는 HD 기반 전략이 더욱 각광받고 있는지 알아보겠습니다.

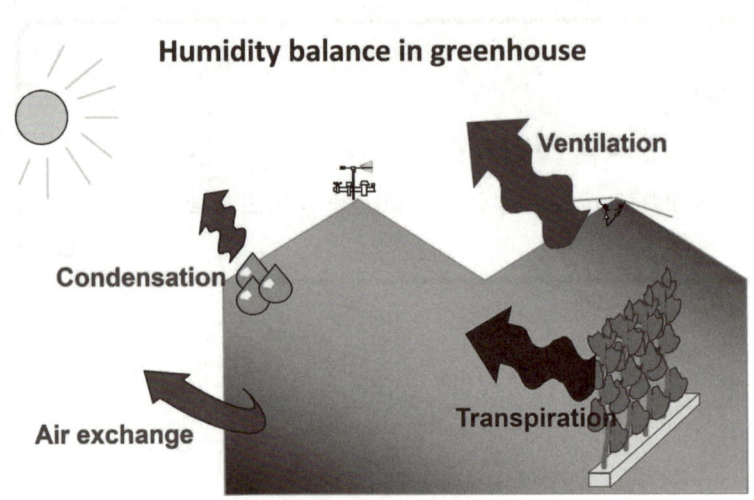

온실 내 습도 균형 모식도

② 개념 먼저 정리하고 갑시다

상대습도(Relative Humidity, RH)
- 공기 중에 포함된 수증기량이 '포화수증기량'의 몇 %인지 나타낸 값
- 예: RH 80%=현재 기온에서 공기가 가질 수 있는 최대 수분의 80%만 포함

습도부족분(Humidity Deficit, HD)
- 식물이 뿜어낸 수분이 공기 중으로 얼마나 빠르게 증발할 수 있는지 나타내는 공기와 작물 사이의 수분 압력 차
- 단위: g/m^3
- 온도가 높고 RH가 낮을수록 HD는 커진다.

③ RH 기반 제어의 한계

전통적으로 온실 환기는 대부분 RH 기준으로 제어되어 왔습니다.
"RH 85% 이상이면 병해 위험, RH 60% 이하면 과도한 증산으로 스트레스."
하지만 문제는 다음과 같습니다:

1. 같은 RH라도 온도에 따라 실제 수분량은 다름.
   - 예: 25℃에서 RH 80% vs. 15℃에서 RH 80% → 전자는 수분량 많음, 후자는 건조함.
2. 작물의 증산(Transpiration)은 RH보다 HD에 더 민감.
3. RH만 보면 '병 발생 조건'을 놓치거나 과잉 반응 가능성.

즉, RH는 상대적 지표일 뿐, 작물이 실제로 느끼는 수분 상태를 반영하지 못합니다.

④ HD 기반 환기 전략의 진짜 강점 - '작물 중심'의 환경 제어로 전환되다.

스마트팜에서 환기 전략을 세울 때, 과거에는 온도와 상대습도만을 중심으로 환경을 조정하곤 했습니다. 하지만 이러한 방식은 기후 요소의 '표면적인 수치'에만 의존할 뿐, 작물이 실제로 느끼는 환경을 반영하는 데에는 한계가 있었습니다.
이러한 문제를 해결해 주는 핵심 개념이 바로 습도부족분(HD)입니다.

HD는 '작물의 입장에서 환경을 바라보는 방식'입니다. HD는 공기 온도와 상대습도를 동시에 고려해, 공기가 식물로부터 얼마나 더 수분을 가져가려 하는가를 g/㎥ 단위로 나타낸 지표입니다. 즉, 식물에게 "이 공기가 너를 얼마나 건조하게 만들지"를 말해 주는 직접적인 '갈증 수치'인 셈입니다. 이 점에서 HD는 단순한 RH보다 훨씬 직관적이고 실질적인 판단 도구가 됩니다.

HD 값에 따른 작물 반응과 대응 전략

HD 값 (g/㎥)	작물 상태	환경 제어 전략
2~3	너무 습함	병해 위험 증가 → 즉시 환기 필요
4~6	이상적	광합성 활발, 증산량 안정 → 유지
7~9	다소 건조	증산 증가, 급액 조정 필요
10 이상	과도하게 건조함	수분 스트레스 → 환기 줄이고 보습 강화

같은 RH라도, 온도에 따라 HD는 달라집니다. 예를 들어, RH가 동일하게 85%라고 해도

- 25℃일 경우 HD는 약 3.3g/㎥,
- 18℃일 경우 HD는 단 1.6g/㎥밖에 되지 않습니다.

표면적으로는 "RH 85%니까 괜찮겠지"라고 생각할 수 있지만, 사실 18℃의 경우는 결로 위험이 매우 높은 상태입니다. 즉, 같은 RH 수치에도 불구하고 식물이 실제로 느끼는 환경은 전혀 다를 수 있다는 것이죠. 이 차이를 읽어낼 수 있는 것이 바로 HD입니다. 그래서 정확한 환기 시점과

강도를 판단하는 데 HD는 강력한 도구가 됩니다.

현재 Priva, Hoogendoorn 등 복합환경제어 시스템에서는 HD를 기준으로 환기 제어를 정밀하게 설정할 수 있습니다.

- 주간 목표: HD 5~6g/㎥
    → 증산과 광합성이 활발하도록 환경을 유지합니다.
- 야간 목표: HD 최소 3g/㎥
    → 너무 습한 환경에서 결로가 생기지 않도록 예방합니다.

또한 환기창 개방 조건도

- HD가 기준값 이상이 되거나,
- RH가 기준값을 초과할 때
    → 둘 중 하나라도 충족되면 환기창을 자동으로 개방합니다.

즉, 시스템은 단순한 "온도 몇 도, RH 몇 %"를 넘어서 식물의 생리 반응에 최적화된 환경을 능동적으로 조절하고 있는 것입니다.

그 결과, 실질적인 생육 개선으로 이어집니다. HD 기반 환기 전략을 적용한 스마트팜에서는 다음과 같은 변화가 관찰됩니다:

- 결로 현상 감소 → 곰팡이, 세균 감염 위험 감소

- 칼슘 결핍과 생리장애 발생률 감소
- 과실 품질 향상 및 수확량 10% 이상 증가
- 증산량과 급액 흡수 균형 유지 → 뿌리 건강 향상

이제 스마트팜에서는 더 이상 "RH 몇 %니까 괜찮다"는 식의 관리가 통하지 않습니다. 진짜 중요한 것은 식물이 느끼는 '갈증'의 정도, 즉 HD입니다.

HD는 작물 중심의 기후 제어를 가능하게 만들고, 그 결과로 병해는 줄이고, 수확량은 늘리고, 에너지 효율까지 높일 수 있습니다.

⑤ RH는 이제 의미가 없을까? 'NO' - 여전히 중요한 지표이다

스마트팜 기술이 발전하면서 상대습도(RH)에 대한 의존도는 점차 줄고, 보다 정밀한 기후 관리를 위해 습도부족분(HD)이나 수중기압차(VPD)와 같은 지표들이 점점 더 주목받고 있습니다. 이 과정에서 "이제 RH는 쓸모가 없는 수치인가?"라는 오해도 생기곤 합니다. 그러나 RH는 여전히 스마트팜 운영에 있어 중요한 역할을 담당하는 핵심 지표입니다. 단지 역할의 초점이 달라졌을 뿐이죠.

RH는 왜 여전히 중요할까요?

병해 발생 경계선 지표로 유용합니다

특정 곰팡이나 세균성 병해는 상대습도 90%를 넘어설 때 급격히 활성화됩니다.

 예를 들어, RH가 90% 이상으로 6시간 이상 지속되면, 딸기에서는 잿빛 곰팡이병 발병률이 급증하고, 토마토나 파프리카는 잎마름병, 흑반병 발생 가능성이 높아집니다.

 따라서 시스템에서는 RH > 90%를 '경보 수준'으로 감지하여 환기나 제습 조치를 빠르게 취할 수 있도록 설정합니다. 이러한 실시간 경고 기능은 HD보다 직관적이고 빠르게 작동할 수 있는 장점이 있습니다.

변화 감지에 민감한 지표입니다

 RH는 공기 중 수분 변화에 가장 민감하게 반응하는 지표입니다. 작은 환기, 온도 변화만으로도 RH 값은 즉시 달라지기 때문에

- 시스템 이상 감지,
- 환기 후 환경 회복 속도 측정,
- 미스트나 난방 작동에 따른 수분 반응 체크 등에 매우 유용합니다.

 즉, 기후 변화에 대한 초기 감지 센서 역할을 RH가 충실히 수행하는 셈입니다.

기상 조건과 외기 환경 예측에도 RH는 효과적입니다

외부 기상 조건이 변화할 때,

- 외부 RH가 급격히 상승하면 비가 오기 전 조짐,

- 외부 RH가 낮고 일사량이 높으면 증산 과다 가능성 증가 등

기상 예보와의 연계 지표로도 RH는 여전히 중요한 역할을 합니다.

하지만 정밀한 작물 생리 제어는 HD가 더 정확합니다. RH가 공기 중 수분의 '포화 비율'을 알려 주는 지표라면, HD는 실제 공기가 얼마나 수분을 더 받아들일 수 있는지를 나타내는 절대적 지표입니다. 작물은 실제로 '공기 중 수분이 얼마나 차 있는가(RH)'보다 '내 몸에서 물이 얼마나 빨리 빠져나가는가(HD)'에 민감하게 반응합니다. 즉,

- 증산량,
- 뿌리에서의 급수 흡수량,
- 광합성 속도,
- 칼슘 이동 등

작물 생리 전반을 조절하려면 HD 기반의 기후 제어가 훨씬 효과적입니다.

그러나, RH는 버릴 게 아니라, '역할을 재배치'해야 할 지표입니다. RH는 병해 예방, 기상 감지, 급격한 환경 변화 반응 등에서 여전히 중요한 정보를 제공합니다. 다만, 정밀 생육 제어와 작물의 스트레스 관리를 위해서는 HD와 병행 활용하는 것이 훨씬 더 바람직한 방식입니다. 이제는 RH vs. HD의 경쟁이 아니라, 각각의 역할에 맞게 병행하고 보완하는 '스

마트한 조화'가 필요한 시대입니다. 스마트팜의 목표는 숫자를 잘 맞추는 것이 아니라, 숫자 속에 숨은 작물의 신호를 정확히 읽어 내는 것이기 때문입니다.

이산화탄소는 작물의 비료다?
— 스마트팜 CO_2 공급의 진실

우리가 흔히 공기 중의 이산화탄소(CO_2)를 '지구온난화의 주범'이라 부르지만, 식물에게 CO_2는 생명을 이어 가는 데 없어서는 안 될 귀중한 자원입니다. 특히 스마트팜에서는 이산화탄소를 '비료처럼' 관리합니다. 왜 그럴까요? 이번 장에선 CO_2와 작물 생육의 관계, 스마트팜에서의 CO_2 농도 조절 원리, 그리고 그 공급 효과에 대해 살펴보겠습니다.

① 이산화탄소는 광합성의 연료

식물은 광합성을 통해 햇빛, 물, 그리고 공기 중의 CO_2를 흡수해 포도당을 만들어 냅니다. 이 포도당이 바로 작물이 자라는 에너지원이죠. 다시 말해, CO_2는 식물의 '먹이'입니다.

자연 상태에서의 CO_2 농도는 약 400~450ppm이지만, 스마트팜에서는 보통 800~1,000ppm 수준으로 농도를 조절합니다. 이 농도는 광합성 효율을 최대화시킬 수 있는 수준으로, 생장 속도와 수확량을 동시에 끌어올릴 수 있는 '황금 구간'입니다.

② 스마트팜에서 CO_2를 어떻게 조절할까?

온실 안에서 식물이 CO_2를 계속 흡수하게 되면, 내부 공기 중 CO_2 농도는 급속히 떨어집니다. 특히 아침 햇살이 강해지는 시간대에는 CO_2 고갈이 더 빠르게 발생하죠. 이럴 때는 인위적인 공급이 필요합니다.

스마트팜에서는 다음과 같은 방법으로 CO_2를 공급합니다:

1. 순수 CO_2 가스 주입
2. 실린더에 저장된 CO_2를 온실 내부에 자동 분사
3. 연소형 CO_2 발생기 사용
4. 천연가스나 프로판가스를 연소시켜 CO_2를 만들어 내는 방식
5. 산업 폐가스 재활용
6. 발전소, 바이오가스 플랜트 등에서 나오는 폐가스를 정화해 온실에 공급

이러한 공급 방식은 복합환경제어 시스템과 연동되어, 광량, 온도, 습도에 따라 정밀하게 조절됩니다. 마치 사람의 몸에 영양분을 수액으로 넣어 주듯, 스마트팜에서는 CO_2를 기체 상태의 '양분'으로 주입하는 셈이죠.

③ 스마트팜 CO_2 공급 전략의 모든 것

스마트팜 운영에서 이산화탄소(CO_2)는 흔히 간과되기 쉬운 요소입니다. 물과 영양제, 온도, 습도, 빛 등은 눈에 보이고 손으로 만질 수 있지만, 공기 중 CO_2는 그렇지 않기 때문입니다. 하지만 바로 이 보이지 않는 '투명한 비료'가 작물 생육에 결정적인 역할을 합니다. 특히 자동 제어 시스템을 갖춘 스마트 온실에서는 CO_2 공급 전략이 생육 속도와 수확량을 좌우하는 핵심 변수로 작용합니다.

④ 왜 CO_2 농도 조절이 중요한가?

식물은 대기 중 이산화탄소를 흡수해 광합성을 수행하며 생장에 필요한 에너지를 만들어 냅니다. CO_2 농도가 높을수록 광합성 속도는 증가하고, 결과적으로 작물의 생육이 가속화됩니다. 반대로 CO_2 농도가 낮아지면 광합성 효율은 급격히 떨어지며 생장 속도도 느려집니다.

문제는 온실 내부가 밀폐된 공간이라는 점입니다. 작물들이 활발히 광합성을 시작하는 아침 시간대, 특히 햇빛이 본격적으로 들어오기 시작하는 오전 9시부터 10시 사이에는 CO_2 농도가 빠르게 낮아지며, 보충이 없을 경우 400ppm 이하로 떨어지는 경우도 발생합니다. 이는 대기 중 자연 농도보다도 낮은 수치로, 작물의 생육 정체를 초래할 수 있습니다.

따라서 '필요한 시간에, 필요한 양만큼' 이산화탄소를 정확히 공급해 주는 것이 무엇보다 중요하며, 이는 곧 환경제어 시스템 내 CO_2 공급 전략 수립의 핵심 원칙이 됩니다.

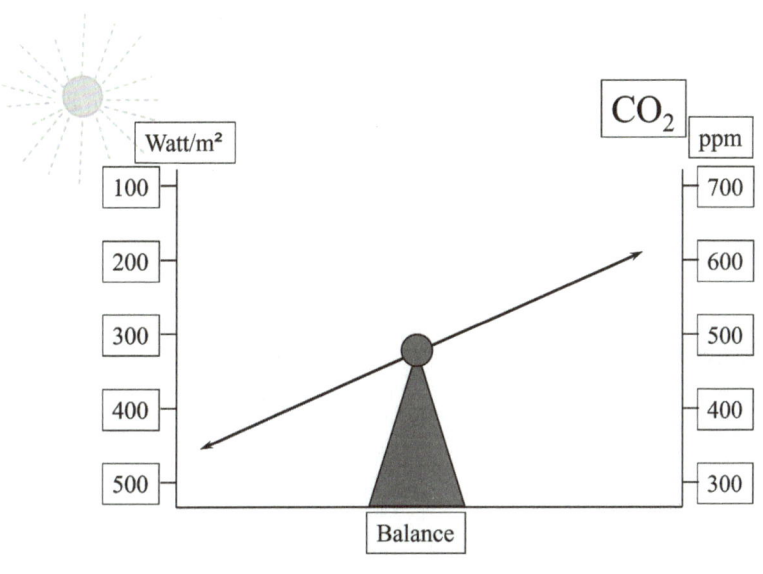

광량에 따른 CO2 공급 설정 개념

⑤ 환경제어 시스템에서 CO_2는 어떻게 공급되는가?

스마트팜에서 널리 사용되는 환경제어 시스템은 이산화탄소 공급을 자동으로 조절할 수 있는 기능을 갖추고 있습니다. 이들 시스템은 다음과 같은 세 가지 핵심 전략을 기반으로 CO_2를 제어합니다.

목표 농도 설정(Target CO₂ Concentration)

작물별로 적정한 CO_2 농도 목표치를 설정하는 것이 첫 단계입니다. 예를 들어 토마토는 900~1,200ppm 범위에서 가장 높은 생육 반응을 보입니다. 또한 묘기, 생장기, 착과기 등 생육 단계에 따라 농도 목표치를 탄력적으로 조절해야 하며, 자동 제어 시스템은 이러한 생육 주기를 반영해 자동 설정이 가능합니다.

시간대별 제어 전략

이산화탄소 공급은 광합성이 활발한 시간대를 중심으로 설계되어야 합니다. 오전 9시부터 12시는 공급 집중 시간으로 설정하며, 오후에는 잔여 농도나 외기 유입량을 고려해 공급량을 조절합니다. 야간에는 광합성이 일어나지 않기 때문에 공급을 완전히 중단합니다. 이러한 시간대별 제어는 에너지 절약과 작물의 생리적 리듬 유지에 모두 기여합니다.

기상 조건 및 외기 연동 전략

스마트팜에서는 외기 조건 역시 중요한 변수입니다. 외부 공기의 CO_2 농도가 높은 경우, 굳이 가스를 추가로 공급하지 않고 환기를 통해 농도를 높이는 방식을 선택할 수 있습니다. 반면, 외기 CO_2가 낮거나, 온실 내 환기창이 열릴 경우에는 CO_2가 외부로 빠져나가기 쉬우므로 공급을 중단하거나 줄이는 전략이 필요합니다.

특히 일사량(햇빛의 강도)은 CO_2 수요를 결정하는 중요한 기준이 됩니다. 광량이 강할수록 광합성이 활발해지며, 그에 따라 CO_2 소비량도 증가하기 때문에 일사량 연동형 제어 알고리즘이 자동 제어 시스템에 필수적으로 탑재되어야 합니다.

⑥ 복합환경제어 시스템에서 활용한 실제 CO_2 설정 예시

- 목표 농도: 1,000ppm
- 허용 편차: ±50ppm
- 공급 개시 조건: 내부 농도 950ppm 이하, 외기 일사량 > 200W/㎡
- 공급 중단 조건: 농도 1,050ppm 이상 또는 환기창 개방률 30% 이상
- 공급 시간대: 오전 8시 30분부터 오후 2시 30분까지, 일사량 기반 자동 조정

이러한 설정을 통해 CO_2의 낭비는 줄이면서도, 작물에게는 최적의 생육 환경을 제공할 수 있습니다.

⑦ 작물별 CO_2 반응도는 다르다

모든 작물이 CO_2에 동일하게 반응하는 것은 아닙니다. 예를 들어 토마토, 파프리카 같은 과채류는 CO_2 농도에 민감하게 반응하며, 수확량이 크게 증가합니다. 특히 착과기에는 CO_2 요구량이 증가하므로, 이 시기에는 공급량을 일시적으로 높이는 전략이 필요합니다.

반면, 상추, 청경채 같은 엽채류는 CO_2에 덜 민감한 편이며, 생장 속도는 빨라지더라도 품질 변화는 미미한 경우가 많습니다. 따라서 작물 특성에 맞는 전략이 병행되어야 하고, 이는 자동 제어 시스템 내 '작물별 레시피 기능'과 연동해 운영하는 것이 바람직합니다.

⑧ CO_2는 전략적으로 공급되어야 한다

이산화탄소는 보이지 않지만, 스마트팜 작물 생산의 핵심 열쇠입니다. 자동 제어 시스템이 아무리 정교하더라도, 설정 전략이 정교하지 않다면 공급의 효과를 온전히 발휘할 수 없습니다.

CO_2 공급 전략은 결국 작물을 중심에 둔 '과학적 배려'입니다. 작물이 필요로 할 때, 필요한 만큼만. 이것이 스마트팜이 CO_2를 다루는 방식입니다.

⑨ CO_2 공급이 작물에 미치는 놀라운 효과

CO_2를 잘 관리하면 어떤 변화가 있을까요?

- 광합성 증가 → 에너지 생산량 증가 → 더 빠른 생장
- 수확량 증가: 토마토, 파프리카, 상추 등은 CO_2에 민감하게 반응하여 생산량이 최대 30%까지 늘어나기도 합니다.
- 품질 향상: 당도, 비타민C 함량 등도 올라가는 경향이 있습니다.
- 개화·착과율 증가: 꽃이 더 많이 피고 열매가 더 잘 맺힙니다.

또한 CO_2 농도가 높으면 식물의 **기공이 덜 열려서 증산 작용(수분을 내보내는 활동)이 줄어들고**, 수분 손실이 감소하여 온실 내부 습도 조절에도 유리한 환경이 형성됩니다.

⑩ 하지만 주의할 점에 주목

CO_2는 많다고 무조건 좋은 건 아닙니다. 농도 조절을 잘못하면 역효과가 날 수 있습니다.

- 1,500ppm 이상이 되면 식물의 생리적 장애가 생길 수 있고, 작업자의 건강에도 해가 됩니다.
- CO_2 농도는 높지만 다른 영양소 공급이 부족하면 '영양소 희석(Nutrient Dilution)' 현상이 발생하여 오히려 작물의 품질이 떨어질 수 있습니다.
- CO_2 공급과 동시에 환기 전략이 잘 맞지 않으면, 금세 밖으로 날아가 버려 낭비가 발생합니다.

따라서 '적정 농도 유지'와 '정밀 제어'가 무엇보다 중요한 포인트입니다.

⑪ CO_2는 스마트한 농업의 새로운 키워드

스마트팜은 단순히 자동화된 농장이 아닙니다. 식물이 필요로 하는 것을 정밀하게 조절해 주는 '식물 중심'의 농업 기술입니다. 그 중심에는 이산화탄소라는 투명한 자원이 자리 잡고 있죠.

앞으로는 기후 변화에 대응해 에너지 절약형 CO_2 공급 시스템, 폐가스 재활용, AI 기반 수요 예측 등도 점점 중요해질 것입니다.

CO_2를 얼마나 똑똑하게 공급하느냐에 따라 작물의 운명이 달라지고, 나아가 농업의 미래도 달라집니다.

"공기 중의 투명한 비료, CO_2.
스마트하게 쓰면, 수확은 두 배가 됩니다."

스마트팜, 이제 식물의 속삭임에 귀 기울일 때
- 'Plant Empowerment(플랜트 임파워먼트)'란?

얼마 전 한 농부님이 이런 말씀을 하셨어요.

"요즘은 하늘만 바라봐선 농사 못 지어. 이제는 기계가 도와줘야 해."

맞는 말입니다. 예전처럼 감과 경험만으로는 안정적인 수확을 기대하기 어려운 시대예요. 그래서 요즘 농업계에서는 '스마트팜'이 대세죠. 그런데 단순히 자동화된 농장만으로 충분할까요?

진짜 중요한 건, 그 안에 사는 식물이 원하는 환경을 만들어 주는 것입니다. 마치 우리가 춥거나 더울 때 온도 조절을 하듯이, 식물도 자신에게 딱 맞는 환경을 원하죠. 그래서 등장한 개념이 바로 '플랜트 임파워먼트(Plant Empowerment)'입니다.

① **식물도 말하고 싶다, "나 지금 덥고 숨 막혀요!"**

플랜트 임파워먼트는 말 그대로 식물에게 힘을 실어 주는 기술이에요.

'내가 지금 덥다', '습도가 너무 높다', '햇볕이 과해요' 같은 식물의 생리적 신호를 감지해서, 최적의 환경을 만들어 주는 스마트한 농업 기술이죠.

이 시스템의 핵심은 다양한 센서입니다.

- 식물 온도 센서는 말없이 체온을 알려 주고,
- 햇볕(광) 센서는 스크린을 닫아 줄 타이밍을 감지하고, 물을 얼마나 공급하고 양분의 농도를 어느 정도로 유지해야 할지를 알려 주고,
- 실내외 습도/온도 차이 센서는 창문을 얼마만큼 열지 결정해 줘요.

쉽게 말해, 식물의 언어를 데이터로 번역해서 온실을 조율해 주는 시스템이라고 보시면 돼요.

② **창문 여는 것도 전략이 필요하다**

보통 온실에서 온도가 높으면 창문을 열고, 추우면 닫죠? 하지만 바람이 어느 방향에서 부느냐에 따라, 언제 어떤 창문을 여느냐에 따라 식물이 받는 스트레스는 천차만별이에요.

플랜트 임파워먼트는 단순히 '창문 ON/OFF'를 넘어서 바람 방향, 외기 온도, 식물의 상태까지 고려해서 창문을 조절해 줘요.

예를 들면, 바람이 불어오는 쪽 창문을 먼저 열거나, 외기가 너무 건조하면 창문을 조금만 열기도 하죠. 결과적으로 병해충 예방+에너지 절약+작물 생육 향상, 세 마리 토끼를 잡을 수 있습니다.

③ 자동화는 더 똑똑해지고 있다 - 스마트한 보정(Correction) 기능의 힘

스마트팜 기술이 점점 더 정교해지면서, 단순히 센서로 측정하고 기기를 제어하는 수준을 넘어서 상황에 따라 자동으로 '맥락을 고려해 조정하는 기능', 즉 보정 기능이 각광받고 있습니다. 특히 플랜트 임파워먼트 접근 방식에서는 이 보정 기능이 '자동화의 진화된 형태'로 매우 중요한 역할을 합니다. 이제는 단순히 "온도가 높으면 환기창을 열고", "습도가 낮으면 미스트를 작동시키는" 수준이 아니라, 여러 요소가 서로 연결되고 연동된 상태에서 상황에 맞게 자동 조율되는 수준까지 도달하고 있는 것이죠.

밤 시간대의 커튼과 환기 제어의 연동

밤이 되면 온실에서는 보온 커튼을 닫아 내부 열 손실을 최소화하려고 합니다. 이때 단순히 커튼만 닫히는 것이 아니라, 시스템은 자동으로 이렇게 반응합니다:

커튼이 닫히면 내부 공기의 순환과 외기 유입이 줄어들기 때문에, 환기창 개방 비율도 함께 줄어들도록 자동 조정됩니다. 이 과정은 별도의 지시 없이, '커튼이 닫혔다'는 하나의 조건만으로 시스템이 모든 작동값을 보정하는 방식으로 이루어집니다.

즉, 커튼이 닫히는 순간 "지금은 열 보존이 더 중요하니 환기도 줄이자"는 판단이 자동으로 이루어지는 것입니다.

다음 날 아침 - 자연광 유입과 함께 환기 증가

아침이 되어 햇빛이 들어오기 시작하면, 커튼이 자동으로 열립니다. 이때 시스템은 다시 한번 자동 보정 모드에 들어갑니다:

커튼이 열리면 복사광이 유입되고, 온실 내부의 온도가 빠르게 올라갈 수 있기 때문에, 환기창도 더 빠르고 크게 열리도록 자동으로 설정값을 수정합니다.

뿐만 아니라, 광합성 활동이 활발해지는 이 시점에 맞춰 CO_2 공급량도 자동으로 증가하고, 환기 과도 시 CO_2 손실 방지를 위한 환기 조절도 병행되죠.

즉, 단순한 자동 작동이 아닌, '커튼-환기-CO_2 공급'까지 연동된 다층적 자동 보정 시스템이 작동하는 것입니다.

왜 이 보정 기능이 중요할까요? 이러한 보정 기능은 스마트팜의 자동화 수준을 한 단계 끌어올리는 핵심입니다. 기계적 자동화는 '이 조건이면 이 작동'이라는 1:1 대응에 그쳤지만, 지능형 보정 자동화는 '여러 조건이 동시에 바뀌는 상황에서, 전체 환경을 고려해 조율'합니다. 그 결과, 농부는 더 이상 매일 밤 커튼을 닫을 때마다 환기 설정을 조정하거나, 아침마다 햇빛이 들어오는 시점에 맞춰 환기량을 수동으로 조절할 필요가 없습니다. 시스템은 각 요소들이 서로 영향을 주고받는 관계를 이해하고, 그에 따라 식물에게 가장 좋은 환경이 유지되도록 스스로 판단하고 조정합니다.

스마트팜의 자동화는 이제 단순한 기계 작동을 넘어, 상황을 읽고 맥락을 이해하며, 작물의 입장에서 환경을 구성하는 단계로 진화하고 있습니다. 플랜트 임파워먼트에서 말하는 보정 기능은 이러한 변화의 대표적인 예로, '자동화의 지능화', 그리고 '작물을 향한 배려의 기술화'를 보여 주는 상징이라 할 수 있습니다. 이제 농부는 불필요한 반복 조작에서 벗어나, 더 큰 그림을 보고 전략을 세우는 진짜 스마트한 농업의 주인공이 될 수 있습니다.

④ 똑똑하기만 한 스마트팜은 이제 그만

우리가 만들고 싶은 스마트팜은 단순히 '자동화된 농장'이 아니에요. 식물의 속도에 맞춰 주고, 식물의 입장을 배려하는 '친절한 스마트팜'이 되어야 하죠.

플랜트 임파워먼트는 그 시작점입니다. 센서와 데이터를 통해 식물의 목소리를 듣고, 그에 맞는 환경을 제공해 주는 기술.

이제는 '똑똑함'을 넘어선 '공감하는 농업'의 시대가 온 거예요.

⑤ 식물이 원하는 대로 농사짓는 법: 플랜트 임파워먼트와 스마트팜의 만남

"식물이 말하는 것을 들을 수 있다면 농사는 더 쉬워질까요?"

최근 스마트팜에서 주목받고 있는 개념이 바로 '플랜트 임파워먼트'입니다. 말 그대로, 식물이 스스로 균형을 잡아 잘 자랄 수 있도록 환경을 설계하고 관리하는 것을 의미합니다. 이 개념은 단순히 센서를 달고 데이터를 분석하는 수준을 넘어, 물리학과 생리학의 관점에서 식물 생장을 통합적으로 이해하고 관리하는 방식입니다.

그렇다면 이 원칙을 실제 스마트팜에서 어떻게 활용할 수 있을까요?

예시 1. 토마토 온실에서의 광합성 최적화 전략

일반적인 스마트팜 운영에서는 햇빛이 너무 강하면 차광 커튼을 닫고, 너무 덥거나 습하면 바로 환기를 시키는 식으로 대응하는 경우가 많습니다. 그러나 플랜트 임파워먼트의 관점에서는 다릅니다.

차광보다는 '낮은 각도의 환기창 개방+미스트 분사'가 우선입니다. 햇빛이 강할수록 식물은 광합성을 통해 동화산물을 더 많이 생성할 수 있습니다. 하지만 이때 잎의 증산 작용이 지나치게 많아지면 수분 스트레스를 받을 수 있습니다. 이때 상대습도를 유지해 기공을 열어 두고, 증산으로 식물체가 과열되지 않도록 미세하게 공기 흐름을 조절하는 것이 중요합니다.

> **적용 사례**
> - 차광 스크린 대신 환기창을 15도 이하로 미세 개방
> - 상대습도 75% 이상 유지를 위해 정오에 간헐적 미스트 가동
> - 환경제어 시스템을 통해 기공 개방 예측 데이터(VPD, HD 기반) 실시간 모니터링
> - 결과적으로, 광합성 효율 12% 증가, 과일 당도 및 착색도 향상

예시 2. 유러피안 엽채류 수직농장에서의 수분 균형 유지

수직농장은 온실보다 밀폐도가 높고, 증산 작용도 제한됩니다. 이럴 경우 수분 균형(물의 흡수와 증산의 균형)이 무너질 수 있으며, 이는 곧 칼슘 부족으로 이어집니다. 특히 엽채소는 생장점에서 빠르게 세포 분열이 일어나기 때문에 칼슘 부족은 팁번(tipburn)과 직결됩니다.

따라서 잎끝까지 '증산'이 멈추지 않도록 잎 온도와 상대습도 조절이 필수입니다.

적용 사례

- LED 광원으로 광합성을 유도하되, 잎 온도 24~26℃ 유지
- 상대습도는 80~85%로 설정해 기공 개방 유지
- EC 조절을 통해 칼슘 농도 공급 유지, 그러나 고농도 칼슘은 식물체에 저장되지 않기 때문에 지속 공급이 중요
- 결과는 팁번 발생률 50% 감소, 출하 적합률 상승

예시 3. 생육 밸런스를 유지하는 RTR 전략

플랜트 임파워먼트에서 강조하는 개념 중 하나가 바로 RTR(Radiation to Temperature Ratio, 복사-온도 비율)입니다. 스마트팜 온실에서는 단순히 "빛이 부족하면 보광등을 켠다"는 방식에서 벗어나, 작물의 생리적 균형을 고려한 보다 정밀한 보광 전략이 요구됩니다. 이러한 전략 수립의 핵심 지표 중 하나가 바로 RTR입니다. RTR은 작물이 하루 동안 받은 빛의 양(누적 복사량)에 비해 온실 내부의 평균 온도가 적정했는지를 나타내는 지표입니다. 이는 곧 작물의 광합성과 에너지 소비의 균형 상태

를 수치적으로 판단할 수 있게 해 주는 중요한 기준입니다.

RTR은 아래의 공식으로 계산됩니다:

RTR=1000×(24시간 평균 온도-기준 온도)/하루 누적 복사량(J/cm²)

- 기준 온도(Base Temperature)는 작물 생장에 필요한 최소 생리온도로, 일반적으로 토마토의 경우 15℃로 설정됩니다.
- 24시간 평균 온도는 하루 동안 온실 내에서 유지된 평균 기온을 의미합니다.
- 하루 누적 복사량은 외부 또는 온실 내에 설치된 복사센서(예: Pyranometer)를 통해 측정된 총복사에너지양입니다.

RTR 수치는 일반적으로 다음과 같이 해석됩니다:

RTR	의미	관리 전략
2.5 이상	온도는 충분한데 빛은 부족 → 도장(elongation) 위험	보광등 켜기, 야간 온도 낮추기
1.5~2.5	광과 온도의 균형이 적절	전략 유지
1.5 미만	빛은 많으나 온도 부족 → 에너지 미활용 상태	야간 온도 올리기, 보광 불필요
0 이하	복사량은 충분하지만 평균 온도가 기준보다 낮음	난방 보완 필요, 보광 필요 없음

RTR을 이용하면, 단순한 "일조 부족 → 보광등 켜기"라는 일차원적 판

단이 아니라, "온도와 빛의 종합적 균형"을 고려한 정밀한 생육 환경 조정이 가능해집니다.

예시: 흐리고 따뜻한 날
- *24시간 평균 온도: 19°C*
- *기준 온도: 15°C*
- *누적 복사량: 1,200J/cm²*

RTR=1000×(19-15)/1200=4000/1200 ≈ 3.33

→ RTR이 3.33으로 매우 높음
→ 작물이 높은 온도에 비해 빛을 충분히 받지 못함
→ 도장(elongation)과 같은 생리적 불균형이 발생할 수 있음
→ 대응 전략:
- 보광등 조기 점등 및 연장 운전
- 야간 온도 1~2도 하향 조정하여 에너지 절감 및 균형 유지

예시: 맑고 추운 날
- *24시간 평균 온도: 14°C*
- *기준 온도: 15°C*
- *누적 복사량: 2,200J/cm²*

RTR=1000×(14-15)/2200=-0.45

→ 빛은 풍부하지만 온도가 부족
→ 작물의 광 이용률 저하
→ 대응 전략:

- 보광은 불필요
- 야간 온도 소폭 상승 및 보온 커튼 조기 폐쇄

RTR 전략은 다음과 같은 이점을 가지고 있습니다.

1. 에너지 절약
    - 빛이 부족할 때는 보광으로, 온도가 과도할 땐 낮춰서 균형 유지
    - 난방과 조명의 불필요한 이중 소비 방지
2. 작물 품질 향상
    - 도장 방지, 광합성 최적화, 균일한 생장 확보
3. 자동화 기반 제어
    - 복합환경제어 시스템에서는 RTR을 기반으로 야간 온도 자동 조절 또는 보광 시간 최적화가 가능함

RTR은 단순한 광량 부족 판단 도구가 아니라, 작물이 하루 동안 얼마나 효율적으로 에너지를 활용했는지를 파악하는 핵심 지표입니다. RTR을 활용한 보광 전략은 고비용의 전기 사용을 효율화하고, 작물의 균형 생장을 유도함으로써 스마트팜 운영의 정밀성과 경제성을 동시에 확보하는 데 매우 중요한 역할을 한다고 볼 수 있습니다.

온실 속 '보이지 않는 힘'을 기술로 밝히다
– 플랜트 임파워먼트의 물리 기반 환경제어 적용 사례

우리는 흔히 스마트팜을 '자동화된 농장'이라 생각합니다. 온도, 습도, CO_2 농도, 급액 시스템 등을 컴퓨터가 알아서 조절하니 작물도 알아서 잘 자랄 것 같지요. 그러나 실제 현장에서는 "수치는 다 정상인데 작물이 시들하거나 잘 안 자라는 경우"가 종종 발생합니다.

왜 그럴까요? 정답은 바로 '균형'에 있습니다. 식물은 단순히 센서로 측정된 수치에 반응하는 기계가 아닙니다. 식물 주변의 공기 흐름, 열, 수분, 복사에너지가 어떤 물리적 원리로 이동하고, 작물에 어떤 영향을 주는지를 함께 고려해야 진짜 '스마트한' 제어가 가능해집니다.

이 장에서는 '플랜트 임파워먼트'의 물리적 원리를 바탕으로, 온실 내 물리 현상을 작물 재배 기술에 어떻게 적용할 수 있는지를 실제 사례를 통해 소개합니다.

① 야간 열 방사 관리로 작물 보호 - 토마토 재배에서 얻은 중요한 교훈

겨울철 유리온실에서는 야간 기후 관리가 매우 중요합니다. 특히 온도가 낮아지는 밤 시간대에는 보이지 않는 열 손실, 즉 복사 손실(Radiative Heat Loss)이 작물 생장에 큰 영향을 줄 수 있습니다. 토마토 재배 사례를 통해, 이 열 손실을 어떻게 관리하고, 어떤 효과를 얻었는지 구체적으로 살펴보겠습니다.

겨울밤, 유리온실의 지붕은 외부 공기보다 훨씬 더 빠르게 식습니다. 외부 온도가 5℃일 때, 유리 지붕 표면은 0℃ 이하까지 떨어지는 경우도 흔합니다. 반면, 온실 내부의 작물은 난방 등의 영향으로 여전히 따뜻한 상태를 유지하고 있죠. 이때 발생하는 것이 바로 복사 손실입니다. 따뜻한 작물이 차가운 유리 지붕 쪽으로 열을 방사(방출)하게 되면서, 작물의 표면 온도가 급격히 떨어지고, 잎이나 열매에 결로가 생기고, 칼슘 이동 장애로 인한 배꼽썩음병(blossom end rot) 같은 생리장애가 나타나는 것입니다.

이러한 문제는 단순히 기온만으로는 파악하기 어려운, 복사열이라는 '보이지 않는 손실'에서 비롯됩니다.

이 문제를 해결하기 위해 네덜란드의 한 토마토 온실에서는 알루미늄 코팅 에너지 스크린(보온 커튼)을 활용한 정밀 제어 전략을 도입했습니다. 핵심 전략은 다음과 같습니다:

1. 열 방사 차단을 위해 야간에 에너지 스크린을 닫음
   - 알루미늄 코팅이 된 스크린은 하늘로 방출되는 복사열을 반사시켜 작물의 온도를 지켜 줍니다.
2. 작물과 지붕 표면 간 온도 차를 기준으로 스크린 개폐 비율을 조정
   - 작물 온도와 지붕 표면 온도 사이의 차이가 4°C 이상 벌어질 경우 → 스크린을 최대 85%까지 닫아 방사를 억제합니다.
3. 열 방사량을 실제로 감소시킴
   - 대책 전: 열 방사량 약 -20W/㎡
   - 스크린 사용 후: 열 방사량 -10W/㎡로 절감

이는 작물 표면의 급격한 냉각을 막고, 결로 및 생리장애를 예방하는 데 효과적입니다.

이 전략을 적용한 결과, 다음과 같은 현장 개선 효과가 확인되었습니다:

- 배꼽썩음병 발생률 40% 감소
  → 열매 표면이 식지 않아, 칼슘이 정상적으로 이동하며 생리장애가 줄어듦
- 야간 증산량 유지
  → 작물이 너무 차가워지지 않기 때문에, 증산과 뿌리로부터의 칼슘 흡수도 지속됨
- 잎과 열매 표면의 결로 감소
  → 병원균의 침입 통로 차단, 병해 발생률 저감

이 사례는 온실 내부의 공기 온도만 보는 것이 아니라, 작물과 외기(또는 지붕 표면) 간의 복사열 교환을 어떻게 제어하느냐가 건강한 작물 생육에 얼마나 중요한지를 잘 보여 줍니다. 단순히 따뜻하게 해 주는 것이 아니라, '열이 빠져나가지 않게 지켜 주는 것'이야말로 진짜 보온 관리입니다. 그리고 스마트팜의 기술은 바로 이런 '보이지 않는 열 흐름'까지 조절할 수 있는 수준에 도달해 있습니다.

복사 손실을 막는 것은 곧, 식물을 조용히 감싸 주는 따뜻한 이불을 덮어 주는 일입니다. 그 세심한 관리가, 결로를 막고, 생리장애를 줄이며, 더 많은 수확으로 돌아오게 만드는 것이죠.

② 절대습도(AH) 기반 수분 균형 제어
- 수직농장에서 식물의 '숨결'을 읽는 기술

스마트팜 수직농장에서 엽채류를 재배할 때, 가장 흔히 발생하는 생리장애 중 하나는 팁번입니다. 잎끝이 마르고 갈변하는 이 증상은 단순한 수분 부족이 아닌, 수분 이동의 불균형, 즉 뿌리에서 잎끝까지 수분이 제대로 전달되지 않을 때 발생하는 현상입니다. 이를 예방하기 위해 우리는 흔히 상대습도(RH)를 조절하지만, 실은 RH만으로는 식물이 처한 진짜 수분 상태를 제대로 알 수 없습니다.

전통적인 환경제어 방식에서는 "RH가 80%면 괜찮다"는 식의 판단이 흔합니다. 하지만 RH는 온도가 조금만 바뀌어도 크게 출렁이는 지표입니다. 같은 RH 80%라도, 20℃에서는 절대습도 약 13.8g/㎥, 25℃에서는 약 18.4g/㎥로 완전히 달라지죠. 즉, RH만 보고 있으면 실제로는 공기 중 수분이 너무 많아도 '습도가 괜찮다'고 착각하거나 공기가 건조해도 '습도가 높다'고 오판할 수 있다는 뜻입니다.

절대습도(AH, g/㎥)는 온도와 상관없이 공기 중에 실제로 존재하는 수증기량을 나타냅니다. 즉, 식물이 '실제로 얼마나 물을 내보내고 있고', 공기는 '얼마나 그 물을 받아 줄 수 있는가'를 직접적으로 알 수 있는 지표입니다. 식물은 증산을 통해 수분을 배출하고, 그 수분의 흐름을 따라 칼슘, 붕소, 마그네슘 등 필수 미네랄을 뿌리에서 잎까지 이동시킵니다. 그런데 증산이 제대로 이루어지지 않으면, 칼슘이 잎끝에 도달하지 못하고 팁번, 생장 정지, 기공 폐쇄 등의 문제가 발생하게 됩니다.

AH 값 기준으로 보는 생육 조건

AH 값 (g/㎥)	환경 상태	식물 반응 및 관리 전략
12~17	이상적 범위	증산 원활, 생장 안정적 → 이 범위 유지
17 이상	수분 과잉	증산 억제, 기공 닫힘, 병해 우려 → 환기, 미스트 줄이기
12 이하	과도한 건조	탈수 위험, 스트레스 증가 → 미스트 가동, 보습 강화

절대습도는 단순한 수치 그 자체보다, 그 변화의 방향과 속도가 중요합니다. AH가 점점 올라가고 있다면 증산량이 많고, 환기가 부족하거나 미스트가 과다하게 작동하고 있을 가능성이 높습니다. 반면, AH가 빠르게 내려가고 있다면 공기가 건조하거나, 환기량이 너무 많아 식물이 스트레스를 받을 수 있다는 신호입니다.

AH 변화 경향	해석	대응 전략
상승 중	증산 증가+수분 과잉 누적 가능성	환기 증가, 미스트 간격 늘리기
하강 중	증산 감소+건조 스트레스 가능성	미스트 가동, 환기량 조절
일정 유지	수분 입력=출력 → 균형 상태 유지	설정값 유지, 추가 조정 불필요

한 엽채류 수직농장에서 온도 22°C, RH 85%로 재배를 하고 있었습니다. 절대습도(AH)는 약 17.6g/㎥로 높은 수준이었습니다. 이 상태에서 미스트를 짧은 간격(10분)으로 계속 가동하자 AH가 19.2g/㎥까지 급격히 상승하면서 수분 과잉으로 인해 기공이 닫히고, 잎끝 갈변(팁번) 현상이 다수 발생했습니다.

이에 따라 다음과 같은 전략으로 개선을 진행했습니다:

- 목표 AH를 17g/㎥ 이하로 설정
- 미스트 간격을 30분으로 조정해 과도한 가습 방지
- 수직 팬을 가동하여 공기 순환 강화하여 수분 증발 촉진
  → 결과적으로 팁번 발생률이 60% 감소하고 생장 균형이 회복되었습니다.

절대습도 기반 제어는 단순히 '얼마나 촉촉한가'를 판단하는 것이 아닙니다. 공기 속 수분이 얼마나 잘 순환되고, 식물의 증산과 수분 흡수가 균형을 잘 이루고 있는가를 판단하는 지표입니다. RH는 정지된 '점의 수치'이고, AH는 움직이는 '흐름의 그래프'입니다. 이제 스마트팜의 환경 제어는 온도+RH의 시대를 넘어, 에너지 흐름+AH 트렌드를 읽는 시대로 진

화하고 있습니다. 식물은 말을 하지 않지만, 절대습도라는 수치를 통해 조용히 '지금 괜찮은지'를 알려 줍니다. 우리는 그 수치를 해석함으로써, 식물의 생장을 도와줄 수 있는 진짜 스마트한 농부가 되는 것이죠.

③ 산란광 유리로 빛을 고르게, 오이 생육을 균형 있게
- 광합성 최적화의 현장 전략

햇빛은 식물에게 없어서는 안 될 에너지원이지만, 그 빛이 항상 이롭게만 작용하는 것은 아닙니다. 특히 여름철이나 맑은 날 직사광이 강하게 들어오는 상황에서는, 광합성 효율이 오히려 떨어지는 경우도 있습니다. 이는 단순히 빛의 양이 많은 것이 아니라, 빛의 분포가 고르지 않기 때문입니다. 오이 재배 사례를 통해, 이런 문제를 산란광 유리를 이용해 어떻게 해결할 수 있었는지 구체적으로 살펴보겠습니다.

기존의 일반 유리온실에서는 맑은 날 햇빛이 강하게 들어오면, 빛은 대부분 상부 잎에 집중되고 하부까지 도달하지 못합니다. 그 결과, 상단 잎은 과열되거나 광포화 상태에 도달해 광합성 효율이 떨어지고, 하단 잎과 열매는 빛 부족으로 생장 정체 또는 착과 불량이 발생합니다. 즉, 온실 내부에서 빛이 골고루 전달되지 않으면, 식물 전체의 생장 균형이 무너지게 되는 것입니다.

이 문제를 해결하기 위해, 해당 오이 농장에서는 다음과 같은 빛 분포 개선 전략을 도입했습니다.

- 산란 코팅 유리 도입(F-Scatter 계수 75%): 유리 표면에 미세한 산란 코팅을 적용해 직사광을 다방향으로 퍼지게 만들고, 빛이 상부에서 하부까지 골고루 퍼지도록 유도합니다.
- 고확산성 스크린 설치: 천장 및 측면에 고확산 소재의 스크린을 설치해, 과도한 복사광은 차단하면서도 산란광은 내부로 유입시킵니다.

이처럼 직선적이고 강한 빛을 부드럽고 퍼지는 빛으로 바꿔 줌으로써 오이의 모든 잎들이 고르게 빛을 받을 수 있는 환경을 조성한 것입니다.

산란광 유리를 설치한 후, 광합성 활성 부위(즉, 유효광을 받는 잎 면적)가 약 35% 증가하고 하단부 잎들도 햇빛을 충분히 흡수해 광합성에 적극 참여하게 되었고, 식물체 전반의 생장 균형이 향상되고, 상·중·하층 모두 고르게 자라며 작물의 스트레스도 줄고, 생리장애 발생률도 감소하게 되었습니다. 물론, 하단 과실의 착과율도 증가하여 기존에는 빛 부족으로 떨어지던 하단 열매의 생존율이 높아지고, 전체 수확량과 품질이 동시에 개선되었습니다. 이러한 결과는 단지 '빛이 더 많아졌다'는 뜻이 아닙니다. 같은 양의 빛이라도, '어디에, 얼마나 고르게 도달했는가'가 작물 생장에 결정적인 영향을 미친다는 것을 의미합니다.

스마트팜에서 빛은 더 이상 단순한 광량(Lux)으로만 평가되지 않습니다. 이제는 '빛의 질', 특히 산란 정도(Scatter Rate)가 작물 생육의 핵심 지표로 부각되고 있습니다.

산란광 유리와 확산 스크린은 빛을 더 많이 주는 것이 아니라, 식물이 더 잘 활용할 수 있게 도와주는 기술입니다. 오이처럼 잎이 넓고 층이 많은 작물일수록, 이러한 확산광 전략은 큰 효과를 발휘하며 병해 감소, 착과 향상, 품질 균일화 등 다양한 농업적 혜택으로 이어집니다. 빛의 양이 아니라, 빛의 분배가 작물의 미래를 바꿉니다.

스마트팜은 이제 빛을 나누는 기술로, 생장을 설계합니다.

④ 공기 흐름으로 증산을 살리고, 야간 생육을 지킨다
  - 조용한 바람의 큰 역할

온실에서 식물 생장은 단지 낮 시간, 햇빛이 있을 때만 이루어지는 것이 아닙니다. 밤 시간대에도 식물은 여전히 살아 숨 쉬고 있으며, 특히 뿌리에서 잎으로 수분과 영양분을 전달하는 활동은 계속되어야 합니다. 이때 핵심 역할을 하는 것이 바로 '증산(蒸散)'입니다. 하지만 야간에는 흔히 놓치기 쉬운 요소가 하나 있습니다. 바로 공기 흐름의 정체입니다.

야간에는 광합성이 멈추고 기온도 내려가면서 환기창이 닫히고, 난방 외에는 공기가 거의 움직이지 않게 됩니다. 이로 인해 온실 내부에서는 공기 흐름이 정체되고, 결과적으로 식물 표면에 있는 수분이 증발하지 않으면서 증산이 거의 멈추게 됩니다.

하지만 증산이 없다는 것은 단순히 물의 손실이 줄었다는 뜻이 아닙니다. 식물은 뿌리에서 흡수한 칼슘이나 미량 요소를 '수분의 흐름을 타고' 생장점까지 운반합니다. 즉, 증산이 없으면 영양분도 도달하지 못하게 되고, 그 결과 칼슘 결핍, 팁번, 생장 불균형 등 다양한 생리장애가 발생하는 것입니다.

이 문제를 해결하기 위해 한 스마트팜에서는 야간 전략을 다음과 같이 전환했습니다:

1. 온풍기 대신 '수직팬'을 활용
    - 기존에는 난방 효과를 위해 온풍기를 가동했지만, 이는 공기 상하층을 뒤섞지 못해 온도만 올리고 공기 흐름은 부족했습니다. 대신, 수직팬(air circulation fan)을 설치해 천장과 바닥 사이에 부드럽고 지속적인 공기 흐름을 유도했습니다.
2. 풍속 목표: 0.1~0.2m/s 유지
    - 이 정도의 속도는 식물체에 스트레스를 주지 않으면서도 잎 표면의 수분을 미세하게 증발시켜 약한 증산을 유지시켜 줍니다.
3. 과도한 난방 없이 생리 활성 유지
    - 증산을 유지하는 데 있어 꼭 온도를 높일 필요는 없습니다. 공기 흐름만으로도 식물체의 미세한 대사 작용을 활성화시키고, 결과적으로 난방 에너지 사용량을 줄이면서도 생육은 유지할 수 있게 됩니다.

이 전략을 적용한 결과, 야간에도 생장점으로의 수분 및 칼슘 공급이 안정적으로 지속되어 팁번과 같은 칼슘 결핍 증상 발생률이 현저히 감소하여 전체 식물체의 생장 균형이 개선되고 상단과 하단 잎 간의 수분 상태의 균형이 유지되었습니다. 온풍기 대비 에너지 사용량이 절감되어 동일한 생육 유지 조건에서 전기·가스비가 약 15~20% 절감되는 효과를 보였습니다. 밤에도 '식물이 살아 있는 환경'이 구현되어 단지 '보온'이 아닌 생리적으로 적절한 환경 유지를 통해 작물의 활력을 이어 갈 수 있었습니다.

야간의 스마트팜 관리에서 중요한 것은 "얼마나 따뜻하게 유지할까?"가 아니라, "어떻게 하면 식물이 조용히 활동을 계속할 수 있게 도와줄까?"입니다. 수직팬을 통한 부드러운 공기 흐름은 눈에 보이지 않지만, 작물의 생장을 뒷받침하는 매우 중요한 조건입니다.

이것이 현대 스마트팜의 야간 생육 유지 전략이며, 에너지 절감과 생장 안정이라는 두 마리 토끼를 모두 잡을 수 있는 지혜입니다.

⑤ 온도 중심을 넘어, '에너지-수분 균형'으로 환기를 설계하다

스마트팜에서 '환기'는 단지 공기를 순환시키는 기술적 작업이 아닙니다. 그 자체가 식물의 광합성과 생장을 직접적으로 좌우하는 핵심 전략입니다. 하지만 아직도 많은 시설에서는 단순히 온도 수치에만 의존한 환기 설정을 사용하고 있어, 식물의 생리적 반응과 충돌하거나, 오히려 역효과를 초래하는 경우가 많습니다.

일반적인 자동화 온실에서는 온실 내부 온도가 26℃를 넘으면 시스템이 자동으로 천창을 열어 외기를 유입시키는 구조를 갖고 있습니다. 이 방식은 겉보기엔 효율적으로 보일 수 있지만, 실제로는 중대한 생리적 리스크를 안고 있습니다. 그 이유는 온도만을 기준으로 삼기 때문에, 공기 중 수분 상태(절대습도, AH)를 무시한다는 점에 있습니다.

온도 기준 환기의 문제점은 외기가 유입되면 내부 온도는 낮아지는데, 이때 AH는 거의 변화가 없지만, 상대습도(RH)는 더 낮아집니다. 또한, 공기 중 수분이 부족해지면 식물은 수분 스트레스를 받게 되고 기공을 닫아 증산과 광합성을 중단하기 시작합니다. 결과적으로, 환기를 열심히 했음에도 CO_2는 날아가고, 광합성은 더 안 되는 '환기의 역효과'가 발생하게 됩니다. 즉, 환기 자체가 오히려 작물의 생산성을 떨어뜨리는 결과로 이어질 수 있는 것이죠.

이러한 문제를 해결하기 위해 최근 파프리카 스마트팜에서는 온도 기반 환기 설정을 넘어, 작물 생리에 직접 영향을 주는 두 가지 요인을 고려한 정교한 환기 전략을 도입했습니다.

스마트팜의 고도화된 환기 전략은 단순한 온도 반응이 아닌, 에너지 흐름(energy flux)과 수분 흐름(ΔAH: 절대습도 차이)이라는 두 물리적 요소를 통합적으로 고려해 작동합니다. 이 두 요소는 식물의 생리 상태뿐만 아니라 에너지 효율, 병해 리스크까지 직결되기 때문에, 공기 교환율(air exchange rate) 설정의 핵심 기준으로 작용합니다.

첫 번째로, 에너지 플럭스(heat flux)는 온실 내부와 외부 간의 온도 차이(ΔT)와 내부 복사열(햇빛, 장비열, 작물발열 등)의 총합으로 계산됩니다. 이 요소는 다음과 같은 방식으로 환기에 영향을 줍니다:

- ΔT가 크면 → 온실 내부에 과도한 열 축적이 발생
- 복사열이 많으면 → 공기 온도가 빨리 상승

이럴 경우 시스템은 "얼마만큼의 공기를 바꾸어야 내부 열을 안정적으로 빼낼 수 있는가"를 계산하게 됩니다. 이를 위해 사용하는 기본 식 중 하나는:

$Q = \rho \times C_p \times V \times \Delta T$

- Q: 제거하고자 하는 열량(W)
- ρ: 공기 밀도(kg/㎥)
- C_p: 공기의 비열(J/kg·K)
- V: 시간당 환기량(㎥/h)
- ΔT: 온실 내외 온도 차(K)

여기서 필요한 환기량(V)을 풀어서 계산하면 에너지 플럭스를 유지하기 위한 최소 환기량이 도출됩니다.

두 번째로, 절대습도 차이(ΔAH)는 온실 내부와 외부 사이의 수분 밀도 차이를 말합니다.

ΔAH가 클수록, 환기 1㎥당 더 많은 수분 교환이 발생하게 됩니다. 이는 곧 식물의 증산량 변화, 기공 열림/닫힘, 광합성 효율에 직접적인 영향을 줍니다. ΔAH가 너무 크면 과도한 탈수, 수분 스트레스를 받고, 반면 ΔAH가 너무 작으면 증산량이 저하되고 미네랄 수송이 중단되어 칼슘 결

핍과 팁번이 발생하게 됩니다.

따라서 시스템은 다음과 같이 계산합니다:

W=V×ΔAH
- **W**: 시간당 수분 교환량(g/h)
- **V**: 환기량(㎥/h)
- **ΔAH**: 절대습도 차이(g/㎥)

이 식을 바탕으로 시스템은 작물 생육에 필요한 목표 증산량을 기준으로 어떤 ΔAH 환경이 적정한지를 판단하고, 필요한 V(환기량)을 역산하여 공기 교환율을 정합니다.

실제 시스템에서는 위 두 가지 요소를 독립적으로 계산한 후, 에너지 기준 환기량(V_1)과 수분 흐름 기준 환기량(V_2)을 각각 산출한 뒤, 두 값 중 더 높은 값을 공기 교환율로 설정합니다. 이 방식은 열 제거와 수분 균형 중 어느 쪽이 더 급한지를 실시간으로 판단하고, 작물 생리 반응에 부작용이 생기지 않도록 자동으로 조절합니다. 또한, 시스템은 환기와 동시에 CO_2 손실 여부, 외부 풍속, 바람 방향, 스크린 개폐 상태 등도 고려해 실제 환기창 개방 각도와 시간, 방향까지 정밀 제어합니다.

전통적인 온도 기반 환기 전략이 "더우면 열자"였다면, 에너지-수분 기반 전략은 "식물이 어떻게 반응하는가"를 먼저 본 다음, 공기 흐름을 결정합니다. 이러한 정밀 제어는 작물 스트레스를 최소화하고, 생육의 안정성을 높이며, 에너지 소비를 줄이는 동시에 수확량을 향상시키는 결과로 이어집니다. 즉, 공기 교환율은 더 이상 단순한 환기 횟수가 아니라, '식물과 온실의 생리적 대화의 결과값'으로 진화한 것입니다.

이 전략을 적용한 네덜란드의 한 파프리카 온실에서는 다음과 같은 긍정적인 결과를 얻었습니다:

- 기공 폐쇄 현상 감소 → 광합성 지속 시간 증가
- 낮은 절대습도에서 발생하던 칼슘 결핍 및 잎끝 갈변 문제 감소
- 환기 중 CO_2 손실을 줄여, 광합성 효율 유지
- 전체 수분 스트레스 지표 개선 → 생장 속도와 과실 품질 향상

결과적으로, 온도만을 기준으로 한 '기계적 환기'에서, 에너지 흐름과 수분 흐름을 함께 고려한 '식물 생리 중심 환기'로의 전환이 실제 수확량과 품질 모두에 긍정적인 영향을 준 것입니다.

스마트한 환경 제어란, 숫자 하나에만 의존하지 않고, 그 뒤에 숨은 생리적 흐름을 읽어 내는 전략입니다. '온도'는 단지 환경의 한 요소일 뿐, 식물이 실제로 어떻게 느끼고 반응하는지를 설명하려면 '에너지 플럭스'와 '수분 균형'을 함께 읽어야 합니다. 이제 스마트팜의 환기는 온도와 RH를 넘어서, ΔAH+온도 차+복사열+기공 반응까지 고려하는 다차원 전략으로 진화하고 있습니다. 이제는 단순히 문을 열고 닫는 것이 아니라, '언제', '어떻게', '왜' 열지를 식물 중심으로 설계하는 시대입니다.

⑥ 여름철 파프리카 온실 사례로 본 환기 전략의 변화
- '에너지와 수분의 균형' 중심으로

많은 스마트팜에서는 여전히 온도 수치만을 기준으로 환기를 제어하고 있습니다. 예를 들어, 실내 온도가 25℃를 넘으면 자동으로 천창을 열어 외부 공기를 유입하는 방식입니다. 얼핏 보기에는 실내 온도가 안정적이고, 상대습도(RH)도 적절하게 유지되는 것처럼 보이지만, 실제 작물의 생리적인 반응은 전혀 다를 수 있습니다.

어느 여름날, 파프리카 온실에서 실내는 25℃, RH 75%, 외부는 24℃, RH 60%의 조건이었습니다. RH 수치만 보면, 환기를 해도 무방해 보입니다. 하지만 실제로는 내부와 외부의 절대습도 차이(ΔAH)는 약 4.3g/㎥로 그리 크지 않았습니다.

결과적으로, 환기를 열심히 해도 외기 유입으로 CO_2가 빠져나가고, 공기는 건조해졌지만 식물은 수분 스트레스를 받으며 기공을 닫기 시작했고, 광합성은 저하, 과실 착과율은 떨어지는 현상이 발생했습니다. 즉, 온도만 낮춘다고 식물이 잘 자라는 것은 아니며, 오히려 무리한 환기로 작물이 힘들어지는 상황이 연출된 것입니다.

같은 날, 다른 온실에서는 접근 방식이 달랐습니다. 실내 온도를 오히려 28℃로 높게 유지했고, 상대습도는 동일하게 75%로 설정했습니다. 외부 조건은 동일하게 24℃, RH 60%.

이때 내부의 절대습도는 약 20.9g/㎥, 외부는 약 13.3g/㎥로, ΔAH는

7.6g/㎥에 달했습니다. 이 차이가 큰 의미를 갖습니다.

공기 1㎥를 교체할 때마다 훨씬 더 많은 수분이 제거되기 때문에, 환기 횟수를 절반으로 줄여도 충분히 수분 배출이 가능했습니다. 그 결과, 광합성에 꼭 필요한 CO_2 농도는 유지되었고, 증산이 원활해져 뿌리에서 칼슘과 미량 원소 이동이 활발해졌으며, 식물은 스트레스 없이 균형 잡힌 생장을 유지할 수 있었습니다.

이 상황에서 식물의 증산량이 시간당 500g/㎡라고 가정했을 때, 절대습도 차이가 7.6g/㎥이면, 필요한 환기량은 약 66㎥/㎡·h 수준에 불과합니다. 이는 기존보다 훨씬 적은 환기량으로도 충분한 수분 조절이 가능하다는 뜻입니다.

온도 기반 환기 전략은 기준 온도만 초과하면 창을 열고, 그 결과 CO_2가 빠져나가고, 수분 스트레스가 생기며, 식물 생장이 불균형해질 수 있습니다.

반면, 에너지와 수분 균형을 고려한 전략은 ΔAH(절대습도 차이)와 에너지 플럭스(온도 차+복사열)를 기준으로 필요한 만큼만 환기하고, 광합성과 수분 대사를 최적화하며, 동시에 에너지 낭비도 줄이는 똑똑한 방식입니다.

이제 스마트팜의 환기는 온도 수치를 맞추는 것이 아니라, 식물의 생리를 중심에 둔 정밀한 설계로 진화하고 있습니다. 식물이 말은 하지 않지만, 우리가 수분 흐름과 에너지 흐름을 이해하면 그들의 '필요'를 수치로 읽어 낼 수 있는 시대가 된 것입니다.

⑦ 보이지 않는 물리학, 생장을 설계하다

　스마트팜의 핵심은 단순히 '제어'에 있지 않습니다. 진정한 스마트팜은 식물의 '언어'를 이해하고, 보이지 않는 열, 수분, 광, 공기 흐름의 물리학을 기반으로 식물이 스스로 건강하게 자랄 수 있도록 환경을 설계하는 데 있습니다.

　이제는 숫자를 보는 것이 아니라, 흐름을 이해하는 농업이 필요합니다.

　지금 여러분의 스마트팜 온실은 균형 속에 있나요?

식물은 빛을 먹고 자란다
– 작물 생육과 광의 관계, 그리고 LED 보광등의 역할

"식물은 햇빛만 주면 알아서 자란다."

오래된 진리 같지만, 오늘날 농업 현장에서 이 말은 더 이상 절대적인 진실이 아닙니다. 특히 온실이나 실내 재배 환경, 그리고 겨울철 혹은 고위도 지역에서는 자연광만으로는 작물이 필요로 하는 생장 에너지를 충분히 제공하기 어렵습니다. 이처럼 한계를 가진 '햇빛'을 보완해 주는 존재가 바로 LED 보광등입니다.

그렇다면 왜 빛이 그토록 중요하며, 인공광인 LED 조명은 식물에게 어떤 도움을 줄 수 있을까요? 이번 장에서는 작물 생육과 빛의 과학적 관계를 풀어 보고, LED 보광 기술이 농업 현장에 가져오는 변화를 소개하고자 합니다.

① 빛은 식물의 생명을 움직이는 첫 번째 에너지

식물이 자란다는 것은 단순히 키가 커지고, 잎이 많아지며, 열매를 맺는 것을 의미하지 않습니다. 그 안에는 빛 에너지를 이용한 복잡한 생화학적 반응, 즉 광합성이 핵심이거든요. 식물은 400~700nm 범위의 가시광선을 광합성에 활용하며, 이 범위의 빛을 우리는 PAR(Photosynthetically Active Radiation, 광합성 유효광)이라고 부른답니다.

햇빛 중 약 45%가 이 PAR 영역에 해당되죠. 식물은 이 빛을 이용해 이산화탄소(CO_2)와 물(H_2O)로부터 포도당($C_6H_{12}O_6$)을 만들어 생장 에너지를 저장합니다. 이처럼 빛은 작물이 스스로 에너지를 생산하는 유일한 수단이며, 빛이 부족하면 생장이 멈추고 병해에 쉽게 노출되기도 하죠.

② DLI: 작물에게 필요한 '하루치 햇빛'의 양

현대 농업에서 빛의 중요성을 객관적으로 판단할 수 있는 지표 중 하나가 바로 DLI(Daily Light Integral, 일일 광량 적분)입니다. 이는 식물이 하루 동안 받은 PAR 광자의 총량을 $mol/m^2/day$ 단위로 표시한 것으로, 마치 사람에게 필요한 '하루 열량'과 같은 개념입니다.

예를 들어:

- 상추, 쌈채소류는 10~12$mol/m^2/day$

- 토마토, 파프리카와 같은 과채류는 20mol/㎡/day 이상
- 난과류, 관엽식물은 4~6mol/㎡/day 정도가 필요합니다.

하지만 겨울철이나 흐린 날, 혹은 고층 건물에 둘러싸인 실내 농장에서는 자연광만으로 이 수치를 달성하기 어렵습니다. 이때 필요한 것이 바로 보광광원(Supplemental Lighting)이며, 그중 가장 주목받는 방식이 LED 보광등입니다.

③ LED 보광등은 단순한 조명이 아니다 - 생장을 설계하는 도구

LED는 기존의 고압나트륨등(HPS)이나 형광등에 비해 훨씬 더 정밀하고 효율적인 조명 기술입니다. LED 보광등이 식물 생육에 주는 구체적인 도움은 다음과 같습니다.

빛의 스펙트럼을 설계할 수 있다

LED는 특정 파장의 빛을 정밀하게 구현할 수 있기 때문에 작물의 생장 단계에 따라 최적의 '광 레시피(light recipe)'를 적용할 수 있습니다.

- 적색(660nm): 줄기 신장, 개화 유도
- 청색(450nm): 잎 확대, 식물체 균형 유지
- 원적외선(730nm): 꽃대 형성, 개화 촉진
- 백색: 작업 시 시인성 확보, 혼합광 조성

예를 들어, 배추와 상추는 청색광의 비율을 높여 주면 잎이 풍성하게 자라고, 국화나 포인세티아는 적색광을 이용해 개화 시점을 앞당길 수 있죠. 이처럼 LED는 단지 빛을 비추는 것을 넘어서, 식물의 생리 반응을 조절하는 생장 설계 도구로 활용됩니다.

빛을 가까이, 작물 옆에 둘 수 있다

LED는 열 방출이 적고 발광 효율이 높아, 작물 바로 옆에 설치할 수 있습니다. 이는 층층이 쌓인 수직형 농장에서 매우 유리한 조건입니다. 예를 들어 7층 수직농장에서 층간 간격이 좁은 상황에서도 LED를 설치하면 작물당 수광량을 최대화하면서도 공간 효율을 극대화할 수 있죠.

에너지를 절감하고 생장 속도를 높인다

LED는 형광등 대비 약 60%, 고압나트륨등 대비 40%의 전력 절감 효과가 있습니다. 동시에 광효율이 높아 단위 에너지당 더 많은 생장광을 공급할 수 있습니다. 게다가, 광 레시피를 활용하면 작물의 생장 속도와 수확률, 균일도를 향상시킬 수 있어 출하 시기 단축과 상품성 향상에 직결됩니다.

사계절 안정된 생산이 가능하다

LED 보광은 기후에 무관한 생산체계를 구축하게 해 줍니다.

예컨대, 국내 한 딸기 스마트팜에서는 겨울철 자연광 부족으로 딸기의 착과가 불규칙했으나, LED를 통해 DLI를 보완한 결과, 2월 한 달간 25% 이상의 수확량 증가를 기록하기도 했습니다.

④ 작물은 빛의 품질과 양에 따라 생장이 결정된다

빛은 식물에게 있어 양분 이상의 존재입니다. 빛이 없으면 씨앗은 싹을 틔우지 못하고, 잎은 나지 않으며, 꽃도 피지 않습니다. LED 보광등은 그러한 '빛의 결핍'을 메우는 것이 아니라, 빛의 품질 자체를 설계하여 식물 생리와 수확 전략을 조율하는 스마트한 도구입니다.

앞으로의 농업은 단지 물을 주고 햇빛을 기다리는 수동적 방식이 아니라, 빛의 시간, 색, 강도를 설계하며 수확을 예측하는 정밀농업의 시대로 나아가고 있습니다.

LED 보광등은 그 길 위에 놓인 가장 강력한 조력자임에 틀림없습니다.

LED 인공광, 빛을 넘어 전략이다
- 온실과 수직농장에서의 광 설계와 LED 인공광의 원리

기후 변화와 에너지 위기의 시대, 광(光)은 단순한 자연의 혜택이 아닌 '정밀 제어'의 대상이 되었습니다. 특히 스마트팜 전문 엔지니어에게 광 환경의 설계는 작물 생장의 성패를 가르는 핵심 요소 중 하나입니다. 온실형 스마트팜에서의 보광부터 수직농장의 100% 인공광 활용까지, 이제 '빛'은 전략적으로 다뤄야 할 기술적 자산입니다.

이번 장에서는 필립스코리아의 LED 조명 자료를 바탕으로 광의 물리적 개념부터 보광등 설계 원리, 실질적인 적용 사례까지 폭넓게 짚어 보겠습니다.

① 광이란 무엇인가 - 식물이 보는 빛

광은 380~780nm 범위의 가시광선을 의미하며, 광자(photon) 단위로 식물에게 에너지를 제공합니다. 사람은 녹색(550nm)에 민감하지만, 식물은 적색(660nm)과 청색(450nm) 파장에 높은 반응성을 보입니다. 적색은 광합성과 개화에, 청색은 생장과 잎 형성에 영향을 줍니다. 원적색(Far-Red)은 줄기 신장 및 개화 유도에 관여하는데, R:FR 비율 조절로 생리 반응을 정밀하게 유도할 수 있습니다.

② 왜 보광이 필요한가 - 에너지 수급의 관점

겨울철 약광기나 흐린 날, 그리고 미세먼지나 황사로 인한 광 감소 상황은 총광합성량(GPP)을 급격히 떨어뜨립니다. 이때 작물은 광 보상점 이하로 떨어지며 생장 정지 혹은 품질 저하로 이어집니다.

보광(Supplemental Lighting)은 이러한 리스크를 최소화하고, 연간 생산량을 최대 25%까지 증대시킬 수 있는 효과적인 수단입니다. 실제로 네덜란드와 같은 고위도 국가는 200~270μmol/㎡/s 수준의 보광을 정규 운영하고 있으며, 한국도 100~130μmol/㎡/s 수준으로 빠르게 전환 중입니다.

③ 온실형 스마트팜 - 자연광과의 조화

온실에서는 자연광을 기반으로, 보조광으로 LED를 병용합니다. 이때 가장 중요한 것은 일일광량합계(DLI)입니다. 작물에 따라 DLI 목표가 다른데, 예를 들어:

- 토마토: 28mol/day, 최대 18시간 보광, PPFD 130μmol
- 파프리카: 15mol/day, 15~18시간 보광, PPFD 100μmol

여기서 핵심은 단순 점등이 아닌 정밀한 광 레시피 설계입니다. 파장 조성, 점등 시점, 보광 시간, 광 균일도까지 고려한 설계가 필요합니다. Top-Lighting 방식이 일반적이며, 실재배 공간에서는 광 설계 프로그램을 활용해 광 균일도를 확보해야 합니다.

④ 수직농장 - 100% 인공광 기반의 시스템

수직농장은 자연광이 아예 없는 폐쇄형 구조로, LED 인공광만으로 생육을 유도합니다. 여기서는 온실과 달리 광이 '생산비'가 아닌 '작물 성장의 생명선'입니다.

- 광도(μmol/㎡/s)는 일반적으로 150~300μmol 이상을 유지
- DLI 설정은 작물에 따라 설계
- Inter-lighting 혹은 Side-lighting으로 하엽까지 광을 투과

LED 모듈 구성도 중요한데, PPFD 효율(watt 당 μmol), 발열량, 수명, 파장 선택성 등을 기준으로 설계합니다. 실내 환경에서는 광이 공기조화 시스템과도 직접 연결되므로 냉방부하와 광부하의 동시 고려도 필수입니다.

⑤ 실증 사례로 보는 성과

- 그린케이팜(경기 평택): 딸기 재배에 LED 보광 적용 후 15% 생산량 증가
- 팜팜(충남 논산): 토마토 재배 시 20% 이상 수확량 증가
- 푸르메소셜팜(여주): 겨울철 수확 안정화 성공

특히 딸기, 오이, 상추 등은 일장반응이 강한 작물로, 보광은 단순한 생산 증대가 아닌 개화율, 착과율, 품질 제어까지 직결됩니다.

⑥ 보광등 또는 인공광 설치 시 반드시 고려해야 할 핵심 체크리스트

단순히 밝은 조명을 설치한다고 해서 생육이 개선되는 것은 아닙니다. 빛의 양, 품질, 시간, 효율성, 경제성 등 다양한 요소를 함께 고려해야 최적의 생육 환경을 구축할 수 있습니다. 다음은 인공광 설계를 준비하거나 보강할 때 반드시 고려해야 할 다섯 가지 핵심 항목을 구체적으로 설명한 체크리스트입니다.

작물별 DLI 요구량 분석 - "하루에 필요한 빛의 총량부터 파악하라"

DLI(Daily Light Integral)는 작물이 하루 동안 실제로 흡수해야 하는 광량(광합성 유효광선량의 누적값)을 말하며, 단위는 mol/㎡/day입니다. 상추, 케일 같은 엽채류는 12~17mol/㎡/day, 토마토, 파프리카, 오이 같은 과채류는 20~30mol/㎡/day, 딸기나 허브류 등 기타 고부가가치 작물

은 15~25mol/㎡/day 정도입니다. 인공광을 설계할 때는 해당 작물의 최적 DLI를 기준으로, 자연광 부족분을 얼마나 보완할지를 산정하는 것이 가장 먼저 해야 할 일입니다.

PPFD 설계와 균일도 확보 - "빛의 세기만큼, 빛의 분포도 중요하다"

PPFD(Photosynthetic Photon Flux Density)는 작물이 받는 순간광량의 강도를 나타내며, 단위는 μmol/㎡/s입니다. 보통 엽채류는 100~250μmol/㎡/s, 과채류는 300~500μmol/㎡/s의 범위를 요구합니다. 하지만 PPFD는 면적당 평균값보다, 분포의 균일성이 더 중요할 수 있습니다. 주의할 점은 중앙은 너무 밝고, 가장자리는 어두운 경우 생장 불균형으로 이어져 수확물의 품질에 편차가 발생할 수 있습니다. 그래서 균일도 80% 이상 확보가 바람직(최저 PPFD/평균 PPFD≥0.8)합니다. 이를 위해 광 시뮬레이션 프로그램(예: Dialux, Relux, Heliospectra 등)을 활용한 정밀 조명 설계가 필요합니다.

파장 조성 전략 - "어떤 빛을 어떤 비율로 줄 것인가?"

광합성은 단순히 '밝은 빛'을 주면 되는 것이 아닙니다. 빛은 파장별로 그 역할이 다릅니다. 따라서 인공광 설치 시에는 스펙트럼 설계도 매우 중요합니다.

- 청색광(Blue: 400~500nm) → 기공 개방, 짧고 두꺼운 잎 생장 유도
- 적색광(Red: 600~700nm) → 광합성, 개화 유도, 과실 형성
- 원적색광(Far-Red: 700~750nm) → 신장 촉진, 개화 시간 조절

일반적으로는 Red:Blue 비율을 4:1~6:1로 구성하고, 일부 작물에는 Far-Red를 5~10% 혼합하여 개화 조절이 가능하도록 합니다. 특히 식물체의 생육 단계(영양생장 vs. 생식생장)에 따라 파장 비율을 조절하면 생장 속도, 개화 시기, 과실 크기 등을 정밀하게 조절할 수 있습니다.

에너지 소비 대비 증산 효과 평가
- "빛을 줄 때마다 식물은 얼마나 반응하는가?"

인공광을 사용하면 전기 소비는 늘어나기 마련입니다. 하지만 이 소비가 실제로 작물의 증산량 증가로 이어지는지 반드시 수치로 평가해야 합니다. 주요 체크포인트는:

- 조명 ON vs. OFF 시의 증산량($g/㎡ \cdot h$) 비교
- 광합성 속도($\mu mol\ CO_2/㎡ \cdot s$)의 실측 변화
- 광포화점(빛을 더 줘도 효과가 없는 지점) 도달 여부 확인

이를 통해 인공광에 의한 생육 효율성을 정량적으로 분석할 수 있으며, 조명 시간, 광 세기, 작동 시점 등을 최적화할 수 있습니다.

ROI 분석 - "설비비와 전기요금, 얼마 만에 회수 가능한가?"

인공광 시스템은 초기 설치비용(CAPEX)과 운영비용(OPEX)이 상당합니다. 따라서 경제적 타당성 분석, 즉 ROI(Return on Investment) 계산이 필요합니다.

보광등 또는 인공광 설치는 단순히 '빛을 공급한다'는 차원을 넘어서, 식물 생장, 품질 향상, 에너지 효율, 비용 회수까지 아우르는 통합 전략입니다. 빛을 잘 주는 것보다, 잘 설계하고 잘 활용하는 것이 지속 가능한 스마트팜의 성공을 좌우합니다.

작물별 요구, 광학적 특성, 생리 반응, 경제성 분석까지 모두 고려한 정밀한 광 환경 설계가 스마트팜의 핵심 경쟁력입니다.

⑦ 보광등(인공광)은 스마트팜의 '두 번째 태양'

스마트팜에서의 광 설계는 단순한 LED 배치가 아닙니다. 광은 작물과의 '대화 언어'이며, 수익성을 좌우하는 전략 변수입니다. 온실에서는 자연광과의 조화, 수직농장에서는 인공광 최적화, 그 중심에는 전문 엔지니어의 판단과 설계 역량이 있습니다.

앞으로의 스마트팜에서 광 엔지니어는 식물생리학과 광물리, 에너지 설계까지 아우르는 융합기술자가 되어야 합니다. 우리는 이제, 태양을 설계하는 시대에 살고 있습니다.

어두운 겨울철에도 토마토는 자란다
- 겨울철 LED 보광등 점등 제어 전략

겨울철, 해는 늦게 뜨고 이른 저녁이면 금세 어두워집니다. 하루 동안 작물이 받아야 할 광량이 부족해지면, 광합성은 줄어들고 생육은 정체됩니다. 특히 정식 초기 토마토는 생장점이 낮아 상부 LED 조명이 닿기 어려운 구조이기 때문에, 빛 부족 문제는 더욱 심각하게 작용합니다. 그렇다면 이런 한계를 어떻게 극복할 수 있을까요?

해답은 빛의 양을 채우는 기술에서 시작된다고 볼 수 있습니다. 스마트팜 복합환경제어 시스템을 활용한 LED 보광 전략입니다.

① 자연광의 빈틈을 채우는 전략: PPFD가 아닌 DLI를 본다

많은 사람들이 LED 점등 시 "얼마나 밝게(PPFD)"할지를 고민하지만, 실제로는 작물이 하루에 받는 빛의 총량, 즉 DLI(Daily Light Integral)가 훨씬 중요합니다.

정식 초기에는 작물의 높이가 낮아 높은 PPFD를 구현하기 어렵습니다. 이때는 낮은 광량이라도 오랜 시간 점등하여 누적광을 채우는 전략이 핵심입니다.

예를 들어, 흐린 겨울날 자연광으로 DLI를 3mol밖에 확보하지 못했다면, 목표치인 10mol을 맞추기 위해 LED 조명을 통해 7mol을 보충해야 합니다. 이를 위해 필요한 점등 시간은 LED 광량(예: 200μmol/㎡/s)에 따라 약 9~10시간에 달합니다.

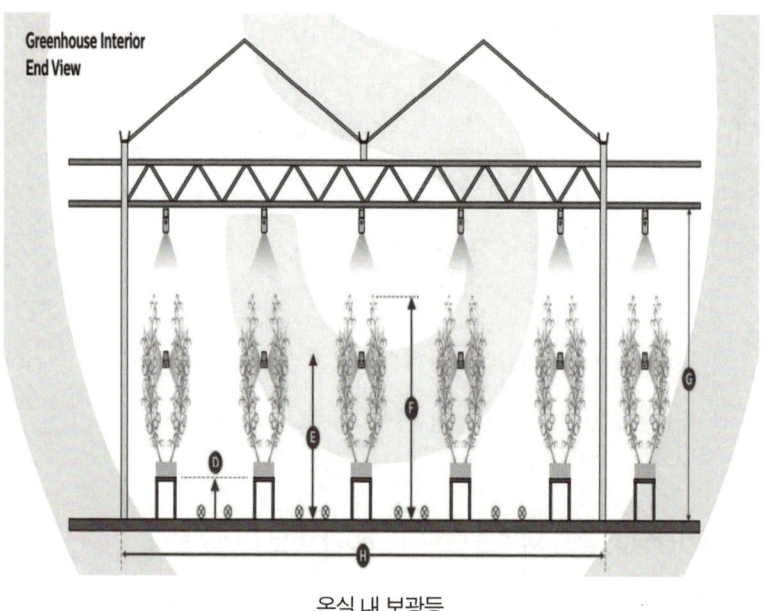

온실 내 보광등

② 왜 '오전 광합성이 중요하다'는 이야기가 나올까?

식물은 하루 주기(서캐디언 리듬, circadian rhythm)를 따라 살아가며, 그 안에서 광합성 효율이 시간대에 따라 달라지는 경향을 보입니다. 특히 파프리카, 토마토, 오이 등 온실 작물의 경우, 광합성 활동이 오전 시간대에 가장 활발하게 일어나는 것이 관찰됩니다.

그 이유는 다음과 같습니다:

1. 이른 오전은 기공이 활짝 열려 있는 시간
   → 밤새 식물은 충분히 수분을 저장하고, 외부 공기가 차가워서 상대습도도 높기 때문에, 기공이 열려 있어 CO_2 흡수와 증산이 원활합니다.
2. 체내 탄소 고정 효소(Rubisco)의 활성도가 높은 시점이며, 밤 동안 쉬었던 식물의 효소 시스템이 새벽~오전 시간대에 가장 민감하게 반응하여 동일한 광량에서도 더 높은 광합성 속도를 보일 수 있습니다.
3. 이산화탄소(CO_2) 농도 유지가 상대적으로 쉬워서 오전에는 외기와의 CO_2 교환이 원활하고, 실내 온도가 낮아 CO_2 손실이 적습니다.

③ 실제로 오전에 광합성의 60~70%가 일어난다는 것이 사실일까?

이 수치는 전 세계적으로 다양한 연구와 작물 조건에 따라 다소 달라질 수 있지만, 일반적으로 하루 총광합성량의 약 60% 이상이 오전 중에 집중된다는 경향은 다수 보고되고 있습니다.

- 예: 네덜란드 와겐닝겐 대학의 온실 재배 실험에 따르면,
- 파프리카의 하루 총탄소흡수량 중 약 65%가 오전 9시~오후 1시 사이에 이루어짐이 관찰되었습니다.
- 이와 유사하게, 국내 수경재배 상추 실험에서도
- 오전 시간대의 광이 작물 생장률과 생체량 증가에 더 큰 영향을 준다는 결과가 보고된 바 있습니다.

물론 이 수치는 작물의 종류, 온실 조건, 계절, 광 조건 등에 따라 달라지며, 절대적인 규칙은 아닙니다. 하지만 '오전 광합성이 효율적이다'는 원리는 대체로 신뢰할 수 있습니다.

④ '해 뜨기 전 점등' 이야기는 도대체 무슨 말일까?

'해가 뜨기 전 점등'이라는 표현은 실제로는 "해가 떠오르기 직전부터 보광등을 미리 점등하여, 태양광과 맞물려 광합성을 빠르게 활성화시키는 전략"으로 이해하는 것이 더 정확합니다. 이 전략은 다음과 같은 효과를 기대합니다:

- 광합성 활성 시점을 앞당겨 생산성 향상
- 아침 난방 전력 피크 시간에 맞춰 온실 온도 선제적으로 상승 → 에너지 효율 개선
- 기공이 활짝 열려 있는 시간에 맞춰 CO_2 흡수 최적화

즉, 이른 오전 보광은 생리학적 리듬을 최대한 활용하는 과학적 전략이지, 광합성이 빛 없이 진행된다는 의미는 아닙니다.

하지만 오전 시간대는 식물의 생리적 조건이 가장 광합성에 적합한 시점이며, 이 시점에 광을 공급하는 것이 동일한 양의 광이라도 더 효율적인 생장 효과를 가져올 수 있습니다. 따라서, 스마트팜에서의 보광 전략은 "언제 빛을 줄 것인가"를 작물의 생리적 리듬과 환경 조건에 맞춰 정밀하게 설계하는 것이 핵심입니다.

⑤ **복합환경제어 시스템으로 자동화된 점등 시나리오**

실제 환경제어 시스템을 사용하는 한 스마트팜에서는 아래와 같은 자동 점등 시나리오를 운영하고 있습니다.

LED 보광 제어 시나리오 예시

- 오전 5:30
  - 일출 전 90분, 자연광이 50μmol 수준 → LED 100% 점등
- 오전 8:00
  - 자연광이 300μmol 도달 → LED 자동 소등
- 오전 10:00
  - 흐림으로 광량 감소 → LED 70% 점등 재개
- 오후 13:30

- 누적 DLI가 10mol에 도달 → LED 강제 소등

이와 같은 제어는 광량 센서(PAR 센서)와 DLI 계산 알고리즘, 그리고 시간 조건 기반 제어 로직이 정밀하게 결합된 결과입니다. LED 보광은 단순히 빛만 보낸다고 효과를 내는 것이 아닙니다. 온실 내부 온도, CO_2 농도, 작물의 생육 단계 등 복합적인 요소가 동시에 고려되어야 효과가 극대화됩니다.

예를 들어, 온도가 17℃ 이상이고 CO_2가 400ppm 이상일 때만 LED를 점등하도록 설정하면, 광합성 효율이 보장된 조건에서만 에너지를 쓰는 '지능형 보광'이 가능해집니다.

⑥ 기술은 생리를 이해할 때 진화한다

보광 기술은 단순히 '밝게 비추는 조명'이 아닙니다. 작물의 생리 리듬과 광합성 구조, 광량-시간의 통합적 사고, 그리고 자동제어기술과의 융합이 있을 때 비로소 진정한 성과를 낼 수 있습니다.

복합환경제어 시스템을 활용한 전략은 바로 이러한 기술과 생리의 접점을 정교하게 설계하는 일입니다.

겨울철에도 건강한 토마토가 열리는 비밀은, 우리가 언제, 얼마나, 어떻게 빛을 줄 것인가에 달려 있습니다.

온실 내 보광등은 언제 켜지고 꺼질까?
- 복합환경제어 시스템의 보광 설정 원리 쉽게 이해하기

스마트팜 온실에서 보광등을 어떻게 설정할지 고민해 보신 적 있으실 겁니다. 복합환경제어 시스템은 작물에 필요한 빛을 정확한 시점에, 필요한 만큼만 제공하기 위해 다양한 조건을 조합해서 보광등의 작동을 자동으로 제어합니다.

단순히 '몇 시부터 몇 시까지'라는 타이머 방식이 아니라, 실제 광도, 누적광량, 온도, 조명 시간 등 여러 센서값을 토대로 판단합니다. 그 원리를 하나씩 쉽게 풀어 설명해 드리겠습니다.

① 언제 켜질지, 언제 꺼질지 - '시간' 조건

보광등은 우선 '하루 중 어느 시간에 작동할 수 있을지' 정해 놓아야 합니다. 예를 들어, 오전 7시부터 오후 6시까지 설정해 두면, 이 시간 사이에만 다른 조건이 충족되었을 때 보광등이 켜집니다. 특히 주의할 점은,

일출이나 일몰 시간은 날마다 바뀌기 때문에 Ridder 시스템에서는 '고정된 시간대'로 설정해야 한다는 것입니다. 예를 들어 '07:00~18:00' 식으로 설정하면 하루하루 정확하게 같은 시간에 작동 범위가 설정됩니다.

또한, '보광등 항상 켜 두기(Continuously active)' 설정도 가능하며, 이 경우 다른 조건과 무관하게 하루 종일 보광등이 켜져 있게 됩니다. 물론 이는 에너지 낭비 가능성이 있어 주의가 필요합니다.

② 외부 광량이 기준선보다 낮을 때만 켜라 - '광도' 조건

스마트팜 온실에는 태양빛도 들어오기 때문에, 외부 광량이 충분한데도 보광등이 켜진다면 전력 낭비겠죠? 이를 방지하기 위해 시스템은 외부 광센서를 이용해 현재 광도(W/㎡)를 실시간으로 확인하고, 다음과 같은 조건을 따릅니다:

- 광도가 일정 기준 이하로 떨어졌을 때 보광등 ON
- 광도가 일정 기준 이상으로 올라갔을 때 보광등 OFF

예를 들어, 광도 기준을 120W/㎡ 이하일 때 켜고, 250W/㎡ 이상일 때 끄도록 설정하면, 흐린 날씨나 겨울철 햇빛 부족 시 자동으로 보광이 작동합니다. 또한, 갑작스러운 햇빛 변화에 따른 오작동을 막기 위해 보조 조명 작동 전/후 각각 몇 분간 조건이 유지돼야만 켜지거나 꺼지는 '지연 시간(Delay Time)'도 설정할 수 있습니다.

③ 오늘 받을 빛이 충분하면 꺼도 된다 - '누적광량' 조건

보광등을 작동할 땐 단순히 '지금 어두운가?'로만 판단하지 않고, 오늘 하루 식물이 받아야 할 누적광량(예: 5J/cm²)이 채워졌는가도 중요한 판단 기준이 됩니다. 예를 들어, 설정한 누적광량을 초과하면 보광등은 자동으로 꺼지고, 다음 날 일출 전까지는 다시 켜지지 않도록 설계되어 있습니다. 이는 '너무 많은 광을 줘도 문제'라는 점을 반영한 정밀 제어 방식입니다.

④ 오늘 보광을 너무 오래 했으면 그만 켜라 - '조명 시간' 조건

복합환경제어 시스템에서는 하루 보광 시간이 일정 시간을 넘지 않도록 제한할 수 있습니다. 예를 들어 '보광은 하루에 10시간까지만'으로 설정해 놓으면, 누적 조명 시간이 600분을 초과하는 순간 보광등은 꺼집니다. 더 나아가 이 조건을 초과하면 24시간 이내에는 다시 보광등이 켜지지 않도록 차단도 가능합니다. 작물의 생장 리듬을 고려한 안전 장치죠.

⑤ 너무 더우면 보광하지 말자 - '온도' 조건

온실이 이미 너무 뜨거운 상태라면, 보광등에서 나오는 열까지 더해지면 식물에 스트레스가 될 수 있습니다. 그래서 설정된 최대 온도(예: 28℃)를 초과하면 보광등은 자동으로 꺼지게 설정할 수 있습니다. 또한 'Dead zone'이라는 완충 범위를 설정해서, 온도가 기준 근처에서 왔다 갔다 할 때 보광등이 자꾸 꺼졌다 켜지는 것을 방지합니다.

복합환경제어 시스템은 다음과 같은 논리를 조합해 정확한 타이밍과 조건에서 보광등을 작동시킵니다:

제어 조건	설명
시간대	보광 허용 시간 설정(예: 07:00~18:00)
광도	외부 광도가 일정 기준 이하이면 ON, 이상이면 OFF
누적광량	하루 목표 광량 도달 시 보광 중단
조명 시간	하루 최대 조명 시간 초과 시 OFF
온도	온실 온도가 높으면 보광 중단
지연 시간	일정 시간 이상 조건 유지해야 작동

이처럼 복합환경제어 시스템은 단순한 타이머가 아니라 복합적인 환경 조건을 고려한 지능형 보광 제어 시스템입니다. 작물의 생장 단계, 계절, 지역에 따라 이 설정들을 최적화하면 에너지 비용을 줄이면서도 작물의 생산성과 품질을 최대화할 수 있습니다.

⑥ 보광등 제어에 적용된 Dead Band, Deviation Sum, Delay Time의 이해

그러나 보광등은 전력을 많이 소비하므로, 너무 자주 켜졌다 꺼지는 것을 방지하고, 실제로 충분한 햇빛이 부족한 상황에서만 작동해야 합니다. 이를 위해 환경제어 시스템은 Dead Band, Deviation Sum, Delay Time이라는 세 가지 제어 개념을 결합하여 보광등을 정밀하게 제어합니다. 아래에 구체적인 예시 문제를 통해 각 제어 개념을 하나씩 쉽게 풀어 보겠습니다.

예시 1: Dead Band - 작은 변화엔 반응하지 않도록 완충 범위를 둔다

문제

온실의 보광등 제어 시스템에서 목표 복사량이 100W/㎡로 설정되어 있다. Dead Band는 ±25W/㎡이며, 현재 복사량은 80W/㎡일 경우, 보광등은 켜질까?

풀이

Dead Band란 '설정값 주변의 애매한 구간에서는 장치를 켜거나 끄지 말자'는 개념이다. 보통 이 구간은 설정값을 중심으로 좌우 일정 범위로 정한다.

- 설정값: 100W/㎡
- Dead Band 범위: 75~125W/㎡ (100±25)
- 현재 복사량: 80W/㎡

80W/㎡는 이 범위 안에 들어 있으므로, 시스템은 아직 '빛이 부족하다'고 판단하지 않는다. 따라서 보광등은 작동하지 않는다.

정답

보광등은 꺼진 상태를 유지한다.

예시 2: Deviation Sum - 부족한 정도가 누적되면 결국 작동한다

문제

목표 복사량은 100W/㎡이며, 현재 복사량은 70W/㎡로 낮다. Dead Band를 벗어난 상태가 계속될 경우, Deviation Sum 기준값이 250일 때 몇 분 뒤 보광등이 켜질까?

풀이

Deviation Sum은 '지금 부족한 만큼을 계속 누적해서 계산'하는 개념이다. 예를 들어, 지금 빛이 30만큼 부족하고(=100-70), 이 상태가 1분간 유지되면 Deviation Sum은 30이 된다. 2분간 유지되면 60, 3분이면 90… 이런 식이다.

- 오차: 100-70=30W/㎡
- Deviation Sum 목표치: 250
- 250÷30=약 8.3분 → 실질적으로는 9분 후 도달

즉, 햇빛이 부족한 상태가 9분 동안 계속되면 보광등이 켜지게 된다.

정답

약 9분 뒤 보광등이 켜진다.

예시 3: Delay Time - 갑작스러운 햇빛 변화에 즉시 반응하지 않는다

문제

흐리던 날씨가 갑자기 맑아지며 복사량이 150W/㎡로 급상승하였다. 시스템에는 보광등 꺼짐을 위한 Delay Time이 5분으로 설정되어 있다. 이때 보광등은 즉시 꺼질까?

풀이

Delay Time은 설정 조건이 변했을 때 즉시 시스템이 반응하지 않도록 '유예 시간'을 주는 기능이다. 햇빛은 순간적으로 들쑥날쑥해질 수 있기 때문에, 이런 짧은 변화에 따라 보광등이 즉시 켜지거나 꺼지면 불필요한 전력 낭비가 발생한다. 이 경우, 복사량이 높아졌다고 해도 시스템은 5분 동안 그 상태가 지속되는지를 지켜본다. 만약 5분 이상 지속되면 "햇빛이 충분히 들어온다"고 판단하고 그제야 보광등을 끈다.

정답

아니다. 햇빛이 갑자기 많아졌더라도, 5분 동안 유지되어야 보광등이 꺼진다.

정리: 세 가지 제어 개념의 작동 원리 비교

제어 개념	작동 조건	기능 요약
Dead Band	설정값±범위 안에서는 무반응	불필요한 반복 작동 방지
Deviation Sum	부족 상태가 누적되면 작동	장기적 부족 상황 감지
Delay Time	조건이 바뀐 후 일정 시간 유지 시 반응	순간 변화 무시, 시스템 안정화

이처럼 복합환경제어 시스템의 보광등 제어는 단순히 현재 복사량 하나만을 보고 판단하지 않습니다. Dead Band는 작은 변화에 반응하지 않게 하고, Deviation Sum은 누적된 부족을 감지하며, Delay Time은 순간적인 날씨 변화에 반응하지 않도록 조정합니다.

이러한 세 가지 제어 요소는 함께 작동함으로써, 작물 생장에 필요한 빛을 적절히 보장하면서도 에너지 낭비를 최소화하는 정밀한 환경 관리를 가능하게 합니다. 이러한 정밀 제어가 이뤄지지 않았기에 기존에 보광등을 설치한 온실에 예상보다 많은 에너지 비용이 소요되어 채산성이 크게 악화되는 사례를 많이 보아 왔습니다. 앞으로 이러한 정밀 제어를 잘 숙지하여 적용하시기를 바랍니다.

빛은 단순한 조명이 아니라 생장을 설계하는 도구

– LED 보광등 도입 시 반드시 살펴야 할 다섯 가지 체크포인트

최근 스마트팜에 LED 보광등을 도입하려는 농가들이 늘고 있습니다. 특히 겨울철 일조량 부족을 보완하거나 도시형 실내 재배에서 광원을 인공적으로 대체하려는 수요가 큽니다. 하지만 "LED는 효율이 좋다니까 그냥 설치하면 되지"라는 접근은 오히려 실패를 부를 수 있습니다. LED 보광등은 단순한 기계가 아닌 '생장 전략'의 한 축이기 때문이죠.

현장에서 자주 마주치는 문제와 함께, LED 도입 전에 반드시 검토해야 할 다섯 가지 포인트를 정리해 보겠습니다.

① 내 작물, 빛을 얼마나 필요로 하는가?

먼저 확인해야 할 것은 작물이 하루 동안 필요로 하는 빛의 총량(DLI)입니다. 상추와 같은 엽채류는 10~12mol/㎡/day, 토마토는 20mol/㎡/day 이상이 필요합니다. 그런데 온실에서 한겨울 DLI가 3mol/㎡/day 이하로 떨어지는 날도 허다하죠.

예컨대 경기 북부 지역의 한 토마토 농장은 겨울철 일조 부족으로 꽃 수가 급격히 줄고, 과일이 제대로 착과되지 않는 문제가 반복되고는 했었죠. 이 농가는 LED 보광등을 도입하면서 토마토 생육 단계에 따라 광량을 조절하는 '광 레시피'를 도입했고, 이후 겨울철 수확량이 30% 이상 증가하는 성과를 냈습니다.

② 빛의 색깔이 뭐가 중요할까?

LED는 특정 파장의 빛만을 발산할 수 있다는 점에서 큰 강점이 있습니다. 하지만 이 장점이 독이 되기도 합니다. 많은 농가가 '밝기'에만 주목한 나머지, 정작 식물이 필요한 색(파장)을 고려하지 않은 채 LED를 설치하곤 합니다.

작물은 각기 다른 파장에 민감하게 반응합니다.

- **적색광(660nm)**: 줄기 생장과 개화 촉진
- **청색광(450nm)**: 잎 발달과 식물체 강건화
- **원적외선(730nm)**: 개화 시점 유도 및 줄기 신장
- **백색광**: 사람의 시인성 확보 및 혼합광 역할

예를 들어, 베고니아 재배 농가는 LED 도입 초기, 빨간색만으로 보광등을 구성했으나 줄기는 늘어났지만 꽃 수가 줄어드는 부작용을 겪었습니다. 이후 청색과 백색을 적절히 혼합한 광 레시피를 적용하자 균형 잡

힌 생장이 가능해졌습니다.

③ LED는 무조건 가까이 설치하면 좋은가?

LED는 발열이 적어 작물과 가까이 설치할 수 있는 장점이 있습니다. 하지만 너무 가까우면 광포화 현상이나 반대로 작물의 윗부분만 과도하게 자라는 광불균형 현상이 나타날 수 있습니다. 따라서 설치 위치는 작물의 키, 배드 높이, 층수 등에 따라 설계되어야 하며, 조명의 균일성 확보도 필수입니다. 7단 재배 엽채류 수직농장에서는 7층의 수직배드에 LED를 설치했는데, 초기에 층마다 밝기 편차가 심해 작물 품질이 고르지 못했습니다. 이후 균일 광도 측정과 재배치 설계를 통해 층간 수확량 차이를 5% 이내로 줄일 수 있었습니다.

④ 기존 환경제어 시스템과 연동이 가능한가?

많은 농가는 이미 Priva, Hoogendoorn 등의 환경제어 시스템을 도입해 온실을 자동으로 관리하고 있습니다. LED 보광등을 도입할 경우, 이 시스템과의 연동성이 반드시 검토되어야 합니다. 특히 일출 전/후 점등 전략, 습도·온도와 연동된 광량 조절 등의 고급 기능은 시스템 연동 없이는 구현이 어렵습니다.

예컨대, 서울 외곽의 한 수경 딸기농장은 오전 5시부터 8시까지 점등하여 DLI 부족분을 보완하고, 해가 뜨는 즉시 광량을 줄이는 방식으로 광합성 효율을 극대화하고 있습니다.

⑤ 초기 설치비는 투자 대비 어떤 수익을 내는가?

LED는 고효율이지만 초기 설치비가 결코 낮지 않습니다. 보통 형광등 대비 전력 소모가 60% 이상 절감되지만, 이를 회수하려면 최소 3~5년의 투자회수기간(ROI)을 감안해야 합니다. 따라서 단순히 "전기료가 줄어드니까 좋다"보다, 절감된 비용+수확량 증대+품질 개선에 따른 단가 상승까지 포함하여 종합적으로 경제성을 따져야 합니다.

일부 농가는 정부의 농업에너지 절감 보조사업을 통해 초기 설치비용의 30~50%를 지원받고 있으니, 보조금 연계도 함께 검토하는 것이 좋은 방안입니다.

⑥ LED는 생장의 '설계자'이다

LED 보광등은 단순히 어두움을 밝히는 도구가 아닙니다. 식물의 리듬을 조절하고, 생장을 유도하며, 생산성과 품질을 설계하는 '생장의 도구'이자 '전략'입니다. 그렇기 때문에 도입 전에는 철저한 검토가 필요하고, 운영 중에는 과학적 데이터를 기반으로 꾸준히 최적화해야 합니다. 빛 하나를 바꾸면, 작물의 내일이 바뀝니다. 우리는 이제 조명을 '기술'로 바라봐야 할 때입니다.

> **추운 날도 걱정 없는 온실,**
> **난방비를 절반으로 줄인 비결은?**
> – 네덜란드식 환경제어 방식으로 알아보는
>   에너지 절감 시나리오

① 겨울 아침, 온실 속에선 어떤 일이 일어나고 있을까요?

1월 중순, 외부 기온은 영하 7℃. 경기도 김포에 위치한 한 스마트 온실에서는 토마토가 한창 익어 가고 있습니다. 그런데, 이 온실엔 일반적인 '뜨뜻한 공기 히터'가 없네요. 대신, 작물 재배 커터 위에 작은 온수 파이프가 가지런히 깔려 있고, 그 온도는 겨우 35℃ 남짓입니다.

"에이, 이 정도로 토마토가 얼지 않아요?"

많은 사람들이 묻고는 합니다. 그러나 이 농장은 전년도 대비 난방비를 47%나 절감했습니다. 그 비결은 다름 아닌 '작물 중심 난방'과 '정밀 환경제어'에 있습니다.

시나리오 1: "온실을 덥히지 마세요, 작물을 덥히세요"

과거 이 농장의 난방은 대형 열풍기로 공기를 직접 덥히는 방식이었습니다. 온실 내부 온도는 23℃를 유지했지만, 작물의 잎 온도는 18℃에 불과했고, 공기층 위아래 온도 차는 무려 3℃ 이상이었습니다. 그 결과는?

- 생육은 일정치 않고,
- 난방비는 치솟고,
- 증산 부족으로 병해도 잦았습니다.

전환 후:

작물 옆에 설치한 직경 3cm의 온수 파이프에서 35℃의 미지근한 물이 순환하면서 잎과 줄기를 부드럽게 따뜻하게 감쌌습니다. 외부 기온이 영하일 때도 작물의 잎 온도는 20℃를 유지했고, 공기 온도는 17℃ 수준으로 떨어뜨릴 수 있었습니다.

에너지 소비는 감소, 작물은 오히려 더 건강해진 셈!

시나리오 2: "잎의 온도를 IR 카메라로 직접 확인합니다"

이 농장은 더 이상 기상박스(온실 내부 센서박스)의 온도만 믿지 않습니다. 작물 잎의 실제 온도는 적외선 카메라(IR Thermal Camera)로 측정합니다.

"어? 공기는 20℃인데 잎은 17℃야?"

이 차이를 확인한 농장주는 난방수 온도를 조금 올립니다. 공기를 덥히지 않고, 작물 체온만 맞추는 정밀 제어가 가능해집니다. 덕분에 과도한 난방을 하지 않고도 최적의 증산 상태를 유지하고, 과습이나 병해를 예방할 수 있게 되었습니다.

시나리오 3: "바람은 천천히, 그러나 계속 불어야 합니다"

미세 바람을 불어 주는 유동팬은 24시간 작동합니다. 풍속은 0.3~0.5m/s. 손으로 느껴지지도 않을 만큼의 바람입니다.

그런데 이 바람 덕분에,

- 작물 사이에 공기가 끊임없이 흐르고,
- 잎 표면의 습기가 증발되며,
- 내부 상대습도는 조금 높아져도 병이 생기지 않게 됩니다.

공기 흐름을 통해 증산이 늘고, 그만큼 습도 조절을 위한 난방이 줄어듭니다. 실제 이 농장은 공기 흐름 제어 하나만으로도 25%의 난방비를 줄였습니다.

시나리오 4: "스크린을 닫아야 할 시간은 정확히 계산합니다"

이 농장의 온실 천장엔 이중 보온 스크린이 설치되어 있습니다. 아침 햇살이 약한 시간에는 스크린을 계속 닫아 둡니다. 광센서가 200W/㎡ 이하를 가리킬 때까진 절대 열지 않습니다.

그 이유는?

- 광합성에는 충분한 빛이 들어오고,
- 열 손실은 막을 수 있기 때문입니다.

스크린 하나만 잘 활용해도 최대 40%까지 에너지 절감이 가능합니다.

"난방은 이제 기술이다."

예전엔 그냥 보일러 온도를 높이고, 문을 닫고, 히터를 틀면 끝이었습니다. 하지만 요즘은 다릅니다. 작물의 체온, 공기의 흐름, 스크린을 여닫는 타이밍까지 모든 것을 정밀하게 조율해야 작물은 건강하고, 난방비는 낮은 온실이 완성됩니다.

스마트팜의 핵심은 센서가 아닙니다. 센서로부터 받은 정보를 어떻게 해석하고 행동할지, 그것이 진짜 노하우입니다.

이 글이 여러분의 온실 운영에 도움이 되었길 바랍니다.

"불을 떼는 대신, 작물을 따뜻하게 감싸는 것."
그것이 에너지 절감의 첫걸음입니다.

스마트팜 스크린 작동 전략 이해하기
- Step Control의 원리와 설정법

① 왜 스크린 제어가 중요한가?

스마트팜의 스크린은 단순한 차광 장치가 아닙니다. 스크린은 작물을 광으로부터 보호할 뿐 아니라, 보온, 결로 방지, 에너지 절감 등 복합적인 역할을 수행하는 주요 기후 조절 장비입니다. 특히 일출 직후의 환경 변화가 작물 생장에 미치는 영향을 줄이기 위해, 스크린의 개방 시점과 방식은 매우 정교하게 설계되어야 합니다.

만약 스크린을 갑자기 열면, 스크린 위에 있던 차가운 공기가 온실 아래로 떨어지면서 작물에 냉해 스트레스를 줄 수 있습니다. 이를 방지하기 위해 도입된 것이 Step Control Open 전략입니다.

② Step Control Open의 기본 개념

Step Control Open은 스크린을 한 번에 전부 여는 것이 아니라, 여러 단계(Step)로 나누어 서서히 개방하는 방식입니다. 이 과정을 통해 온실 내부 기후가 급격히 변하지 않도록 조절하고, 냉기 하강으로 인한 급속한 온도 저하를 방지합니다.

이 전략은 스크린을 열기 직전, 온실 내부 온도를 미리 소폭 상승시켜 냉기 유입에 대비하고, 이후 온실 내부와 외기 온도 차이에 따라 열리는 속도와 간격을 유연하게 조절합니다.

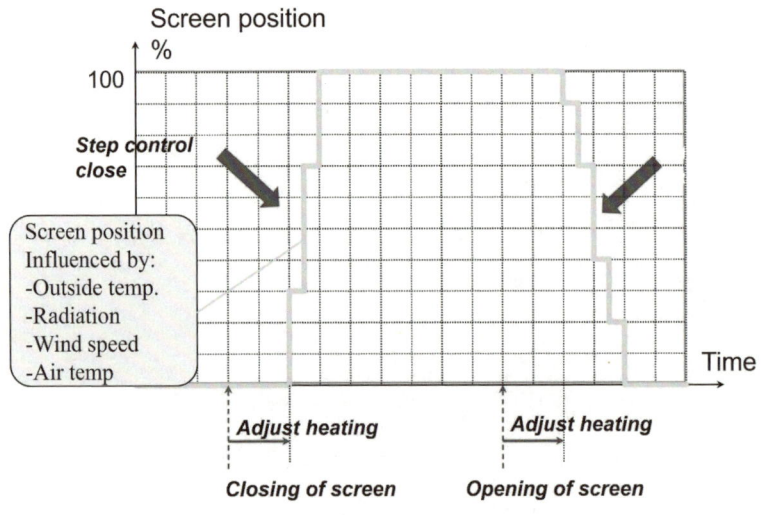

점진적 스크린 작동 개념도

③ Step Control 작동 조건과 시작 타이밍

Step Control이 시작되기 위해서는 일정 조건이 충족되어야 합니다. 일반적으로 설정된 난방 목표 온도(Calculated Heating Temperature)의 50%에 해당하는 값을 추가로 가산하여 내부 온도를 살짝 올립니다.

예를 들어, 난방 온도가 1℃라면, 0.5℃를 추가해 총 1.5℃로 설정됩니다. 그 후 실제 온실 온도가 0.5℃ 이상 올라가면 1분 뒤 Step Control이 시작됩니다. 만약 온도가 충분히 상승하지 않아도, 8분이 지나면 자동으로 Step Control이 개시되어 개방이 시작됩니다.

④ Step 개방 방식과 Step Factor의 계산

예를 들어 스크린이 첫 단계에서 2% 개방되었다고 가정합니다. 이때의 커튼 위치는 98%(100%-2%)로 설정됩니다. 이후 개방 속도는 'Step Factor'라는 계산값에 따라 조정됩니다.

Step Factor는 온실 난방설정온도와 외기 온도의 차이에 반비례합니다. 이 차이가 클수록 Step Factor는 작아지고, 스크린은 천천히 열립니다.

반대로, 온도 차가 작을수록 Step Factor는 커지고, 스크린은 더 빠르게 개방됩니다.

먼저 Step Factor는 간단히 말해 "스크린을 다음 단계에서 얼마나 많이 열 것인지 비율로 나타낸 숫자"입니다. 즉, Step Factor가 크면 한 번에 많이 열고, Step Factor가 작으면 한 번에 조금만 연다는 뜻이에요.

- 예를 들어 Step Factor가 25%라면,
- 현재 스크린이 98% 닫혀 있을 때,
- (100-98=2%, 즉 gap=2%)
- 다음 스텝에서 열리는 양은:
- Step Factor 25%×gap 2%=0.5%만 열림

  → 아주 작게, 천천히 열리는 거죠.
- 만약 Step Factor가 70%라면?
- 70%×2%=1.4% 열림

  → 더 빠르게, 많이 열리는 거예요.

⑤ Step 간 대기 시간과 조건

각 Step은 기본적으로 1분 이상 대기한 후 다음 단계로 넘어갑니다. 그러나 온실 내부 온도가 충분히 상승하지 않으면, 최대 8분까지 대기한 후에 다음 Step으로 진행됩니다.

스크린이 열려 있는 정도(커튼 포지션)가 미리 설정된 종료 포지션(End Value) 이하로 내려가면, 이후 단계 없이 스크린이 한 번에 전부 열리기도 합니다. 이는 기후 안정성과 작물 보호 사이의 균형을 고려한 설정입니다.

⑥ 복합환경제어 시스템과의 연동

Step Control Open은 Priva와 같은 복합환경제어 시스템과 통합적으로 운영됩니다. 온실 내외부 온도, 일사량, 시간대, 작물의 생육 상태 등을

종합적으로 고려하여 자동으로 작동되며, 다음과 같은 시스템들과 유기적으로 연결됩니다:

- 보온 커튼과 난방 시스템의 동기화
- 환기창 제어와의 상호작용
- CO_2 보충 전략과 연계
- 작물의 광합성 최적화 시점과 스크린 개방의 연계

이러한 통합 제어는 작물 생육에 최적의 조건을 제공함과 동시에 에너지 소비를 줄이는 데 중요한 역할을 합니다.

⑦ 작물 보호와 에너지 절감의 균형

Step Control Open 전략은 단순히 개방 범위를 조절하는 기술이 아니라, 작물 생장 리듬을 보호하고, 에너지 소비를 최소화하며, 온실의 기후 환경을 정밀하게 제어하는 핵심 전략입니다. 특히 외부 기온이 급격히 낮은 새벽 시간대나, 강한 외부 일사 직후의 스크린 개방은 작물 스트레스를 유발할 수 있기 때문에, 이와 같은 정교한 개방 전략이 반드시 필요합니다. 향후 스마트팜 설계나 운영 시, 스크린 제어 전략은 단순한 부속 장비가 아니라 '환경 관리의 두뇌' 역할을 한다는 관점에서 접근해야 할 것입니다.

작은 물방울이 농사의 성패를 가른다
- 분무시스템의 숨은 힘

분무시스템(Mist System)은 온실 안의 공기를 식히고 습도를 높이기 위해 사용되는 장치입니다. 이 시스템은 고압 펌프를 이용해 물을 아주 작은 입자로 분사합니다. 이렇게 분사된 물방울은 공기 중에서 빠르게 증발하면서 주위의 열을 흡수하게 됩니다. 이 과정을 통해 온실 내부의 온도는 내려가고, 습도는 올라가게 됩니다. 즉, 시원하고 촉촉한 공기 환경을 만드는 장치라고 이해하시면 됩니다.

① 왜 온실에 분무시스템이 필요할까?

온실 안은 태양 빛을 받아 금방 더워지고, 특히 여름철이나 건조한 날씨에는 공기가 너무 뜨거워지거나 습도가 낮아져 식물이 스트레스를 받을 수 있습니다. 이럴 때 분무시스템을 사용하면 온도를 낮추고, 습도를 올려 줘서 작물이 편안하게 자랄 수 있는 환경을 만들어 줍니다.

예를 들어, 꽃가루가 잘 날리지 않거나 열매가 제대로 맺히지 않는 문제도 이런 기후 불균형 때문일 수 있습니다. 적정 습도를 유지하면 수분(수정)도 더 잘 일어나고, 열매의 크기나 품질도 좋아질 수 있습니다.

② 작동 원리 - 물이 증발하면서 공기를 식히는 방식

분무시스템은 물이 증발할 때 주위에서 열을 빼앗아 가는 성질을 이용합니다. 이 원리는 물이 끓는 것과 비슷한데, 물이 증발할 때는 '잠열'이라는 에너지를 사용해서 공기의 온도를 낮춥니다.

예를 들어, 공기 중에 1g의 수증기를 추가하면 공기 온도는 약 2~3℃ 정도 낮아질 수 있습니다. 이때 온실의 열 에너지는 변하지 않지만, 온도가 떨어지며 습도는 높아집니다. 이러한 변화는 앞에서 살펴본 '몰리어 다이어그램'이라는 도표를 이용해서 설명할 수 있습니다.

③ 습도 조절이 왜 중요할까?

작물은 뿌리에서 흡수한 물의 90%를 잎을 통해 공기 중으로 내보냅니다. 이를 **증산**이라고 하는데, 이 증산량은 공기의 습도와 밀접하게 연결되어 있습니다.

공기 중에 습기가 많으면 물이 잘 증발하지 않고, 너무 건조하면 작물 속 물이 너무 빨리 빠져나가 수분 스트레스를 받게 됩니다. 그래서 습도는 너무 높아도, 너무 낮아도 문제가 됩니다.

적절한 습도 차이(보통 1.5~7.5g/㎥ 정도의 습도부족분, HD)를 유지해야 식물의 잎이 잘 자라고, 광합성도 활발하게 일어납니다.

④ 분무시스템이 작물 생장에 주는 긍정적인 효과

분무시스템을 사용하면 작물이 훨씬 더 건강하게 자랍니다. 예를 들어, 습도가 적절하게 유지되면 기공이 열려서 공기 중의 CO_2를 흡수하기 쉬워지고, 광합성이 활발해져 더 많은 에너지를 만들어 냅니다.

실제로 실험 결과에서도 토마토의 경우, 적절한 분무시스템을 사용했을 때 초기 수확량과 총수확량이 모두 증가한 것으로 나타났습니다. 또한 과일 무게도 늘어나고, 잎의 크기와 수분 함량도 증가하였습니다.

단, 너무 자주 분무하면 과실 껍질이 갈라질 수 있으니 정교한 제어가 필요합니다.

⑤ 분무시스템을 설치할 때 꼭 알아야 할 점

분무시스템은 단순히 물을 뿌리는 장치가 아니라, 정밀한 환경 제어 장치입니다. 다음과 같은 조건이 갖춰져야 효과적으로 작동합니다.

1. 고압 펌프(1,000psi 이상): 충분한 압력으로 물을 미세 입자로 분사해야 합니다.
2. 안티 드레인 노즐: 분사가 끝나고도 물이 뚝뚝 떨어지지 않게 막아 주는 기능이 필요합니다.
3. 5마이크론 이하의 필터: 철분, 석회, 망간 등이 많은 물을 정화해서

노즐 막힘을 방지합니다.
4. 설치 시 즉시 ON/OFF 반응이 가능해야 하며, 설비 전체의 압력 손실도 최소화해야 합니다.

⑥ 환기와 분무의 균형 - 스마트하게 제어하기

온실 내부에 분무를 하면 공기 중 습기가 증가하고 온도는 내려가지만, 동시에 너무 많은 습기를 유지하면 곰팡이 같은 병해 발생 위험이 커질 수 있습니다.

따라서, 분무와 함께 환기창, 차광 스크린, 루프스프링클러 등을 조합하여 기후를 섬세하게 조절해야 합니다. 특히 여름철에는 낮 동안 1~2회 정도 분무해 주는 것이 적당하며, 이때 작물 상태를 수시로 관찰하면서 조절하는 것이 좋습니다.

⑦ 작물별 반응 - 모두 같은 효과일까?

작물마다 분무시스템에 대한 반응이 다를 수 있습니다. 예를 들어, 칼란코에(Kalanchoë) 같은 다육질 식물은 건조한 환경에서도 잘 자라기 때문에 분무의 효과가 크지 않지만, 토마토나 오이처럼 수분 변화에 민감한 작물은 분무 효과가 매우 크게 나타납니다.

또한 양액 농도(EC)가 높을수록 분무에 따른 수분 유지 효과가 커지면서 생산성이 4~10% 향상될 수 있다는 연구 결과도 있습니다.

⑧ 농도가 높을수록 작물에게는 어떤 영향이 있을까?

양액 농도가 높아지면, 작물 뿌리는 더 많은 에너지와 물을 써서 그 양분을 흡수해야 합니다. 이럴 때 공기 중 습도가 낮거나, 온도가 높으면 물 손실이 더 커져서 스트레스를 받기 쉬워요. 그런데 이때 분무시스템으로 공기 중의 습도를 높여 주면, 작물이 잎에서 수분을 덜 잃고, 뿌리에 부담이 줄어들기 때문에 고농도 양액 환경에서도 안정적으로 자랄 수 있게 됩니다.

⑨ 분무와 EC의 상호작용 - 어떤 결과가 나왔을까?

연구에서는 다음과 같은 결과가 관찰됐습니다:

- EC 3.0(보통 수준)일 때, 분무시스템을 사용하니 생산량이 약 4% 증가했습니다.
- EC 8.0(높은 농도)일 때는, 같은 분무 효과로 생산량이 약 10%까지 증가했죠.

이는 농도가 높을수록 습도 조절의 중요성이 커지고, 분무시스템의 효과도 그만큼 크게 나타난다는 것을 보여 줍니다.

"비료를 진하게 주려면, 공기도 촉촉하게 만들어 줘야 한다!"

즉, 고농도 양액 환경에서는 분무시스템이 일종의 '보호 장치'처럼 작동해서, 작물이 스트레스를 받지 않고 양분을 잘 활용할 수 있게 해 주는 역할을 하는 겁니다.

⑩ 분무시스템은 '공기와 작물 사이의 다리'

결론적으로, 분무시스템은 단순히 물을 뿌리는 장치를 넘어서, 온실 내부 공기와 작물 사이의 균형을 맞춰 주는 핵심 기술입니다. 습도와 온도를 동시에 조절하고, 작물의 생장을 안정적으로 도와주며, 에너지 사용도 줄일 수 있습니다.

다만 설치와 운용에는 정밀한 설계와 관리가 필요하므로, 신뢰할 수 있는 시스템과 전문가의 도움이 필요합니다.

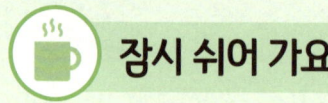 **잠시 쉬어 가요**

같은 온실, 다른 계절
- 한국과 네덜란드, 작기(作期)가 다른 이유
- 빛의 양과 질, 에너지 효율, 생리 반응까지…
  기후가 만든 재배의 과학적 선택

스마트팜 온실은 마치 '식물의 궁전' 같습니다. 온도도, 습도도, 빛도 사람 마음대로 조절할 수 있으니, 이 안에서는 언제든 작물을 키울 수 있을 것처럼 보이죠. 그런데 이상하게도, 네덜란드 사람들은 여름에 열심히 작물을 키우고, 한국에서는 오히려 겨울에 더 바빠집니다. 왜 그럴까요? 사실 이건 단순한 농사의 '습관'이 아니라, 식물과 환경이 오랜 시간 동안 만들어 낸 지극히 과학적인 선택입니다.

① 빛도 에너지다 - 누가 더 '빛을 잘 써먹느냐'의 싸움

여름이면 두 나라 모두 해가 쨍쨍할 것 같지만, 실상은 꽤 다릅니다. 네덜란드의 여름은 선선하면서도 해가 무척 깁니다. 밤 10시에도 해가 지지 않는 경우도 많죠. 이렇게 길고도 부드러운 햇빛은 작물에게 딱 좋은 환경입니다. 마치 잘 맞는 조명 아래에서 책을 읽는 느낌이랄까요? 이

럴 때 들어오는 자연광은 효율도 매우 좋습니다. 온실에 들어오는 1와트(W)의 빛 에너지를 식물이 받아들이는 광합성용 빛으로 바꾸면, 4.8μmol이라는 꽤 많은 양이 생깁니다. 그래서 네덜란드 온실에서는 여름이 가장 활발한 '대목'입니다.

그런데 한국의 여름은 다릅니다. 장마철이 되면 햇빛은 자취를 감추고, 습기와 더위만 가득합니다. 밖은 후텁지근, 온실 안은 찜통. 이럴 땐 빛도 제대로 안 들어오고, 내부 온도는 식물이 버티기 힘들 정도로 올라갑니다. 에어컨이나 히트펌프를 틀어가며 억지로 환경을 맞추긴 하지만, 그렇게 쓰는 에너지가 너무 많다 보니 실질적인 '빛의 효율'은 1.2μmol/J 정도로 뚝 떨어집니다. 식물로서는 숨만 차고 배부르지는 않는 상황이죠.

② 빛에도 '성격'이 있다 - 색깔에 따라 식물 반응도 달라요

빛이 다 같은 빛 아니냐고요? 사실은 그렇지 않습니다. 식물은 빛의 '색깔', 즉 파장에도 민감합니다. 네덜란드의 햇빛은 400~700nm의 파장이 고르게 분포된 '백색광'입니다. 이 균형 잡힌 빛은 식물이 광합성도 하고, 건강하게 자라는 데 필요한 신호도 보내 줍니다. 마치 식물의 몸과 마음을 동시에 돌보는 '완전 식사' 같은 빛이죠.

그런데 한국의 장마철 햇빛은 다릅니다. 구름에 빛이 가려지고, 대부분 산란된 청색광만 남게 됩니다. 그러면 어떻게 될까요? 청색광은 식물의 줄기 성장을 억제하고, 잎을 작게 만듭니다. 열매를 키워야 하는 과채류 입장에서는 잘 먹지도 못하고, 몸도 제대로 못 크는 상황이 되는 거죠.

③ 작물도 계절을 탄다 - "토마토가 말합니다, 여름은 좀 피해 주세요"

토마토는 스스로 말하진 않지만, 그 몸짓으로 이렇게 말하고 있습니다:

"난 여름이 좋아…. 그런데, 네덜란드에서의 여름이야. 한국의 여름은 너무 덥고, 햇빛도 흐리고, 곰팡이도 많아서 힘들어."

실제로 토마토는 20~26℃ 사이의 풍부한 빛(700~850μmol/㎡/s)을 좋아합니다. 네덜란드에선 이런 조건이 무려 120일이나 지속되니 여름 한 철을 '광합성 풀가동'으로 보내는 것이죠. 그런데 한국에서는 이런 조건이 고작 60일 남짓, 그것도 봄이나 가을쯤에만 찾아옵니다. 그러니 한국 스마트팜은 여름을 피하고, 대신 겨울철에 온실을 따뜻하게 데워서 '겨울 작기'로 수익을 극대화하는 전략을 씁니다.

④ 똑같은 온실도, 땅이 다르면 전략이 달라야 합니다

네덜란드는 여름을 '자연의 축제'로 삼고, 한국은 겨울을 '지혜의 타이밍'으로 삼습니다.
같은 스마트팜이라도

- 기후,
- 빛의 양과 질,
- 식물의 생리적 리듬,

- 시장 가격의 계절 변동을 고려하면 그 지역만의 과학적인 작기 전략이 탄생합니다.

이것이 바로 '스마트'한 농업입니다. 기계를 쓰는 것만이 스마트가 아니라, 자연을 읽고 타이밍을 잡는 지혜, 그것이 진짜 스마트농업의 핵심입니다.

누적광량 요약(계절별 합산, mol/㎡/계절)

계절	한국	네덜란드	주요 차이점
봄(3~5월)	1,590	1,460	한국이 다소 유리
여름(6~8월)	1,420	2,070	네덜란드 압도적 우세(광합성 최적기)
가을(9~10월)	950	920	유사
겨울(11~2월)	1,110	840	한국이 상대적으로 유리(월동재배 적합)

여름철 네덜란드는 하루 16~17시간 이상 해가 떠 있고, 흐린 날 비중이 낮아 광량이 매우 풍부합니다. 그래서 과채류 집중 재배에 유리한 구조입니다만, 한국은 장마로 인해 6~7월 광량이 50% 가까이 감소하고, 고온다습한 환경이 이어지며 재배 환경이 악화됩니다. 즉, 과채류 재배에 비효율적이고, 병해충 발생률이 증가하게 됩니다.

반면에, 겨울철 한국은 구름 없는 청명한 날이 많아, 일조 시간은 짧지만 실제 누적광량은 네덜란드보다 높습니다. 그래서 난방비가 들더라도 겨울 광을 활용한 월동재배+고단가 시장 공략이 가능한 것입니다.

3부

스마트팜, 물과 환경 이야기

물이 맑아야 작물이 웃는다
– 원수 품질 관리, 왜 중요한가?

 온실 수경재배를 처음 시작하시는 분들께 꼭 드리고 싶은 말이 있습니다.

 "좋은 물 없이는 좋은 작물이 없습니다."

 '에이~ 물이야 지하수나 수돗물 쓰면 되지!'라고 생각하셨다면…. 잠깐! 지금부터 하는 이야기를 꼭 읽어 보셔야 합니다.

① 좋은 물? 그냥 맑은 물이 아니다

 물은 맑아 보인다고 다 좋은 물이 아닙니다. 스마트팜에서 사용하는 물은 단순히 투명한 물이 아니라, 작물이 흡수해도 아무 문제 없는 물이어야 합니다.

② 물의 질은 무엇으로 판단할까?

스마트팜에서 작물 생장을 위한 물은 단순한 '급수'의 역할을 넘어섭니다. 물은 곧 식물의 영양분 공급 경로이며, 뿌리 건강과 생장 리듬을 좌우하는 핵심 요소입니다. 따라서 사용하는 물의 품질이 작물의 생장과 생산성, 품질에 어떤 영향을 미치는지를 정확히 이해하고 관리하는 것이 매우 중요합니다. 물의 질을 판단하는 데 있어 주로 분석하는 항목은 네 가지입니다: EC(전기전도도), Na(나트륨), Fe(철분), 그리고 HCO_3^-(중탄산염)입니다. 각각의 항목은 단순한 수치가 아니라, 작물이 처한 환경의 건강 상태를 말해 주는 지표이기도 합니다.

첫 번째로 EC, 즉 전기전도도는 물속에 녹아 있는 양분과 염류의 농도를 알려 주는 지표입니다. 이 수치가 높다는 것은 물속에 많은 이온이 포함되어 있다는 뜻이며, 이는 작물이 물을 흡수하는 데 어려움을 겪게 만들 수 있습니다. 뿌리는 삼투압의 원리에 따라 수분을 흡수하는데, EC가 높으면 외부 삼투압이 강해져 오히려 뿌리 속의 수분이 빠져나갈 수도 있습니다. 반대로 EC가 너무 낮으면 양분이 부족한 상태로, 작물의 생장이 지연되거나 비료 효과가 제대로 발휘되지 않을 수 있습니다. 일반적으로는 원수 기준으로 0.2~0.5dS/m 이하의 EC 수치가 안정적인 것으로 여겨집니다.

두 번째는 나트륨(Na)입니다. 나트륨은 식물에게 필수적인 양분이 아님에도 불구하고, 많은 지하수나 지표수에 자연스럽게 존재합니다. 문제는 나트륨이 축적되면 작물에 염류 장해가 발생할 수 있다는 점입니다. 염류 장해란, 과도한 염분으로 인해 뿌리 주변의 수분이 부족해지고 뿌리가 물을 흡수하지 못하게 되어 식물이 마르는 현상입니다. 특히 수경재배 시스템이나 재순환 양액 시스템에서는 나트륨이 계속 축적되기 때문에 정기적인 수질 검사와 적절한 희석 또는 물 교체가 필요합니다. 나트륨 농도가 10mg/L를 넘기 시작하면 주의가 필요하고, 30mg/L 이상이면 적극적인 수질 개선이 요구됩니다.

세 번째는 철분(Fe)입니다. 철은 식물에게 필요한 미량 원소이지만, 그 농도가 높아지면 오히려 문제가 됩니다. 철분이 과도하면 급액 파이프나 점적기의 노즐을 막아 양액 공급이 불균형해지고, 그로 인해 작물이 특정 시점에 양분을 받지 못해 생장에 장애가 생길 수 있습니다. 또한, 철이 지나치게 많을 경우 작물의 뿌리에 독성 반응을 일으켜 뿌리 손상 및 생리장애를 유발할 수도 있습니다. 수질 내 철분 농도는 1.5mg/L 이하로 유지하는 것이 바람직하며, 농도가 높을 경우 산화여과 방식 등의 전처리를 통해 제거해야 합니다.

마지막으로 중탄산염(HCO_3^-)은 물의 pH를 결정짓는 주요 성분입니다. 중탄산염이 많으면 물이 알칼리성을 띠게 되고, 이로 인해 양액의 pH도 상승하게 됩니다. pH가 너무 높아지면 비료 성분, 특히 인산이나 미량 요소와 같은 성분의 흡수율이 떨어지며, 작물은 필요로 하는 양분을 충분히 흡수하지 못해 생육이 불안정해질 수 있습니다. 따라서 중탄산염이 높은 경우에는 황산이나 인산을 이용한 산처리로 pH를 조절해 주는 작업이 필요합니다. 권장 기준은 1.5meq/L, 즉 약 90mg/L 이하입니다.

결국, 물의 질을 판단한다는 것은 단순히 깨끗한 물을 쓰는지를 넘어, 식물의 생리와 양분 흡수를 방해하지 않고 돕는 물인지를 확인하는 일입니다. 이 네 가지 항목은 각각 수분 흡수, 양분 이동, 장비 유지, 비료 효과 등에 영향을 주기 때문에, 주기적인 수질 분석과 이에 따른 관리 전략이 필수적입니다. 스마트팜이 추구하는 정밀 농업은 결국, 물이라는 기본 재료를 얼마나 잘 이해하고 다루느냐에서 시작됩니다.

③ 빗물 - 농부에게 주는 하늘의 선물, 그러나 첫 빗물은 주의가 필요하다

스마트팜이나 수경재배 농장에서 사용할 수 있는 물 중 가장 이상적인 수원은 바로 '빗물'입니다. 빗물은 자연이 농부에게 주는 귀한 자원으로, 인공적인 정수나 여과 과정 없이도 대부분의 경우 작물 재배에 적합한 조건을 갖추고 있습니다.

무엇보다도 빗물은 염분이 거의 없어 염류 장해의 우려가 낮습니다. 이는 특히 뿌리로 양분과 수분을 흡수하는 수경재배 작물에 매우 유리한 특성입니다. 또한, 빗물은 pH가 안정적이어서 양액 제조 시 별도의 산·알칼리 보정이 적고, 다양한 비료와의 혼합에서도 반응성이 낮아 희석수로서 이상적인 조건을 제공합니다. 이처럼 빗물은 자연 상태로도 수경재배에 잘 어울리는 최적의 수원이라 할 수 있습니다.

하지만 아무리 좋은 물이라 해도 '처음 오는 비'에는 주의가 필요합니다. 특히 장마철 첫비가 내리는 경우, 빗물이 닿는 온실 지붕이나 배수관, 저장탱크 등의 표면에는 이미 먼지, 유기물, 염분 등이 쌓여 있을 수 있습니다. 해안 지역이라면 염분 농도는 더욱 높아집니다. 이러한 오염 물질은 비가 내리는 초기 10~15분 동안 집중적으로 빗물에 씻겨 내려오게 됩니다.

이 때문에 빗물을 저장하고 사용하는 농가에서는 반드시 '첫 빗물 버리기' 또는 분리 저장을 실천해야 합니다. 초기 빗물은 작물에 바로 사용하지 않고, 별도의 배액 저장탱크에 모은 뒤 필요시 소독하거나 비작물용 용수로 활용하는 것이 안전합니다. 본격적인 정제 및 사용은 지붕이 깨끗해지고, 깨끗한 빗물이 흘러들기 시작한 이후의 물부터 시작해야 합니다.

빗물은 자연이 제공하는 최고의 농업용수 중 하나입니다. 그러나 이를 안전하고 효과적으로 활용하려면 초기 오염에 대한 인식과 관리가 병행되어야 하며, 깨끗한 수원 확보를 위한 사전 조치 또한 반드시 필요합니다. 하늘에서 내리는 물이 진정한 '선물'이 되기 위해서는, 농부의 작은 준비와 배려가 함께해야 합니다.

④ 지하수, 그대로 쓰면 '물 폭탄'이 될 수 있어

스마트팜이나 수경재배에 있어 물은 생명의 통로이자 가장 중요한 재배 인프라입니다. 이 중 지하수는 접근성이 뛰어나고 공급이 안정적이어서 많은 농가에서 활용하고 있지만, 정수 없이 그대로 사용하는 것은 매우 위험한 선택이 될 수 있습니다. 지하수는 지역에 따라 그 성분이 매우 다양하고, 경우에 따라 작물 생육에 치명적인 영향을 미칠 수 있는 요소들을 포함하고 있기 때문입니다. 특히 깊은 관정을 통해 끌어 올린 지하수는 철분 농도가 높은 경우가 많고, pH 역시 알칼리성에 가까운 경우가 많습니다. 철분 외에도 염분(Na^+), 석회($CaCO_3$), 망간(Mn), 아연(Zn), 붕소(B) 등 다양한 무기 이온이 지하수에 포함되어 있을 수 있습니다. 이러한 이온들은 일정 농도를 초과할 경우 작물 생육에 해를 끼치고, 심지어는 농업용 장비까지 손상시킬 수 있습니다.

예를 들어, 철분이 많으면 물이 흐르는 관이나 점적기(드립퍼)에 '녹물 찌꺼기'가 쌓이게 됩니다. 이로 인해 점적관이 막히고, 양액이 고르게 공급되지 않아 작물 생육의 균형이 깨질 수 있습니다. 또한 염분, 특히 나트륨(Na^+)이 많을 경우에는 뿌리가 삼투압 스트레스를 받아 물을 흡수하기 어렵게 되고, 이는 작물의 생리장해로 직결됩니다. 더불어, 망간(Mn), 아연(Zn), 붕소(B) 같은 미량 원소도 소량일 때는 도움이 되지만, 과다하면 뿌리나 잎 조직에 독성을 유발할 수 있습니다. 이렇듯 지하수는 겉보기에는 깨끗해 보여도, 그 속에는 작물에 치명적인 문제가 숨어 있을 수 있습니다. 따라서 지하수를 사용하는 농장에서는 반드시 정수 시스템, 특히 RO(Reverse Osmosis, 역삼투압) 필터링 시스템을 통해 유해 이온을 제거하고, 안전한 수준의 물을 확보해야 합니다. RO 시스템은 물에 포함된 대부분의 염류와 미세 이온을 걸러낼 수 있는 고성능 정수 방식으로, 수경재배와 같이 민감한 환경에서는 필수적인 설비입니다. 이를 통해 뿌리 환경의 안정성은 물론, 배관과 장비의 수명까지 보호할 수 있으며, 작물의 수확량과 품질을 안정적으로 유지할 수 있게 됩니다.

지하수는 유용한 수원일 수 있지만, 그 자체만으로는 절대 안전하지 않습니다. 정제와 분석 없이 지하수를 그대로 사용한다는 것은 마치 눈에 보이지 않는 '물 폭탄'을 작물에 주는 것과 같습니다. 올바른 정수와 관리가 병행될 때 비로소 지하수는 믿고 쓸 수 있는 자원이 되는 것입니다.

⑤ RO 정수기, 불순물은 걸러내고 깨끗한 물만 통과시키는 고성능 필터 시스템

RO(Reverse Osmosis, 역삼투압) 정수기는 고압을 이용해 반투과성 멤브레인 필터를 통과시킴으로써, 물속의 미세한 이온과 불순물을 효과적으로 제거하는 정수 장치입니다. 쉽게 말해, 압력을 걸어 불순물은 걸러내고, 순수한 물만 선택적으로 통과시키는 고급 여과 시스템이라 할 수 있습니다. 이 정수 시스템은 지하수나 수돗물처럼 다양한 이온과 염류가 포함된 물에서, 염분, 중금속, 박테리아, 미세 유기물 등 거의 모든 유해 성분을 95~99%까지 제거할 수 있어, 수경재배와 같은 민감한 환경에서 매우 적합합니다. 특히 스마트팜에서 사용하는 양액의 안정성을 위해 RO 정수기는 필수적인 장비로 자리 잡고 있습니다. 다만, RO를 거친 물은 '너무 깨끗한 물'이기 때문에, 장기적으로 금속과 접촉할 경우 물이 배관의 금속 성분을 부식시킬 수 있는 성질도 함께 가지게 됩니다. 이 때문에 RO 정수 된 물을 사용하는 급수 라인이나 양액 배관은 반드시 스테인

리스(특히 SUS304 이상) 또는 폴리에틸렌(PE), 폴리프로필렌(PP)과 같은 내식성 플라스틱 소재의 배관을 사용하는 것이 권장됩니다.

RO 정수기는 작물에게 필요한 '가장 순수한 물'을 제공하는 최고의 수단이지만, 그 순수함 때문에 오히려 일부 자재와는 맞지 않을 수 있으므로, 이를 감안한 재질 선택과 시스템 설계가 반드시 함께 이루어져야 합니다.

⑥ 수돗물, 깔끔하지만 비용과 화학적 성분에 주의

스마트팜이나 수경재배에 사용하는 물 중에서 가장 안정적이고 위생적으로 신뢰할 수 있는 수원은 단연 '수돗물'입니다. 수돗물은 국가 기준에 따라 정수된 물이기 때문에 대부분의 미생물, 중금속, 오염물질 걱정 없이 사용할 수 있고, 물의 투명도와 위생 상태도 일정하게 유지됩니다. 특히 초기 재배 시스템을 갖추는 소규모 농장에서는 수돗물이 가장 손쉬운 선택지로 꼽히곤 합니다. 그러나 수돗물은 단점도 분명히 존재합니다.

가장 먼저 지적할 수 있는 부분은 바로 비용입니다. 우리나라의 수돗물 단가는 일반적으로 1톤당 약 1,000원 내외로 책정되어 있으며, 이 금액은 가정용보다는 산업용 기준에서 더 높아질 수 있습니다. 온실농장에서 하루 수백 톤의 물을 사용하는 대규모 농장의 경우, 단순한 급수만으로도 하루 수십만 원의 비용이 발생할 수 있습니다. 장기적으로는 운영비 부담이 상당히 커지는 셈입니다.

두 번째는 화학적 특성, 특히 중탄산염(HCO_3^-)의 농도입니다. 수돗물에는 지역별 수원 특성에 따라 일정량의 중탄산염이 포함되어 있으며, 이 수치가 높은 경우에는 양액의 pH가 쉽게 7 이상으로 상승하는 경향을 보입니다. 문제는 pH가 높아지면 일부 필수 영양소의 흡수가 방해받는 다는 점입니다. 예를 들어 인산(P), 철(Fe) 같은 성분은 알칼리성 환경에서 쉽게 침전되어 작물이 제대로 흡수하지 못하게 됩니다. 그 결과 생리 장애나 미량 요소 결핍 증상이 발생할 수 있습니다. 이러한 문제를 해결하기 위해, 수돗물을 사용하는 온실에서는 보통 산 주입기(Neutralizer)를 설치해 소량의 산(예: 황산, 질산 등)을 물에 섞어 pH를 조절합니다. 이 과정은 물리적으로는 간단하지만, 정밀한 계량과 관리가 요구되며, 안전한 산 관리 역시 필요합니다.

수돗물의 pH가 높아지는 주된 이유 중 하나는 바로 그 안에 포함된 중탄산염(HCO_3^-) 성분 때문입니다. 중탄산염은 물속에서 약한 염기로 작용하며, pH를 높이는 성질을 가집니다. 다시 말해, 중탄산염이 많이 포함된 물일수록 그 물은 알칼리성을 띠기 쉽고, 이에 따라 양액을 제조했을 때 전체적인 pH가 7 이상으로 쉽게 상승하게 됩니다.

이뿐만 아니라, 중탄산염은 일종의 '완충제' 역할도 수행합니다. 수경재배나 스마트팜에서는 보통 비료를 녹이면서 pH가 너무 높아지지 않도록 산(예: 질산, 인산 등)을 소량 넣어 pH를 조절하는데, 중탄산염이 많은 물에서는 이 조정이 쉽지 않습니다. 이는 중탄산염이 산과 반응하면서 수소이온(H^+)을 중화시키고, 동시에 이산화탄소(CO_2)로 기체화되어 날아가 버리기 때문입니다. 그 결과, 아무리 산을 넣어도 pH가 떨어지지 않고 일정 수준 이상에서 머무르는 현상이 발생합니다. 이러한 성질을 '완충력'이라고 부르며, 중탄산염의 농도가 높을수록 이 완충력이 강해집니다.

수돗물은 안정적이지만 운영비가 높고, 화학적 보정이 필요한 수원입니다. 소규모나 도시형 스마트팜에는 유용하지만, 대규모 운영이나 장기적 관점에서는 비용 효율성과 수질 보정을 동시에 고려한 사용 전략이 필요합니다. 깨끗하다고 무조건 좋은 물이 아닌, 작물에게 가장 '맞는 물'이 무엇인지 고민하는 것이 스마트팜의 기본입니다.

⑦ 내가 사용하는 물, 과연 작물에 안전할까? - 수질 등급표로 확인해 보자

스마트팜이나 수경재배에서 물은 작물 생장에 직접적인 영향을 주는 가장 중요한 요소 중 하나입니다. 깨끗한 물이라도 그 안에 녹아 있는 이온, 즉 염류 성분의 농도에 따라 작물에게는 전혀 다른 환경이 될 수 있습니다. 특히 전기전도도(EC)와 나트륨(Na^+) 농도는 물의 품질을 판단하는 핵심 기준으로, 작물의 수분 흡수력, 양분 흡수율, 생리장해 발생 여부에 밀접하게 연결되어 있습니다. 이러한 수질 특성을 기준으로, 일반적으로 농업용수는 다음과 같은 세 가지 등급으로 나누어 평가할 수 있습니다.

1등급 수질은 EC가 0.5mS/cm 미만이고, 나트륨 농도도 11ppm 이하인 경우입니다. 이 수준의 물은 염류가 거의 없고, 어떤 작물에도 부담 없이 사용할 수 있는 가장 이상적인 수질입니다. 특히 엽채류나 묘목 등 염류에 민감한 작물에도 안전하게 사용할 수 있어, 수경재배 농가에 적극 추천되는 수질입니다.

2등급 수질은 EC가 0.5~1.0mS/cm 사이, 나트륨 농도가 34~69ppm인 경우로, 일반적인 작물에는 큰 문제가 없지만 염류에 민감한 작물, 예를 들어 상추, 딸기, 어린묘 등에는 다소 주의가 필요한 수질입니다. 이 등급의 물을 사용할 때는 수경재배 시 정기적인 배액 교체와 염류 축적 관리가 필요합니다.

3등급 수질은 EC가 1.0~1.5mS/cm이고, 나트륨 농도가 70~103ppm 수준인 물입니다. 이 경우는 이미 염류 농도가 높아져 있어 염류에 약한 작물에는 적합하지 않으며, 장기적으로 사용하면 작물 생장 저해나 염류 장해 가능성이 큽니다. 이럴 경우는 RO(역삼투압) 정수기 등을 통한 수질 정제가 필요합니다.

이러한 수질 등급을 정확히 판단하기 위해서는 1년에 1~2회 정기적인 수질 검사를 실시하는 것이 바람직합니다. 수질은 지역, 계절, 강수량 등에 따라 얼마든지 달라질 수 있기 때문입니다. 수질 검사는 가까운 농업기술센터나 민간 수질분석기관에 의뢰할 수 있으며, 분석 결과를 통해 내가 사용하는 물이 어떤 등급에 해당하는지, 그에 따른 양액 조정이나 정수 설비 도입 여부를 판단할 수 있습니다. '좋은 물'이란 단순히 맑고 깨끗해 보이는 물이 아니라, 작물이 부담 없이 흡수할 수 있는 안전한 수질 조건을 갖춘 물입니다. 정기적인 수질 점검은 건강한 작물과 안정적인 수확을 위한 가장 기본적인 관리이자, 스마트한 농업의 첫걸음입니다.

⑧ 스마트팜 수질 관리를 위한 실전 체크리스트

작물을 건강하게 키우기 위해선 빛, 온도, 양분만큼이나 '물의 질' 관리가 기본입니다. 아무리 좋은 비료와 환경을 갖추었더라도, 수질이 불안정하면 뿌리에서부터 문제가 시작되고 생육 전체에 악영향을 미칠 수 있습니다. 아래는 스마트팜에서 꼭 점검해야 할 실전 수질 관리 항목들입니다. 작기가 본격적으로 시작되기 전, 그리고 작기 중에도 주기적으로 이 내용을 기준 삼아 점검해 보는 것이 좋습니다.

먼저 빗물을 수원으로 사용할 경우, 비가 내리기 시작한 후 처음 10분 정도의 물은 사용하지 않는 것이 원칙입니다. 이 초기 빗물에는 지붕 위에 쌓였던 먼지, 염분, 유기물 등이 함께 씻겨 내려오기 때문에 그대로 사용하면 작물에 해가 될 수 있습니다. 따라서 초기 빗물은 반드시 배수로로 흘려보내거나 별도 저장탱크에 따로 보관한 뒤, 필요시 소독 처리하여 비농업용으로 사용하는 것이 안전합니다.

지하수를 사용하는 경우에는 더욱 철저한 정수가 필요합니다. 지하수는 철분, 망간, 나트륨, 석회 등 다양한 이온이 포함돼 있을 수 있으므로, 반드시 RO(역삼투압) 정수기를 통해 염류를 제거하고, 동시에 철분 제거 장치를 함께 설치하여 장비 막힘이나 작물 생리장해를 방지해야 합니다. 특히 점적관이나 배관 막힘, 뿌리 손상은 초기 철분 제거를 소홀히 한 데서 비롯되는 경우가 많습니다.

　수돗물을 사용하는 농가라면, 물이 비교적 깨끗하다고 방심해서는 안 됩니다. 수돗물에는 중탄산염(HCO_3^-)이 포함되어 있는 경우가 많아, 양액 제조 시 pH가 쉽게 상승하고 인산이나 미량 요소의 흡수를 방해할 수 있습니다. 따라서 pH와 중탄산염 수치를 반드시 확인하고, 필요시 산 주입기를 이용해 중화 처리를 해 주는 것이 좋습니다.

　모든 수원을 막론하고 가장 중요한 것은 정기적인 수질 분석입니다. EC(전기전도도), Na(나트륨), pH, Fe(철분) 등 주요 수치를 최소한 연 1~2회 이상 정기적으로 검사해야 하며, 수원 변화가 잦은 지역일수록 더 자주 검사를 권장합니다. 이 데이터를 바탕으로 급액 조성이나 정수기 관리, 보완 조치를 설계할 수 있기 때문입니다.

　정수기나 산 주입기 등 수처리 장비는 작기가 시작되기 전 반드시 점검해야 합니다. 필터 수명은 남아 있는지, 배관에 누수가 없는지, pH 조정이 정상적으로 이루어지는지 등을 사전 점검해야 본격적인 작기 중 불필요한 장애를 막을 수 있습니다. 이처럼 스마트팜의 수질 관리는 단지 '깨끗한 물을 쓰는 것'을 넘어, 식물이 흡수하기에 가장 적합한 물을 지속적으로 제공하는 시스템적 관리입니다. 수질은 작물 생장의 보이지 않는 기반이며, 그 출발은 꼼꼼한 체크리스트에서 시작됩니다.

⑨ 스마트팜은 물로 시작해서 물로 끝나는 농사

좋은 물을 선택하는 것은 단순한 '편의'가 아니라, 작물의 생명선을 지키는 일입니다. '물만 잘 챙겼을 뿐인데 수확량이 늘었다'는 말, 이제 믿을 수 있으시죠?

작물의 건강은 뿌리에서 시작되고, 뿌리의 건강은 '물'이 좌우합니다.

지금 당장, 여러분의 물부터 점검해 보세요!

물 한 방울에도 '농사의 운명'이 달려 있다
- 빗물, 수경재배의 숨은 보물

요즘 스마트팜이나 수경재배에 관심 있는 분들 사이에서 종종 이런 질문을 듣습니다.

"수경재배에 쓰는 물로는 어떤 게 제일 좋나요?"

"빗물은 산성비라서 위험하지 않나요?"

이런 질문을 받을 때마다 저는 한 가지부터 분명히 짚고 넘어갑니다.

"빗물은 수경재배에 가장 이상적인 물입니다. 다만, 우리가 그동안 잘못 알고 있었을 뿐이죠."

① 수경재배에 빗물이 좋은 이유 - '순수한 캔버스' 위에 그리는 농업

수경재배는 작물의 생장을 위해 흙 대신 영양분이 녹아 있는 물을 공급하는 방식입니다. 이때 기본이 되는 물, 즉 '원수(原水)'는 마치 화가가 그림을 그릴 때 사용하는 하얀 캔버스와도 같습니다. 그 물 자체에 이미 불순물이나 염류가 많이 들어 있다면, 아무리 좋은 비료를 넣어도 정확한 양액 조성이 어려워지고, 결국 작물 생육에도 악영향을 줄 수 있습니다. 이러한 관점에서 볼 때, 빗물은 수경재배에 가장 이상적인 수원 중 하나라고 할 수 있습니다. 빗물은 자연이 내리는 가장 순수한 형태의 물이며, 그 물리·화학적 특성이 작물에게 매우 유리한 환경을 만들어 줍니다.

무엇보다도 염류 농도가 매우 낮다는 점이 큰 장점입니다. 빗물은 지하수나 수돗물처럼 지질을 통과하면서 무기물이 섞이지 않기 때문에, EC(전기전도도) 수치가 거의 0에 가깝습니다. 이는 비료 성분을 정확히 조절하여 원하는 양액을 만들 수 있게 해 주며, 작물에게 불필요한 이온 스트레스를 주지 않는다는 뜻입니다.

또한, pH도 작물에 매우 친화적인 수준을 유지합니다. 빗물은 대기 중의 이산화탄소(CO_2)와 반응하면서 약산성을 띠게 되며, 보통 pH 5.5~6.5 사이를 유지합니다. 이 범위는 대부분의 작물이 가장 안정적으로 양분을 흡수할 수 있는 이상적인 pH 영역입니다. 따라서 별도의 산 보정 없이도, 양액 제조 시 훨씬 수월하게 작물 친화적인 환경을 조성할 수 있습니다.

게다가 빗물은 '연수(soft water)', 즉 칼슘이나 마그네슘 같은 경수 성분이 적기 때문에 장비 관리 측면에서도 매우 유리합니다. 물때가 생기지 않아 배관이나 드립퍼가 막힐 위험이 적고, 장기적으로 보면 설비 유지관리 비용도 줄일 수 있는 장점이 있습니다. 빗물은 수경재배에서 가장 깨끗하고, 가장 작물 친화적이며, 장비에도 부담을 주지 않는 이상적인 물이라 할 수 있습니다. 자연이 주는 이 '순수한 캔버스'를 잘 활용하는 것이야말로, 스마트하고 지속 가능한 농업의 출발점이 될 수 있습니다.

네덜란드 온실의 빗물 저수고

② 빗물, 아직도 꺼리시나요? 과거의 인식이 만든 오해

많은 사람들은 빗물이라고 하면 곧장 '산성비'를 떠올립니다. 특히 1980~1990년대, 대기오염이 극심하던 시기에는 산성비가 삼림과 수생생태계에 해를 끼치는 주요 원인으로 지목되었고, 뉴스와 교과서 등을 통해 '산성비=해로운 물'이라는 인식이 널리 퍼졌습니다. 이러한 부정적인 이미지가 아직도 일부 농업 현장에서는 빗물 사용을 꺼리게 만드는 심리적 장벽으로 작용하고 있습니다. 하지만 지금의 현실은 그때와는 확

연히 다릅니다. 대기환경 개선과 배출가스 규제 강화로 인해, 오늘날의 빗물은 과거보다 훨씬 안정된 수질을 갖고 있으며, 농업용수로서의 활용 가능성도 충분히 입증되고 있습니다.

예를 들어, 최근 서울시 환경연구원이 발표한 빗물 수질 조사 결과를 보면, 서울 지역의 빗물 평균 pH는 약 5.7, 전기전도도(EC)는 0.02mS/cm 수준으로 나타났습니다. 이는 대부분의 수경재배 작물에 적합한 수질 기준을 만족하는 수준이며, 오히려 지하수나 수돗물보다 더 순수하고 양액 제조에 유리한 물이라 할 수 있습니다. 이러한 수치는 빗물이 '산성비'라기보다는, 자연적으로 약산성을 띤 깨끗한 물에 가깝다는 것을 보여줍니다.

실제로 농업 선진국인 네덜란드에서는 이미 오래전부터 유리온실의 지붕을 활용해 빗물을 모으고, 이를 대규모 저장탱크에 보관해 수경재배용 원수로 활용하고 있습니다. 이는 단순한 절수 차원을 넘어, 양액 제조의 정확도와 경제성을 높이기 위한 전략적 선택입니다.

빗물은 자연적으로 약산성을 띠기 때문에, 양액을 만들 때 사용하는 pH 조절제의 사용량을 줄여 비용을 절감할 수 있습니다. 특히 수돗물이나 지하수처럼 pH가 높은 물을 사용할 때보다 산 주입량이 줄어들어, 운영 효율과 안정성 모두를 높일 수 있는 장점이 있습니다. 빗물에 대한 불안은 과거의 인식에 기반한 것이며, 현재의 과학적 분석과 농업 현장에서는 충분히 신뢰할 수 있는 수원으로 평가되고 있습니다. 더 이상 빗물을 '산성비'라는 막연한 두려움으로 기피할 이유는 없습니다. 중요한 것은 그 물의 실제 수질이며, 정기적인 수질 검사와 적절한 관리만 병행된다면, 빗물은 수경재배에 있어 가장 경제적이고 지속 가능한 선택지가 될 수 있습니다.

빗물은 무료입니다. 그리고 수경재배에 최적화된 과학적인 물입니다. 우리가 조금만 시스템을 갖추고 인식을 바꾸면, 자연이 내리는 선물을 재배 현장에서 가장 효율적으로 활용할 수 있습니다. "산성비라서 위험하다"는 말보다는, "빗물은 수경재배를 위한 최고의 원수(原水)"라는 말이 이제는 더 가까운 진실일지도 모르겠습니다.

오늘 내리는 비 한 방울이, 내일의 풍성한 작물로 자라납니다.

물 한 방울의 혁신, 스마트팜 관수 시스템
- 스마트팜 관수 시스템 설계 A to Z

스마트팜 운영에서 가장 흔한 오해 중 하나가 있습니다.
"자동으로 물 주는 시스템이니까 그냥 버튼만 누르면 되는 거 아냐?"
그렇지 않습니다.

스마트한 관수 시스템은 단순히 버튼을 누르는 게 아니라, 정확한 급액량을 알고, 그만큼의 물을 '제시간에' 공급할 수 있는 구조를 만드는 게 핵심입니다.

① 관수 시스템이란 무엇인가?
 - 물의 흐름을 설계하는 스마트팜의 핵심 인프라

스마트팜에서 '관수 시스템'이란 단순히 물을 흘려보내는 장치를 의미하지 않습니다. 관수 시스템은 작물이 필요로 하는 물과 양액을 준비하고, 저장하며, 이를 정확한 양으로 작물에 공급하기까지의 전체 과정을 담당하는 물리적 구조와 설비의 총합입니다.

구체적으로는 먼저 물이나 양액을 정해진 비율로 조제하는 양액 준비 단계, 그 조제된 양액을 일정한 온도와 압력 아래 보관하는 저장 단계, 그리고 저장된 양액을 파이프, 펌프, 필터, 점적기 등으로 작물에 정량 공급하는 공급 단계로 나눌 수 있습니다.

이 시스템은 자동화 센서, 제어기, 배관, 밸브 등의 다양한 하드웨어 요소들로 구성되며, 온실 또는 수경재배 시설 내에서 작물의 생육 시기와 환경 변화에 따라 유연하게 작동하도록 설계됩니다. 즉, 관수 시스템은 작물에게 적시에, 적정량의, 적절한 품질의 물과 양액을 공급하는 데 최적화된 스마트 인프라라고 할 수 있습니다. 물의 흐름을 제어하고, 영양분의 균형을 조절하며, 생장 환경을 정밀하게 설계하는 이 시스템은 스마트팜의 생명선과도 같은 존재입니다.

② 하루 급액량, 그냥 많이 준다고 좋은 게 아니다 - 햇빛을 기준으로 계산

수경재배나 스마트팜에서 하루 동안 작물에 공급해야 하는 급액량(양액량)은 단순히 "많이 줄수록 좋다"는 방식으로 결정되지 않습니다. 오히려 작물이 실제로 필요로 하는 만큼만 정확히 공급하는 것이 생장에 더 효과적이고, 양액 낭비도 줄일 수 있습니다.

그렇다면 작물은 어떤 기준에 따라 물을 필요로 할까요? 가장 중요한 기준은 바로 햇빛, 정확히는 일사량(Radiation)입니다. 햇빛은 작물의 광합성 활동을 결정짓는 가장 큰 요인이며, 광합성이 활발할수록 증산 작용도 증가하고, 그만큼 물과 양분의 필요량도 커지게 됩니다. 그래서 실제 스마트팜에서는 아래와 같은 공식으로 하루 급액량을 계산합니다:

$$급액량(L/m^2/day) = 일사량(J/cm^2/day) \times 3ml$$

즉, 1제곱센티미터(cm^2)당 하루 동안 들어온 햇빛 에너지(J) 값을 기준으로 하여, 3ml의 양액을 공급하는 것이 적정량으로 여겨집니다. 예를 들어, 어떤 날의 온실 내 일사량이 1,500$J/cm^2/day$였다면, 그날 작물 1제곱미터(m^2)당 필요한 양액량은 다음과 같이 계산됩니다:

$$1,500 \times 3ml = 4,500ml = 4.5L/m^2/day$$

즉, 작물 1m^2당 4.5리터의 양액을 공급하면 충분하다는 뜻입니다.

이 계산은 햇빛이 많으면 물도 더 많이, 햇빛이 적으면 물도 적게 공급해야 한다는 자연의 원리를 반영한 방식입니다. 이를 통해 작물은 환경에 맞게 스트레스 없이 자랄 수 있으며, 양액과 물의 낭비도 최소화할 수 있습니다. 하루 급액량은 '햇빛양을 기준으로 수치화하여 정밀하게 관리'하는 것이 현대 스마트팜의 기본 전략입니다. 작물이 받은 햇빛만큼만 물을 주는 방식은, 그야말로 자연과 기술의 균형 속에서 이루어지는 가장 똑똑한 급수법이라 할 수 있습니다.

③ 하루 급액량이 20톤?
중요한 건 '얼마나 줄 것인가'보다 '어떻게 줄 것인가'

스마트팜에서는 하루에 작물에 공급해야 하는 물의 양이 정확하게 계산된다고 해서, 그것이 곧바로 '잘 키우는 방법'을 의미하지는 않습니다. 물의 총량만큼이나 중요한 것은 언제, 어떻게, 그리고 어떤 방식으로 이 물을 공급하느냐입니다. 예를 들어, 경북 김천에서 토마토를 재배하는 D농장은 연동형 온실(약 1,000평, 즉 약 3,300㎡ 규모)에서 하루 최대 일사량이 2,000J/㎠에 달합니다. 이 수치를 기준으로 급액량을 계산하면 다음과 같습니다.

- 1㎡당 급액량: 2,000J/㎠×3ml=6.0L/㎡
- 작물 총면적이 3,300㎡이므로
  → 3,300×6L=총 19,800L, 즉 19.8톤의 물을 하루 동안 공급해야 합니다.

이 수치는 단순히 '얼마나 줘야 한다'는 양적 기준입니다. 그러나 실제 재배에서는 이 많은 물을 몇 시간 안에, 어떤 타이밍으로 나누어 주느냐가 작물의 생장과 품질을 좌우합니다.

작물이 물을 가장 잘 흡수하는 시간대에 공급해야 합니다

토마토를 비롯한 대부분의 과채류 작물은 오전 시간대, 특히 오전 9시부터 오후 3시 사이에 광합성과 증산이 가장 활발해집니다. 이 시간에 맞춰 급액을 집중적으로 공급해야 물이 뿌리에서 빠르게 흡수되어 생장과 양분 이동에 효과적으로 작용합니다. 반대로, 해가 진 이후나 오전 7시 이전과 같이 광합성이 거의 이루어지지 않는 시간에 물을 과도하게 공급하면, 뿌리 주변에 물이 정체되며 산소 부족 → 뿌리 부패 → 병해 발생으로 이어질 수 있습니다. 좀더 기술적으로 얘기를 하자면, 첫 급액은 일출 후 2시간 이후, 마지막 급액은 일몰 전 3시간 이전에 마무리합니다.

나눠서 자주 주는 '펄스 급액'이 핵심입니다

스마트팜에서는 하루 급액량을 한 번에 몰아서 주는 것이 아니라, 여러 번에 나누어 주는 것이 일반적입니다. 이를 '펄스 급액(pulse irrigation)'이라고 하며, 보통 하루에 6~12회, 많게는 20회 이상 나눠서 급액합니다. 이 방식은 다음과 같은 이점을 가집니다:

- 뿌리 주변 산소 농도 유지
- 뿌리의 수분 흡수 능력 극대화
- 작물의 생리적 리듬(증산, 영양 흡수)에 맞춘 공급
- 배액량을 최소화하여 양액 낭비 방지

예를 들어, 하루 20톤의 급액을 10회로 나누면 회당 2톤씩 공급하게 됩니다. 이를 3,300㎡ 기준으로 환산하면 1㎡당 약 600ml씩 공급되는 셈입니다.

급액 시간과 간격도 자동화 설정으로 정밀하게 제어합니다

현대 스마트팜에서는 이러한 급액 계획을 환경제어 시스템에 자동 설

정해 놓습니다. 온실 내부의 광량, 온도, 습도, 작물 생육 단계 등을 종합적으로 판단해, 시스템이 알아서 언제, 얼마나 줄지, 몇 회에 나눠 줄지를 스스로 결정합니다. 특히 일사량 센서와 연동해 햇빛이 많이 들어온 날에는 급액량과 횟수를 늘리고, 흐린 날에는 줄이는 방식으로 조절합니다. 이것이 바로 '광 반응형 급액 시스템'의 핵심 원리입니다.

D 농장처럼 하루에 20톤이라는 많은 양의 물을 사용한다고 해도, 그것을 언제, 어떤 리듬으로 공급하느냐에 따라 작물의 생장 반응은 완전히 달라집니다. 급액은 단순한 물 공급이 아니라, 식물의 생리적 신호에 맞춰 조율된 과학적 리듬입니다. 따라서 스마트팜 운영자는 급액량 계산뿐만 아니라, 공급 시간대, 회차, 간격, 반응 데이터를 종합적으로 고려한 급액 전략을 세워야 합니다. 이것이 진정한 스마트 관수이며, 작물의 품질과 수확량을 결정짓는 '보이지 않는 기술'입니다.

④ **작물에 '얼마나 줄 수 있느냐'보다 '언제까지 줄 수 있느냐'가 핵심**

스마트팜에서 하루 급액량이 계산되었다고 해도, 그것만으로는 관수 시스템을 완벽하게 설계할 수 없습니다. 왜냐하면 작물이 물을 필요로 하는 시간대에, 그 많은 물을 제시간에 다 공급할 수 있어야 하기 때문입니다. 단순히 "20톤을 준다"가 아니라, "그 20톤을 몇 시간 안에 줄 수 있느냐"가 관수 설계의 진짜 핵심입니다.

예를 들어 보겠습니다. 경북 김천의 한 연동형 온실에서 토마토를 재배하고 있고, 하루 총급액량이 6.0L/㎡로 계산되었다고 가정해 봅시다. 그런데 이 온실은 하루 중 햇빛이 강하게 들어와 광합성이 활발히 일어나는 시간이 오전 9시부터 오후 3시까지, 즉 6시간으로 제한되어 있다고 가정하면, 이 작물은 이 6시간 동안에만 급액을 집중적으로 받아야 생리적으로 가장 효과적입니다.

그렇다면 관수 시스템은 이 6시간 안에, 해당 면적당 6리터의 물을 공급할 수 있어야 하며, 이를 시간당 공급 속도로 환산하면 다음과 같은 계산이 나옵니다:

관수용량(L/㎡/hr)=하루 총급액량/급액 가능한 시간

즉,
6.0L÷6시간=1.0L/㎡/hr

이 계산 결과는 곧 "이 온실의 관수 시스템은 최소 1시간에 1.0L/㎡의 속도로 급액할 수 있어야 한다"는 뜻이 됩니다. 만약 관수 시스템의 실제 성능이 이보다 낮다면,

- 햇빛이 좋은 시간에 작물이 필요한 만큼의 물을 받지 못하게 되고,
- 작물은 일시적으로 수분 스트레스를 받거나,
- 급하게 많은 물을 한꺼번에 주게 되어 뿌리의 산소 공급이 방해받고, 배액이 과도하게 생기는 등의 문제가 발생할 수 있습니다.

따라서 관수 설계는 단순히 '얼마나 줄까?'를 넘어서, '언제까지 얼마만큼 줄 수 있는가'를 기준으로 계산되어야 하며, 이를 통해 펌프 용량, 파이프 직경, 점적기 수량 등을 결정하게 됩니다. 급액량이 아무리 정밀하게 계산되었더라도 그 물을 '시간 안에 충분히 공급할 수 있는 관수 능력'이 확보되지 않으면, 작물 생리와 스마트팜 자동화의 효과는 제대로 발휘되기 어렵습니다. 따라서 관수용량은 생육 시간과 밀접하게 연동되는 중요한 설계 기준이며, 물을 얼마나 줄 수 있는가보다 얼마나 제시간에 줄 수 있는가가 더 중요한 기준이 되는 것입니다.

⑤ 관수 시스템, 무엇을 어떻게 준비해야 할까?

스마트팜에서 '관수 시스템'을 설계할 때는 단순히 물을 공급하는 수준을 넘어, 언제, 얼마나, 어떤 방식으로 작물에 양액을 공급할 것인지까지 정밀하게 계획해야 합니다. 이를 위해서는 각 단계별로 필요한 설비를 미리 구비하고, 작물과 환경에 맞게 세밀하게 조정할 수 있어야 합니다. 아래는 하루 급액량이 약 20톤 수준인 온실을 기준으로, 실제 어떤 설비가 필요하며 어떻게 구성되는지를 설명한 사례입니다.

원수탱크 - 물의 기본 저장고, 여유 있게 준비하세요

관수 시스템의 시작은 원수(原水)를 저장할 수 있는 충분한 크기의 탱크를 확보하는 일입니다. 작물에 공급하는 물은 하루 급액량보다 훨씬 넉넉하게 준비되어 있어야 하며, 특히 기후나 일사량 변화로 인해 급액량이 급격히 늘어나는 날을 대비해 1.5배 이상의 여유를 두는 것이 안전합니다. 예를 들어, 앞서 계산한 하루 급액량이 20톤이라면, 최소 30톤 이상의 원수탱크를 준비하는 것이 권장됩니다. 이를 통해 공급 중 수위 저하나 펌프 공회전을 방지하고, 시스템 안정성을 높일 수 있습니다.

도징 유닛 - 정확하고 안전한 양액 조합을 위한 핵심 장치

도징 유닛은 원수에 비료를 정밀하게 혼합해 작물이 필요로 하는 농도의 양액을 자동 조제하는 시스템입니다. 일반적으로 A탱크와 B탱크로 분리 구성되며, 이 방식은 칼슘과 인산이 서로 반응해 침전물을 만들지 않도록 방지하기 위한 것입니다. 이와 함께, 양액의 pH 조절을 위한 자동 산 주입기(Neutralizer)가 함께 구성되어야 합니다. 이 장치는 중탄산염이 많아 pH가 상승할 경우, 산(예: 질산, 황산)을 소량 주입해 pH를 작물 친화적인 수준(5.5~6.5)으로 유지해 줍니다. 믹싱탱크를 통해 완성된 양액은 이후 파이프라인을 따라 드립퍼로 공급되며, 이 전체 과정은 자동화 시스템과 연동되어 정밀하게 제어됩니다.

드립퍼와 파이프 - 정밀한 양액 공급을 위한 실제 '출구'

양액이 공급되는 마지막 단계는 바로 드립퍼와 파이프 시스템입니다. 이 부분은 실제로 작물이 양액을 받는 부위이므로, 유량과 균일성 확보가 매우 중요합니다. 특히 지형이나 압력 변화에 영향을 덜 받는 '압력보정형 드립퍼(PC dripper)'의 사용이 권장됩니다.

작물에 따라 권장 유량은 다음과 같습니다:

- 토마토, 오이: 3.0L/hr 또는 4.0L/hr 드립퍼

- 파프리카: 2.0L/hr 드립퍼

예를 들어, 1제곱미터당 3L/hr 드립퍼 2개를 설치하면, 6.0L/㎡/hr의 공급 용량을 확보할 수 있습니다. 이는 앞서 하루 급액량 기준(1.0L/㎡/hr)을 훨씬 초과하는 수치로, 여유 있는 설계가 가능하다는 뜻이며, 갑작스러운 일사량 증가나 급액 회차 확대에도 안정적으로 대응할 수 있습니다.

자동제어 양액공급 시스템 - 급액을 똑똑하게, 자동으로 관리하기

스마트팜의 핵심은 결국 사람이 일일이 조작하지 않아도 시스템이 작물 상태에 맞춰 급액을 알아서 조절하는 데에 있습니다. 이를 가능하게 해 주는 것이 바로 자동제어 양액공급 시스템, 예를 들어 Priva Connext 같은 통합 제어 플랫폼입니다.

이 시스템은 급액의 횟수, 시간, 양을 자동으로 제어하며, 센서 데이터를 바탕으로 실시간으로 판단을 내립니다. 특히 GroSens 센서와 연동하면, 다음과 같은 고급 기능도 구현할 수 있습니다:

- EC, 배액량, 배지 수분 함량 실시간 분석
- 광량 데이터와 연계한 급액 횟수 자동 조절
- 급액 후 배액의 EC를 비교해 재사용수의 혼합 비율 자동 계산

이를 통해 작물의 수분 스트레스는 줄이고, 양액 낭비와 에너지 소비를 최소화하는 최적의 급액 전략을 구현할 수 있습니다.

관수 시스템은 단순한 설비가 아니라, '작물의 생장을 설계하는 도구'입니다. 스마트팜의 관수 시스템은 단지 물을 저장하고 뿌리는 구조물이 아닙니다. 그것은 작물의 하루 생장을 뿌리에서부터 정밀하게 설계하고, 양분과 수분의 흐름을 통제하며, 환경 변화에 즉각 반응하는 살아 있는 시스템입니다. 원수탱크부터 도징 유닛, 드립퍼, 자동 제어 시스템까지 이 모든 장치는 하나의 유기적인 생명 시스템으로 연결되어 작물에게 정확한 시간에, 정확한 양의 양액을 제공합니다. 그 결과는 더 튼튼한 뿌리, 더 안정된 생장, 더 높은 수확량으로 이어집니다. 그리고 그것이 스마트팜이 '물'을 다루는 방식입니다.

⑥ 이제 물 주는 일도 기술을 넘어 '전략'

스마트팜에서 작물에 물을 주는 일은 더 이상 단순한 작업이 아닙니다. 과거처럼 그냥 한 번에 많이 주는 방식은 이제 효율성과 생산성 측면에서 한계가 명확해졌습니다. 이제는 언제, 얼마나, 어떤 방식으로 물을 주느냐를 정확히 계산하고, 설계하며, 예측하고 조절하는 시대입니다. 즉, 물 주는 행위 자체가 하나의 정교한 전략이 된 것입니다.

급액량은 작물이 그날 받은 햇빛, 즉 일사량을 기준으로 계산할 수 있습니다. 보통은 일사량에 3ml를 곱해 1제곱미터당 하루 급액량을 산출하는데, 이를 통해 작물이 실제로 필요한 만큼만 물을 공급할 수 있게 됩니다. 그러나 물을 얼마나 줄 것인지 아는 것만큼 중요한 건, 그 물을 정해진 시간 안에 줄 수 있느냐입니다. 예를 들어 햇빛이 강한 6시간 동안 물을 줘야 한다면, 그 시간 안에 공급 가능한 관수 능력도 함께 계산해야 하죠. 이러한 공급 능력에 맞춰 드립퍼의 수와 유량을 설계하고, 전체 온실에 필요한 관수 속도를 맞춰야 비로소 뿌리가 스트레스를 받지 않고 안정적으로 수분과 양분을 흡수할 수 있는 환경이 조성됩니다. 또 하루 급액량보다 1.5배 이상 여유 있는 원수 저장조를 준비해 두는 것도 잊지 말아야 할 포인트입니다. 갑작스러운 일사량 증가나 펌프 정지 같은 변수를 대비한 최소한의 전략이기 때문입니다. 결국 관수 시스템이란, 단순히 물을 전달하는 장치가 아닙니다. 그것은 작물의 생리와 환경의 흐름을 이해하고, 그에 따라 물을 정밀하게 설계하여 전달하는 시스템입니다.

이제는 "물 주는 기계"가 아닌, "물의 흐름을 설계하는 두뇌"가 필요한 시대입니다. 여러분의 스마트팜도 이제, 작물에게 단지 물을 주는 것이 아니라 언제, 얼마나, 어떻게 줄지를 설계할 수 있는 농장으로 진화해 보세요. 그것이 진정한 스마트한 농업의 시작입니다.

스마트농업의 시작은 뿌리에서

— 초보 농부를 위한 스마트팜 급액 전략 완전 정복!

스마트팜 농사를 시작하면 가장 먼저 부딪히는 고민이 바로 이겁니다.

"언제 얼마나 물을 줘야 하지?"
"햇빛이 많을 땐 물을 더 줘야 할까, 아니면 덜 줘야 할까?"
"꽃이 피었는데도 열매가 잘 안 달려요…."

이런 고민, 다 '근권부 관리'와 '급액 전략'을 이해하면 해결됩니다. 이번 장에선 이걸 진짜 쉽게 알려 드릴게요.

① 근권부(Root Zone), 작물 뿌리가 살아가는 '생활 공간'을 이해하자

근권부란 말 그대로 작물의 뿌리가 뻗어 있고 자리를 잡고 있는 공간, 즉 뿌리의 '생활 터전'을 말합니다. 이 공간은 단순히 흙이나 배지로만 이루어진 곳이 아니라, 뿌리가 물과 양분을 흡수하고, 숨 쉬며, 생장을 이어 가는 가장 민감하고 중요한 생육 환경입니다. 마치 사람이 거실에서 쉬고, 부엌에서 밥을 먹고, 침실에서 잠을 자듯, 작물도 이 근권부에서 물을 마시고, 양분을 흡수하며, 성장에 필요한 모든 활동을 이어 갑니다. 이렇듯 중요한 공간인 만큼, 근권부의 상태가 조금만 어긋나도 뿌리는 바로 반응합니다. 예를 들어, 물이 너무 많으면 근권 내 산소 공급이 부족해지고 뿌리가 질식하게 됩니다. 이런 상태를 '과습'이라고 하며, 뿌리 호흡이 원활하지 않아 뿌리 썩음병 등 생리장애가 쉽게 발생할 수 있습니다. 반대로 물이 너무 부족하면 뿌리는 건조에 시달리며 갈라지거나 노화가 빨라져, 작물 전체 생장이 느려지고 수확량도 감소하게 됩니다.

양분 역시 마찬가지입니다. 양분이 너무 많으면, 뿌리 밖의 삼투압이 뿌리 내부보다 높아져 물이 흡수되지 않고 오히려 빠져나가게 됩니다. 이로 인해 식물은 탈수 증상을 겪게 되고, 뿌리가 손상될 수도 있습니다. 반대로 양분이 너무 부족하면, 작물의 생장은 둔화되고 잎이 창백해지며 생육이 불균형해지는 현상이 나타납니다. 이렇듯 근권부는 단순히 뿌리가 위치한 공간이 아니라, 작물 생장 전체를 좌우하는 정교한 생리 환경입니다. 그래서 우리는 근권부에서의 물의 양(WC, Water Content)과 염분 농도(EC, Electrical Conductivity)를 정밀하게 조절해야 합니다. 적절한 수분과 양분이 공급되는 균형 잡힌 근권 환경만이, 작물에게 스트레스 없는 건강한 생육 조건을 제공할 수 있습니다.

결국, 스마트팜에서의 근권 관리란 작물의 뿌리 생활을 설계하는 일입니다. 눈에 보이지 않는 뿌리의 상태를 수분, 염류, 온도, 산소 농도 등의 수치로 파악하고, 그에 맞춰 급액 전략을 조정해 나가는 것이야말로 스마트한 농업의 핵심이자, 수확의 품질을 결정짓는 가장 중요한 기반이 됩니다.

② 생식생장과 영양생장, 같은 작물도 시기에 따라 물 주는 방식이 달라진다

스마트팜에서 작물을 키울 때, 똑같은 토마토라도 성장 단계에 따라 물을 주는 전략은 완전히 달라져야 합니다. 그 이유는 작물이 '무엇을 키우느냐'에 따라 필요로 하는 환경이 달라지기 때문입니다. 이는 작물에는 바로 '영양생장'과 '생식생장'이라는 두 가지 생장 단계가 존재하기 때문입니다.

먼저 영양생장은 줄기, 잎, 뿌리처럼 식물의 몸체를 키우는 시기입니다. 주로 어린묘를 키우거나 정식 초기, 초세(식물의 성장세)를 안정시키는 단계에서 중요한 시기입니다. 이때는 식물이 스트레스를 받지 않고 편안한 환경에서 자라는 것이 핵심입니다. 그래서 물은 자주, 소량씩 공급하는 것이 좋습니다. 하루 급액 횟수를 15회 정도로 나누고, 회당 80~100ml 정도씩만 주면 뿌리는 물이 풍부한 환경에서 안정적으로 자라고, 줄기와 잎도 균형 있게 성장합니다. 급액은 오전 일찍부터 시작해 작물이 광합성을 시작하기 전에 수분을 충분히 흡수할 수 있도록 해야 합니다. 또, 이 시기에는 양분 농도(EC)는 낮게, 수분 함량(WC)은 높게 유지해 주는 것이 이상적입니다.

반면 생식생장은 꽃이 피고, 열매가 맺히고, 수확으로 이어지는 단계입니다. 이때는 작물의 에너지를 열매로 집중시켜야 하므로, 살짝 스트레스를 주는 전략이 필요합니다. 물을 많이, 자주 주기보다는 급액 간격을 넓히고, 한 번에 주는 양을 늘려 뿌리가 물을 찾아 더 깊이 자라도록 유도합니다. 이 과정에서 작물은 생존을 위해 에너지를 줄기나 잎보다 열매로 집중하게 되고, 결과적으로 착과(열매 맺힘)가 촉진됩니다.

예를 들어 토마토의 경우, 꽃이 피기 시작하는 시기에는 급액 전략을 바꾸는 것이 좋습니다. 오전 급액 시작 시간을 햇빛이 비친 뒤 약 2시간 30분 이후로 늦추고, 오후에는 급액 횟수를 줄여 주는 방식으로 작물에 약간의 수분 스트레스를 주는 것입니다. 또한 이 시기에는 EC는 높게, WC는 낮게 유지하여 양분은 풍부하지만 수분은 제한된 상태를 만들어 주는 것이 효과적입니다.

이렇게 생장 단계에 따라 급액 전략을 달리하는 것은 단순히 물을 절약하기 위한 것이 아니라, 작물의 생리적 리듬과 자연스러운 생장 방향을 유도하는 기술적 판단입니다. 영양생장기에는 '편안하게 자라도록', 생식생장기에는 '열매에 집중하도록' 물을 주는 것이, 바로 진짜 스마트한 농업의 핵심입니다. 결국, '언제, 얼마나, 어떤 방식으로 물을 줄 것인가'를 작물의 상태에 맞춰 설계하는 것이 스마트팜의 관수 전략이며, 이는 생산량뿐 아니라 품질을 결정짓는 가장 중요한 요소가 됩니다.

③ 여름과 겨울, 물 주는 법이 완전히 달라

스마트팜에서 급액 관리는 단순히 물을 일정량 공급하는 것이 아니라, 계절과 환경에 따라 식물의 생리적 반응을 고려하여 정밀하게 조절하는 기술입니다. 특히 여름과 겨울처럼 기후 조건이 극단적으로 다른 계절에는 급액 전략 역시 전혀 다르게 접근해야 작물이 스트레스를 받지 않고 건강하게 자랄 수 있습니다.

여름철 급액 전략 - '많이, 자주, 시원하게'

여름은 햇빛이 강하고 기온이 높아, 작물의 증산 작용이 매우 활발해지는 시기입니다. 작물이 뿌리를 통해 흡수한 물은 대부분 수증기로 날아가므로, 이 시기에는 자주, 적절한 양의 물을 공급하는 것이 필수입니다. 먼저 햇빛이 강한 날에는 급액 횟수를 1시간에 3~5회 수준으로 늘려, 수분이 부족해지기 전에 미리 보충해 주는 방식으로 관리합니다. 특히 온실 내부 온도가 30℃ 이상으로 올라갈 경우, 작물은 빠르게 탈수를 겪게 되므로 급액 간격을 10~15분 간격으로 최소화해야 합니다. 이처럼 짧은 간격으로 급액을 반복하면 뿌리 주변 수분이 일정하게 유지되어, 뿌리 스트레스를 최소화할 수 있습니다.

하지만 한 가지 주의할 점은 뿌리 온도입니다. 여름 낮 동안 급하게 물을 많이 주면, 뿌리가 지나치게 따뜻해지고 통기성도 떨어지면서 뿌리 썩음이 발생할 수 있습니다. 이를 방지하기 위해, 낮에는 물의 양을 줄이고 횟수를 늘리는 방식(자주, 소량)으로 관리하고, 저녁 시간 이후에는 급액을 중단하는 것이 좋습니다. 밤에는 작물의 활동이 둔해지므로 과도한 수분이 오히려 뿌리에 부담을 줄 수 있기 때문입니다.

또한, 이 시기에는 양분 농도(EC)를 낮게 유지해야 합니다. 물을 자주 주게 되면 자연스럽게 양분도 희석되기 때문에, EC가 높으면 뿌리에 염류 스트레스가 생길 수 있으므로 낮은 농도로 자주 공급하는 것이 안전한 방식입니다.

겨울철 급액 전략 - '조금, 천천히, 농축해서'

겨울은 햇빛이 약하고 기온이 낮아, 작물의 생리 활동 전반이 둔해집니다. 증산량도 줄어들고, 뿌리의 흡수 속도 역시 느려지기 때문에, 여름과 같은 방식으로 급액을 하면 과습으로 인해 뿌리 부패, 양분 불균형 등의 문제가 발생할 수 있습니다. 흐린 날에는 하루 총급액 횟수를 2~5회 이하로 줄이고, 급액량도 전체적으로 감소시켜야 합니다. 특히 온실 내부 온도가 20℃ 이하로 떨어지는 날에는 급액을 아침이나 저녁에는 하지 않고, 햇빛이 들어오는 한낮 시간대에만 집중적으로 공급하는 방식이 효과적입니다. 이는 작물이 가장 활발히 활동하는 시간대에 맞춰 수분과 양분을 공급함으로써 과습을 방지하고, 양분 흡수 효율도 높일 수 있기 때문입니다. 흥미로운 점은 겨울에는 EC 농도를 오히려 높게 유지하는 것이 바람직하다는 점입니다. 이는 추운 날씨에는 뿌리의 물 흡수 속도가 느려지기 때문입니다. 물을 자주 줄 수 없는 대신, 한 번 줄 때 농축된 양분을 함께 제공하면 작물이 필요한 양분을 부족하지 않게 흡수할 수 있습니다. 낮은 EC로 자주 주는 여름과는 정반대의 전략이 필요한 셈입니다.

계절에 맞춘 급액 전략이 스마트농업의 기본입니다

여름에는 자주, 적은 양의 물을 시원하게, 겨울에는 드물게, 한낮에, 농축된 양액으로 공급하는 것이 스마트팜 급액 관리의 핵심입니다. 작물은 계절에 따라 자신의 생리 리듬을 바꾸기 때문에, 사람이 그 리듬을 읽고 맞춰 주는 것이 진정한 스마트한 재배 전략입니다.

같은 작물이라도 언제, 얼마나, 어떤 방식으로 물을 주느냐에 따라 생장 속도도, 품질도 달라질 수 있습니다. 따라서 물을 주는 행위는 단순한 급수가 아니라, 계절과 생리, 환경을 함께 고려하여 설계된 결정이어야 합니다.

이제 여러분의 농장에서도, 계절별 맞춤형 급액 전략으로 더 건강하고, 더 수확 좋은 재배 환경을 만들어 보세요.

④ 햇빛양이 곧 급액 전략의 나침반

스마트팜에서는 작물에게 물을 얼마나, 어떻게 줄 것인지를 결정할 때 가장 중요한 기준으로 햇빛양(Radiation)을 사용합니다. 햇빛은 단순히 온실을 밝히는 요소가 아니라, 작물의 광합성 활동과 수분 요구량을 좌우하는 핵심 변수이기 때문입니다. 햇빛이 많으면 작물은 광합성을 더 활발하게 하고, 그 과정에서 수분도 많이 증산되므로 더 많은 급액이 필요합니다. 반대로, 햇빛이 적은 날은 광합성과 증산도 줄어들기 때문에 급액을 줄이거나 생략해야 뿌리 스트레스를 피할 수 있습니다.

스마트팜에서는 햇빛양을 J/㎠(누적 에너지) 또는 W/㎡(순간 세기) 단위로 측정합니다. 기준은 간단합니다. 1,000J/㎠의 햇빛이 들어오면, 작물 1제곱미터당 약 3.0L의 급액이 필요합니다. 이 기준에 따라 하루 급액량을 결정하고, 실시간 햇빛 세기에 따라 급액 횟수와 1회당 급액량을 조정하게 됩니다. 예를 들어 햇빛의 순간 세기가 200W/㎡ 수준으로 약할 경우, 광합성도 제한적이므로 급액은 하루 0~1회만 진행하고, 회당 200ml 정도를 공급하면 충분합니다. 반면 400W/㎡ 정도로 햇빛이 중간 수준일 경우, 1~2회 정도로 횟수를 늘리고 회당 380ml 정도로 맞춰줍니다. 햇빛이 강한 날, 예컨대 800W/㎡에 도달하는 경우는 작물이 가장 활발히 활동하는 시기이므로, 급액 횟수를 3~4회로 늘리고 회당 양은 290ml 정도로 줄이는 전략이 효과적입니다. 햇빛이 1,000W/㎡ 이상으로 매우 강한 날은 4~5회에 걸쳐 회당 260ml 정도로 나눠 공급하는 방식이 가장 바람직합니다.

이처럼 햇빛이 강해질수록 급액 횟수는 늘리고, 1회당 양은 줄이는 방식은 작물에게 필요한 수분을 적절하게 제공하면서도 뿌리가 과습이나 스트레스를 받지 않도록 조절하는 스마트한 방식입니다. 급하게 많은 양을 한 번에 주는 대신, 작물이 빛을 많이 받는 시간대에 맞춰 리듬감 있게 물을 공급하면, 작물의 생리 리듬과도 잘 맞아떨어지며 생육 효율도 높아집니다.

결국, 급액 전략의 기준은 '온도'가 아니라 '빛'입니다. 햇빛이 작물에게 말을 걸면, 우리는 그에 맞춰 물을 줘야 합니다. 광에 반응하는 급액 전략, 이것이 바로 진짜 스마트팜의 시작입니다.

⑤ 스마트팜의 두뇌 - 급액부터 배액까지 관리하는 복합환경제어 시스템

스마트팜에서는 단순히 온도나 습도만 제어하는 시대를 넘어, 급액의 양과 타이밍, 양분 농도까지 실시간으로 정밀하게 제어하는 시스템이 중요해지고 있습니다. 이를 복합환경제어 시스템이라고 합니다. 그 대표적인 시스템 중의 하나인 네덜란드 Priva사의 Connext 제품을 예를 들어 설명해 드리겠습니다.

이 복합환경제어 시스템은 온실 내부의 환경뿐 아니라 급액과 양액 관리까지 통합적으로 제어할 수 있는 고성능 플랫폼으로, 특히 수경재배 작물에 탁월한 관리 효과를 보여 줍니다. Priva Connext의 핵심 기능 중 하나는 GroSens 센서와의 연동입니다. 이 센서는 배지(슬래브) 내부의 상태를 실시간으로 측정해, 뿌리 주변의 EC(염류 농도)와 WC(수분 함량)를 정확하게 파악할 수 있도록 도와줍니다. 덕분에 작물이 실제로 얼마나 물을 흡수하고 있고, 염류가 얼마나 축적되고 있는지를 바로 확인할 수 있습니다. 이 데이터는 곧바로 Priva Connext 시스템에 전달되어, 급액의 시작과 종료 시점을 자동으로 설정하는 데 활용됩니다.

예를 들어, 햇빛이 들어오기 시작하고 슬래브 내부의 수분 함량이 일정 수준 이하로 떨어지면 자동으로 급액이 시작되고, 급액 후 배액의 EC가 목표치를 넘으면 즉시 중단됩니다. 이렇게 하면 작물은 필요할 때 정확한 양만큼의 물과 양분을 공급받게 되고, 동시에 과도한 배액도 줄일 수 있어 양액 낭비를 방지할 수 있습니다. 또한 Priva Connext는 배액의 EC 값에 따라 재사용수의 비율도 자동 조절할 수 있습니다. 배액의 농도가 너무 높으면 새로운 원수의 비율을 높이고, 농도가 적절하면 배액을 다시 재활용하여 환경 부담과 비용을 동시에 절감하는 스마트한 운영이 가능합니다. 무엇보다도 이 시스템은 하루 동안의 급액 데이터를 시각화하여 제공합니다. 언제, 얼마나, 어떤 농도로 급액이 이루어졌는지 그래프나 표로 한눈에 확인할 수 있어, 농장 운영자는 데이터 기반으로 급액 전략을 분석하고 조정할 수 있습니다. 이러한 복합환경제어 시스템은 단순한 자동화 설비가 아니라, 작물의 상태를 실시간으로 읽고, 그에 맞춰 물과 양분을 정밀하게 설계하고 공급하는 '재배 설계자' 같은 시스템입니다. 복합환경제어 시스템이 도입된 스마트팜은 이제 '감'이 아닌 '데이터'로 작물을 키우는 시대를 실현하고 있습니다.

⑥ 스마트한 급액 전략, 이것만 기억하자 - 급액 관리 체크포인트

스마트팜에서 급액은 단순한 물 주기가 아니라, 작물의 생장 목표와 환경 조건에 맞춰 정밀하게 설계된 전략입니다. 생식생장기냐, 영양생장기냐에 따라, 또 여름철이냐 겨울철이냐에 따라 급액 방식은 전혀 달라져야 하며, 햇빛양과 실시간 센서 데이터를 바탕으로 유연하게 조절할 수 있어야 합니다.

먼저 생식생장을 유도하고자 할 때는, 작물의 에너지를 줄기나 잎이 아닌 꽃과 열매 쪽으로 집중시켜야 합니다. 이를 위해 양분 농도(EC)는 높이고, 수분 함량(WC)은 낮추며, 급액 시작 시간도 오전 햇빛이 비친 후로 늦춰 수분 스트레스를 살짝 유도하는 방식이 효과적입니다.

반면, 영양생장을 촉진하려는 시기, 특히 어린묘나 초세 안정기에 접어든 작물은 편안한 환경에서 뿌리와 잎이 충분히 성장할 수 있도록 관리해야 합니다. 이때는 EC를 낮추고, WC를 높이며, 자주, 소량의 급액을 통해 뿌리가 스트레스를 받지 않도록 하는 것이 기본 원칙입니다.

계절에 따른 차이도 중요합니다. 여름철에는 햇빛과 온도가 높아 증산량이 크므로, 물은 자주, 그러나 소량씩 나누어 주는 방식이 이상적입니다. 뿌리에 부담을 주지 않도록, 하루에 여러 번 짧은 간격으로 급액을 반복하며, 밤에는 급액을 중단해 과습을 방지해야 합니다. 반대로 겨울철에는 작물의 활동이 둔해지고 수분 흡수 속도도 느려지기 때문에, 급액은 낮 동안 햇빛이 있는 시간에만 집중적으로, 그리고 양분 농도는 높게(EC 진하게) 제공하는 것이 작물에게 가장 효율적입니다.

여기에 한 가지 더 중요한 요소는 바로 햇빛양입니다. 스마트팜에서는 햇빛양이 곧 작물의 수분 요구량을 결정짓는 핵심 지표입니다. 햇빛이 강한 날에는 급액 횟수를 늘리고, 흐린 날에는 줄이는 식으로, 빛의 세기에 따라 물의 리듬을 조절해야 합니다.

마지막으로, 이러한 모든 급액 전략을 더 똑똑하게 만들 수 있는 도구가 바로 센서 데이터와 자동 제어 시스템입니다. 슬래브 내부의 EC와 WC를 실시간으로 측정하는 센서, 그리고 이를 바탕으로 급액 타이밍과 양을 자동으로 조절해 주는 복합환경제어 시스템은 현대 스마트팜 운영의 핵심입니다. 급액은 작물의 생장 리듬과 계절, 빛, 생육 단계, 환경 데이터를 모두 고려하여 설계해야 하는 농업의 핵심 전략입니다. 그냥 물을 주는 것이 아니라, 데이터로 듣고, 과학으로 조율하고, 생장 목표에 맞게 흐름을 설계하는 것. 그것이 진짜 스마트한 농업입니다.

⑦ 뿌리는 작물의 두뇌이자 심장 - 급액 전략이 작물 전체를 바꿔

작물을 건강하게 키우고, 수확의 품질과 양을 높이기 위해 가장 먼저 살펴야 할 곳은 어디일까요? 바로 뿌리입니다. 뿌리는 작물의 영양을 흡수하는 통로일 뿐만 아니라, 물과 양분의 균형을 감지하고 전체 생장을 조율하는 두뇌이자 심장 같은 역할을 수행합니다.

그래서 뿌리를 어떻게 관리하느냐에 따라 열매의 크기, 맛, 수확량까지 모두 달라집니다. 겉으로 드러나는 줄기나 잎, 열매는 결국 뿌리에서부터 시작된 결과이기 때문입니다.

많은 초보 농부들이 급액을 할 때 "하루에 몇 번 물을 줘야 하지?"라는 감(感)에 의존합니다. 하지만 스마트팜에서는 더 이상 감에만 의지하지 않습니다. 이제는 햇빛양, 수분 함량(WC), 염류 농도(EC), 온도, 생장 단계와 같은 데이터에 기반한 급액 전략으로 작물을 관리합니다. 이는 뿌리에 정확히 필요한 양의 물과 양분을, 정확한 타이밍에 공급하기 위한 똑똑한 방법입니다. 처음에는 다소 어렵고 낯설게 느껴질 수 있습니다. 하지만 몇 주만 실천해 보면 뿌리의 반응이 보이기 시작합니다. 수분과 양분을 안정적으로 공급받은 뿌리는 점점 더 깊고 넓게 뻗어 가며, 뿌리 주변의 배지 환경이 조화로워지면 잎의 색, 열매의 당도, 성장 속도까지 변화합니다. 어느 순간, 작물의 생육 반응을 보고 "아, 지금은 물이 조금 많았구나", "이제는 EC를 조금 낮춰야겠구나" 하는 판단이 자연스럽게 떠오르는 때가 옵니다. 그때 비로소 농부는 작물과 '데이터'로 대화하는 수준을 넘어, 작물과 '감각적으로 소통'할 수 있는 농업의 경지에 들어서게 됩니다. 뿌리를 중심으로 한 급액 전략의 정교함이 스마트농업의 핵심이며, 그 출발은 감이 아닌 데이터입니다. 작물을 위한 최적의 환경은 계산과 관찰, 그리고 이해에서 시작됩니다. 뿌리부터 작물 전체를 바꾸고 싶은가요? 그렇다면 지금, 급액부터 바꿔 보세요. 여러분도 곧 작물과 대화할 수 있게 될 것입니다.

작물 중심 관수 제어의 핵심 조건들
- 습도, 증산, 배수, 센서 기반 수분 제어 전략의 이해

스마트팜 기술에서 관수는 단순히 '물 주는 일'이 아닙니다. 작물의 생리 상태와 온실 환경을 종합적으로 고려하여, 정확한 시점에 정확한 양만큼 물을 공급하는 것이 핵심인 거죠. 복합환경제어 시스템은 이를 실현하기 위해 다양한 수분 관련 조건들을 설정할 수 있도록 되어 있습니다. 아래는 그중에서도 대표적인 여섯 가지 조건을 정리한 것입니다.

① **습도(RH: Relative Humidity/HD: Humidity Deficit)**

상대습도(RH)는 대기 중 수증기가 포화 상태에 도달한 정도를 백분율로 나타낸 값입니다. 반면, 습도부족분(HD)은 작물이 느끼는 실제 증산 잠재력, 즉 공기 중 '건조함의 정도'를 수치화한 것입니다.

- RH가 낮으면 공기가 건조해지고, HD는 높아지죠. 이는 잎에서 수

분이 더 빠르게 증발할 수 있다는 뜻입니다.
- 반대로 RH가 높아지면 HD는 낮아지고, 잎의 증산은 억제됩니다.

질문 예시

한 온실에서는 작물의 수분 손실 정도를 반영하기 위해 HD(습도부족분)를 기준으로 관수 시점을 결정하고 있습니다. 다음은 오전 중 온실의 기온과 상대습도(RH), 그리고 계산된 HD 값입니다. 이 경우, 관수는 언제 시작되어야 할까요?

시스템 설정값: HD≥5.0g/㎥일 때 관수 개시

시간	온도(℃)	RH(%)	HD(g/㎥)
07:00	20℃	95%	1.2g/㎥
08:00	23℃	85%	2.5g/㎥
09:00	26℃	75%	4.1g/㎥
10:00	28℃	70%	5.3g/㎥

풀이 설명

위 표에서 보듯이, 시간의 흐름에 따라 기온은 올라가고 상대습도는 점차 낮아지고 있습니다. 이로 인해 공기는 더 건조해지고, 잎 표면에서 수분이 더 많이 증발할 수 있는 조건이 형성되죠. 이 상태를 정량적으로 나타낸 지표가 바로 HD, 즉 습도부족분입니다.

오전 7시에는 공기가 매우 습하고(95%), HD는 1.2로 낮습니다. 작물의 증산은 거의 일어나지 않는 상태입니다. 관수는 필요 없습니다. 오전 10시가 되면 온도는 28℃가 되고, RH는 70%로 떨어지며, HD가 5.3g/㎥에

도달합니다. 이는 공기가 충분히 건조해졌고, 작물의 증산이 활발하게 진행 중임을 의미합니다. 이 시점에서 환경제어 시스템은 작물이 수분을 충분히 소비하고 있다고 판단하여 관수를 자동으로 시작하게 됩니다.

이처럼 HD는 단순히 기온이나 RH만으로는 판단하기 어려운 실제 증산 가능성을 직접 반영하는 수치입니다. RH만을 기준으로 관수를 결정한다면, '온도가 높은데도 습도가 높아 HD는 낮은' 상황을 오판할 수 있습니다. 하지만 HD는 그 상황의 실질적인 수분 증발 가능성을 정확히 알려 주기 때문에, 과습을 피하면서도 적시에 급수할 수 있는 정밀한 지표가 됩니다.

② 배수량/건조도(Drain/Dry-out)

배수량(Drain)은 양액이 공급된 후 배양 배지에서 빠져나오는 물의 비율을 말합니다. 이는 실제로 작물이 흡수한 수분의 양을 추정하는 지표로 활용됩니다. 예를 들어, 목표 배수량이 20%인데 실제 배수량이 12%로 낮았다면, 이는 작물이 충분한 수분을 공급받지 못했다는 신호로 해석됩니다. 이 경우 환경제어 시스템은 다음 관수를 더 빨리 시작하거나, 관수량을 늘려서 보정할 수 있습니다. 또한, 건조도(Dry-out)는 일정 시간 동안 의도적으로 관수를 하지 않아 뿌리의 산소 흡수를 증가시키는 전략입니다. 이는 과습 방지와 뿌리 활력 유지를 위한 방식으로, 작물 생장 후반기나 밤 시간대에 적용되는 경우가 많습니다. 이처럼 배수량과 건조도는 단순히 '얼마나 물을 줬느냐'보다, 작물이 물을 어떻게 받아들이고 뿌리 건강을 유지하고 있는지를 정밀하게 반영하는 제어 지표입니다다. Priva의 자동화 시스템은 이러한 지표들을 실시간으로 감지하고 반응함으로써, 농업 생산의 효율성과 품질을 동시에 끌어올리는 핵심 역할을 수행합니다.

③ 증산량/증산합(Transpiration/Transpiration Sum)

작물의 뿌리에 물을 줄 것인지 말 것인지를 결정할 때, 가장 이상적인 기준은 '작물이 실제로 물을 얼마나 소비했는가'입니다. 환경제어 시스템은 이를 Transpiration Sum(증산합)이라는 수치를 통해 실현합니다. 이 값은 작물이 잎을 통해 증산으로 날려 보낸 수분량(에너지 환산값)을 시간에 따라 누적한 것으로, 설정된 한계값에 도달하면 자동으로 관수를 시작합니다.

한 스마트팜 온실에서 Transpiration Sum의 한계값을 500Wh/㎡로 설정해 두었습니다. 아침 7시부터 햇빛이 강해지고 작물의 증산이 활발해지면서, 다음과 같은 시간대별 증산량이 관측되었습니다.

시간	시간당 증산량(Wh/㎡)	누적 Transpiration Sum
07:00	80	80
08:00	110	190
09:00	130	320
10:00	100	420
11:00	90	510

이 경우, 관수를 언제 시작할까요?

Transpiration Sum은 시간당 증산량을 누적해서 계산하는 값입니다. 설정값은 500Wh/㎡이므로, 이 수치에 도달하는 순간 작물은 '충분히 수분을 소비했으니 이제 물이 필요하다'는 신호를 보낸 것이라 볼 수 있습니다. 표를 보면 오전 11시 누적값이 510Wh/㎡로 설정 한계값을 초과했습니다. 따라서 이 시점에서 관수가 자동으로 개시됩니다. 이는 작물의 생리적 수요에 맞춘, 데이터 기반의 관수 개시 전략으로 다음과 같은 이점이 있습니다:

- 정확한 타이밍: 수분 소비에 기반하므로 '언제 물이 필요한가'를 정확히 판단
- 과습 방지: 불필요한 관수를 방지하여 뿌리의 산소 공급 유지
- 관수량 최적화: 실제 필요에 따라 물의 양도 조정 가능

만약 흐린 날이라 증산량이 하루 종일 누적 300Wh/㎡밖에 되지 않았다면 어떻게 될까요? 시스템은 한계값 500에 도달하지 않았다고 판단하고 관수를 연기하거나 생략합니다. 뿌리는 과습을 피할 수 있으며, 건조 시간을 확보하여 산소 공급을 원활히 받을 수 있습니다. 이러한 전략은 작물의 생리 상태에 따른 유연한 대응이 가능하게 해 줍니다.

결론적으로, Transpiration Sum을 기준으로 하는 관수 전략은 '관수 시점'을 작물이 직접 말해 주는 것과 같습니다. 이는 사람의 감이나 시간표에 의존했던 기존 방식과 달리, 작물의 실제 수분 소비를 기반으로 한 과학적이고 정밀한 스마트팜의 핵심 기술이라 할 수 있습니다.

④ 수분 센서값(중량식/센서식)

관수 타이밍을 결정할 때, 배지의 수분 함량을 직접 측정하는 수분 센서도 매우 효과적인 도구입니다. 중량식 센서는 작물 또는 배지의 무게 변화를 통해 수분 함량을 간접적으로 추정합니다. 반면, 센서식 방식은 전기전도도 또는 전자파 반응 등을 이용해 토양 또는 배지 내부의 수분 함량을 직접 측정합니다. 이러한 센서가 일정 수치 이하(즉, 너무 건조한 상태)를 감지하면, 관수 프로그램은 즉시 작동하여 물을 공급합니다. 특히, 다층 재배나 고밀도 수경재배 시스템에서는 센서 기반 제어가 큰 효과를 발휘합니다.

⑤ VPD 합(Vapor Pressure Deficit Sum)

VPD(증기압 부족분)은 공기 중 수분 부족 정도를 나타내는 지표로, RH와 온도를 종합하여 계산됩니다. VPD가 높을수록 대기 중 수분 포텐셜이 낮아져 잎에서 수분이 빠르게 증산됩니다. VPD 합은 하루 동안 누적된 VPD 값으로, 일정 수준 이상 누적되면 작물이 수분 스트레스를 받고 있을 가능성이 높습니다. 이러한 경우 환경제어 시스템은 즉시 관수를 개시하거나, 관수량을 증가시켜 탈수를 방지합니다. 특히 햇볕이 강하고 건조한 날에 유용한 제어 기준입니다. 그러나, 현재의 VPD 값은 낮아서 습도가 높지만 이미 누적 VPD는 높은 경우, 현재 VPD 값과 누적 VPD 값 중 어떤 것을 더 중시하는가에 대한 문제에 봉착하기도 합니다. 예를 들면,

- 현재 시각: 12시
- 현재 VPD: 1.5kPa → 낮음(공기가 꽤 습함)
- 누적 VPD 합: 20kPa 초과 → 작물이 지금까지 일정 수준 이상의 수분 스트레스를 받아 온 상태

이럴 때 관수를 해야 할까요?
결론적으로, 관수를 개시하는 것이 일반적으로 옳습니다.
이유는 다음과 같습니다:

1. VPD 합은 '누적된 수분 스트레스'를 보는 지표입니다.

- 작물은 오전 내내 VPD가 3~5kPa로 높은 상태에서 수분을 잃어 왔고, 이로 인해 생리적 수분 손실이 누적되었습니다.
- 지금 당장은 VPD가 낮아졌더라도, 작물의 뿌리는 이미 수분을 보충 받아야 하는 상황일 수 있습니다.
- 즉, 과거 누적값을 기준으로 관수하는 것이 선제적이고 안전한 전략입니다.

2. 시스템에서는 일반적으로 'VPD 합≥설정값'이면 관수 트리거를 작동시킵니다.

- 현재 VPD가 낮더라도 누적 VPD 합이 설정 한계(예: 20kPa)를 초과했다면, 시스템은 관수를 개시합니다.

- 이는 'VPD가 한동안 높았던 것을 반영해 물을 줘야 한다'는 피드백 기반 제어의 원칙입니다.

3. 단, 이런 경우에는 관수량을 조절할 수 있습니다.

- 지금 VPD가 낮기 때문에, 시스템은 관수량을 줄이거나 관수 시간을 짧게 할 수도 있습니다.
- 즉, "물을 주되, 많이 주진 않는다"는 식으로 대응합니다.
- 일부 고급 설정에서는 "VPD 합+현재 VPD를 함께 고려"하여 관수 여부를 더 정밀하게 판단하기도 합니다.

따라서, 12시 현재 VPD가 1.5로 낮더라도 누적 VPD가 20을 초과했다면 관수를 시작하는 것이 바람직합니다. 다만, 물을 얼마나 줄 것인지는 작물 상태, 배수량, EC 등과 함께 판단하여 유연하게 조정하는 것이 스마트 관수의 핵심입니다.

⑥ 텐시오미터 값(Tensiometer Reading)

텐시오미터는 흙이나 코이어(coir), 피트모스 같은 무기질·유기질 배지 안의 수분 상태를 수치로 보여 주는 계기입니다. 여기서 중요한 점은, 단순히 '수분이 있는가 없는가'를 보는 것이 아니라 "뿌리가 물을 얼마나 힘들게 흡수하고 있는가"를 보여 준다는 점입니다.

- 텐시오미터는 흡수 난이도, 즉 배지 내 수분장력을 kPa로 나타냅니다.
- 이 값이 낮을수록 흙이 젖어 있고, 뿌리가 쉽게 물을 흡수할 수 있다는 뜻입니다.
- 반대로 값이 높을수록 흙이 말라 있고, 뿌리가 더 많은 힘을 써야 물을 흡수할 수 있음을 뜻합니다.

예를 들어 보겠습니다. 어느 파프리카 온실에서 텐시오미터 수치를 기준으로 자동 관수 시스템을 운영하고 있습니다. 시스템 설정은 텐시오미터 값이 200kPa 이상이 되면 자동 관수를 시작하도록 설정했습니다. 어느 날 아침 측정 결과 텐시오미터 수치는 215kPa로 측정되었습니다. 이럴 때 Priva 시스템은 어떻게 반응할까요?

200을 넘었으므로, 작물 뿌리가 물을 빨아들이기 힘든 상태로 판단됩니다. 즉, 시스템은 즉시 관수를 개시합니다. 이후 관수로 인해 배지가 다시 촉촉해지고, 수치는 80~100kPa로 떨어지게 됩니다.

그렇다면 왜 텐시오미터가 유용할까요?

- RH나 HD, VPD는 공기의 조건을 보고 관수를 판단합니다.
- 반면 텐시오미터는 뿌리 주변의 실제 상황을 측정합니다. 작물이 겪는 물 부족을 '가장 정확하게' 반영하는 기준이라고 할 수 있습니다.
- 특히 토양 기반 재배나 코이어, 피트모스처럼 수분 보유력이 중요한 배지에서는 눈으로 보거나 손으로 만지는 것만으로는 수분 상태를 정확히 판단하기 어렵습니다. 이럴 때 텐시오미터는 매우 실용적인 기준이 됩니다.

관수를 언제 해야 할지 모호할 때, 공기 습도나 햇빛보다 더 신뢰할 수 있는 기준은 바로 뿌리 옆 흙이 얼마나 건조한가입니다. 텐시오미터는 작물이 실제로 얼마나 힘들어하고 있는지를 숫자로 알려 주는 '작물의 언어'와도 같습니다. 스마트팜이 아무리 발전해도, 결국 물 주기의 본질은 뿌리와의 소통에서 시작된다는 점을 잘 보여 주는 도구입니다.

이러듯 복합환경제어 시스템에서 제공하는 이들 시작 조건은 작물의 물리적 상태, 환경 변화, 생리적 반응을 정밀하게 읽어 내기 위한 도구들입니다. 각각의 조건은 단독으로도 효과적이지만, 여러 조건을 병렬로 설정하여 복합적인 판단을 내리는 것이 더 정밀한 관수 제어로 이어집니다. 이러한 제어 기술은 작물 생산의 안정성, 품질, 자원 효율을 동시에 향상시키는 스마트팜의 핵심 인프라이며, 미래 농업의 핵심 역량으로서 반드시 이해하고 활용할 수 있어야 할 중요한 지식이라고 할 수 있습니다.

물이 도는 구조를 알아야, 수확이 돈이 된다
— 스마트팜 급액 시스템의 물 흐름 이야기

"스마트팜은 자동으로 물을 주는 시스템이잖아. 그냥 물탱크에 물 채워 두면 되는 거 아냐?"

초보 농부분들이 종종 이렇게 묻곤 합니다. 하지만 '어떻게' 물이 들어오고, 쓰이고, 나가고, 다시 들어오는지를 이해하지 못하면, 언젠가는 "비료비가 왜 이렇게 많이 나가지?", "작물이 이상하게 자라네?" 하는 문제가 생깁니다.

이번 장에선 스마트팜 운영에서 가장 중요한 '물의 흐름'을 쉽고 구체적으로 이야기해 드릴게요. 비유하자면, 이건 작물이 자라는 작은 도시의 상수도 순환 시스템과도 같습니다!

① 스마트팜의 물, 어디서부터 시작될까?

스마트팜에서 사용하는 물은 단순히 수도꼭지를 틀어 나오는 물이 아닙니다. 작물의 생장과 직결되는 만큼, '어떤 물을, 어떻게 확보하고 관리하느냐'가 수확의 품질을 좌우하는 중요한 시작점이 됩니다. 가장 이상적인 수원은 단연 빗물입니다. 빗물은 자연이 제공하는 순수한 자원으로, 염분이 거의 없고 pH도 안정적이며, 경도도 낮아 부드러운 물입니다. 더불어 정수 비용 없이 사용할 수 있다는 점에서 경제적인 장점까지 갖추고 있죠.

예를 들어 충남 홍성에서 스마트 온실을 운영 중인 B 농가는, 온실 지붕에 떨어지는 빗물을 모아 1,000톤 규모의 저장조에 보관하고 있습니다. 이렇게 모은 빗물은 특별한 정화 과정 없이도 바로 양액 제조에 활용할 수 있을 정도로 깨끗하며, 슬래브나 배관에 물때가 잘 끼지 않아 설비 유지관리 측면에서도 매우 유리합니다. 하지만 항상 비가 오는 것은 아니죠. 가뭄이 길어지거나 겨울철이 되면 빗물만으로는 급액에 필요한 물을 모두 확보하기 어려운 경우가 생깁니다. 이럴 때는 지하수나 수돗물을 보조 수원으로 사용하게 됩니다. 다만, 이 두 수원은 빗물에 비해 수질이 다소 불안정할 수 있습니다. 예를 들어 지하수는 지역에 따라 철분, 나트륨, 석회, 망간 등 다양한 이온 성분이 많이 포함되어 있을 수 있고, 수돗물은 중탄산염 농도가 높아 pH 조절이 까다롭습니다. 이러한 물을 그대로 작물에 사용하면, 양액 농도 계산이 왜곡되거나 뿌리에 염류 스트레스를 줄 수 있어 작물 생육에 악영향을 미칠 수 있습니다. 그래서 스마트팜에서는 RO(역삼투압) 정수기를 이용해 지하수나 수돗물을 필터링합니다. RO 정수 시스템은 고압을 이용해 물속의 불순물, 염류, 미세 이온을 거의 완벽하게 제거할 수 있어, 원수의 품질이 낮아도 작물에게 적합한 양액용 물로 정화할 수 있습니다. 스마트팜에서의 물은 단순한 급수가 아니라 철저한 수원 확보와 품질 관리에서 시작됩니다. 가장 좋은 물은 자연이 주는 빗물이지만, 부족할 경우를 대비해 지하수나 수돗물도 정수 시스템과 함께 안전하게 보완 수단으로 활용하는 것이 현명한 운영 전략입니다. 작물에게 줄 물이 어디서부터 시작되는지 이해하고, 그 흐름을 관리하는 것이야말로 스마트한 농업의 첫걸음입니다.

② 작물에게 주는 물, '영양분'과 함께 - 양액의 원리와 구성 방식

스마트팜에서 작물을 키울 때, 물은 그저 갈증을 해소해 주는 역할만 하지 않습니다. 사람도 물만 마셔서는 배를 채울 수 없듯, 작물 역시 생장을 위해 다양한 영양소를 반드시 함께 공급받아야 합니다. 이때 사용하는 것이 바로 '양액(養液)', 즉 영양분이 들어간 물입니다. 양액은 질소(N), 칼슘(Ca), 마그네슘(Mg), 인산(P), 칼륨(K), 황(S) 같은 주요 다량 원소뿐만 아니라, 철(Fe), 아연(Zn), 붕소(B), 망간(Mn), 구리(Cu) 등의 미량 원소까지 정밀한 비율로 배합해 작물에 필요한 모든 영양분을 한 번에 공급할 수 있도록 만든 혼합액입니다. 작물은 이 양액을 뿌리를 통해 흡수하면서 광합성, 세포분열, 과실 비대 등 생장의 모든 과정을 이어 나가게 됩니다. 이 양액을 제조할 때는 수돗물이나 빗물, 정수된 지하수 등 '원수'에 비료를 정해진 비율로 타는 과정이 필요합니다. 마치 요리사가 재료를 계량하듯, 작물의 생육 단계와 계절, 일사량에 따라 필요한 비율을 정확히 계산해서 물에 녹입니다. 이때 비료를 너무 많이 넣으면 삼투압 스트레스를 유발해 뿌리 흡수가 어려워지고, 너무 적게 넣으면 작물은 영양 부족으로 성장하지 못합니다. 따라서 EC(전기전도도)를 기준으로 농도를 조절하며, 양액의 농도는 일반적으로 1.5~3.0mS/cm 범위 내에서 설정합니다. 하지만 양액을 만들 때 한 가지 반드시 주의해야 할 점이 있습니다.

바로 칼슘(Ca)과 인산(P)의 혼합입니다. 이 두 성분은 물속에서 함께 녹으면 화학반응을 일으켜 석회처럼 굳어 버리는 침전물이 생성되는데, 이렇게 되면 비료 성분이 뿌리에 전달되지 않을 뿐만 아니라 배관이나 드립퍼를 막히게 하는 큰 문제가 발생할 수 있습니다.

이 문제를 해결하기 위해 스마트팜에서는 양액을 A 탱크와 B 탱크로 분리해 조제합니다.

- A 탱크에는 보통 칼슘비료와 질산칼슘, 질산칼륨 등의 성분이 들어가고,
- B 탱크에는 인산비료, 황산마그네슘, 미량 원소 혼합제 등이 들어갑니다.

이 두 탱크의 내용물은 각각 따로 희석된 후, 마지막 믹싱탱크에서 물과 함께 혼합되어 작물에 공급됩니다. 이런 방식으로 처리하면 칼슘과 인산이 직접 만나 엉기는 일을 방지할 수 있고, 모든 비료 성분이 안정적으로 흡수 가능한 상태로 작물에게 전달됩니다.

결과적으로 양액은 단순한 '비료 물'이 아닙니다. 정확한 농도 계산, 성분 간의 화학적 상호작용에 대한 이해, 그리고 단계별 혼합 전략까지 포

함된 고도의 농업 기술입니다.

　이제 물에 영양제를 '어떻게' 타느냐가 작물의 수확량과 품질을 좌우하는 핵심이 되었고, 그 설계와 조절이 가능한 농장이야말로 진정한 스마트팜이라 할 수 있습니다.

양액처방전 예시

③ 작물에게 물이 도달하는 길 - 정밀하게 설계된 급액 분배의 과정

　스마트팜에서 작물에게 물을 공급하는 과정은 단순히 수도꼭지를 틀어 물을 흘려보내는 일이 아닙니다. 물과 양분이 정확한 농도로 혼합된 양액은 설계된 파이프라인과 드립퍼를 통해, 정해진 시간과 양만큼 작물의 뿌리까지 정교하게 도달하게 됩니다. 이 전 과정을 우리는 '급액 분배 시스템'이라고 부릅니다. 혼합탱크에서 준비된 양액은 관수용 펌프를 통해 메인 파이프를 타고 이동하며, 각 작물별로 연결된 드립퍼(또는 점적호스)를 따라 분배됩니다. 점적호스에는 일정한 간격으로 압력보정 단추가 부착되어 있는데, 이는 물의 압력과 흐름을 일정하게 유지해 주며, 작물 하나하나가 정확한 양의 양액을 동일하게 공급받을 수 있도록 해 줍니다. 이때 관건은 단순한 분배가 아니라 '언제, 얼마나, 몇 번' 급액할 것인가를 작물의 상태와 환경에 맞춰 자동으로 제어하는 것입니다. 이 역할을 담당하는 것이 바로 복합환경제어 시스템입니다. 이 시스템은 햇빛 양, 온실 온도, 배지의 수분 함량(WC), 염류 농도(EC) 등의 데이터를 실시간으로 수집하고 분석합니다.

　예를 들어, 아침 7시경부터 햇빛이 온실 안으로 들어오기 시작하면, 작물은 본격적으로 광합성을 준비하며 뿌리를 통한 수분 흡수를 시작합니다. 하지만 이때 곧바로 물을 주면 뿌리가 과도한 수분에 노출되며 산소 부족을 겪을 수 있으므로, 시스템은 광량이 충분히 누적된 오전 9시경부터 첫 급액을 시작합니다. 이는 뿌리가 광합성 신호에 맞춰 '물을 받을 준비가 되었을 때'를 감지하여 작물의 생리 리듬에 가장 잘 맞는 타이밍에 물을 주는 방식입니다.

반대로 해가 지는 오후 6시 무렵에는 이미 작물의 증산이 둔화되고, 물 흡수도 느려지는 시기이므로, 시스템은 급액을 그보다 2~3시간 앞선 오후 3시경에 마무리합니다. 이렇게 하면 남은 시간 동안 뿌리 주변의 수분이 적절히 흡수되고 정체되지 않으며, 밤사이 과습으로 인한 병해 발생 위험도 줄일 수 있습니다. 급액 횟수 역시 고정된 것이 아니라 햇빛이 강한 날은 자주, 흐린 날은 드물게, 작물이 어린 시기에는 자주 소량으로, 성숙기에는 간격을 늘려 스트레스를 유도하는 방식으로 자동 조절됩니다. 이는 단순히 물을 공급하는 것을 넘어서, 작물의 생리 신호에 맞춰 물의 흐름을 설계하는 수준까지 발전한 기술이라 할 수 있습니다. 스마트팜에서의 급액은 더 이상 '한 번에 얼마를 줄까'를 고민하는 방식이 아니라, "작물이 필요로 하는 순간에, 정확한 양만큼의 물과 양분을 보내 주는 정밀한 조율"입니다. 이런 설계와 제어가 가능해질 때, 우리는 물 한 방울에도 생장을 설계하는 정밀농업의 실현에 한 걸음 더 가까워지게 됩니다.

④ 남은 물, 그냥 버리면 안 돼 - 배액 회수는 재활용 농업의 출발점

스마트팜에서 작물에 공급하는 양액은 정밀하게 계산된 수분과 영양소의 혼합물입니다. 하지만 아무리 정교하게 급액하더라도, 작물이 이를 100% 흡수하는 것은 불가능합니다. 실제로는 일부만 흡수되고, 나머지 물과 양분은 뿌리 주변을 지나 슬래브(배지)의 바닥으로 빠져나가게 되죠. 이처럼 작물이 사용하고 남은 물을 우리는 '배액(Drain Water)'이라고 부릅니다. 문제는 이 배액 속에 아직도 상당량의 영양분이 남아 있다는 점입니다. 질산, 칼륨, 마그네슘, 인산 등 작물에 꼭 필요한 성분들이 완전혀 사라진 게 아니라, 단지 흡수되지 못한 채 그대로 물과 함께 흘러 나간 것입니다. 그런데 이 배액을 별다른 처리 없이 그냥 하수구로 흘려보낸다면 어떤 일이 벌어질까요? 이는 마치 비싼 비료를 직접 하수도로 쏟아붓는 것과 다름없습니다. 한 해 동안 사용되는 비료비는 스마트팜 운영비 중에서도 적지 않은 비중을 차지하는데, 배액을 그냥 버리는 것은 영양분의 손실은 물론, 경제적 낭비로 이어집니다. 뿐만 아니라 배액이 외부로 무단 방출되면 환경오염의 원인이 되기도 하며, 이는 지속 가능한 농업과는 거리가 먼 행위가 됩니다. 그래서 최근 스마트팜에서는 배액을 회수하고 재활용하는 시스템을 적극 도입하고 있습니다. 배액을 저장탱크에 모은 뒤, EC(전기전도도)를 측정해 아직 사용 가능한 수준이라면 새 양액과 혼합하여 다시 작물에 공급하는 방식입니다. 이를 통해 비료 사용량을 줄이고, 배지 환경도 보다 안정적으로 유지할 수 있으며, 나아가 비용 절감과 친환경성까지 동시에 달성할 수 있게 되는 것이죠. 배액은 그냥 버리는 '폐수'가 아니라, 한 번 더 쓸 수 있는 자원이자 기회입니다. 작물에게 물을 줄 때만큼이나, 남은 물을 어떻게 회수하고 활용할지를 고민하는 것, 그것이 진정한 스마트한 농업 운영의 시작입니다.

⑤ 배액, 다시 쓸 수 있을까? - 물도 돌고, 돈도 도는 스마트팜의 순환 전략

스마트팜에서는 작물에게 공급된 양액이 모두 흡수되지 않고 일부가 배출되는데, 이를 배액이라고 합니다. 이 배액은 단순히 버려지는 물이 아니라, 한 번 더 사용할 수 있는 자원입니다. 실제로 배액 속에는 여전히 풍부한 양분이 남아 있어, 제대로 회수하고 정화해 사용한다면 비료비 절감과 물 절약이라는 두 마리 토끼를 잡을 수 있습니다. 그렇다면 이 배액은 어떻게 다시 쓸 수 있을까요?

먼저 배액은 배액 저장탱크에 모입니다. 이후 1차 여과 과정을 통해 뿌리 찌꺼기, 배지 먼지, 이물질 등을 제거합니다. 이 단계에서는 일반적인 필터나 스크린을 통해 큰 입자들을 걸러냅니다. 다음으로는 2차 소독 과정이 이뤄집니다. 여기에선 UV 자외선 살균기나 고급 산화장치(Advanced Oxidation Process, AOP) 같은 장비가 사용되어, 물속에 남아 있을 수 있는 병원균, 바이러스, 곰팡이균 등을 효과적으로 제거합니다. 이 과정을 마친 배액은 더 이상 '버려지는 물'이 아니라, 새롭게 태어난 깨끗한 물이 됩니다. 정화된 배액은 다시 양액 제조 단계로 넘어가, 신선한 원수와 일정 비율로 혼합됩니다.

예를 들어, 살균 소독된 배액 60%, 새로운 양액과 원수 40%를 섞는다면 오늘 하루 작물에게 줄 양액 레시피가 완성됩니다. 이처럼 배액을 정화해 재활용하는 시스템을 도입하면, 단순히 물을 아끼는 것에 그치지 않습니다. 연간 비료 사용량이 20~30%까지 절감될 수 있으며, 양액의 조성도 보다 안정적으로 유지되어 작물의 생장 환경이 더욱 건강하고 균형 있게 유지됩니다. 무엇보다 중요한 점은, 이 모든 순환이 자동화 시스템과 연계되어 운영되기 때문에 사람이 일일이 판단하고 조작하지 않아도, 센서와 제어 시스템이 배액의 EC 농도나 수질 상태를 실시간으로 분석하고 최적의 혼합 비율을 설정합니다. 스마트팜에서 물은 한 번 주고 끝나는 게 아닙니다. 작물에게 주고 → 다시 받고 → 살균 소독해서 → 또 주고, 이 흐름이 매끄럽게 이어질수록 작물은 더 건강하게 자라고, 농가의 지출은 줄어들며 수익은 늘어납니다. 이것이 바로 물도, 돈도, 생장도 함께 순환하는 스마트한 급액 재사용 시스템의 진짜 가치입니다.

 스마트팜을 시작한다면, 가장 먼저 물의 흐름을 그려 보는 것부터 해 보세요. 그게 바로 똑똑한 농부의 첫걸음입니다.

양분은 작물의 언어
- 양액 관리의 기술과 마음

처음 스마트팜 수경재배를 시작했을 때, 저는 '양분'이라는 개념이 이렇게 깊고 복잡할 줄 몰랐습니다. 물만 깨끗하면 작물이 잘 자라겠지, 비료는 좋은 걸 쓰면 되겠지…. 그렇게 단순하게 생각했던 초심자의 마음은, 어느 날 노랗게 변한 잎과 갈라진 뿌리를 마주하며 조용히 무너졌습니다. 그때부터 저는 깨닫기 시작했습니다. 작물은 말을 하지 않지만, 자기 상태를 분명히 표현하고 있다는 것을요. 그리고 그 표현을 읽는 첫 번째 언어가 바로 양분 관리입니다.

① 양액은 단순한 '물'이 아니다 - 생명을 설계하는 조성물의 세계

수경재배는 전통적인 흙 기반 농업과는 완전히 다른 방식입니다. 땅을 대신하는 것은 물, 그리고 그 안에 녹아 있는 정밀하게 조제된 영양 성분입니다. 즉, 작물은 뿌리를 통해 흙에서 양분을 흡수하는 것이 아니라, 물

속에 녹아 있는 양액을 통해 생명을 유지하고 자라나는 것입니다. 이 양액은 단순히 '물+비료'가 아닙니다. 작물 생장에 꼭 필요한 16가지의 필수 영양소가 균형 있게 배합된 생명 조성물입니다. 이 안에는 식물의 몸을 만들고 생리작용을 조절하는 다량 요소와 미량 요소가 모두 포함되어야 합니다.

다량 요소(Nutrients in large quantities)

질소(N), 칼륨(K), 칼슘(Ca), 인(P), 마그네슘(Mg), 황(S) 등은 식물의 몸집을 키우고, 에너지 대사와 세포 구조 형성에 직접 관여합니다. 이들은 양액에서 비교적 높은 농도로 제공되어야 하며, 식물의 생장 속도나 열매의 크기, 조직의 강도를 결정짓는 핵심 성분입니다.

미량 요소(Micronutrients)

철(Fe), 망간(Mn), 아연(Zn), 구리(Cu), 붕소(B), 몰리브덴(Mo), 염소(Cl) 등은 비록 양은 적지만, 광합성, 효소 반응, 호르몬 조절 등 식물의 생리적 기능을 섬세하게 조율합니다. 이들 중 단 하나라도 과하거나 부족해지면 식물은 매우 예민하게 반응하게 됩니다.

예를 들어,

- 철분이 부족하면 잎은 창백해지고 잎맥만 녹색으로 남는 '황화 현상(iron chlorosis)'이 발생하고,
- 칼슘이 부족하면 열매 끝이 썩는 '배꼽썩음병(blossom end rot)'이 나타나며,

- 질소가 과하면 줄기와 잎은 무성하지만 열매가 잘 맺히지 않고 약해지는 현상이 생기게 됩니다.

이처럼 작물은 말은 하지 않지만, 자신이 처한 환경을 잎과 열매, 색깔과 크기, 생장 속도로 조용히 알려 줍니다. 이것이 바로 식물이 보내는 '영양 언어'이며, 양액은 그 언어에 정확히 반응할 수 있도록 설계된 생명의 해석 코드입니다. 그래서 양액은 단순히 식물에게 물을 주는 것이 아니라, 작물의 건강과 균형을 설계하고 조율하는 '과학적 영양 처방'이자 정밀한 생장 설계도입니다. 스마트팜에서 양액을 조제한다는 것은, 비료 몇 가지를 섞는 일이 아니라 식물이 원하는 생리적 조건을 수치로 읽고, 그에 맞춰 영양을 조합하는 일입니다. 이제 '양액'은 물이 아니라, 생명의 조성과 해석, 대화를 가능하게 하는 도구입니다. 그리고 그 정밀함 속에서, 비로소 작물은 자신이 가진 최대의 생장 가능성을 펼쳐냅니다.

② 양액 관리의 핵심 두 숫자 - EC와 pH, 작물과 대화하는 지표

스마트팜에서 양액을 관리할 때, 가장 중요한 두 개의 숫자가 있습니다. 바로 EC(전기전도도)와 pH(수소이온농도)입니다. 이 두 지표는 단순한 수치가 아니라, 작물이 지금 어떤 환경에 놓여 있는지를 보여 주는 신호이자, 작물과 대화하는 언어입니다.

먼저 EC는 양액 속에 녹아 있는 염류의 총량을 의미하는 수치입니다. 말하자면, 작물이 마시고 있는 물이 얼마나 짜거나 희석되어 있는지를 나타내는 지표죠. EC가 너무 높으면, 작물 뿌리는 주변의 삼투압이 높아져 물을 제대로 흡수하지 못하게 되고, 뿌리 끝이 말라붙거나 생리장해가 발생할 수 있습니다. 반대로 EC가 너무 낮으면, 물은 충분히 공급되지만 정작 필요한 양분이 부족해 작물 생장이 더뎌지고, 잎이 옅어지거나 열매가 작아지는 현상이 발생할 수 있습니다. 그래서 EC는 작물이 영양을 얼마나 편안하게 흡수할 수 있는 환경인지를 가늠하게 해 주는 매우 중요한 기준입니다. 일반적으로는 작물의 종류, 생육 시기, 계절에 따라 다르지만, 보통 1.5~3.0mS/cm 범위 안에서 관리하는 것이 이상적입니다.

두 번째로 pH는 양액이 산성인지 알칼리성인지를 나타내는 지표입니다. 그런데 단순한 화학적 성질을 넘어서, 영양분이 작물에게 실제로 흡수되기 쉬운 상태인지 아닌지를 결정하는 매우 중요한 역할을 합니다. pH가 5.5~6.5 사이일 때, 대부분의 다량·미량 원소가 가장 잘 흡수되는 환경이 됩니다. 그러나 이 범위를 벗어나면, 예를 들어 pH가 7.5 이상으로 올라가면 철(Fe), 망간(Mn), 인(P) 같은 중요한 미량 요소들이 불용화되어 흡수되지 않게 됩니다. 겉으로 보기에는 양액 속에 충분히 영양분이 들어 있어도, 작물 입장에서는 배고픈 상태가 되는 것이죠.

이러한 이유로 스마트팜에서는 자동 측정 센서와 제어시스템을 통해 EC와 pH를 실시간으로 모니터링하고 자동으로 조절합니다. 설정한 목표값에 따라 시스템은 산을 소량 주입하거나, 원수를 조정하고, 비료 배합 비율을 바꿔 가며 수치를 안정적으로 유지합니다.

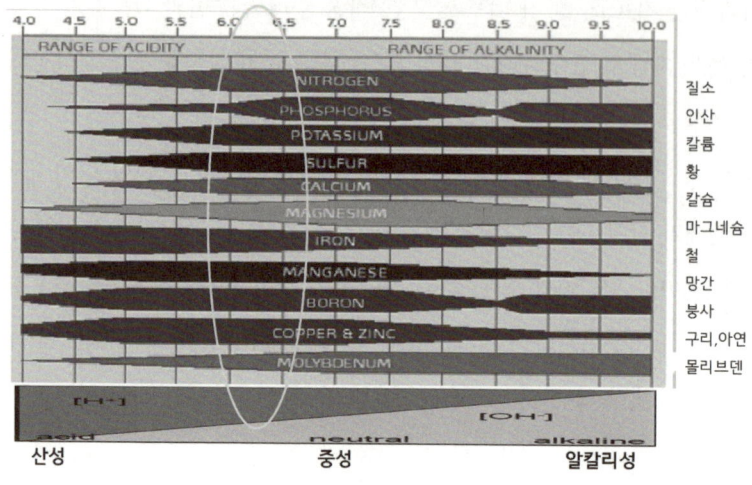

pH에 따른 양분의 유효성

　하지만 저는, 매일 아침 온실에 들어가기 전 수동 측정기로도 EC와 pH를 직접 확인해 봅니다. 왜냐하면 기계는 정확한 숫자를 보여 주지만, 그 숫자가 진짜로 작물에게 맞는지, 뿌리에서 어떤 반응이 일어나고 있는지는 현장에서 몸으로 느껴야 알 수 있기 때문입니다. 슬래브의 상태, 잎의 색깔, 줄기의 탄력, 과실의 착과 상태를 눈으로 확인하면서 "지금 EC는 괜찮은가?", "pH가 조금 높은 것 같은데 잎끝이 변하진 않았나?" 이런 식으로 숫자와 감각을 함께 맞춰 나가는 것이 스마트팜의 진짜 운영 노하우입니다. EC와 pH는 '양액의 품질'을 나타내는 수치이자, 작물이 지금 얼마나 건강한 환경 속에 있는지를 말해 주는 가장 직관적인 생리 신호입니다. 이 두 숫자를 이해하고, 현장과 연결해서 바라볼 수 있을 때, 우리는 비로소 작물과 대화하며 재배하는 진짜 스마트 농부가 될 수 있습니다.

③ 급액 설정 전략 - 물은 '양'보다 '타이밍'과 '방식'이 더 중요

스마트팜에서 작물에 공급하는 물과 양액은 단순한 '수분 공급'이 아닙니다. 아무리 좋은 양분을 담고 있어도 언제, 얼마나, 어떻게 주느냐에 따라 작물의 생장 반응은 완전히 달라질 수 있습니다. 이 세 가지 요소(시기, 양, 방식)는 급액 전략의 핵심이며, 그 기준은 햇빛(일사량)과 작물의 생육 단계에 따라 정밀하게 조정되어야 합니다.

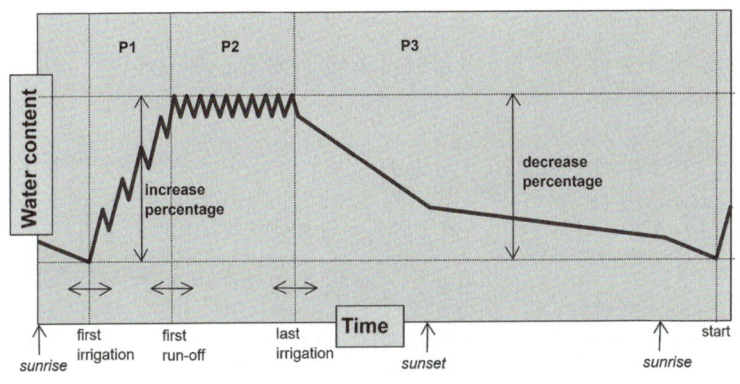

1일 급액 패턴

햇빛이 많을수록 더 많이, 더 자주

급액 전략에서 가장 중요한 기준은 햇빛양입니다. 햇빛은 곧 작물의 광합성 활동과 증산량(물 소비량)을 결정짓는 요소입니다. 햇빛이 강하면 작물은 광합성을 더 활발히 하고, 그만큼 수분도 빠르게 소비하게 됩니다. 따라서 햇빛이 많은 날일수록 급액은 더 많이, 더 자주 공급해야 작물에 스트레스가 가지 않고 생육이 안정됩니다.

예를 들어, 일사량이 1,500J/㎠인 날이라면, 작물 1㎡당 약 4.5L의 양액을 공급해야 합니다. 이는 보통 하루 8~12회 정도로 나누어 소량씩 나눠서 주는 방식이 일반적입니다. 갑자기 많은 물을 한꺼번에 주면 뿌리에 산소가 부족해질 수 있기 때문에, '자주, 조금씩' 나눠 주는 것이 이상적인 급액 패턴입니다.

급액 시작 시간도 중요합니다. 보통 해가 뜨고 나서 2시간 정도가 지나, 작물이 본격적으로 광합성을 시작할 무렵에 첫 급액을 시작합니다. 이렇게 하면 뿌리가 수분을 받아들일 준비가 된 시점에 정확히 공급할 수 있어, 작물의 흡수 효율이 높아지고 배액 손실도 줄어듭니다.

흐린 날과 겨울엔 줄이고 늦추기

반면 햇빛이 약한 날이나 겨울철에는 상황이 달라집니다. 광합성이 적게 이루어지고, 작물의 증산량도 줄어들기 때문에 급액 횟수는 줄이고, 양도 적게, 시기도 늦추는 전략이 필요합니다. 이 시기에는 뿌리가 물을 흡수하지 못하고 남은 수분이 배지에 정체되면서, 과습으로 인한 병해나 뿌리 부패가 발생할 수 있으므로 더욱 세심한 조절이 필요합니다.

하루 급액 횟수는 2~5회 정도로 줄이고, 급액은 햇빛이 가장 강한 한낮 시간에 집중적으로 공급하는 방식이 적합합니다.

생육 단계에 따라 급액 전략을 바꿔야 합니다

작물의 생장 시기에 따라서도 급액 전략은 달라집니다. 초기 생육기(묘 상태나 정식 후 초세 안정기)에는 수분과 양분을 충분히 공급해 뿌리 발달과 잎 성장에 집중시켜야 합니다. 이때는 자주, 낮은 EC, 높은 WC(함수율)로 급액을 설정하는 것이 좋습니다.

반대로 꽃이 피고 열매가 맺히는 생식생장기에는 작물의 에너지를 잎과 줄기보다 열매로 집중시키기 위해 급액 간격을 늘리고, 1회당 급액량을 늘리거나 EC를 높이는 방식으로 약간의 수분 스트레스를 유도합니다. 이는 생식생장을 자극하여 착과율과 과실 품질을 높이는 효과가 있습니다.

예컨대, 토마토가 꽃을 피우기 시작한 시점부터는 급액 시작을 햇빛이 비친 후 2~3시간 뒤로 늦추고, 오후 급액 횟수도 줄이는 전략을 활용하면 열매로 에너지를 집중하는 데 훨씬 더 효과적입니다.

급액은 물리적 공급이 아니라, 생리적 리듬에 맞춘 '설계'입니다
스마트팜에서의 급액 전략은 더 이상 '하루에 몇 번 줄까?'라는 단순한 계산이 아닙니다. 햇빛양, 작물의 나이, 계절, 생장 목적까지 반영된 정밀한 환경 설계입니다.
"언제, 얼마나, 어떻게 줄 것인가"를 작물의 입장에서 생각하고 설계할 수 있을 때, 비로소 물 한 방울도 생산성과 품질로 연결되는 스마트한 재배가 이루어집니다. 그것이 바로 스마트팜 급액 전략의 본질입니다.

④ A/B 탱크는 왜 따로 쓸까? - 보이지 않는 화학 반응이 작물 생장을 결정

스마트팜에서 양액을 제조할 때, 비료를 하나의 통에 모두 넣고 섞는 것이 편해 보일 수도 있습니다. 하지만 실상은 정반대입니다. 비료는 반드시 두 개의 탱크, 즉 A탱크와 B탱크에 분리하여 넣고, 따로 희석한 뒤 마지막 단계에서 비로소 물과 함께 합쳐져 작물에게 공급됩니다. 그 이유는 바로 비료 간의 화학 반응을 피하기 위해서입니다. 보통 A탱크에는 질산칼슘($Ca(NO_3)_2$)과 함께 철(Fe) 성분을 넣습니다. 철은 물속에서 불안정한 미량 원소 중 하나로, 다른 원소와 반응하지 않도록 안정된 형태(예: Fe-EDDHA)로 A탱크에서 단독으로 희석되는 것이 좋습니다. 반면, B탱크에는 인산염 계열(예: KH_2PO_4, H_3PO_4)과 황산마그네슘($MgSO_4$), 그리고 철을 제외한 다른 미량 원소들[망간(Mn), 아연(Zn), 구리(Cu), 붕소(B), 몰리브덴(Mo) 등]이 함께 들어갑니다.

이렇게 나누는 가장 큰 이유는 칼슘(Ca)과 인산염(PO_4^{3-})이 물속에서 만날 경우 생기는 '칼슘 인산염' 침전물 때문입니다. 이 침전물은 물에 녹지 않으며, 드립퍼나 배관을 막고, 양액 내에서 실제로 작물이 사용할 수 없는 형태로 고정돼 버립니다. 이로 인해 작물은 충분한 영양을 공급받지 못하게 되고, 배관 시스템의 유지관리에도 문제가 생깁니다. 한 번 막히기 시작하면 양액이 제대로 공급되지 않고, 그 피해는 특정 작물만이 아니라 온실 전체의 생장에 영향을 줄 수 있기 때문입니다. 즉, 단지 비료를 잘못 섞었다는 작은 실수가 한 작기 동안의 수확량과 품질, 농장의 생산성 전반을 뒤흔드는 큰 문제로 확대될 수 있는 것입니다. 그래서 스마트팜에서는 반드시 비료를 A탱크와 B탱크로 구분하고, 각각 희석된 상태로 최종 믹싱탱크에서 물과 함께 합쳐 비로소 작물에게 안전하게 전달되도록 설계합니다.

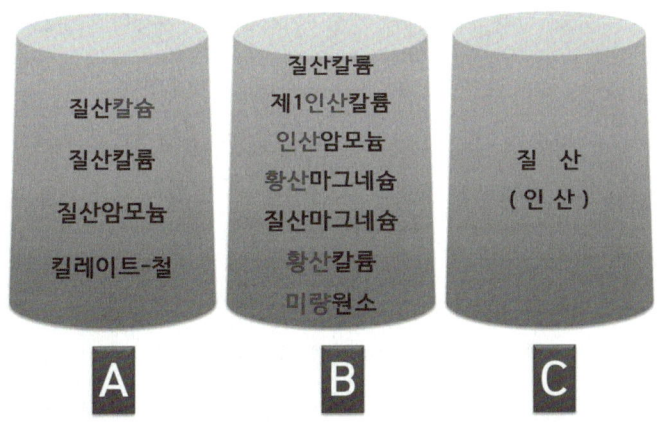

양액탱크별 비료 종류

이 작은 원칙 하나-비료는 절대 한 통에 섞지 않는다는 단순한 관행이 아니라, 작물 생장의 안전을 지키는 과학적인 배려이자 농장의 운영을 지탱하는 기본 철학입니다. 스마트팜에서는 '섞지 않는 것'이야말로 작물을 위한 최고의 섞음의 방식이라는 것을 기억해야 합니다.

⑤ 버려지는 배액도 다시 본다 - 스마트팜의 배액 재사용 전략

스마트팜에서 작물에게 공급되는 양액은 철저히 계산된 영양 조성물입니다. 하지만 아무리 정밀하게 급액을 하더라도, 작물은 그 양액을 100% 흡수하지는 못합니다. 일부는 뿌리에서 흡수되지만, 남은 부분은 배지를 지나 배액으로 빠져나오게 되죠.

예전에는 이 배액을 단순히 '버리는 물'로 간주해 그대로 하수로 흘려보내는 경우가 많았습니다. 하지만 지금은 생각이 다릅니다. 배액 안에

는 여전히 질소, 칼륨, 마그네슘, 칼슘 등 작물에게 유용한 영양소가 남아 있기 때문에, 이를 정화하고 다시 활용하는 것이 경제적, 환경적으로 훨씬 유리한 전략으로 자리 잡고 있습니다. 스마트팜에서는 배액을 수집한 뒤, 먼저 1차로 필터링을 통해 뿌리 찌꺼기, 배지 입자 같은 이물질을 제거합니다.

이후 2차로 UV(자외선) 소독기나 고급 산화장치(AOP 등)를 이용해 박테리아, 곰팡이, 바이러스 등을 제거해 병해 감염 위험을 줄입니다. 이렇게 정화된 배액은 더 이상 폐수가 아니라 '다시 사용할 수 있는 자원'이 됩니다.

그다음 단계는 살균 소독된 배액과 새로운 물(원수)을 어떻게 섞을 것인가입니다. 이때 기준이 되는 것이 바로 EC(전기전도도)입니다. 배액의 EC가 높고, 원수의 EC가 낮을 경우, 두 물을 적절한 비율로 혼합해 목표 EC에 맞는 양액을 다시 제조하는 것이 핵심입니다.

예를 들어,

- 배액의 EC가 3.0
- 원수의 EC가 0.2,
- 그리고 목표 EC가 2.4일 경우,
- 배액과 원수를 4:1 비율로 혼합하면 원하는 농도의 양액이 만들어집니다.

이러한 방식은 단순한 절약을 넘어, 여러 가지 이점이 있습니다.

첫째, 연간 비료 사용량을 20~30%까지 절감할 수 있습니다. 이는 곧 운영비 절감으로 이어지며, 스마트팜의 수익성을 크게 높입니다.

둘째, 양분이 포함된 배액을 함부로 버리지 않음으로써 환경 오염을 줄이고, 지속 가능한 농업 실현에 한 발 더 다가설 수 있습니다.

무엇보다 중요한 점은, 이 모든 과정을 복합환경제어 시스템(예: Priva Connext)과 연동해 자동으로 제어할 수 있다는 점입니다. 센서가 배액의 EC를 실시간으로 측정하고, 그 값을 기준으로 원수와의 혼합 비율을 자동 조정해 늘 일정하고 균형 잡힌 양액을 작물에게 공급할 수 있게 되는 것이죠. 요컨대, 이제 스마트팜의 물은 한 번 쓰고 끝나는 것이 아닙니다. 작물에게 주고 → 회수하고 → 정화하고 → 다시 조합해 다시 주는 이 '순환형 급액 시스템'이 바로 경제성과 환경을 모두 잡는 미래형 농업의 핵심 전략입니다.

⑥ 양액 관리가 흔들리면, 작물은 몸으로 호소한다
- 영양장애의 신호를 읽는 법

스마트팜에서 양액은 작물에게 주는 생명의 조성물입니다. 하지만 아무리 정밀하게 양액을 조제한다고 해도, 양분이 과하거나 부족한 상태가 누적되면 반드시 작물의 생리에 이상이 생기게 됩니다. 이를 우리는 '영양장애'라고 부르는데, 문제는 숫자보다도 작물이 먼저 그 이상을 몸으로 드러낸다는 것입니다. 즉, EC나 pH가 정상 범위라고 해도, 작물의 상태가 조금이라도 이상하다면 영양 상태를 의심해 보고 점검해야 하는 시점이라는 신호입니다.

예를 들어, 잎의 가장자리가 갈색으로 말라 가며 타 들어가는 듯한 증상이 보인다면, 이는 흔히 칼륨(K) 부족을 의미합니다. 칼륨은 세포 내 수분 조절과 광합성 효율에 관여하는 중요한 요소이기 때문에, 부족해지면 잎끝에서부터 생리적 손상이 시작됩니다. 이럴 땐 칼륨을 보충하고, 양액의 전체 EC(농도)를 조정해 과도한 희석 상태를 바로잡아야 합니다.

또한 잎 전체가 노랗게 변했지만, 잎맥만은 선명하게 녹색으로 남아 있는 경우는 철(Fe) 결핍을 의심할 수 있습니다. 특히 양액의 pH가 상승했을 때 철이 불용화되어 뿌리가 철을 흡수하지 못하는 경우가 많기 때문에, 이때는 철을 보충하기보다 양액의 pH를 5.5~6.0 사이로 낮춰 철이 흡수되기 쉬운 상태로 되돌리는 것이 중요합니다.

또 한 가지 자주 보이는 현상은, 생장점이 마르거나 열매가 갈라지는 증상입니다. 이는 대부분 칼슘(Ca) 결핍과 관련이 있습니다. 칼슘은 생장점과 세포벽 형성에 관여하는데, 공급이 불안정하면 세포 조직이 약해지고 열매는 쉽게 갈라집니다. 칼슘 자체를 보충하는 것도 중요하지만, 급액 횟수를 늘려 칼슘이 작물 끝까지 안정적으로 도달하도록 만드는 것이 더 효과적일 수 있습니다.

마지막으로, 작물의 줄기나 잎이 전반적으로 작고 왜소해지는 현상이 있다면 이는 전체적인 양액 농도 부족, 즉 비료가 너무 희석되어 작물이 필요한 영양분을 충분히 받지 못하고 있는 상태일 수 있습니다. 이럴 땐 급격하게 비료를 추가하지 말고, EC 수치를 0.2~0.4mS/cm 정도만 점진적으로 올려 작물의 반응을 관찰하면서 조정하는 것이 좋습니다.

이처럼 양액의 과부족은 숫자로만 판단할 수 없습니다. 센서와 자동화 시스템이 수치를 보여 준다면, 작물은 '표정'으로 말합니다. 잎의 색, 가장자리의 형태, 줄기의 굵기, 생장점의 활력, 열매의 탄력 등 이 모든 요소들이 매일 눈으로 확인하며 관리해야 할 '작물의 언어'입니다. 결국, 스마트팜에서 진짜 '스마트한' 운영이란 기계가 알려 주는 데이터와 농부가 직접 눈으로 읽는 생육 반응을 함께 해석하는 것입니다. 양액은 숫자 이상의 의미를 지니고 있고, 작물은 늘 우리에게 몸으로 메시지를 보내고 있습니다. 그 신호를 매일 읽는 눈, 그것이 진짜 양액 관리의 시작입니다.

양분 관리는 단지 기술이 아닙니다. 작물과의 대화이며, 그들의 표현을 해석하는 언어입니다. 작물은 매일 말합니다. 양분이 부족할 때, 너무 많을 때, 급액이 너무 빠르거나 너무 늦을 때. 우리는 그 소리를 들을 수 있어야 합니다. 그게 스마트팜 농부의 진짜 능력입니다.

"오늘 양분, 마음에 드니?"

잎이 반짝이고, 줄기가 힘있게 서 있으면 작물이 이렇게 대답하는 것 같거든요.

"응, 오늘도 잘 먹었어."

물은 왜 전기가 통할까?
- 전기전도도(EC)라는 걸 쉽게 풀어 보자

우리는 흔히 이렇게 생각해요. "물은 전기가 통하는 거 아냐?" 어릴 때 과학 시간에도 "젖은 손으로 전기를 만지면 안 된다"는 얘기를 많이 들었죠. 하지만 사실은, 진짜 깨끗한 물, 즉 '증류수'는 전기가 거의 통하지 않습니다. 놀랍죠?

전기가 잘 통하는 물은, 그 안에 뭔가 다른 것이 들어 있기 때문이에요. 그 '뭔가'가 바로 소금기, 미네랄, 염류입니다. 물을 깨끗하게 만들어 놓으면 전기가 잘 흐르지 않고, 그 안에 소금이나 여러 가지 이온(전기를 띠는 조각들)이 녹아 있을 때 비로소 전기가 쌩쌩 흐를 수 있어요.

① "이온"이라는 친구들

물이 전기를 통하게 만드는 주인공은 바로 이온(ion)입니다. 염류가 물에 녹으면, 작은 입자들이 플러스(+) 전기를 띠거나 마이너스(-) 전기를 띠면서 '이온'이라는 친구들로 변신합니다. 이 이온들은 물속을 자유롭게 움직이며 전기를 옮기는 다리 역할을 합니다.

생각해 보세요. 도로가 텅 비어 있으면 차가 못 움직이지만, 길이 연결되어 있으면 차들이 신나게 다닐 수 있잖아요? 이온은 그런 연결고리를 만들어 주는 거예요.

자, 여기서 중요한 질문!

"전기전도도(Electrical Conductivity, EC)란 뭘까?"

아주 쉽게 말하면, "물 안에 얼마나 많은 이온들이 돌아다니는지, 그래서 전기가 얼마나 잘 흐르는지를 수치로 나타낸 것"입니다. 이온이 많으면 전기전도도(EC)가 높아집니다. 이온이 적으면 전기전도도가 낮아집니다.

비유를 하나 해 볼게요. EC가 높은 물은 '사람이 가득 찬 축제 거리' 같아요. 사람(이온)들이 북적북적 움직이니까 에너지가 넘치죠. 반면 EC가 낮은 물은 '텅 빈 도로' 같아요. 움직이는 게 없으니 조용하고 전기도 잘 안 흐릅니다.

② **농업에서는 왜 EC를 신경 쓸까요?**

식물은 뿌리로 물을 마십니다. 그런데 물이 너무 짜거나(=EC가 너무 높거나), 너무 깨끗해서 영양이 없으면(=EC가 너무 낮으면) 식물이 고생을 해요. EC가 너무 높으면 물이 뿌리 안으로 잘 들어가지 못해요. 물이 식물 대신 물 밖에 남아 있으려 하므로, 식물은 목마르고 스트레스를 받습니다. 사람으로 치면 짠 국물만 잔뜩 먹고 정작 물은 못 마시는 느낌입니다. EC가 너무 낮으면 물이 들어오기는 쉬운데, 필요한 영양소가 부족해요. 물은 마셨는데, 밥은 못 먹는 상황인 거죠. 물맛(EC)이 딱 적당해야 식물이 잘 자라는 것입니다.

③ EC는 어떻게 측정할까요?

EC는 특별한 기계(EC 미터)를 사용해 측정합니다. 숫자로 표시되는데, 보통 단위는 이런 걸 써요.

- dS/m(데시지멘스 퍼 미터)
- μS/cm(마이크로지멘스 퍼 센티미터)

(단위는 외울 필요 없고, 그냥 숫자가 높으면 소금기가 많고, 숫자가 낮으면 물이 깨끗하다 이렇게 이해하면 충분합니다.)

또 한 가지 꿀팁! 물이 따뜻하면 이온이 더 빠르게 움직이기 때문에, 온도가 1℃ 올라갈 때마다 EC가 2~3%쯤 올라간다는 것도 기억해 두세요. 그래서 농업에서는 EC를 측정할 때 보통 25℃를 기준으로 맞춰서 읽습니다.

전기전도도(EC)는 물속에 염류(이온)가 얼마나 들어 있는지, 그 물이 식물에게 '살기 좋은지' 아니면 '살기 힘든지'를 알려 주는 물맛 지수 같은 겁니다. 식물도 우리처럼, 너무 짜도 힘들고 너무 싱거워도 힘드니까 "딱 맛있게!" 물을 준비해 주는 게 중요합니다.

"전기전도도는 식물에게 주는 '물밥'의 맛이다!"

"딱 맞는 물맛을 맞춰 줘야 식물도 잘 먹고 쑥쑥 자란다!"

④ 전기전도도(EC)가 식물 생장에 미치는 영향

물 흡수 제한

식물의 뿌리는 단순히 물을 빨아들이는 파이프가 아닙니다. 뿌리 세포는 일종의 반투과성 막(semipermeable membrane)을 가지고 있어서, 삼투압(osmotic pressure)의 원리에 따라 물이 이동합니다.

삼투압이란, 용질 농도가 낮은 쪽(순수한 물 쪽)에서 높은 쪽(용질이 많은 쪽)으로 물이 자연스럽게 이동하려는 힘을 말합니다. 일반적인 상황에서는, 토양 용액(바깥)이 뿌리 세포액(안쪽)보다 염류 농도가 낮기 때문에, 물은 자연스럽게 뿌리 안으로 들어옵니다.

그런데 만약, 토양이나 양액의 염류 농도(=EC)가 높아지면 어떻게 될까요? 바깥(토양 용액)이 뿌리 안보다 더 짜지면서 삼투 방향이 약해지거나, 심하면 물이 오히려 뿌리 세포 밖으로 빠져나가려고 합니다. 이렇게 되면, 식물은 필요한 만큼 물을 흡수할 수 없게 되고, '가뭄 스트레스'와 비슷한 현상을 겪습니다. 겉으로는 물이 있어도, 뿌리는 "목마른 상태"가 되는 것이죠.

결국 식물은:

- 증산량이 감소하고

- 잎이 처지며
- 생장이 둔화되고
- 심하면 조직이 탈수되어 말라 죽을 수도 있습니다.

비유하자면, "바닷물 한가운데 떠 있지만, 마실 물이 없는 선원"과 같은 상황이 됩니다.

특정 이온의 독성

전기전도도(EC)는 용액 내 총염류 농도를 나타내지만, 어떤 종류의 이온이 녹아 있는지는 알려 주지 않습니다. 하지만 일반적으로, EC가 높아지면 특정 이온[예: 염화이온(Cl^-), 나트륨이온(Na^+), 붕소(B) 등] 농도도 같이 높아질 가능성이 커집니다. 문제는 이들 이온이 식물에게 독성을 일으킬 수 있다는 것입니다.

예를 들면:

- 염화이온(Cl^-)이 과도하면 잎끝이 마르거나 갈변(갈색 반점)이 생깁니다.
- 나트륨(Na^+)이 많으면 칼륨(K^+) 흡수를 방해하고, 세포 내 이온 균형이 깨져 세포 기능이 저하됩니다.
- 붕소(B)는 미량은 필수지만, 과다하면 세포벽을 손상시켜 성장 장애를 일으킵니다. 붕소는 식물의 '건축 자재'지만, 너무 많으면 오히려 벽을 무너뜨립니다.

특정 이온들은 농도가 높아질수록

- 세포막을 파괴하고
- 효소 활성을 방해하며
- 광합성 효율을 떨어뜨리고
- 결국은 식물 전체의 생리적 기능을 교란시킵니다.

비유하자면, "필수 영양소도 너무 많이 먹으면 약이 아니라 독이 되는 것"과 같습니다.

영양소 흡수 경쟁

또한, EC가 높아지면 토양이나 양액 속에 다양한 이온이 많아지는데, 이들은 뿌리 표면에서 서로 흡수를 두고 경쟁하게 됩니다. 식물의 뿌리는 '선택적으로' 영양소를 흡수하지만, 이온 농도가 지나치게 높으면 선택의 여지가 줄어들고, 특정 이온이 다른 이온의 흡수를 방해하게 됩니다.

예를 들어:

- 염화이온(Cl^-) 농도가 높으면 질산염(NO_3^-) 흡수가 방해받습니다 (질소 결핍으로 이어질 수 있음).
- 칼슘(Ca^{2+})과 칼륨(K^+)은 뿌리 세포 내 유입 경로가 비슷한데, 농도가 높을 경우 서로 흡수 경쟁을 벌입니다. 특히 나트륨(Na^+)이 많으면 칼륨(K^+) 흡수가 억제됩니다(식물 세포 기능 약화).

결국,

- 어떤 영양소는 과잉 흡수되고
- 어떤 영양소는 결핍되어
- 식물은 정상적인 생장을 할 수 없게 됩니다.

전기전도도(EC)가 높다는 것은 그저 "물이 짜다"는 것 이상의 의미를 가집니다.

- 물 흡수 자체를 어렵게 만들고(삼투압 문제)
- 독성 이온 축적으로 조직을 손상시키고(세포 기능 저해)
- 필수 영양소 간 흡수 경쟁을 유발해 영양 불균형을 초래합니다(생리적 스트레스).

이 모든 과정은 결국 식물의 생장 지연, 품질 저하, 생산성 감소로 이어집니다.

"EC가 높으면, 식물은 물도 못 마시고, 독도 먹고, 밥도 제대로 못 먹는 셈이다."

식물 재배와 물 이야기
– pH, 알칼리도, 그리고 경도

식물을 잘 키우려면 좋은 흙, 좋은 씨앗, 햇빛만 필요한 게 아닙니다. '좋은 물'도 아주 중요합니다. 그런데 '좋은 물'이란 단순히 맑은 물을 말하는 게 아니에요. 물속에 어떤 성분이 얼마만큼 들어 있느냐가 식물 생장에 큰 영향을 미칩니다. 특히 우리가 꼭 알아야 할 세 가지 개념이 있습니다:

pH, 알칼리도, 그리고 경도입니다.

① pH - 물의 산성과 알칼리성을 나타내는 숫자

pH는 물이 산성인지, 알칼리성인지, 아니면 중성인지 알려 주는 지표입니다.

- pH가 7보다 낮으면 산성입니다(예: 레몬즙).
- pH가 7이면 중성입니다(예: 순수한 물).
- pH가 7보다 높으면 알칼리성입니다(예: 비눗물).

pH는 단순한 숫자가 아니라, 수소 이온(H^+) 농도와 직접 관련이 있습니다. 농도가 높을수록 산성이고, 농도가 낮을수록 알칼리성이 강해집니다. 예를 들어, pH 5.0은 pH 6.0보다 무려 100배나 더 산성입니다! 이건 pH가 로그(log) 단위라서 그렇습니다.

"식물이 좋아하는 pH는 보통 5.5에서 6.5 사이입니다."

이 범위를 벗어나면 식물이 양분을 제대로 흡수하지 못하거나, 독성 문제를 겪을 수 있습니다. 특히, pH가 7.0을 넘어서면 철(Fe), 망간(Mn) 같은 미량 원소가 물속에 잘 녹지 않아 식물이 이 영양소들을 제대로 먹지 못하게 됩니다. 또한, 물의 pH가 너무 높으면 관수 시스템(호스나 분사구)에 탄산칼슘 같은 석회질이 끼어 막히는 문제도 발생합니다. 반대로, pH가 너무 낮아도 문제입니다. 미량 원소가 과다 흡수되어 독성을 일으킬 수 있고, 뿌리 조직이 상처를 입기도 합니다.

그래서 물의 pH를 관리할 때는 항상 적절한 선을 지켜야 합니다. 필요하면 산(acid)을 조금 첨가해 pH를 낮추기도 하지만, 과하게 넣으면 오히려 뿌리에 큰 해를 입힐 수 있습니다.

② 알칼리도 - 물이 pH 변화를 얼마나 버틸 수 있는가?

알칼리도(Alkalinity)는 물이 산성으로 변하려는 걸 얼마나 잘 막아 주는지를 나타내는 성질입니다. 물속에는 탄산염(CO_3^{2-}), 중탄산염(HCO_3^-), 수산화이온(OH^-) 같은 것들이 녹아 있습니다. 이것들이 일종의 '방패'처럼 작용해서, 산이 들어와도 물의 pH가 쉽게 떨어지지 않게 해 줍니다.

- 알칼리도가 높으면 산을 많이 넣어야 pH가 내려갑니다(변화에 강함).
- 알칼리도가 낮으면 산을 조금만 넣어도 pH가 휙휙 변합니다(변화에 약함).

예를 들어, 어떤 물은 pH가 7.5인데 알칼리도가 낮아 조금만 산을 넣어도 바로 pH가 떨어집니다. 반대로, 어떤 물은 pH가 6.5인데도 알칼리도가 높아서 pH를 5.5로 낮추려면 더 많은 산이 필요할 수 있습니다.

요약하면, pH 숫자만 보고 판단하면 안 되고, 알칼리도도 꼭 함께 봐야 한다는 겁니다.

③ 경도 - 물속에 칼슘과 마그네슘이 얼마나 들어 있는가?

경도(Hardness)는 물에 녹아 있는 칼슘(Ca^{2+}), 마그네슘(Mg^{2+}) 이 두 가지 이온의 양을 의미합니다. 이것들이 많으면 "물맛이 떫고" 물때가 끼기 쉬운 경수(Hard Water)가 되고, 적으면 부드러운 연수(Soft Water)가 됩니다. 경도가 높으면 수도관, 스프링클러, 온수기 등에 석회질이 끼어 막힐 수 있습니다. 필터나 막(Membrane) 장치도 쉽게 막힐 수 있습니다. 하지만, 식물에게는 칼슘과 마그네슘이 적당히 필요합니다. 둘 다 필수 영양소이고, 부족하면 작물의 품질과 수확량이 떨어질 수 있습니다. 따라서 관개수에 어느 정도의 경도는 오히려 좋은 경우도 많습니다.

경도 구분(mg/L $CaCO_3$ 기준)

경도	특징
0~60mg/L	연수(Soft)
60~120mg/L	중간 경수(Medium-hard)
120~180mg/L	경수(Hard)
>180mg/L	매우 경수(Very hard)

경도 수치는 칼슘(Ca)과 마그네슘(Mg) 농도를 이용해 계산합니다:

경도=(2.5×칼슘 ppm)+(4.1×마그네슘 ppm)

예를 들어, 칼슘이 50ppm, 마그네슘이 15ppm이면,

2.5×50+4.1×15=186.5mg/L $CaCO_3$

즉, 상당히 경도가 높은 물이라는 뜻입니다.

요약하면, pH, 알칼리도, 경도 이 세 가지는 그저 숫자가 아니라, 식물

이 물을 어떻게 받아들이고, 영양소를 얼마나 잘 흡수할 수 있는지를 결정하는 열쇠입니다. 물을 관리할 때는 이 세 가지를 모두 이해하고, 필요하다면 조정하는 지혜가 필요합니다.

좋은 물을 주는 것이 건강한 식물을 키우는 첫걸음입니다.

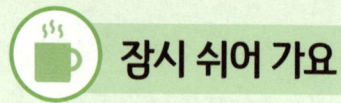 **잠시 쉬어 가요**

수경재배, 유기질 비료를 만나다
- 기대와 한계 사이
- 화학비료 없는 친환경 수경재배, 과연 가능할까?

친환경과 지속 가능성을 내세운 농업이 주목받으면서, 수경재배에서도 화학비료 대신 유기질 비료를 도입하려는 시도가 늘고 있습니다. 어분, 해조류 추출물, 퇴비, 액비 등 천연 유래 성분으로 작물을 키우고, 이를 통해 '무화학', '유기농'이라는 이미지를 구축하려는 움직임은 충분히 이해할 만합니다. 그러나 실제 현장에서는 이 같은 접근이 단순한 대안이 아니라, 복잡한 도전임이 분명합니다.

① 유기질 비료, 수경재배에 적용 가능한가?

기술적으로만 본다면 유기질 비료를 활용한 수경재배는 불가능하지 않습니다. 미생물 접종과 여과 시스템, 정밀 센서 등을 갖추면 일정 수준의 안정적인 영양 공급이 가능합니다. 실제로 일부 기업은 OMRI 인증 원료[1]와 AI 기반 pH/EC 조절 시스템을 결합해 유기 질소와 칼륨 공급의 효율을 높이는 시도를 하고 있기 때문이죠.

하지만 문제는 경제성과 지속 가능성입니다. 유기물은 완전히 용해되지 않기 때문에 배관과 노즐 막힘이 빈번하고, pH와 EC가 일정하게 유지되지 않아 지속적인 수동 조정이 필요합니다. 이로 인해 시스템 유지관리 비용은 월 20~30만 원 이상 추가되며, 영양 결핍이나 과잉으로 인한 생리장해 발생 위험도 커집니다.

② "유기농"의 벽과 프리미엄의 한계

많은 생산자가 유기질 비료를 사용해 '유기농 작물'로 고가 판매를 기대하지만, 법적 현실은 녹록지 않습니다. 한국에서는 「친환경농어업 육성법」에 따라 토양 기반이 아닌 수경재배 작물은 유기농 인증 대상이 아닙니다. 수경재배는 무농약 인증까지만 가능하며, 유기농 인증을 받기 위한 제도적 한계가 뚜렷합니다.

결과적으로 유기질 비료를 사용해도 유통 단계에서 소비자에게 유기농 프리미엄을 설득할 수 있는 근거가 부족하게 됩니다. 백화점, 로컬푸드 마켓, 고소득층 타깃 직거래에서는 부분적으로 프리미엄이 가능하더라도, 일반 유통망에서는 단가 차이를 설명할 마케팅 자원과 브랜드 인지도가 없다면 가격 경쟁력 확보가 어려울 겁니다.

---

1) 미국 USDA(미 농무부) 산하의 National Organic Program(NOP) 기준에 따라, 유기농 재배에 사용해도 되는 자재임을 OMRI가 검토하고 승인한 원료.

③ 생산성·시장성 측면의 현실

생산성 면에서도 현실적인 제약이 존재합니다. 실험 데이터에 따르면, 동일한 조건에서 화학비료 기반 수경재배는 유기질 기반보다 토마토는 18%, 상추는 25% 더 높은 수확량을 기록했습니다. 자동화 시스템과도 궁합이 잘 맞는 화학비료 대비, 유기질 비료는 AI·IoT 기반 정밀농업과의 호환성도 낮은 편입니다.

반면 유기질 비료는 탄소 감축에 따른 ESG 가치와 환경부담금 감면 등 비금전적 이익은 큽니다. 탄소배출권 시장에서 ha당 연간 130~150톤 CO_2 감축 효과를 인정받을 수 있다는 분석도 있어요. 하지만 이는 대규모 기업농이나 수출지향 모델에서나 의미 있는 수익원이며, 소농이나 중소 규모의 스마트팜에는 아직 먼 이야기입니다.

④ 기술 발전은 희망일까, 기회일까

물론 기술은 빠르게 진화하고 있습니다. 미생물 제제의 분해 효율이 70% 향상되고, ISE 기반 실시간 영양소 분석 기술[2]이 상용화 단계에 도달하면서 유기비료의 단점이 줄어들고 있는 것도 사실입니다. 향후에는 유기질 비료를 기반으로 하면서도 자동화·정밀화가 가능한 하이브리드형 수경재배 시스템이 등장할 가능성도 있습니다.

---

2) ISE 기반 실시간 영양소 분석 기술은 이온 선택성 전극(ISE: Ion-Selective Electrode)을 활용해 양액 내 특정 이온의 농도를 실시간으로 측정하는 기술. 수경재배나 스마트팜에서 양액 조성의 정밀한 관리가 점점 중요해지면서, 이 기술은 자동화된 영양 관리 시스템의 핵심 요소로 주목받고 있음.

하지만 지금 이 시점에서, 유기질 비료만으로 수경재배의 수익성을 확보하고, 유기농 시장의 프리미엄까지 실현하는 것은 제한적인 그림입니다. 이는 마케팅, 유통, 인증 제도, 소비자 인식 등 여러 요인이 동시에 해결되어야 가능한 복합 과제입니다.

⑤ 유기질 비료는 수경재배의 '대안'이 아니라 '장기 전략'이다

유기질 비료는 친환경 가치의 상징이지만, 수경재배에서는 아직 완성된 대안이라기보다 준비 중인 기술, 실험 중인 전략에 가깝습니다. 현실적으로는 화학비료와의 병행 사용, 즉 혼합 영양 전략이 최선의 접근일 수 있으며, 미생물 기반 생물공학과 자동화 기술의 접목이 더 진전되기 전까지는 단독 사용을 전제로 한 비즈니스 모델에는 분명한 제약이 존재합니다.

따라서 지금 이 시점에서 중요한 것은 유기질 비료의 잠재력을 과대평가하기보다, 그 기술적 한계와 시장 현실을 정확히 인식하고 단계적 도입 전략을 설계하는 것입니다. 친환경이라는 이름에 가려진 수익성의 그림자를 직시할 때, 비로소 현실적인 미래 농업의 방향이 보이기 시작할 것입니다.

4부

온실형 스마트팜의 진화
- 반밀폐형 온실

기후 위기 시대, 반밀폐형 온실이 스마트팜의 새로운 표준이 되다
– 기후가 더 이상 농업의 친구가 아니라 적이 되는 시대

"이제는 기후가 농업의 친구가 아니라 적이 되는 시대다."

스마트팜 실무자라면 모두 공감할 말일 것입니다. 매년 치솟는 여름 기온, 불규칙한 강우와 습도, 전력비 상승과 탄소 저감 압박까지. 우리는 어느 때보다 에너지 효율성과 기후 적응형 온실 설계의 필요성 앞에 서 있습니다. 그 해답 중 하나가 바로 반밀폐형 온실(Semi-Closed Greenhouse)입니다.

① **반밀폐형 온실이란 무엇인가?**

전통적인 개방형 온실은 환기창을 열어 외부 공기를 받아들이며 온실 내 기후를 조절합니다. 그러나 외부 온도나 습도가 극단적일 경우 이 방식은 오히려 해가 되며, CO_2 손실과 병해충 유입, 에너지 낭비로 이어지기 쉽습니다.

반면, 반밀폐형 온실은 외기와의 직접 환기를 최소화한 채, 공기 처리 장치를 통해 외부와 내부 공기를 정밀하게 혼합하고 제어하는 구조입니다. 내부의 온습도, CO_2, 공기 흐름을 적절한 수준에서 유지하면서도 에너지 사용을 절감할 수 있는 것이 핵심입니다.

② **스마트팜의 환경제어 핵심 기술**
 - 작물 중심 환경을 설계하는 다섯 가지 시스템

현대 스마트팜의 경쟁력은 단순히 온실을 짓는 것이 아니라, 작물이 원하는 기후를 정밀하게 설계하고 유지하는 기술력에 달려 있습니다. 특히 반밀폐형 또는 고기밀형 온실 구조에서는 외부 환경의 영향을 최소화하면서도 내부 기후를 세밀하게 제어하는 시스템이 핵심입니다. 여기에는 다섯 가지 주요 기술이 유기적으로 작동하여, 에너지를 절약하면서도 작물 생장을 최적화하는 환경을 만들어 냅니다.

공기 처리 유닛(Climate Chamber) - '공기 교환'이 아닌 '공기 재설계'

공기 처리 유닛은 온실 외벽에 설치되어 외기(외부 공기)와 내기(실내 공기)를 일정 비율로 혼합합니다. 이 공기는 냉각 및 제습 과정을 거친 뒤 온실 내부로 재공급되며, 단순한 환기 시스템이 아닌, 온도와 습도, 에너지를 모두 고려한 '기후 리모델링 장치'입니다. 특히 이 유닛은 회수된 에너지를 내부 공기에 다시 전달하는 구조로 설계되어 있어, 냉방·난방 에너지를 최소화하면서도 쾌적하고 균일한 환경을 유지할 수 있습니다. 외부 날씨와 무관하게 내부 조건을 안정화시키는 데 큰 역할을 합니다.

덕트 기반 공기 분포 시스템 - 작물 발밑까지 균일하게

기후 유닛에서 만들어진 공기는 온실 내부의 PE 에어덕트(Pipe-type Duct)를 통해 작물 하부에서부터 공급됩니다. 이 덕트는 온실의 폭 전체에 걸쳐 설치되어 있어, 공기가 특정 위치에 집중되지 않고 전체 공간에 고르게 분포되도록 설계되어 있습니다. 이 시스템은 작물 위쪽과 아래쪽의 기후 편차를 줄이고, 작물의 생장점과 뿌리 부근까지 동일한 기후 조건을 제공함으로써 생육 균일성과 품질을 향상시킵니다. 또한, 덕트를 통해 CO_2 농도나 온도 등을 빠르게 조절할 수 있어, 기후 반응 속도도 매우 뛰어납니다.

CO_2 농도 유지 시스템 - 투입은 적게, 효과는 크게

이 시스템의 가장 큰 장점은 외부 공기와의 접촉을 최소화하여 CO_2가 빠져나가지 않도록 설계되어 있다는 점입니다. 일반적인 온실에서는 환기창을 열면 내부 CO_2가 빠져나가고, 다시 공급해야 하지만, 반밀폐형 구조에서는 내부 기체가 보존되므로 적은 양의 CO_2 주입으로도 고농도를 유지할 수 있습니다. 그 결과, 광합성 효율이 향상되고 작물 수량이 크게 증가합니다. 특히 CO_2 가격이 상승하고 있는 상황에서, 이는 경제성과 생산성을 동시에 잡을 수 있는 매우 중요한 기술 요소입니다.

벌레 유입 차단 구조 - 물리적 방역의 시작

공기 유입구와 환기창에는 스테인리스망 및 고밀도 주름형 방충망이 설치됩니다. 이 구조는 외부의 해충, 특히 파밤나방이나 온실가루이 같은 주요 병해충의 유입을 물리적으로 차단할 수 있습니다. 이 시스템 덕분에 농약 사용량을 줄일 수 있고, 이는 곧 잔류 농약 문제를 해결하며 소비자 신뢰를 높이는 결정적인 요소가 됩니다. 최근 친환경 인증, GAP, 유럽 수출 등에서 중요한 지표가 되는 '무농약 또는 저농약 재배' 기준을 만족시키는 데 핵심 역할을 합니다.

에너지 효율 냉방/난방 시스템 - 지역 조건에 맞는 하이브리드 방식

고온 지역에서는 패드쿨링 시스템 또는 아디아바틱(adiabatic) 냉방 기술이 사용됩니다. 이는 물의 기화열을 활용해 공기를 냉각시키는 방식으로, 전통적인 에어컨보다 훨씬 에너지 효율이 높습니다. 반대로, 저온 지역에서는 온수 파이프레일, 바닥 배관, 모듈형 히터를 통해 효과적으로 온실을 가온합니다. 이러한 난방 시스템은 EC 모터 기반 팬과 연동되어 작물 위치별로 온도를 정밀하게 조절할 수 있습니다. 냉방·난방 장치는 모두 자동화 시스템에 통합되어 있어, 일사량·외기온·내부 기후 데이터를 기반으로 실시간 제어되며, 에너지 사용량을 최소화하면서도 작물 생육 조건을 최적화할 수 있습니다.

이 다섯 가지 핵심 기술이 유기적으로 작동하면서 스마트팜 온실 내부는 '제어 가능한 자연환경'으로 진화하고 있습니다. 작물에게 가장 적합한 기후를 설계하고 유지하는 이 시스템들은, 단순한 기계가 아닌 생산성, 품질, 지속 가능성을 동시에 향상시키는 핵심 기술 플랫폼입니다. 스마트팜의 미래는 결국, 작물을 둘러싼 '공기, 빛, 온도, 물'의 조합을 얼마나 섬세하게 제어하느냐에 달려 있으며, 그 중심에 바로 이와 같은 정밀 기후 제어 기술이 존재합니다.

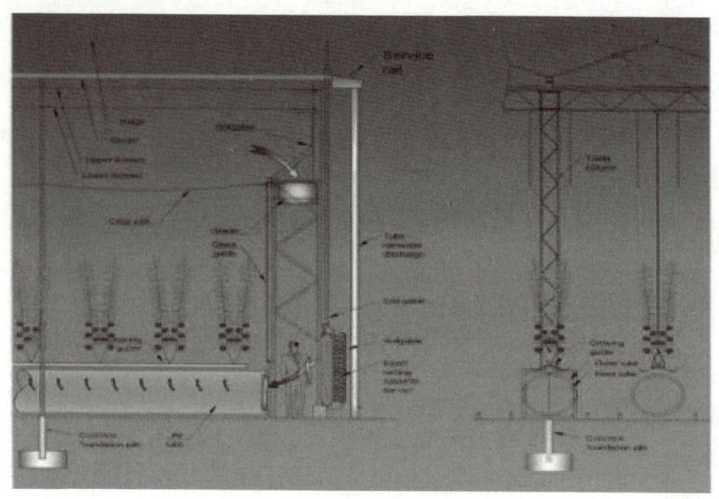

반밀폐형 온실 구조 및 작동 원리

③ 왜 지금, 반밀폐형 온실인가 - 기후 변화 시대 스마트팜의 결정적 진화

급변하는 기후와 농업 환경 속에서, 이제 단순한 자동화나 시설 개선만으로는 지속 가능한 농업의 해답을 찾기 어렵습니다. 농업은 더 이상 단순한 재배의 기술이 아니라, 기후 변화에 적응하고, 에너지 효율을 높이며, 병해충 문제를 최소화하면서도 품질과 수익성을 확보해야 하는 복합적 과제를 해결하는 산업이 되었습니다. 이 모든 요구에 가장 정밀하게 대응할 수 있는 해법이 바로 '반밀폐형 온실'입니다. 기존 온실 시스템의 한계를 뛰어넘고, 미래형 스마트팜으로 도약하기 위한 결정적 기술 플랫폼으로 주목받고 있는 이유는 다음과 같습니다.

기후 변화에 유연하게 적응하는 '기후독립형 농업'

지구 곳곳에서 기후는 더 이상 예측 불가능한 변수로 작용하고 있습니다.

예를 들어, 사막 기후인 두바이처럼 낮과 밤의 일교차가 극심한 지역, 혹은 동남아시아처럼 스콜과 고습도가 빈번한 열대성 기후대에서는 전통적인 온실만으로는 작물 생육에 안정적인 환경을 제공하기 어렵습니다. 반밀폐형 온실은 외기 조건에 영향을 받지 않고, 내부 기후를 독립적으로 제어할 수 있는 구조를 갖추고 있습니다. 외부의 더위, 습기, 오염된 공기를 차단하고, 내부 공기를 냉각·제습·혼합해 재활용함으로써 사계절 내내 일정하고 쾌적한 환경을 유지할 수 있습니다. 이러한 '기후적응형 농업 모델'은 향후 기후 위기에 대응할 수 있는 가장 현실적이고 강력한 솔루션입니다.

에너지 절감과 탄소 중립 - ESG 농업 실현의 열쇠

기후 제어 과정에서 가장 큰 비용을 차지하는 것은 난방과 냉방 에너지입니다. 기존 개방형 온실에서는 외부 공기를 직접 들이면서 대량의 냉·난방 에너지가 손실됩니다. 그러나 반밀폐형 온실은 공기를 완전히 배출하지 않고, 재처리하여 순환시킴으로써 환기에 따른 에너지 손실을 최소화합니다. 이로써 난방 에너지는 20~40%, 냉방 에너지는 최대 50%까지 절감할 수 있으며, 이 절감은 곧 탄소 배출 저감으로 연결됩니다. 탄소 중립, 에너지 효율, ESG(환경·사회·지배구조) 경영이 농업 기업에게도 중요한 키워드가 된 지금, 반밀폐형 온실은 농업의 지속 가능성과 환경 책임을 동시에 실현할 수 있는 핵심 기술 기반으로 자리 잡고 있습니다.

병해충 유입 차단 - IPM 전략의 완성

농업에서 병해충 방제는 비용과 노동력, 환경 영향 측면에서 가장 민감한 요소 중 하나입니다. 기존의 개방형 온실은 외부 공기와 곤충이 자유롭게 드나들기 때문에, 매년 병해충 발생에 따른 농약 사용과 생산 손실이 반복됩니다. 하지만 반밀폐형 온실은 스테인리스망, 주름형 방충망, 고밀도 필터 등을 통해 외부 해충 유입을 구조적으로 차단합니다. 이로 인해 농약 사용을 최소화할 수 있으며, 대신 생물학적 방제(천적 활용)나 유인 트랩 같은 친환경적 IPM(종합적 병해충 관리)이 훨씬 효과적으로 적용될 수 있습니다. 병해충 방제의 부담이 줄어들고, 잔류 농약 문제도 해소되어 GAP 인증, 수출 품질 기준, 소비자 신뢰 확보까지 이어지는 선순환 구조가 형성됩니다.

균일하고 높은 품질 - 스마트팜의 수익성을 뒷받침하다

온실 내 기후가 일정하지 않으면, 작물의 생육 속도나 품질에 차이가 발생합니다. 이로 인해 수확 시기가 불규칙해지고, 시장 출하 시 품질이 일정하지 않아 상품가치가 떨어지는 문제가 발생하곤 합니다. 반밀폐형 온실은 공기 처리 유닛과 에어덕트 시스템을 통해 온실 내부의 온도, 습도, CO_2, 공기 흐름을 정밀하게 조절합니다. 그 결과, 작물 간 생육 편차가 현저히 줄고, 과실 크기와 당도, 수량 등 모든 품질 요소에서 높은 균일성이 확보됩니다. 이는 생산물의 등급 향상뿐 아니라, 계약재배, 유통 거래에서 높은 단가와 안정적 판매 조건을 확보하는 데 핵심적인 경쟁력이 됩니다. 스마트팜의 최종 목표인 '높은 수익성과 낮은 리스크의 균형'을 실현하는 데, 반밀폐형 온실은 결정적인 기반을 제공합니다.

반밀폐형 온실은 단지 구조의 변화가 아닙니다. 이것은 기후 위기에 맞서고, 에너지와 환경을 고려하며, 병해충과 싸우고, 작물 품질을 끌어올리는 미래형 농업의 플랫폼입니다.

왜 지금 반밀폐형인가?

그 이유는 지금 농업이 직면한 모든 문제에 가장 선제적으로, 가장 정밀하게, 가장 효율적으로 대응할 수 있는 답이 여기에 있기 때문입니다. 스마트한 농업의 진화는, 이제 '밀폐와 통제' 속에서 피어나는 새로운 생장의 전략으로 향하고 있습니다.

④ 현장 실무자를 위한 제언 - 반밀폐형 온실은 '고급형'이 아니라 '대응형'

스마트팜의 핵심은 단순한 자동화나 고가 설비의 도입이 아닙니다. 기후와 에너지, 노동력, 그리고 시장이 모두 불확실해진 시대에 농업이 어떻게 살아남고 성장할 수 있을 것인가에 대한 해답을 제시하는 시스템, 그것이 바로 반밀폐형 온실입니다. 많은 분들이 반밀폐형 온실을 '기존 온실보다 한 단계 비싼 고급형'으로 인식하는 경향이 있습니다. 그러나 이는 본질을 잘못 짚은 것입니다. 반밀폐형 온실은 단순히 구조가 복잡하거나 장비가 더 많이 들어가는 온실이 아닙니다. 그것은 기후 위기, 에너지 비용 상승, 병해충 문제, 수출 작물 품질 기준 등 농업 전반의 구조적 문제를 기술적으로 돌파하기 위한 플랫폼이자, 미래 대응형 생산 시스템입니다. 특히 다음과 같은 재배 환경을 가진 현장에서는 반밀폐형 온실의 도입을 적극적으로 고려해 볼 필요가 있습니다.

여름철 기온이 35℃를 넘나드는 고온 지역

무더위는 작물 생육을 크게 떨어뜨리고, 온실 내부 온도가 40℃ 이상으로 치솟으면 과실 손상이나 생식생장 장애가 빈번하게 발생합니다. 반밀폐형 온실은 외기를 차단한 상태에서도 냉각 공기 순환, 제습 제어, CO_2 농도 유지가 가능하므로, 한여름에도 생육 스트레스 없이 안정적인 환경을 유지할 수 있습니다.

CO_2 가격이 높거나 공급이 어려운 지역

CO_2는 광합성의 원료이며, 수확량을 결정짓는 중요한 요소입니다. 그러나 일부 지역에서는 CO_2 탱크 비용이 높거나 산업용 공급망이 제한되어 적절한 수준의 공급이 어렵습니다. 반밀폐형 온실은 외부와의 공기 교환이 적어 내부 CO_2가 쉽게 빠져나가지 않으며, 적은 투입으로도 고농도 유지가 가능합니다. 이는 경제성과 생장 효율 모두를 높여 주는 장점이 됩니다.

물 사용이 제약되거나, 용수 확보에 비용이 많이 드는 지역

지하수 사용이 제한되거나, 상수도 단가가 높은 지역은 급액에 사용되는 물 비용이 농장 운영비의 상당 부분을 차지합니다. 반밀폐형 온실은 기후 제어 장비를 통해 내부 증산을 정밀 조절하고, 배액 회수 및 재사용 시스템과 연동해 물 사용량 자체를 줄일 수 있는 구조이기 때문에, 물 절약+비료비 절감의 효과를 동시에 얻을 수 있습니다.

병해충 발생이 잦아 안정적인 생산이 어려운 지역

작물은 아무리 잘 키워도, 병해 한 번이면 상품성 전체가 무너질 수 있습니다. 특히 개방형 온실에서는 온실가루이, 파밤나방, 총채벌레 등이 환기창이나 출입구를 통해 유입되기 쉬운데, 반밀폐형 온실은 스테인리스 방충망, 고밀도 여과망 등으로 외부 해충을 구조적으로 차단합니다. 이는 IPM(종합적 병해충 관리)의 실효성을 높여, 농약 사용을 줄이고, 친환경 농산물 인증에도 유리한 조건을 만듭니다.

수출용 고품질 작물 생산을 목표로 하는 스마트팜

수출용 작물은 국내 유통보다 훨씬 높은 품질 기준과 균일성이 요구됩니다. 반밀폐형 온실은 공기 흐름, 온도, 습도, CO_2 농도 등을 온실 전체에 고르게 유지해, 작물 간 생장 편차를 줄이고, 당도, 크기, 착색, 수분율 등 상품성 지표를 표준화할 수 있는 환경을 제공합니다. 이는 고단가 계약재배나 유럽, 일본, 중동 등의 프리미엄 시장 진출을 위한 핵심 경쟁력이 됩니다.

"기술은 자연을 대신하는 것이 아니라, 자연을 이해하는 도구입니다."

우리는 이제 '땀과 날씨에 맡기는 농업'에서 벗어나야 합니다. 기후 변화로 인한 불확실성, 에너지 비용의 상승, 노동력 부족은 더 이상 선택의 문제가 아닌 현실적인 생존 조건이 되었습니다. 기술은 자연을 배제하기 위한 것이 아니라, 자연의 흐름을 더 잘 이해하고 그것을 농업에 조화롭게 적용하기 위한 수단입니다. 반밀폐형 온실은 그러한 기술의 총체이자, 농업의 다음 단계로 나아가기 위한 필수적 선택지입니다. 기후에 무기력하게 대응하는 농업이 아니라, 기술로 대응하고, 전략으로 돌파하는 농업. 그 최전선에 지금 여러분이 서 계십니다. 그리고 그 선택이, 미래의 수확을 결정합니다.

> **열고 닫는 시대는 끝났다:**
> **반밀폐형 온실이 바꾸는 농업의 상식**
> – 천창이 아닌 팬과 챔버로 기후를 통제하다

① 반밀폐형 온실의 등장 배경

기존 유리온실의 구조와 한계

전통적인 유리온실은 19세기 중반 북유럽에서 시작되어, 초기에는 작은 유리 상자 형태였다가 점차 규모가 커지며 사람이 출입할 수 있는 형태로 발전했습니다. 여름철 과열 문제를 해결하기 위해 천창이 도입되었고, 1970년대 에너지 위기 이후에는 보온 커튼, CO_2 주입 시스템, 재순환 급액 시스템 등 다양한 기술이 적용되어 고도화되었습니다. 그러나 기본적으로 자연 환기에 의존하는 구조에서 벗어나지 못했습니다. 자연 환기는 온실 내부와 외부의 온도 차, 바람 방향, 풍속, 환기창의 위치와 면적 등에 따라 달라지며, 온실의 전체 환기 면적이 바닥 면적의 15~30% 이상이어야 효과적입니다. 하지만 자연 환기만으로는 여름철 냉방이 어렵고, 외부 환경 변화에 민감하여 내부 환경을 정밀하게 제어하기 어렵습니다.

이로 인해 다음과 같은 문제가 발생했습니다.

- 에너지 손실이 큼: 환기창을 열면 온실 내 열이 외부로 빠져나가 난방·냉방 에너지 효율이 떨어짐
- CO_2 농도 유지가 어려움: 환기 시 외부 공기 유입으로 CO_2가 손실되어 광합성 효율 저하
- 병해충 유입에 취약: 환기창을 통한 해충, 병원균 유입 위험
- 환경 제어의 한계: 온도, 습도, CO_2 등 작물 생육에 최적화된 환경을 일정하게 유지하기 어려움

완전 밀폐형 온실의 시도와 한계

이러한 한계를 극복하기 위해 외부와의 공기 교환을 완전히 차단하는 '완전 밀폐형 온실'도 실험적으로 도입되었습니다. 완전 밀폐형 온실에서는 외부 공기 유입이 없어 CO_2와 열 손실이 거의 없고, 해충 유입도 원천 차단할 수 있습니다. 하지만 실제 운영에서는 다음과 같은 심각한 문제에 직면했습니다.

- 여름철 냉방 부담이 매우 큼: 외부와 완전히 차단된 공간에서 내부 열을 효과적으로 배출하기 어렵고, 냉방에 막대한 에너지가 소모됨
- 내부 습도 제거의 어려움: 환기가 거의 없어 습도가 높아지고, 이로 인해 병해 발생 위험이 커짐
- 경제성 저하: 높은 에너지 비용과 복잡한 설비로 인해 대규모 상업적 운영의 경제성이 떨어짐

반밀폐형 온실의 등장

이러한 전통 유리온실과 완전 밀폐형 온실의 한계를 해결하고자 등장한 것이 바로 '반밀폐형 온실'입니다. 반밀폐형 온실은 다음과 같은 특징과 배경을 가지고 있습니다.

- 외부 공기 유입을 최소화하면서도, 필요에 따라 강제 환기와 냉난방 시스템을 활용해 내부 환경을 적극적으로 제어
- 내부 압력을 외부보다 높게 유지하여 해충 유입을 차단하고, CO_2 손실을 최소화해 광합성 효율을 높임
- 환경제어 시스템(HVAC, 쿨링패드, 이중덕트, 열교환기 등)을 통해 온도·습도·CO_2 농도 등 재배 환경을 정밀하게 조절
- 환기창 개수를 최소화해 에너지와 CO_2 손실을 줄이고, 방충망 및 양압 구조로 병해충 유입 방지
- 에너지 사용량과 CO_2 발생량을 줄이고, 물과 에너지 이용 효율을 높여 지속 가능한 농업 실현

반밀폐형 온실은 2000년대 초 미국에서 병해충 문제를 줄이기 위한 목적으로 처음 도입되었고, 이후 장점이 부각되면서 유럽, 캐나다, 일본, 중국 등으로 빠르게 확산되었습니다. 국내에서도 2017년부터 대형 반밀폐형 온실이 도입되어, 생산성 향상과 에너지 절감, 농약 사용 감소, 고품질 농산물 생산 등 다양한 효과가 검증되고 있습니다.

반밀폐형 온실은 기존 유리온실의 에너지 손실, CO_2 관리, 병해충 유

입 등 구조적 한계를 극복하고, 완전 밀폐형 온실의 냉방 부담과 경제성 문제를 보완한 혁신적인 온실 시스템입니다. 능동적 환경 제어와 에너지 효율, 생산성, 지속 가능성 측면에서 미래형 온실의 새로운 표준으로 자리 잡아가고 있습니다

② 반밀폐형 온실의 작동 원리: 공기의 흐름과 제어 방식

반밀폐형 온실의 가장 핵심적인 차별점은 공기의 흐름을 자연에 맡기지 않고, 기계적으로 '설계'하고 '제어'한다는 점입니다. 이를 이해하려면 온실 내부 공기가 어떻게 이동하고 조절되는지를 알아야 합니다.

기후 챔버(Climate Chamber)

온실 한쪽 끝 벽에는 '기후 챔버'라는 공간이 설치되어 있습니다. 이 챔버는 일종의 기계실로, 여기에는 강력한 송풍 팬(fan)이 장착되어 있어 외부 공기를 빨아들입니다. 공기는 두 가지 경로로 들어오는데:

- 외부에서 직접 들어온 신선한 공기
- 내부에서 다시 순환되는 재사용 공기

이 두 공기는 챔버 안에서 혼합되어 적정 온도와 습도로 조절된 후 온실 내부로 공급됩니다.

양압 구조와 공기 유입

팬이 공기를 밀어 넣으면, 온실 내부는 외부보다 기압이 높은 상태(양압, positive pressure)가 됩니다. 이렇게 되면 외부에서 공기가 자연스럽게 유입되기보다는 내부 공기가 의도적으로 바깥으로 밀려 나가는 구조가 됩니다. 이 양압 구조는 해충의 유입을 막는 데 매우 효과적입니다. 해충은 공기 흐름을 거슬러 들어오기 어렵기 때문입니다.

재순환 창(Recirculation Window)

기후 챔버에는 '재순환 창'이라는 조절창이 있습니다. 이 창을 통해 온실 내부의 더운 공기 일부를 다시 기후 챔버로 보내, 외기와 섞어 재활용할 수 있습니다. 이 기능은 특히 겨울철처럼 외기가 차고 어두운 날씨일 때 유용합니다. 외부 공기를 최소화하면서도 내부 공기만을 순환시켜 CO_2 농도를 높게 유지할 수 있습니다.

지붕 환기창(Roof Vent)

내부 온도나 습도가 너무 높아질 경우, 지붕 환기창이 열려 내부 공기를 외부로 내보냅니다. 이때도 팬이 계속 작동하고 있기 때문에, 공기의 흐름은 여전히 일정하게 유지되며, 필요한 양만큼만 통제된 방식으로 환기됩니다.

③ 공기를 '층'으로 나눠 관리하다

반밀폐형 온실에서는 지면에서 약 0.5미터 높이에 위치한 공기 분배구를 통해 차가운 공기를 천천히 뿌려 줍니다. 이 냉각된 공기(약 18℃)는 마치 시냇물이 작물 사이를 흐르듯 아래에서부터 천천히 퍼져 나갑니다. 공기는 작물 사이를 지나며 점차 따뜻해지는데, 이는 햇빛의 복사열과 식물의 증산 작용 때문입니다. 그 결과, 온실 내부에는 자연스럽게 3단계 온도 구배가 형성됩니다. 뿌리 주변은 약 22℃, 작물 생장점(줄기 꼭대기 부분)은 약 25℃, 온실의 윗부분은 약 28℃까지 올라갑니다. 이처럼 공기가 위로 갈수록 따뜻해지는 구조는 작물이 가장 민감한 부분인 생장점이 과열되는 것을 막아 줍니다. 실제로 전통 온실에서는 뜨거운 공기가 생장점을 직접 덮치기 때문에 광합성 효율이 크게 떨어지지만, 반밀폐형 온실에서는 위로 쌓인 공기층이 자연스럽게 열을 위로 밀어내어 이를 피할 수 있습니다. 네덜란드의 와겐닝겐 대학이 2025년에 발표한 연구에 따르면, 이러한 온도 구배 구조 덕분에 토마토 수확량이 헥타르당 1,000톤까지 증가했습니다.

반밀폐형 온실의 천창 모습

④ 공기를 '보는' 기술, 정밀 센서 네트워크

반밀폐형 온실은 단순히 공기를 잘 나누는 데 그치지 않고, 그 상태를 정밀하게 모니터링하는 기술도 갖추고 있습니다. 상층에는 적외선 열화상 센서가 설치되어 2분 간격으로 온실 상부의 열 축적 상태를 분석합니다. 중간층에는 레이저 센서가 설치되어, 공기 중의 수분 입자 농도를 아주 정밀하게 측정합니다. 이 덕분에 공기 중에서 곰팡이성 병해가 발생할 가능성까지 사전에 파악할 수 있습니다. 지면 쪽에는 냉각 공기가 얼마나 잘 분포되고 있는지를 확인하는 센서도 설치되어 있습니다. 만약 온도가 너무 높다고 판단되면, 자동으로 공기 유입량을 늘려 균형을 맞춥니다.

⑤ 낮보다 더 중요한 '밤의 온실'

이 시스템의 진가는 밤에 더욱 빛을 발합니다. 외부 기온이 영하 5℃까지 떨어지는 겨울철에도, 온실 상부에 모여 있는 따뜻한 공기를 지열 열교환기로 회수하여 온실 난방에 다시 활용할 수 있습니다. 실제로 국내 시범 재배지에서는 이 시스템을 통해 난방 에너지를 31% 절감했고, 겨울철 오이 재배 시 발생하던 열 피해도 7% 이상에서 1% 미만으로 낮아졌습니다.

⑥ 공기 흐름이 바꾸는 생리 작용

공기층을 나누어 관리하면 단순히 온도만 안정되는 것이 아닙니다. 상승하는 기류가 CO_2를 작물의 잎에 더 효율적으로 전달하게 되고, 이는 광합성률을 평균 23%까지 향상시킵니다. 또한 수직으로 흐르는 공기는 곰팡이 포자가 식물에 달라붙는 것을 억제해 병해 발생률도 낮춰 줍니다. 에너지 효율 측면에서도 큰 효과를 보입니다. 예를 들어 토마토 1톤을 생산하는 데 필요한 냉방 에너지는 기존 18kWh에서 약 14.7kWh로 줄어들 수 있습니다.

⑦ 농업의 새로운 지평: 데이터 기반 생태계

2025년 현재, 반밀폐형 온실은 단순한 재배 설비를 넘어 데이터 기반 생태계로 진화하고 있습니다. 인공지능이 온실 내부의 15개 층의 공기 데이터를 실시간 분석해, 가장 적절한 환기 방법을 제안합니다. 뿐만 아니라 에너지 소비 정보는 블록체인을 통해 기록되어, 탄소배출권 거래에도 활용할 수 있습니다. 이는 농업이 단순한 작물 생산을 넘어, 환경과 기술이 결합된 미래형 인프라로 거듭나고 있다는 강력한 신호입니다.

반밀폐형 온실은 단순히 "외부와 덜 통하는 구조"가 아니라, 공기의 흐름 자체를 설계하고 제어하는 온실 시스템입니다. 외부 환경에 좌우되지 않고 작물에게 필요한 조건을 인위적으로 조성할 수 있다는 점에서, 고온지대, 도시형 온실, 에너지 절감형 스마트팜 등 다양한 분야에서 그 가능성이 주목받고 있습니다. 이러한 온실은 높은 초기 투자비와 전력 소비가 단점일 수 있으나, 장기적으로는 생산성, 품질, 지속 가능성 측면에서 매우 우수한 대안이 될 수 있습니다.

왜 반밀폐형 온실인가?
– 전통 온실과의 차이를 넘어선 농업의 새로운 표준

스마트팜 기술이 발전하면서 농업의 환경 제어 방식에도 큰 변화가 일어나고 있습니다. 특히 기후 변화와 식량 안정성 확보의 과제가 커지면서, 더 정밀하고 효율적인 온실 시스템에 대한 요구가 커지고 있습니다. 이 가운데 주목받고 있는 기술이 바로 '반밀폐형 온실'입니다. 그렇다면, 기존의 전통형 온실이나 패드앤팬(Pad & Fan) 방식의 온실과 비교했을 때, 무엇이 어떻게 다른 걸까요?

① **전통형(Venlo형) 온실의 한계**

전통적인 유리온실은 '자연 환기'라는 단순한 원리를 기반으로 설계되어 있습니다. 지붕의 천창이 열리면 더운 공기가 빠져나가고, 그 자리에 외부의 차가운 공기가 들어오며 내부 공기가 순환됩니다. 겉보기에는 자연스럽고 단순한 구조지만, 실상은 여러 가지 문제를 안고 있습니다. 첫째, 외부 바람의 세기와 방향에 따라 내부 공기 흐름이 결정되므로, 환경 제어가 불안정합니다. 둘째, 상부에서는 공기가 잘 순환되지만, 하부(식물의 잎과 뿌리 주변)까지 공기가 도달하지 않기 때문에 작물의 하단 잎이 충분히 증산과 광합성을 하지 못합니다. 셋째, 환기 시 내부의 CO_2도 함께 빠져나가, 고농도 CO_2 환경 유지를 어렵게 만듭니다. 결과적으로, 작물의 생육 효율은 떨어지고, 병해충 유입 위험도 커지며, 에너지와 영양 자원의 낭비가 발생합니다.

② **패드앤팬 온실: 고온기 냉방의 대안, 그러나…**

고온 환경에서 전통형 온실의 냉방 성능은 한계를 보입니다. 이를 해결하기 위한 방식으로 등장한 것이 '패드앤팬' 시스템입니다. 이 방식은 한쪽 벽에 설치된 습식 냉각 패드(wet pad)와 반대쪽 벽에 있는 팬(fan)을 이용해 공기를 강제로 순환시킵니다. 외부의 뜨거운 공기가 패드를 통과하면서 증발 냉각되고, 팬이 이를 온실 내부로 끌어들이는 방식입니다. 이론적으로는 효과적이지만, 현실은 그렇게 단순하지 않습니다.

- 외부 습도가 높아지면 냉각 효과가 급격히 줄어듭니다. 예를 들어, 외부 온도가 45℃이고 상대습도가 50%일 경우, 아무리 냉각해도 내부 온도는 30℃ 이하로 떨어지지 않습니다. 이는 많은 작물에 스트레스를 주는 수준입니다.
- 온실 길이가 길어질수록 냉각 효과의 편차가 심해집니다. 냉각된 공기가 온실을 지나면서 점점 더워지기 때문에, 패드 쪽과 팬 쪽의

온도 차가 6℃ 이상 차이 나기도 합니다. 이로 인해 같은 온실 안에서도 작물의 생육 조건이 균일하지 않아 수량과 품질에 부정적 영향을 줍니다.
- CO_2 유지가 어렵고, 해충 유입률도 높습니다. 패드와 팬이 외부 공기를 대량으로 들이기 때문에, 유입되는 공기를 걸러내는 정밀한 필터나 방충망을 설치하기 어려우며, CO_2도 쉽게 희석됩니다.

결론적으로, 패드앤팬 온실은 고온기 냉방에 효과적일 수는 있으나, 환경 통제의 정밀성이나 작물 품질 면에서는 한계가 많습니다.

③ 반밀폐형 온실: 설계된 공기의 흐름

반면, 반밀폐형 온실은 공기의 흐름을 설계하고 제어하는 방식으로 작동합니다. 이 온실의 핵심은 단순히 '외기를 유입한다'가 아니라, 외기와 내기를 어떤 비율로, 어떤 속도로, 어떤 위치로 보내느냐에 있습니다.

- 외부 공기는 기후 챔버라는 전용 공간에서 사전 냉각 및 습도 조절을 거쳐 온실 내부로 송풍됩니다.
- 이 공기는 식물의 줄기와 잎 사이를 지나면서 점차 따뜻해지며 상부로 올라갑니다. 이 과정에서 식물은 공기 중의 CO_2를 충분히 흡수하고, 증산 작용을 활발히 수행합니다.
- 팬의 속도 조절을 통해 유입 공기의 양을 조절할 수 있어, 정밀한 미세기후 제어가 가능해집니다.

- 외기 유입량이 적기 때문에, 내부 CO_2 농도를 1,000ppm 이상으로 유지하기가 훨씬 수월합니다.
- 내부 양압을 유지하고, 외기 유입구에 미세 방충망을 설치할 수 있어 병해충 유입이 현저히 줄어듭니다.

또한 반밀폐형 온실은 내부 전체의 온도를 균일하게 유지할 수 있기 때문에, 온실의 크기가 커지더라도 문제 되지 않습니다. 이는 대규모(5~10헥타르급) 온실 운영에 있어 매우 큰 장점입니다.

④ 환기 횟수 비교: 효율성의 차이

온실 내부 온도를 유지하기 위해 얼마나 자주 공기를 교환해야 하는지를 보면, 반밀폐형 온실의 효율성이 더욱 명확해집니다. 패드앤팬 온실은 시간당 30~60회 공기를 교환해야 내부 온도를 유지할 수 있는 반면, 반밀폐형 온실은 시간당 약 8~10회만으로도 충분합니다. 이는 단순히 에너지 절감뿐만 아니라, 온실 내 CO_2 농도 유지, 작물 스트레스 최소화, 에너지비 절감이라는 실질적인 이점으로 이어집니다.

열 부하 감소(72%↓)

반밀폐형 시스템은 공기 재순환으로 시간당 1,800kW의 잉여열을 회수, 패드앤팬 대비 열 제거 요구량이 $3.8MJ/㎡ \cdot day \rightarrow 1.1MJ/㎡ \cdot day$로 감소합니다.

CO_2 농도 유지력

시스템	CO_2 손실률	유지 농도
패드앤팬	89%/hr	450ppm
반밀폐형	12%/hr	1,200ppm

CO_2 농도 1,200ppm 유지를 위해 패드앤팬은 시간당 34회, 반밀폐형은 4회 정도 환기가 필요합니다.

공기 분포 균일성

반밀폐형은 공기 분배 슬리브를 통해 0.5~1.5m/s의 균일 유속을 유지하며, 최대 온도편차는 1.2℃입니다(패드앤팬 6.5℃).

최적화 사례(네덜란드 와겐닝겐 대학)

10ha 반밀폐형 온실에서 시간당 8.7회 환기를 유지하며, 35% 에너지 절감과 동시에 토마토 수확량 850톤/ha를 달성했습니다. 이는 동일 규모의 패드앤팬 시스템에서 시간당 47회 환기를 필요로 하는 것과 비교했을 때 혁신적인 효율 개선입니다.

⑤ 반밀폐형 온실은 미래형 농업의 기반

반밀폐형 온실은 단순한 냉방이나 환기 방식의 변화가 아니라, 농업의 기후 제어 패러다임 자체를 바꾸는 시스템입니다.

- CO_2 농도 유지
- 병해충 차단
- 고온기 생산 안정성
- 대규모 농장 운영 가능
- 에너지 효율 향상

이러한 장점은 점점 더 많은 농업인들이 반밀폐형 온실을 선택하게 하는 이유가 됩니다. 특히 고온 다습한 기후에서 안정적으로 고품질 작물을 생산해야 하는 지역에서는, 이제 반밀폐형 온실이 단순한 선택이 아닌 필수 전략이 되고 있습니다.

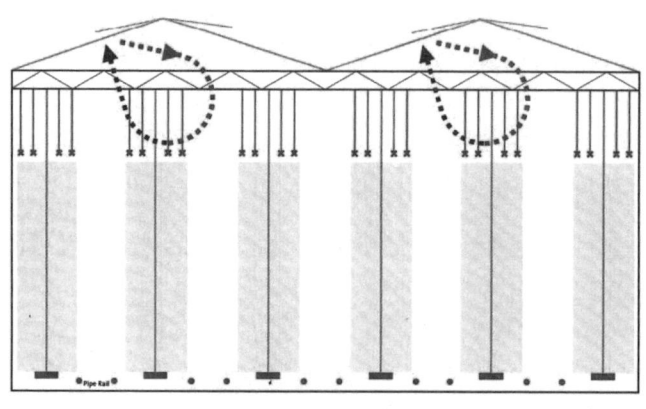

일반적인 온실의 환기

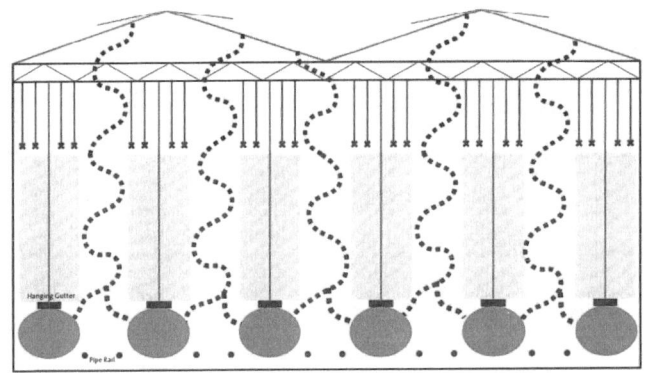

반밀폐형 온실의 환기

온실의 기압을 조절하다: 공기로 만드는 최적 생장 환경
– 팬과 덕트, 압력 센서가 만든 반밀폐형 온실의 정밀 온도 제어 메커니즘

전 세계 대부분의 지역은 여름철 30℃ 이상의 고온을 경험합니다. 이 온도는 많은 과채류의 꽃가루 품질을 떨어뜨리고, 결과적으로 모양이 나쁘고 수명이 짧은 과실이 생산됩니다. 전통적인 유리온실은 여름이 서늘한 고위도 지역에 적합하지만, 겨울철 햇빛이 부족해 연중 재배에는 불리합니다. 반면 남유럽, 미국 남부, 멕시코 등은 겨울에는 햇빛이 풍부하지만 여름이 지나치게 더워 여름 재배에는 어려움이 있습니다.

이러한 모순을 해결하기 위해 반밀폐형 온실이 등장했습니다. 이 시스템은 냉방, 환기, 병해충 차단, CO_2 제어 등 여러 복합 환경요소를 **압력 기반 제어 시스템**으로 통합해, 기존의 온실이 가진 한계를 극복하고 지속 가능한 재배를 가능케 합니다.

① **압력 제어는 어떻게 작동할까?**

공기 유입: 팬과 덕트로 제어

온실 측면이나 지하에 설치된 AHU(Air Handling Unit)는 거대한 팬을 이용해 외부 공기를 초당 수십 회씩 밀어 넣습니다. 이 팬은 최대 시간당 33,000㎥의 공기를 처리할 수 있으며, 온실 내부 압력을 5~15파스칼(Pa) 정도 높이는 데 사용됩니다. 이는 대기압보다 약간 높은 수준으로, 외부 공기의 자연 유입을 차단하고, 해충이나 오염물질의 유입 가능성을 줄여 줍니다. 공기를 전달하는 덕트는 약 1미터 직경의 이중관으로 구성되며, 팬 속도는 인버터(VFD)를 이용해 30~100%까지 자유롭게 조절할 수 있습니다. 또한, 덕트 끝단에는 압력 센서가 설치되어 있어 항상 정압(85Pa)을 유지할 수 있도록 제어합니다.

공기 배출: 자동으로 여닫는 측창

외부로 공기를 배출하는 측창은 정교한 전동 액추에이터로 조정됩니다. 각 창은 0.5도 단위로 세밀하게 개방되며, 내부 압력 차를 정밀하게 조정하는 역할을 합니다. 예를 들어 내부 압력이 너무 높아질 경우, 창이 조금 열려 압력을 해소하고, 그 반대의 경우에는 닫혀서 내부 공기를 보존합니다.

피드백 시스템: 실시간 데이터 기반 제어

온실 내부에는 온도와 압력을 측정하는 15개 이상의 센서가 설치되어 있으며, 이들은 2분마다 데이터를 전송합니다. 이 정보는 중앙 제어 시스템(PID 제어기)에 입력되어, 팬의 회전 속도(RPM)와 창문의 개방 각도를 동시에 조정합니다. 이렇게 함으로써, 기후 변화에 대한 반응속도와 정밀도 모두를 확보할 수 있습니다.

② 기후 변화에 따른 동적 대응: 압력을 조절하는 과정

온실 내부에 태양 복사 에너지가 강하게 들어오면, 상층부 공기가 빠르게 가열됩니다. 예를 들어, 태양 복사량이 211W/㎡에 도달하면 상부 온도가 급상승하게 되는데, 이때 압력 센서가 온도 상승과 함께 압력 이상($\Delta P \geq 5Pa$)을 감지합니다.

이에 따라 시스템은 다음과 같이 작동합니다:

- 팬의 풍량을 약 20% 증가시켜 더 많은 공기를 내부로 밀어 넣고,
- 측면 하부의 창을 15도 정도 개방하여 낮은 압력 영역(음압)을 형성합니다.
- 이렇게 되면 상하 간 압력 차이가 생기고, 공기가 위에서 아래로 흐르던 방향이 수직 기류(0.5~1.5m/s)로 재형성되며 작물 전체에 고르게 퍼지게 됩니다.

이러한 기류 재배치를 통해 전통 온실에서는 6℃ 가까이 벌어졌던 구역 간 온도 차가 1℃ 이내로 줄어드는 효과를 보입니다.

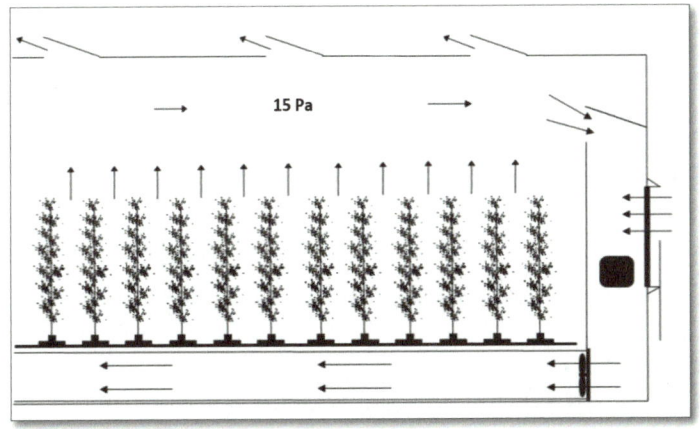

반밀폐형 온실 내 기류

③ 에너지도 절약할 수 있다

반밀폐형 온실은 단순히 정밀 제어만이 아닌, 에너지 절감에도 뛰어납니다.

- 배출되는 더운 공기의 78% 열은 지열 열교환기를 통해 회수됩니다.
- 압력 차를 최적 범위로 유지하면, 팬이 과도하게 작동할 필요가 없으므로 전력 소모가 약 23% 줄어듭니다.
- CO_2 손실도 감소합니다. 압력 차가 10Pa로 유지되면 시간당 CO_2 손실률이 12% 이하로 억제됩니다.

④ 팬 속도는 최후의 수단

많은 초보 재배자들이 "온도가 높으니 팬을 세게 돌려야 한다"고 생각하지만, 반밀폐형 온실에서는 식물 자체의 증산 작용이 가장 강력한 냉방 시스템입니다. 팬 속도가 너무 높으면 식물이 스스로 기온을 식힐 기회를 잃게 되어 역효과가 납니다.

- 팬 속도=전통 온실의 천창 개방 정도라고 생각해야 하며
- 최대한 천천히, 필요할 때만 빠르게 해야 최적의 기후를 만들 수 있습니다.

⑤ 셰이딩(차광)의 재발견

전통 온실에서는 차광막을 치면 공기 흐름이 막혀 버리지만, 반밀폐형 온실은 바닥에서부터 팬으로 공기를 밀어 넣기 때문에 차광막을 쳐도 공기는 계속 흐릅니다. 적정한 차광은 광합성에 필요한 빛(1,800J)을 확보하면서도 과도한 열을 줄여 냉방 에너지 사용을 대폭 줄입니다.

⑥ '기후를 만든다'는 것의 의미

우리가 설정할 수 있는 온도, 습도, CO_2 농도, 광량 등의 변수는 많지만, 이 모든 것을 작물 생장에 최적인 조건으로 '조율'하는 것은 마치 지휘자가 오케스트라를 지휘하는 것과 같습니다. 이것이 바로 '기후 만들기(the art of making a climate)'이며, AI가 주목하는 영역이기도 합니다. 실제로 2020년 자율형 온실 챌린지에서, 'The Automatoes' 팀은 AI가 스스로 최적의 'sweet spot(기후 황금 지점)'을 찾아내어 최고 수확량과 최소 CO_2 투입을 달성했습니다.

⑦ 실제 사례에서 입증된 효과

네덜란드 와겐닝겐 대학의 1.2헥타르 실험 온실에서는 이 시스템이 실제로 도입되어 다음과 같은 결과를 얻었습니다:

- 야간 외기 온도가 -5℃인 겨울철에도, 내부를 18℃로 유지하며 난방 에너지를 41% 절감했습니다.
- 작물 생장 편차는 71% 감소했으며, 120m 거리에서도 수직 온도 편차가 ±0.8℃ 이내로 균일하게 유지되었습니다.
- 팬 가동 시간은 기존 대비 54% 감소, 즉 필요할 때만 작동함으로써 불필요한 에너지 낭비를 줄였습니다.

⑧ 압력은 농업의 새로운 언어다

지금까지 농업은 '햇빛과 물'의 과학이라 여겨졌습니다. 그러나 반밀폐형 온실이 보여 주는 것은, 공기와 압력도 작물 생장에 있어 결정적인 요소라는 점입니다. 정밀한 압력 조절을 통해 내부 기류를 원하는 대로 설계할 수 있고, 이는 곧 온도, 습도, CO_2, 병해까지 관리할 수 있는 길을 열어 줍니다. 2025년 현재, 한국에서도 이미 반밀폐형 온실에 이 시스템이 도입되어 있으며, 기존 온실보다 훨씬 적은 환기 횟수(시간당 8회)로도 안정적인 작물 생산 환경을 유지하고 있습니다.

⑨ 온실을 넘어, 기후를 설계하는 플랫폼

반밀폐형 온실은 단순히 온도를 낮추는 장치가 아닙니다. 기류, 압력, 습도, 광량, 식물 반응을 통합 제어해 최적의 생육 환경을 창조하는 스마트 플랫폼입니다. 성공적인 운영을 위해선 기계적 유지보수는 물론, 새로운 작물 생리 이해와 작물 중심의 감각적 판단이 요구됩니다.

습도도
'데이터로 설계'하는 시대
- 반밀폐형 온실이 말하는 또 하나의 언어

① 습도는 또 다른 언어다

반밀폐형 온실에서는 온도뿐 아니라 습도 관리 전략도 전통적인 온실과 완전히 다릅니다. 습도는 공기 중 수분 농도의 차이로 인해 자연스럽게 균등화되긴 하지만, 온도보다 느리게 반응하기 때문에 지속적인 공기 흐름이 필수입니다. 반밀폐형 온실은 하부에서 팬을 통해 공기를 유입하고, 이 공기가 작물의 줄기 사이를 지나가면서 증산을 유도해 식물의 호흡을 활성화시킵니다.

② 습도 결핍(Humidity Deficit, HD)의 의미

- 상대습도(RH)는 공기 1kg당 수분이 얼마나 포함되어 있는지를,
- 절대습도(AH)는 그 수분의 총량을,

- HD(습도부족분)는 현재 공기에 추가로 수분을 얼마나 더 넣을 수 있는지를 의미합니다.

즉, HD=AH_max-AH_actual입니다. 예를 들어, 온실 온도가 18℃일 때, 외부에서 100% 습도를 가진 15℃ 공기를 들여오면 내부 습도는 약 84%로 떨어지며, 결로 위험 없이 안전하게 습도를 높일 수 있습니다. 원리는 아래와 같습니다.

- 온실 내부 온도: 18℃
- 외부 공기: 15℃, 상대습도 100%(포화 수증기 상태)
- 외부 공기를 온실로 유입 → 온실 내부의 습도에 어떤 변화가 생기는가?
- 15℃에서 포화 수증기량 ≈ **12.8g/㎥**
- 18℃에서 공기가 가질 수 있는 최대 수증기량 ≈ **15.3g/㎥**

이제 상대습도를 계산해 보면:

RHnew=기존 수증기량/새로운 온도에서의 포화 수증기량=12.8/15.3 ≈0.837→83.7%

③ 전통적인 기존 온실에서는?

- 자연 환기에 의존 → 외부의 습한 공기를 그대로 들여오면 내부도 바로 습해짐

- 환기 시 결로 위험 커짐(특히 밤에 외기가 차가울 경우)

④ 그러나, 반밀폐형 온실에서는?

- 팬+덕트 시스템으로 외기 유입을 제어된 속도와 양으로 공급
- 외기 온도와 습도를 실시간 분석해, 결로 위험 없이 습도만 높일 수 있도록 설계
- 하부에서 냉각된 공기를 분사 → 상승 기류 형성 → 균일한 수직 습도 분포 유도

즉, 반밀폐형 온실은 '단순히 공기를 들이느냐 마느냐'의 문제가 아니라, '언제, 어떤 온도와 습도에서, 얼마나 들이느냐'를 수치 기반으로 제어하기 때문에 결로 없이, 에너지 낭비 없이, 식물이 선호하는 습도를 유지할 수 있습니다.

⑤ 밤의 습도 전략 - 습한 공기 vs. 공기 흐름

밤에 패드월(습식 냉각벽)을 사용하면 곰팡이 위험이 있다고 우려할 수 있지만, 반밀폐형 온실에서는 팬이 지속적으로 공기를 움직여 주기 때문에 오히려 습기를 제거하는 데 더 효과적입니다. 패드월로 유입되는 공기가 내부보다 차가우면 결로는 발생하지 않습니다. 왜냐하면, 팬은 난방 파이프보다 더 효과적으로 공기를 움직입니다. 낮에는 건조한 공기가 너무 빠르게 지나가면 식물이 탈진(exhaustion)할 수 있으므로, 팬 속

도를 낮추는 것이 좋습니다.

⑥ 전통 온실에서의 HD 전략: "HD가 1.0~2.0g/kg 이하로 떨어지면 난방"

전통적인 유리온실에서는 HD가 1.0~2.0g/kg 이하로 떨어지면 너무 습하다고 판단하여 난방을 시작합니다. 왜냐하면 상대적으로 정체된 공기 속에서 습도가 높아지면:

- 잎 표면이 젖고,
- 결로가 생기며,
- 병해(특히 곰팡이)가 증가하고,
- 증산이 저하되어 양분 이동도 막히기 때문입니다.

즉, 전통 온실은 HD가 너무 낮아지면 환기를 하거나, 난방으로 공기를 데워 HD를 억지로 높이는 방식을 씁니다. 하지만 이 방법은 에너지를 많이 소모하게 됩니다. 난방을 통해 공기를 데우면 습도는 떨어지지만 열 손실이 크고, 온실 전체 기류가 고르지 않아 잎 표면이 계속 젖은 채로 남을 수 있습니다.

⑦ 반밀폐형 온실의 전략: "HD 0.2~0.5g/kg까지 허용 가능"

반면 반밀폐형 온실에서는 HD가 0.2~0.5g/kg로 매우 낮더라도, 이를 병해 위험으로 보지 않고 그대로 유지할 수 있습니다. 그 이유는 다음과

같습니다:

- 팬이 강제로 공기를 순환시키기 때문에
- 잎 표면의 수분이 정체되지 않고
- 공기가 식물 사이사이로 고르게 흐르며
- 습도가 매우 균일하게 분포되기 때문입니다.

예를 들어, HD가 0.3g/kg인 상태라면:

조건	전통 온실	반밀폐형 온실
HD 0.3g/kg	난방 가동, 습도 낮춤	그대로 유지 가능
잎 표면 수분	쉽게 정체됨 → 병해 위험	지속적 기류 → 증발 유도
에너지 소비	높음(난방 가동)	낮음(팬만 가동)

결과적으로, 반밀폐형 온실은 습도 환경이 식물의 '감각'에 더 자연스럽게 맞춰져 있기 때문에, 같은 HD 수치에서도 작물이 받는 스트레스가 훨씬 적습니다.

⑧ 식물의 감각에 가까운 제어 방식

HD 수치 자체는 단지 숫자일 뿐입니다. 중요한 것은 그 숫자가 식물에게 어떤 감각으로 다가오는지를 시스템이 얼마나 '잘 이해하고 반응하느냐'입니다. 전통 온실은 온도와 습도 자체를 조정하려 들지만, 반밀폐형 온실은 '기류와 환경 균일성'을 확보해 HD가 낮더라도 식물에게 스트레스를 주지 않는 시스템을 구현합니다. 이 차이는 곧 에너지 소비, 병해 위험, 생장 효율이라는 실질적인 결과로 이어집니다.

⑨ 과도한 공기 흐름과 식물의 스트레스

공기 흐름이 너무 강하면 식물이 필요 이상으로 증산을 하게 되고, 그 결과 에너지를 과도하게 소모하며 과일이 아니라 잎을 키우게 됩니다. 예를 들어, 온도와 습도가 비슷한 두 온실이라도 팬 속도가 더 빠른 온실에서는 식물의 증산량이 최대 16% 더 많았고, 이는 곧 스트레스로 이어졌습니다.

⑩ HD와 공기 흐름의 균형이 핵심

- 공기 유속이 높으면 허용 가능한 HD는 낮아야 하며,
- 공기 유속이 낮으면 HD가 다소 높아도 식물은 안정적으로 생장할 수 있습니다.

실제로, 반밀폐형 온실에서는 HD 1.7g/kg 이상이면 대부분의 작물은 과도한 증산으로 인해 생산량이 감소합니다. HD는 단순히 숫자가 아니라, 팬 속도와 공기 교환량, 그리고 작물의 상태에 따라 달라지는 생리적 신호입니다.

⑪ 생리적 반응의 전환점: 과도한 HD가 만든 '잎의 괴물'

식물은 말이 없지만, 환경에 따라 몸의 구조를 바꿔 가며 생리적으로 반응합니다. 특히 빛의 양과 습도의 정도는 식물이 잎을 키울지, 열매를 키울지를 결정짓는 중요한 신호입니다.

강한 빛+건조한 공기="잎을 더 키우자"

예를 들어, 햇빛이 매우 강하고, 공기가 건조한 환경(Humidity Deficit가 큰 상황)에서는 식물은 일종의 '방어 전략'을 취하게 됩니다. 증산이 활발해지고, 수분 손실이 많아지면 식물은 이를 보완하기 위해 잎의 크기와 수를 늘려 광합성을 최대화하려 합니다. 하지만 이 과정에서 많은 에너지가 잎 성장에만 쓰이고, 결과적으로 열매나 과실로 자원을 보내는 속도가 느려지게 됩니다. 이 현상은 특히 저위도 국가들, 예를 들어 중동, 동남아시아, 남부 유럽처럼 햇빛이 많고 공기가 매우 건조한 지역에서 자주 발생합니다. 식물이 '잎의 괴물(Monster Leaves)'처럼 잎만 왕성하게 자라며 열매는 늦게 맺는 것입니다.

반대로, 네덜란드와 같은 지역은 여름철에 온도는 20~25℃ 수준으로 온화하고, 외부 습도는 한국보다는 낮지만, 온실 내부의 습도는 매우 정밀하게 유지됩니다.

반밀폐형 온실에서는 이러한 환경에서

- HD를 낮게 유지하고

- 기류를 정밀하게 조절하여,
- 작물이 스트레스를 받지 않도록 만듭니다.

이때 식물은 굳이 몸을 키워 방어할 필요가 없기 때문에,

- 잎은 작고 얇게 유지되며,
- 더 많은 에너지를 열매로 전환하는 데 쓸 수 있습니다.

즉, 광합성 효율은 유지하면서도 에너지 배분이 과실 중심으로 전환되는 것입니다. 요약해 보면,

- 빛이 많다고 무조건 생산량이 늘지 않습니다.
- 건조함이 동반된 빛은 오히려 식물을 지치게 만들어 잎에 에너지를 빼앗깁니다.
- 반면, 적절한 습도와 기류 조절이 있는 환경에서는 작물은 잎이 아닌 열매 중심의 생장을 선택합니다.

반밀폐형 온실은 이 문제를 해결하기 위해 HD를 낮추고, 팬과 센서, 공기 흐름 제어를 통해

- "너무 뜨겁지도 않고,
- 너무 건조하지도 않은
- 식물이 안심하고 열매를 맺을 수 있는 환경"을 만드는 기술입니다.

⑫ 낮에는 HD를 낮게 유지한다 - 식물의 피로를 줄이는 전략

낮에는 일사량이 강해지고, 광합성도 활발하게 일어납니다. 하지만 HD가 높아지면(공기가 너무 건조해지면) 식물은 과도하게 수분을 증산하며 스스로를 냉각시키려 합니다.

이때 식물이 '버티기 모드'로 들어가며:

- 잎은 계속 커지고,
- 열매 형성이 지연되며,
- 에너지가 '방어'에만 쓰이게 됩니다.

따라서 낮 시간에는 HD를 0.5~1.2g/kg 수준으로 조절하며, 팬 속도를 적절히 조절해 공기를 식물 사이로 부드럽게 순환시켜야 합니다.

- 패드월을 낮 시간 동안 간헐적으로 가동하여 습도 공급
- 팬 속도는 증산을 자극하지 않을 정도(30~60%)로 유지
- 필요시 천창을 미세 개방하여 상층부 열기 제거

이로써 식물이 불필요하게 지치지 않고, 광합성으로 얻은 에너지를 잎이 아닌 열매에 투자할 수 있습니다.

⑬ 밤과 흐린 날에는 공기 흐름으로 뿌리 활성을 유지한다

밤이나 흐린 날에는 광합성이 적고 기온도 낮아져 식물의 활동성이 떨어집니다. 하지만 뿌리의 산소 공급과 수분 순환은 계속되어야 작물이 균형 있게 자랄 수 있습니다.

이때 중요한 전략은:

- HD를 억지로 낮추는 게 아니라,
- 공기 흐름을 유지하면서 습도를 정체시키지 않는 것입니다.

이 과정에서 HD는 0.3~0.5g/kg 정도로 유지하면 병해 위험 없이 뿌리 생리 활성을 유지할 수 있습니다.

⑭ 팬, 패드월, 천창의 정교한 조합이 핵심

습도는 단순히 수치를 맞추는 것이 아니라, 기류의 방향과 속도, 공기의 수분 보유력, 외기와의 교환 방식이 복합적으로 작용해야 합니다.

- 팬: 하부에서 상부로 공기 흐름을 형성하여 잎 표면 습기 정체 방지
- 패드월: 필요시 외기 습도를 유입, 단 너무 자주 가동하면 과습 유발
- 천창: 내부 상층 열기 배출 및 압력 균형 조절

이 세 가지가 PID 제어에 따라 조화롭게 작동할 때, HD는 식물이 가장

편안하게 느끼는 범위(0.4~1.0g/kg)에서 유지됩니다.

⑮ 습도도 '데이터로 설계'하는 시대

전통 온실에서는 '습하다 → 덥다 → 팬을 돌려라'라는 단순 제어 로직이 적용되었습니다. 그러나 반밀폐형 온실은 습도를 수치로 읽고, 생리 반응으로 해석한 다음, 시스템이 데이터 기반으로 반응합니다. 즉,

"오늘 낮에는 HD를 낮추고 증산을 안정시키자."
"밤에는 공기 흐름을 유지하며 뿌리 호흡을 돕자."
"팬과 패드, 창문을 조합해 식물이 가장 편안한 습도를 유지하자."

이러한 감각과 수치, 기계와 식물 생리의 통합된 운용이 반밀폐형 온실의 강점이며, 지속 가능한 농업의 핵심이 됩니다.

마지막 물 한 방울까지 계산한다: 반밀폐형 온실의 물 관리 혁신

– 단순한 급수가 아니라, 작물의 생장을 설계하는 정밀 관수 전략

스마트 온실에서 관수는 더 이상 "목마를 때 물을 주는 일"이 아닙니다. 언제, 얼마나, 어떤 방식으로 물을 주느냐에 따라 작물의 성장 방향 자체가 달라집니다. 실제로 반밀폐형 온실에서의 관수는 작물의 '몸의 언어'를 읽고, 그에 따라 반응하는 생리학적 조율 기술입니다.

① 뿌리를 '운동시키는' 관수

작물도 근육처럼 적절한 자극이 있을 때 더 강하게 자랍니다. 물을 자주 주면 뿌리는 얕고 약해집니다. 반대로 일정한 '건조 스트레스'를 주면, 뿌리는 더 깊고 튼튼하게 퍼집니다. 이는 마치 마라토너가 장거리를 달리며 근육을 훈련하는 것과 같은 원리입니다. 따라서 관수의 핵심은 '물 부족을 막는 것'이 아니라, '뿌리가 스스로 강해지도록 유도하면서, 작물의 생장 균형을 관리하는 것'입니다.

② 관수 판단의 세 가지 핵심 지표

드레인 EC(배액의 염류 농도)

물을 준 후 흘러나오는 배액의 염농도를 보면, 작물이 물을 얼마나 사용하고, 비료가 얼마나 남았는지를 알 수 있습니다. 예를 들어 양액의 EC가 3.0일 때 드레인 EC가 4.5라면, 작물이 물을 충분히 사용하고 있다는 뜻입니다. 반대로 드레인 EC가 너무 낮으면, 물을 너무 많이 주었거나, 작물이 흡수를 잘 못하고 있다는 신호입니다.

드라이다운(Dry-down)

하루 동안 배지의 수분이 얼마나 줄어들었는지를 측정합니다. 이 수치는 영양생장과 생식생장(열매 형성)을 판단하는 데 중요합니다.

- 드라이다운이 10% 이하이면 식물이 주로 잎을 키우는 영양생장 모드
- 15% 이상이면 꽃과 열매를 맺는 생식생장 모드

첫 드레인 시점

첫 번째 배수가 언제 나오는지를 보고, 관수의 시작 시점을 조정합니다. 일반적으로 광량이 500W/㎡ 이상일 때나, 급액량이 1.2~1.8L/㎡가 되었을 때 관수를 시작하는 것이 이상적입니다.

③ 날씨와 생장 단계에 따라 바뀌는 관수 전략

햇빛이 강한 날에는 낮 시간 동안 집중적으로 물을 주고, 드레인이 확실히 발생하도록 합니다. 흐린 날이나 밤에는 관수를 줄이고, 배지의 산소 함량을 유지할 수 있도록 건조 시간을 확보해야 합니다. 또한 생육 단계에 따라 전략도 달라집니다.

생육 단계별 관수 요령(예시: 토마토)

육묘기
- 물은 적게, 건조 비율을 40~50%까지 유지해 뿌리를 자극
- EC는 높게 설정(최대 12까지) → 생식적 신호 유도
- 아침에만 관수 → 야간 과습 방지

정식~개화 전
- 뿌리 확장을 막고, 상부 생장을 제한 → 꽃 피우기 유도
- EC 4.0, 드라이다운 50%까지
- 배수가 시작되면 관수를 멈춰, 물 과잉 방지

개화~수확 전
- 뿌리가 슬라브(배지) 전체로 확장되도록 유도
- 초기 2~3주는 건조 유지 → 배수 없이 드라이다운 15% 유지
- 이후 드레인을 시작하며 EC는 점진적으로 낮춤
- 오후 늦게 관수하면 생장 균형이 흐트러질 수 있음

수확기
- 물 스트레스를 줄이고 드라이다운은 10% 이하로
- EC는 3.0~4.5 사이에서 안정 유지
- 열매 부하가 클수록 관수는 식물 회복에 필수

④ AI가 결정하는 마지막 물 한 방울

이러한 전략은 단순히 사람이 일일이 판단하는 것이 아닙니다. 2020년 자율형 온실 챌린지(Autonomous Greenhouse Challenge)에서 우승한 'Automatoes' 팀은 인공지능이:

- 실시간 기후 예측,
- 광량,
- 드레인 데이터 등을 종합 분석해 '언제 마지막으로 물을 줄 것인지'를 스스로 결정하는 알고리즘을 제시했습니다.

이 기술은 현재 상용화를 앞두고 있으며, 미래 스마트팜에서는 사람보다 AI가 더 정확하게 관수를 설계하게 될 것으로 예상됩니다.

⑤ 물은 생명을 키우지만, 전략은 열매를 만든다

반밀폐형 온실에서는 단순히 물을 주는 것이 아니라, 식물의 생리적 리듬을 읽고, 빛과 기류, EC와 배수 데이터를 기반으로 물의 양과 타이밍을 설계하는 것이 관수입니다.

  그리고 그 전략의 중심에는 '얼마나 키울 것인가'가 아니라, '무엇을 키울 것인가'에 대한 의사결정이 있습니다. 즉, 뿌리인가, 잎인가, 열매인가를 고민해야 합니다.

지친 작물의 SOS, 작물 피로의 진짜 이유
– 피로(Exhaustion)는 지속적인 과로의 결과

우리는 흔히 식물의 잎이 처지거나 말라 가는 모습을 보면 '물을 못 줘서 시들었다'고 말합니다. 물론, 시들음(wilting)은 대부분 수분 부족으로 세포의 팽압(turgor)이 떨어진 결과입니다. 물을 주면 금세 회복하는 경우가 많죠. 이는 마치 사람이 단시간 탈수 상태에 빠졌다가 물을 마시고 회복하는 것과 유사합니다.

그러나 '피로(exhaustion)'는 다릅니다. 피로는 식물이 장기간 과도한 증산 작용(땀을 흘리는 것처럼 수분을 내보내는 과정)에 시달리며 열매를 포기하고 큰 잎을 키우는 방향으로 반응하는 생리적 과부하 상태입니다. 즉, 잎은 멀쩡해 보이지만 식물 내부에서는 이미 "버티기 모드"로 전환된 것입니다.

① 피로의 징후는 겉으로 드러나지 않는다

피로에 빠진 식물은 시들지 않습니다. 오히려 더 크고 두꺼운 잎을 만들어 내며 생존을 위한 vegetative(영양생장) 반응을 보입니다. 생식생장인 과실 형성은 뒷전이 됩니다. 토마토를 예로 들면, 상단 줄기에서는 착과가 잘되지만 바로 아래 줄기에서는 열매가 거의 맺히지 않는 현상이 나타나기도 합니다. 겉보기엔 이상이 없어 보여 관리자가 놓치기 쉬운 대목입니다.

② 반밀폐형 온실, 첨단일수록 세심한 관리가 필수

반밀폐형 온실은 기존 유리온실과는 다르게 외부 공기의 유입을 최소화하고, 냉각·가습·공기 흐름 제어 등 미세기후 조절이 가능한 고성능 시스템을 갖추고 있습니다. 덕분에 열대나 고광량 환경에서도 안정적인 생육이 가능하죠.

하지만 문제는 여기에 있습니다. 이러한 복합 시스템은 단 한 군데라도 오작동이 발생하면, 그 영향이 작물의 생리 반응에까지 연결될 수 있다는 점입니다. 예를 들어, 패드월 냉각 시스템이 몇 시간만 꺼져 있어도 그날의 증산량은 급증하고, 식물은 이를 감당하기 위해 생식생장을 멈출 수 있습니다. 실제로 패드 펌프가 정상 작동하지 않아 24시간 풀가동으로 바꿨더니 오히려 착과 상태가 나아졌다는 사례도 있습니다. 이것이 바로 '보이지 않는 피로'가 작물 생산성을 좌우하는 순간입니다.

③ 정기적인 점검과 세심한 설정이 생육의 성패를 가른다

반밀폐형 온실에서 '자동화'는 '방치'를 의미하지 않습니다. 다음과 같은 운영 원칙을 지키는 것이 중요합니다.

1. 정기적인 장비 점검
   - 팬 속도, 패드 냉각 기능, 가습 시스템, 열교환기 등은 계절과 관계없이 수시 점검이 필요합니다. 특히 겨울철이라고 냉방장치를 방치해서는 안 됩니다.
2. 환경 설정 최적화
   - 고광 조건일수록 팬 속도를 줄이고, 차광이나 패드월을 활용한 습도 조절을 통해 습도부족분(HD)을 $5g/m^2$ 이하로 유지해야 합니다.
3. 작물 생육 단계별 설정 변경
   - 특히 어린 작물은 기후를 제어할 힘이 약하므로, 초기에 차광 및 냉각·가습을 강화해 피로를 방지해야 합니다.

HRV 시스템과 반밀폐형 온실, 정말 같은 걸까?
― 헷갈리는 두 기술의 본질을 파헤치다

요즘 스마트팜을 언급하면서 자주 등장하는 것이 반밀폐형 온실입니다. 국내에서도 반밀폐형 온실을 설치했다고 하는 곳이 있는데 실상은 반밀폐형 온실이 아닌 HRV(Heat Recovery Ventilation, 열회수형 환기 시스템)인 경우도 종종 보곤 합니다. 이상하게도, 이 두 시스템이 서로 다르다는 인식은 그리 널리 퍼져 있지 않은 것 같습니다.

그래서인지 많은 사람들이 HRV와 반밀폐형 온실을 같은 개념으로 혼동하는 듯합니다. 심지어 이러한 차이점을 아시는 전문가 사이에서도 "그거 HRV 달아 놓으면 반밀폐형이지"라는 말이 심심찮게 들려오곤 합니다. 정말 그럴까요?

결론부터 말하면, 두 시스템은 '목적'과 '구성', 그리고 '철학'이 완전히 다르다고 말할 수 있습니다.

① 목적부터 다르다: '사람'을 위한 HRV vs. '식물'을 위한 반밀폐형 온실

HRV는 환기를 하되, 실내에서 나가는 따뜻한(또는 시원한) 공기의 열에너지를 회수해 다시 들어오는 찬 공기를 데워서(또는 더운 공기를 식혀서) 난방·냉방 에너지를 절약하는 것입니다.

즉, HRV의 핵심은 "에너지를 아끼면서도 사람이 쾌적하게 살 수 있도록 돕는 것"입니다.

반면, 반밀폐형 온실은 '사람'이 아닌 '식물'을 위한 환경 제어 시스템입니다. 식물이 증산을 통해 스스로 냉각하고, 기공을 통해 CO_2를 흡수하며 광합성을 최대로 할 수 있도록 미세기후를 정밀하게 유지하는 것이 핵심 목표입니다. 온도뿐 아니라 습도, 압력, 공기 흐름, CO_2 농도, 병해충 차단 등 수많은 요소가 동시에 고려됩니다.

② 구조가 다르다: 단순한 열교환기 vs. 복합 제어 시스템

HRV는 구조가 비교적 간단합니다. 하나의 박스 안에 열교환기가 들어있고, 실내외 공기가 교차하며 열을 주고받습니다. 여기에 팬이 한 쌍 달려 있으며, 센서와 타이머로 작동을 조절합니다. 하지만 반밀폐형 온실은 한마디로 '작물 생장을 위한 자동화된 복합 공조 시스템'입니다. 주요 구성은 다음과 같습니다:

- 외기와 내부 공기를 혼합하고 냉각하는 공기조화 유닛

- 압력을 조절하는 지붕 환기창과 순환창
- 작물 하부에서 공기를 불어넣는 공기 분사 튜브와 팬 시스템
- 압력, 습도, 온도, CO_2 센서 등이 연동된 AI 기반 환경 제어 시스템

이 시스템은 단순한 환기를 넘어서, 작물 생리에 맞춘 '기후의 디자인'을 실시간으로 구현해 낸 것입니다.

③ 결정적 차이: '에너지 효율'이 아닌 '생리 효율'

HRV는 외기와 실내 공기의 **열**만 회수합니다. 습도, CO_2 농도, 병해충, 작물 상태 같은 요소는 고려 대상이 아닙니다. 반면, 반밀폐형 온실은 공기를 단지 순환시키는 것이 아니라, 식물의 생장 리듬에 맞춰 공기를 '디자인'합니다. 예를 들어, 식물의 기공이 활짝 열리는 상대습도와 절대습도를 유지하며, 과도한 증산으로 인한 탈진을 방지하고, 낮은 환기 횟수로도 고농도 CO_2 환경을 유지할 수 있습니다.

이는 곧 양적 효율이 아닌 질적 효율의 문제입니다. 같은 1kW를 써도, 식물의 생장이 더 왕성하고 품질이 높다면 그것이 진정한 에너지 절감인 셈이죠.

④ 오해를 피하려면: 시스템 목적에 따라 기술을 다르게 이해하자

두 시스템 모두 '에너지 절감'이라는 언어로 설명되다 보니 비슷하게 들

릴 수 있습니다. 하지만 HRV는 건축설비, 반밀폐형 온실은 생물학적 재배 환경 제어 시스템입니다. 말하자면, HRV는 사무실 공기 순환을 위한 에어컨이라면, 반밀폐형 온실은 식물의 언어를 읽고 반응하는 재배 조력자인 셈입니다.

비슷해 보이지만, 그 철학까지 같지는 않습니다. 반밀폐형 온실은 단지 열을 회수하는 데서 멈추지 않습니다. 그것은 식물의 리듬에 귀 기울이고, 광합성의 호흡에 맞춰 공기를 순환시키며, 온도와 습도, 빛과 바람, 압력과 CO_2를 정밀하게 조율하는 '생장 엔지니어링 시스템'입니다.

HRV가 인간을 위한 환기 장치라면, 반밀폐형 온실은 식물을 위한 생태 기후 설계입니다. 두 시스템의 경계가 선명해질 때, 우리는 보다 정확한 기술의 이름을 부를 수 있을 것입니다. 그리고 그때, 비로소 더 좋은 선택이 가능해질 것입니다.

반밀폐형 온실에서 냉각 기술의 선택
– Adiabatic Cooling과 Hygroscopic Adiabatic Cooling

반밀폐형 온실은 최근 스마트팜 기술의 진보를 상징하는 대표적인 모델로 떠오르고 있습니다. 외부 공기의 유입을 최소화하면서도, 내부 기후를 정밀하게 제어할 수 있도록 설계된 이 구조는, 특히 에너지 효율과 CO_2 활용 측면에서 큰 이점을 제공합니다. 그러나 바로 이 점 때문에, 냉각 시스템의 선택은 더욱 중요해집니다.

전통적으로 반밀폐형 온실에서는 Adiabatic Cooling, 즉 일반 증발 냉각 방식이 가장 널리 사용되었습니다. 외부 공기의 일부를 빨아들여, 냉각 패드를 통과시키면서 물을 증발시켜 온도를 낮추는 간단한 원리입니다. 이 과정은 별도의 복잡한 기계장치 없이도 효과적으로 온도를 떨어뜨릴 수 있고, 초기 설치비용도 상대적으로 낮습니다. 특히 외부가 건조한 지역에서는 효율이 매우 높습니다.

그러나 문제는 다른 데 있습니다. 반밀폐형 온실은 구조 특성상 외부 공기 교환이 제한적이기 때문에, 내부에 한 번 유입된 공기는 오랫동안 온실 안에 머물게 됩니다. 따라서, Adiabatic Cooling으로 내부 공기를 식히는 동안 발생하는 과도한 습도 상승이 쉽게 해소되지 않습니다. 결국, 온도는 내려갔지만 상대습도가 90%를 넘는 고습 상태가 지속되면서, 작물의 증산 활동이 억제되고, 병해 발생률이 급격히 높아지는 악순환이 발생할 수 있습니다.

이를 해결하기 위해 최근 도입되고 있는 기술이 바로 Hygroscopic Adiabatic Cooling입니다. 이 방식은 일반 증발 냉각 이후, 흡습 매체를 이용하여 내부 공기의 습기와 잠열을 다시 제거하는 추가 단계를 거칩니다. 즉, 먼저 물의 증발로 공기를 시원하게 만든 뒤, 그 과도한 수분을 다시 포집해 제거함으로써 온도는 더 낮추고, 습도는 더 억제하는 이중 냉각 효과를 달성합니다. 반밀폐형 온실에서 이 기술이 특히 빛을 발하는 이유는 분명합니다. 내부 공기의 재순환이 많고 외부 공기 교체가 제한된 환경에서는, 공기의 질을 얼마나 정교하게 관리할 수 있느냐가 수확량과 품질을 좌우하기 때문입니다.

예를 들어, 여름철 외기 조건이 36℃, 상대습도가 60%인 상황을 가정해 봅시다. 일반 Adiabatic Cooling만 사용하면 온실 내부는 약 30℃, 90% 습도 상태로 냉각됩니다. 겉으로는 온도가 낮아졌지만, 습도가 너무 높아 작물이 스트레스를 받게 됩니다. 반면, Hygroscopic Adiabatic Cooling을 적용하면 같은 초기 상태에서 추가 흡습 과정을 통해 온도는 27℃까지 낮아지고, 습도 또한 조절되어 보다 쾌적한 생장 환경이 조성됩니다.

이러한 환경에서는 딸기, 토마토, 파프리카 같은 고부가가치 과채류는 물론, 병충해에 민감한 잎채소류에서도 생장 속도와 품질 차이가 눈에 띄게 나타납니다. 또한 병해 예방을 위해 추가적으로 소요되는 방제 비용이나 관리 비용 역시 크게 절감할 수 있습니다. 물론 Hygroscopic Adiabatic Cooling 시스템은 설치 및 운영에 필요한 에너지 비용이 Adiabatic Cooling에 비해 다소 높습니다. 그러나 반밀폐형 온실의 경우, CO_2 보존 효과, 환기량 감소에 따른 난방 에너지 절약 효과와 맞물려, 전체적인 농장 운영 비용을 고려하면 오히려 투자 대비 효율이 더 높은 경우가 많습니다.

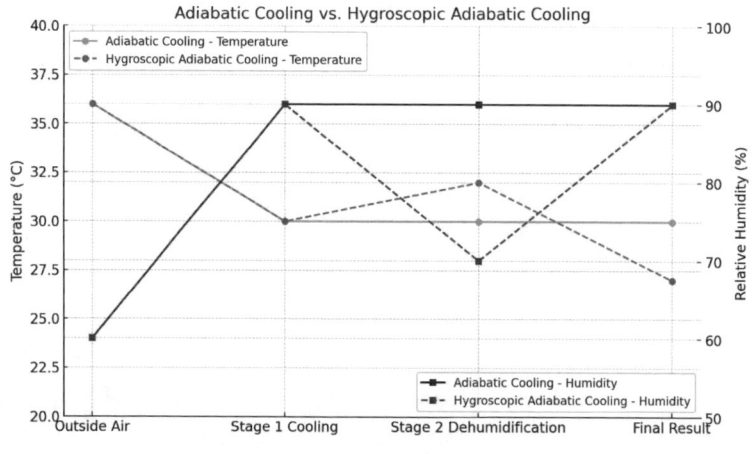

Adiabatic Cooling과 Hygroscopic Adiabatic Cooling의 비교

냉각 기술은 이제 단순히 '온도를 내리는 기술'이 아닙니다. 반밀폐형 온실이라는 특수한 구조 안에서는, 온도, 습도, 에너지 효율, 작물 건강을

통합적으로 고려하는 정밀한 기후 전략의 일부가 되어야 합니다. 반밀폐형 온실을 운영하는 농장이라면 초기 설치비용을 조금 더 투자하더라도, 장기적인 생산성과 품질 향상을 목표로, Hygroscopic Adiabatic Cooling 방식을 적극 검토할 필요가 있습니다.

물론, 현재까지 많은 반밀폐형 온실에서는 상대적으로 간단한 Adiabatic Cooling, 즉 증발 냉각 방식을 적용해 왔습니다. 이 방식은 물을 증발시키는 과정에서 주변 공기를 식혀 주는 효과가 있어, 비교적 낮은 에너지로 온도를 떨어뜨릴 수 있다는 장점이 있습니다. 그러나 문제는, 이 과정에서 온실 내부의 습도가 급격히 상승한다는 데 있습니다. 온도는 내려갔지만, 상대습도가 90% 이상으로 높아진 상태가 지속되면 작물 생리에는 심각한 악영향이 미칩니다. 가장 직접적인 영향은 증산 억제입니다. 작물은 뿌리로부터 물과 양분을 흡수하고, 이를 잎을 통해 증발시키는 증산 과정을 통해 생장에 필요한 물질대사를 원활히 유지합니다. 하지만 습도가 지나치게 높으면 잎과 대기 사이의 수분 압력 차이, 즉 VPD (Vapor Pressure Deficit)가 작아지면서 증산 속도가 크게 떨어집니다. 이로 인해 양분 이동이 느려지고, 광합성 효율도 저하되어 생장 속도가 둔화되며, 결과적으로 과실의 크기가 작아지거나 당도가 낮아지는 결과를 초래합니다. 또한 고온 다습한 환경에서는 작물의 세포 대사 활동 역시 균형을 잃기 쉽습니다. 적정 온도와 습도에서는 광합성으로 생성된 에너지가 세포 내에 저장되고, 과실 비대, 착색, 당도 증가 등 품질 향상으로 이어집니다. 그러나 온실 내부가 과습 상태에 빠지면 다음과 같은 간접적 문제가 발생할 수 있습니다.

"기공(gas exchange pore)이 폐쇄됩니다."

고습 환경에서는 식물체가 과도한 수분 손실을 걱정할 필요가 없기 때문에, 기공이 덜 열리거나 부분적으로 닫히는 경우가 많습니다. 기공이 닫히면 이산화탄소(CO_2) 흡수량이 줄어들어 광합성 속도가 감소합니다. 광합성이 감소하면 내부적으로 당 생성이 줄어들고, 에너지원이 부족해집니다.

"광합성이 감소하고 이로 인해 호흡 대비 에너지가 부족해집니다."

광합성으로 생산되는 에너지가 줄어들었음에도, 식물은 살아가기 위해 기본적인 유지 호흡(maintenance respiration)을 계속해야 합니다. 이때 저장된 탄수화물(당, 전분 등)을 분해하여 에너지를 공급받으려 하며, 결과적으로 저장 탄수화물이 소모되고 품질 저하, 저장성 감소로 이어질 수 있습니다.

"세포 대사가 저하될 가능성이 높아집니다."

온도가 낮고 습도가 높은 환경에서는 오히려 세포 전체의 대사활동(광합성+호흡)이 모두 둔화될 수 있습니다.

즉, "과습 → 광합성 억제 → 에너지원 감소 → 저장 물질 소모 가속"이라는 간접적인 에너지 균형 붕괴가 일어난다고 표현하는 것이 보다 정확합니다. 온실 내부 과습 상태는 광합성 저하와 에너지 대사 불균형을 유발하여 저장 탄수화물의 소모를 가속시키고, 그로 인해 품질 저하와 저장성 감소로 이어지게 됩니다.

여기에 더해, 고습 환경은 병해 발생 위험을 극적으로 높입니다. 특히 상대습도가 90%를 넘는 시간이 하루 4시간 이상 지속될 경우, 곰팡이성 병원균(예: Botrytis cinerea, 흰가루병 등)이 활성화될 확률이 급격히 상승합니다. 이 경우 방제 비용이 늘어날 뿐만 아니라, 상품성 저하로 인한 손실도 무시할 수 없습니다. 그래서 스마트팜 온실에서 병해 발생을 예방하기 위해 상대습도를 관리하는 것은 매우 중요합니다.

하지만 여기서 주의해야 할 점은, 단순히 하루 동안 상대습도가 90%를 넘는 시간이 얼마나 되는가가 문제가 아니라, 그 습도가 높은 시점이 언제 발생하느냐가 병해 발생 위험에 훨씬 더 중요한 영향을 미친다는 것입니다.

특히 주목해야 할 시간대는 야간에서 주간으로 넘어가는 이른 아침입니다. 야간 동안 온실 내부 온도는 점차 떨어지고, 이에 따라 상대습도는 자연스럽게 상승하게 됩니다. 밤새 높은 습도가 지속되는 것 자체는 작물에 큰 피해를 주지 않는 경우도 많습니다. 그러나 해가 뜨기 직전, 온도가 가장 낮아지는 시점에 상대습도가 90%를 넘게 되면, 온실 내부 공기가 이슬점에 도달하게 되고, 이때 작물의 잎이나 온실 구조물 표면에 결로가 발생합니다. 결로는 단순한 수분 축적을 넘어, 식물 표면에 실제 물방울이 맺히는 현상입니다. 이러한 현상은 곰팡이성 병원균들이 번식하고 침투하는 데 필요한 필수 조건이 됩니다. 특히 Botrytis(잿빛곰팡이병)와 같은 병원균들은 결로가 발생한 지 4~6시간 이내에 포자를 발아시키고, 식물 조직에 침투하여 병을 일으킬 수 있습니다. 따라서, 만약 이른 아침에 상대습도가 90%를 넘는 고습 상태가 2~3시간 이상 지속된다면, 병해 발생 위험은 단순히 '하루 습도가 높았던' 경우보다 훨씬 더 커지게 됩니다.

반면, 단순히 야간 동안 습도가 높았다가 아침에 자연스럽게 상대습도가 떨어진다면, 큰 문제를 일으키지 않는 경우도 많습니다. 주간 동안 습도가 높아지는 경우도 있지만, 통상 주간에는 햇빛과 상승하는 온도 덕분에 습도가 자연히 낮아지는 경향이 있어, 결로에 의한 병해 발생 위험은 상대적으로 낮습니다.

병해 발생을 예방하기 위해서는 하루 평균 상대습도 수치를 보는 것만으로는 부족합니다. 야간 후반에서 일출 직후까지의 상대습도 변화를 면밀히 모니터링하고, 이 시기에 결로가 발생하지 않도록 온도 조정, 조기 환기, 제습 조치를 적극적으로 취하는 것이 핵심입니다.

아무튼, 스마트팜 기술은 '시원함'만을 제공하는 것이 아니라, '쾌적하고 건강한 생장 환경'을 설계하는 단계로 진화하고 있습니다. 그리고 이 진화의 중심에는, 보다 정교한 냉각 기술의 선택이 놓여 있습니다.

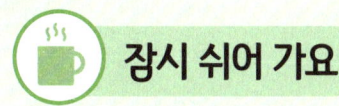 **잠시 쉬어 가요**

네덜란드는 어떻게 스마트팜의 세계 최강국이 되었는가?
- 지속 가능 농업의 교과서,
  네덜란드식 스마트팜을 읽는다

오늘날 전 세계 농업이 마주한 최대 과제는 단순히 '많이 생산하는 것'이 아니라, 기후 위기 속에서 안정적으로, 지속 가능하게, 경쟁력 있게 생산하는 방법을 찾는 일입니다. 이 질문에 가장 빠르고 정확하게 답하고 있는 나라가 바로 네덜란드입니다. 면적은 작고, 토양은 염분에 오염되었으며, 기후도 농업에 이상적이지 않은 이 나라는 어떻게 전 세계 스마트팜 유리온실의 기준이 되었을까요? 그 해답은 '단편적 기술'이 아니라, 첨단 기술 통합, 자원 효율 극대화, 글로벌 전략, 그리고 산학연 생태계의 긴밀한 결합에 있습니다.

즉, 농업을 하나의 고도화된 '산업 시스템'으로 설계한 결과입니다.

① 지리적 한계가 만들어 낸 농업 혁신의 필연성

네덜란드 국토의 약 40%는 간척지이고, 25%는 해수면보다 낮습니다.

이러한 지형은 염분 토양과 배수 문제를 동반하며, 전통적인 토경재배에 큰 제약을 안겨 주었습니다. 그러나 이 한계는 오히려 수경재배라는 새로운 길을 모색하는 계기가 되었습니다.

특히 2차 세계대전 말기, 독일군의 식량 봉쇄로 인해 약 2만 명이 굶어 죽은 '겨울 기아(Hunger Winter)'는 네덜란드 국민과 정부에게 식량 자급의 중요성을 뼈저리게 각인시켰습니다. 전후 복구 과정에서 농업은 국가적 우선 과제가 되었고, 소규모 농가 중심의 구조에서 대규모 시설농업으로의 전환이 본격화됩니다. 정부는 떠나는 농민의 농지를 매입하고 남은 농민에게 저렴하게 재분배하면서 농지 규모화와 전문화를 유도했습니다.

② 기술을 모아 농업을 설계하다 - 통합형 스마트 온실 시스템

1968년, 암면(Rockwool) 기반 수경재배용 배지 개발은 네덜란드 수경재배의 전환점이었습니다. 이 암면은 공극률이 93~96%로 매우 높아, 뿌리에 최적의 산소와 수분을 공급할 수 있었습니다. 여기에 배양액 순환 시스템을 결합함으로써, 토양에 의존하지 않고도 정밀한 수분·양분 공급이 가능해졌고, 물 사용량도 최대 90%까지 절감할 수 있게 되었습니다. 이는 곧 세계적인 기술 표준으로 자리 잡으며 유럽을 넘어 한국, 일본 등지로 확산됩니다. 네덜란드의 유리온실은 단순한 비닐하우스의 고급 버전이 아닙니다. 벤로형 구조를 통해 태양광 유입을 극대화하고, 보온 손실을 최소화하며, 30년 가까이 사용할 수 있는 내구성을 갖추었습니다. 여기에 실시간 센서와 IoT, AI 기반의 복합환경제어 기술이 결합되어

CO_2·광·습도·양분이 자동으로 조절되는 '자율형 재배 환경'을 구현합니다. 수확량은 30%까지 증가하고, 로봇과 드론이 병해충을 감지하고 수확을 돕습니다. 이로 인해 인건비는 60% 이상 절감되며, 사람의 손은 줄고, 데이터의 역할은 더 커집니다. 이 모든 기술은 흩어져 있는 것이 아니라, 표준화된 시스템 패키지로 통합되어 현장에 적용됩니다.

③ '순환'이라는 미래 농업의 키워드를 현실로 만든 나라

네덜란드 유리온실의 진짜 힘은 기술을 넘어 자원 효율성 극대화에 있습니다. 98%의 배양액을 재활용하는 순환형 수경재배 시스템은 법으로 의무화되어 있으며, 이 덕분에 물 사용량을 최대 90%까지 줄일 수 있습니다. 에너지 측면에서도 선진적입니다. 폐열을 활용한 열병합발전(CHP), 태양광, 지열을 활용해 온실을 난방하며, 2030년까지 화석연료 사용을 전면 중단한다는 계획 아래, 농업 분야 탄소 중립에 가장 앞서 있는 나라로 평가받고 있습니다. 농업이 환경을 오염시키는 산업이 아니라, 자원을 순환시키는 산업으로 전환된 셈입니다.

④ 글로벌 수출 가능한 농업 '플랫폼'으로의 진화

네덜란드의 유리온실 시스템은 단지 내부 기술만 좋은 것이 아닙니다. 설계부터 시공, 운영 매뉴얼까지 하나의 '턴키(Turnkey) 패키지'로 표준화되어 있으며, 이는 1ha당 약 200만 유로의 가격으로 중동, 아시아, 남미 시장에 수출되고 있습니다. 단지 기술을 파는 것이 아니라, 기후 데이터 기반의 커스터마이징, 현지 여건에 맞는 품종·에너지·물 전략을 함께 제공하면서 '스마트농업 솔루션'으로 진화하고 있습니다. 예컨대 UAE 사막 지역에 수출된 네덜란드 온실은 기존 대비 95%의 물 절감 효과를 달성했습니다. 또한 GlobalG.A.P, MPS-ABC 등 국제 인증을 선도적으로 확보해, 유럽 시장 진입 시 최대 40%의 관세 장벽을 낮추는 전략적 우위도 동시에 선점했습니다.

⑤ 기술이 자라는 생태계를 만들다 - 와겐닝겐 대학의 힘

이 모든 혁신의 바탕에는 연결된 지식 생태계가 존재합니다. 세계 최고의 농업대학으로 손꼽히는 와겐닝겐 대학을 중심으로 연 1,200건 이상의 농업 기술 특허가 출원되고 있으며, 정부와 민간 기업이 공동으로 연구개발에 투자해 기술의 상용화 속도를 절반으로 단축하고 있습니다. 또한 농업 스타트업을 위한 2억 유로 규모의 펀드를 운영해 2023년 기준 450개 이상의 농업테크 스타트업이 실험과 도전을 이어 가고 있습니다. 이처럼 R&D-실증-비즈니스-수출로 이어지는 전 주기적 구조가 완성되어 있어, 농업이 낡은 산업이 아니라 가장 역동적인 첨단 산업으로 탈바꿈하고 있습니다.

⑥ '기술'이 아닌 '시스템'이 세계를 이긴다

2024년 네덜란드는 1,350억 유로의 농산물 수출액을 달성하며, 세계 2위 농업 수출국 자리를 굳건히 유지했습니다. 이는 단순히 '좋은 기술'을 가졌기 때문이 아니라, 그 기술을 현장에 맞게 구현하는 통합 시스템을 갖췄기 때문입니다. 스마트팜 유리온실의 경쟁력은 기술 자체보다 그것이 어떻게 연결되고, 운영되고, 확산되는가에 달려 있습니다. 네덜란드는 이 모든 조건을 충족한 '시스템 통합형 농업 모델'의 선두 주자입니다.

⑦ 농업의 사회적 · 생태적 기능까지 확장한 완성형 모델

네덜란드는 농업을 단지 식량 생산으로 보지 않았습니다. 도시와 농촌을 연결하는 '치유농업', 농촌 고령화에 대응하는 자동화 온실, 청년 농부를 유치하는 스마트팜 스타트업 정책까지, 농업을 사회적 기능과 복지 시스템의 일부로 통합해 나갔습니다. 비료와 농약 사용을 줄이기 위한 생물학적 방제, 질소 배출 감축, 온실가스 감축 정책 등도 적극 추진하며, 생산성과 지속 가능성을 함께 달성하는 유럽 농업의 롤모델로 자리 잡았습니다.

네덜란드는 자연환경의 제약을 기술로 돌파했고, 전쟁의 위기를 농업 혁신의 계기로 전환했으며, 정책과 산업, 과학이 유기적으로 작동하는 체계를 갖춘 드문 국가입니다. 그 결과, 전 세계가 기후 위기와 식량 위기에 직면한 지금, 네덜란드는 스마트팜 기반 유리온실의 미래 모델로 전 세계의 주목을 받고 있습니다.

한국이 앞으로 어떤 방향으로 스마트팜을 설계해 나가야 할지를 고민할 때, 네덜란드는 단순한 벤치마킹 대상이 아니라, 지속 가능한 농업 생태계 전환을 위한 통합적 접근의 교과서가 됩니다.

⑧ 국내 정책 입안자에게 던지는 메시지

　대한민국 역시 기후 변화, 노동력 부족, 고령화, 식량 수입 의존 등의 복합 위기에 직면해 있습니다. 이제는 개별 기술 도입을 넘어서, 농업을 시스템 전체로 바라보는 시각 전환이 절실한 시점입니다. 스마트팜은 단순한 ICT의 결합이 아닙니다. 그것은 '지속 가능한 농업을 어떻게 산업화할 것인가'라는 국가 전략의 선택지입니다. 네덜란드가 보여 준 길은, 한국에게도 충분히 가능성 있는 미래입니다.

　단, 조건은 하나입니다. 기술, 제도, 에너지, 교육, 금융이 연결되어야 한다는 것. 지금 우리가 필요한 것은, '농업의 구조를 설계하는 국가의 의지'입니다.

5부

지속 가능한 농업을 위하여
- 스마트팜의 비전과 과제

> ### 데이터 기반 농업생산정보와
> ### 유통 정보의 통합
> – 스마트팜과 농산물 유통 시스템의 혁신

글로벌 식량 위기와 기후 변화, 고령화로 인한 농촌 인력 부족이 맞물리면서, 농업의 구조 전반에 혁신의 필요성이 대두되고 있습니다. 특히 생산과 유통 사이의 간극은 여전히 좁혀지지 않은 채, 시장의 수급 불균형과 가격 변동성이라는 문제를 반복하고 있는 게 현실이죠. 이러한 문제의 해법으로 스마트팜 기술과 유통 정보의 통합 플랫폼을 생각해 볼 수 있습니다.

① 생육 데이터 기반 수확 예측
- 스마트팜이 농업을 계획형 산업으로 바꾸는 방법

스마트팜은 단순히 자동으로 물을 주거나 온도를 조절하는 농업 시설이 아닙니다. 이제 스마트팜은 작물의 생장 전 과정에서 축적되는 수많은 데이터를 실시간으로 수집하고, 이를 분석해 미래를 예측하는 정밀

농업 플랫폼으로 진화하고 있습니다. 그 중심에는 바로 '수확 예측' 기능이 있습니다.

생육 데이터를 어떻게 수집하나요?

스마트팜 내부에는 온도, 습도, CO_2 농도, 일사량, LED 광량, 뿌리 함수율, 슬래브 EC, 작물 키, 엽면적, 생장 속도 등 다양한 항목을 측정하는 센서 네트워크가 구축될 수 있을 겁니다. 이 데이터들은 분 단위 또는 실시간으로 수집되며, 클라우드 기반 데이터 플랫폼에 저장되어 AI가 학습 가능한 형태로 축적됩니다. 여기에 작물별 생육 모델(생리학적 성장 곡선, 기온/광량 대비 생장 상관지표 등)이 결합되면, AI는 시간의 흐름에 따라 작물의 생장 패턴을 예측하고 '언제, 얼마만큼 수확할 수 있는지'를 정량적으로 보여 줄 수 있습니다.

수확량과 수확 시점, 얼마나 정확하게 예측할 수 있을까?

스마트팜에서 수확 예측은 단순히 "대충 몇 주 후쯤 수확 가능"이라는 수준을 넘어서, '주 단위/품종 단위/등급별 분포까지 포함하는 정밀 예측'이 가능합니다. 예를 들어, 다음과 같은 정보가 제공될 수 있습니다:

- "3월 셋째 주, 딸기 수확 예상량: 1.5톤"
- "당도 평균: 9.8brix, B등급 이하 비율 20% 예상"
- "C동 7번 슬래브 구역, 평균 숙기 지연 2일 → 수확일 조정 권장"

이처럼 수확일뿐만 아니라 품질까지 예측 가능하다는 점이 기존 농업과 큰 차별점을 만듭니다.

유통·판매 전략까지 연결되는 수확 예측

이러한 예측 데이터는 단지 작물 관리에만 쓰이는 것이 아닙니다. 농가는 수확 예측 정보를 활용해 다음과 같은 계획형 농업을 실현할 수 있습니다:

- 사전 유통 계약 체결: "3월 셋째 주 1.5톤 납품 가능"이라는 데이터는 유통사와 사전 계약을 체결할 수 있는 객관적 기준이 됩니다.
- 물류 및 인력 배치 계획: 어느 주에 어느 정도의 수확이 이뤄지는지를 미리 알 수 있기 때문에 수확 인력 스케줄과 포장·배송 계획을 사전에 준비할 수 있습니다.
- 출하 시기 분산 전략: 수확 예상량이 급격히 몰리는 시기에는 인위적 환경 제어(조도·온도)를 통해 숙기 조절 및 출하 시기 분산, 단가 유지 및 로스 감소 효과를 기대할 수 있습니다.

AI는 어떻게 수확을 예측할까?

AI 수확 예측 모델은 작물 생장 시뮬레이션+환경 데이터 학습+과거 수확 이력을 기반으로 작동합니다.

- 생육 속도 분석: 매일 축적되는 생장량 데이터를 기반으로 "이 작물은 며칠 후 몇 cm가 더 자랄 것"이라는 예측 곡선을 생성합니다.
- 광합성 효율 모델링: CO_2 농도, 광량, 온도 등을 통해 광합성 예상

효율을 추정하고, 이를 기반으로 건물 축적량과 과실 발육 속도를 계산합니다.
- 품질 등급 예측: 과거의 센서 수치와 등급 결과의 상관관계를 학습하여 현재 조건이 유지되면 B등급 이하가 몇 % 발생할지를 예측할 수 있습니다.

이러한 알고리즘은 온실 내부별로 차별화된 환경 조건까지 반영해, 현장 맞춤형 수확 시뮬레이션의 제공이 가능합니다.

수확 예측은 '데이터 기반 계획 농업'의 핵심

스마트팜에서의 수확 예측은 단순 편의 기능이 아닌, 농업의 수익성과 안정성을 좌우하는 전략적 기술입니다. "언제 얼마나 수확할지 안다"는 것은 "언제 얼마에 팔 수 있을지 계획할 수 있다"는 뜻이며, "노동력과 비용을 효율적으로 배분할 수 있다"는 의미이기도 합니다. 스마트팜은 더 이상 '예쁘고 첨단적인 온실'이 아닙니다. 예측 가능한 농업, 계약 가능한 농업, 수익을 설계할 수 있는 농업을 가능하게 하는 지능형 생산 플랫폼으로서 진화하고 있습니다.

② 소비시장 데이터와의 실시간 연동
  - 스마트팜이 '수요를 읽는 농업'으로 진화하는 방식

스마트팜은 단지 온실 안의 데이터를 다루는 기술로 끝나지 않습니다. 진정한 의미의 '스마트농업'은 소비자와 시장의 흐름까지 실시간으로 감지하고, 이를 생산에 반영할 수 있을 때 완성됩니다. 이를 가능케 하는 핵심 연결고리가 바로 '소비시장 데이터 연동'입니다.

유통 플랫폼은 어떤 데이터를 갖고 있을까?

대형 유통사, 온라인 쇼핑몰, 물류 유통망, 도매시장 플랫폼 등에는 하루 수백만 건의 소비자 행동이 실시간으로 쌓이고 있습니다. 이 시스템들이 수집하는 대표적인 데이터는 다음과 같습니다:

- 소비 트렌드 변화: 품목별 인기 변화, 유기농·친환경 제품 수요 증가 등
- 판매 속도: 품목별 단위 시간당 판매량, 재고 소진 속도
- 시장 가격 변동: 생산지 가격, 소비지 가격, 오름세/하락세 추이
- 지역별 수요 패턴: 지역 단위 소비 밀도, 재구매율, 연령·성별 소비 성향
- 기후·기상 연동 데이터: 장마, 폭염, 설날·추석과 같은 계절 이슈에 따른 구매 급증 예측

이러한 정보들은 과거에는 마트나 도매시장만 알고 있던 '영업 정보'였지만, 디지털화와 API 연동 기술의 발달로 스마트팜 플랫폼과 직접 연결할 수 있는 시대가 되었습니다.

스마트팜 플랫폼과 소비시장 데이터가 연결되면 어떤 일이 생길까?

이제 농부는 단순히 '언제 수확할까'만 고민하는 것이 아니라, '언제 출

하해야 가장 잘 팔릴까'를 실시간으로 판단할 수 있게 됩니다. 예를 들어, 수도권의 유통사 플랫폼에서 "3월 셋째 주부터 토마토 판매 속도가 20% 증가할 것으로 예측됨"이라는 정보가 스마트팜 관리 시스템으로 전달되었다고 가정해 봅시다. 그럼 해당 스마트팜은 아래와 같은 의사결정을 할 수 있습니다:

- 출하 시점 앞당기기: 생육 상태가 양호한 경우, 수확을 기존 계획보다 3~4일 앞당겨 가격이 높은 시점에 맞춰 출하
- 양액 및 온도 관리 조정: 급속 생장을 유도해 수확 가능 물량을 일시적으로 늘림
- 등급별 선별 전략 조정: A등급 수요가 높아질 것으로 예측된다면 고품질 과실 위주로 출하, B급은 2차 유통 채널로 분산

즉, 시장 흐름을 읽고, 출하 전략을 실시간으로 바꾸는 '민첩한 농업'이 가능한 것입니다.

유통-생산 데이터 연동이 만드는 변화

기존 농업은 대개 '생산자 중심'으로 운영되어 왔습니다. "열심히 키운 다음, 시장에서 알아서 팔리는" 구조였다면, 이제는 '소비자 중심'의 역방향 구조로 전환되고 있습니다.

- 수요 기반 생산: 소비자 수요를 먼저 분석하고, 이에 맞춰 작물 수량과 품질을 설계

- 출하 타이밍 최적화: 단가가 가장 높을 때 출하함으로써 농가 수익 극대화
- 계약형 유통 활성화: 수확량 예측+소비 예측이 결합되면 유통사와의 사전 물량 협의, 맞춤 계약 출하가 가능
- 폐기율 감소 및 유통 효율화: 과잉생산이나 물량 겹침을 사전에 피할 수 있어 로스율 감소+운송비 절감+품질 유지 효과

기술적 구현은 어떻게?

이러한 데이터 연동은 API 통합, 클라우드 기반 빅데이터 분석, AI 추천 알고리즘을 통해 이루어집니다.

- 유통사 플랫폼 → 스마트팜 운영 시스템으로 소비 예측 데이터 전송
- 스마트팜 AI → 생육 상태 및 수확 가능성 분석 후 출하 최적 타이밍 제안
- 양방향 데이터 연동 → 실시간 수요-공급 조율 가능

이 모든 흐름은 사물인터넷 기반 센서 데이터, AI 생육 분석, 유통망 연계 데이터 플랫폼이 통합적으로 작동할 때 완성됩니다.

스마트팜의 경쟁력은 시장과의 연결에서 시작된다

오늘날 스마트팜은 더 이상 단지 자동화된 온실을 의미하지 않습니다. 그것은 '시장을 읽고 반응할 수 있는 생산자'로 진화한 농부의 전략 플랫폼입니다. 소비시장 데이터와의 실시간 연동은, 단순한 IT 기술이 아니

라 농산물의 '적시 생산과 적소 공급'을 가능하게 하는 혁신 도구입니다. 스마트팜이 단가 경쟁을 넘어서 수요 기반의 프리미엄 농업, 계약형 유통 모델, 데이터 기반 농업 수익 설계로 발전하려면 이제부터는 '온실의 기후 제어'뿐 아니라 '시장과의 정보 제어'도 함께 설계해야 하는 시대입니다.

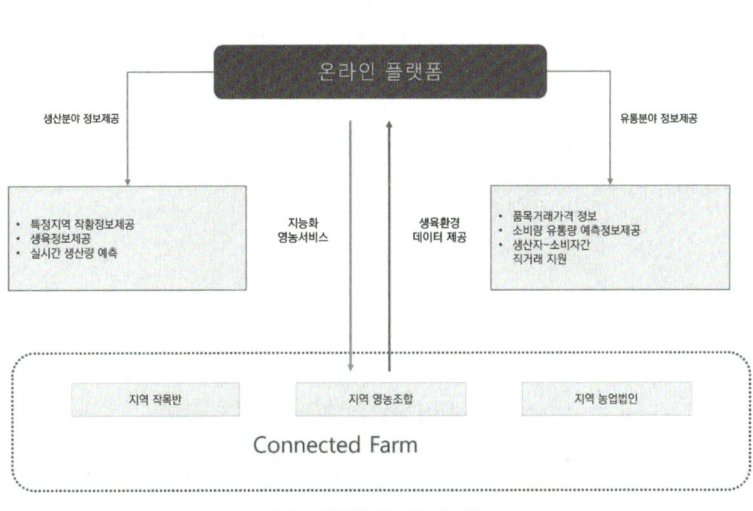

온라인 플랫폼 조직 개념도

③ 수확 예측과 소비 수요가 만나면, 유통의 판이 달라진다

스마트팜이 단순한 생산 자동화를 넘어서는 순간은 바로 '수확 예측 정보'가 '소비시장 수요 데이터'와 플랫폼상에서 통합될 때입니다. 이 두 축이 실시간으로 연결되면, 생산자와 소비자를 잇는 중간 과정인 물류와 유통 시스템도 전면적으로 재편될 수 있습니다. 이는 단지 트럭을 언제

보내느냐의 문제가 아니라, 농업 전반의 구조적 효율화를 이끄는 핵심 기제로 작동하게 됩니다.

수요처와 수확지가 자동 매칭됨으로써 물류 경로 설계가 달라진다

과거에는 수확이 끝나면 "어디로 보내야 할지", "누가 수거하러 올지"를 전화로 조율하거나, 중간 상인을 통해 물류를 '수동으로' 연결해야 했습니다. 그러나 이제는 수확 시점과 예상 수량이 데이터로 이미 플랫폼에 올라와 있고, 유통사는 수요 예측 데이터를 기반으로 구매 계획을 자동으로 입력해 둔 상태이기 때문에 시스템이 다음과 같은 절차를 자동화할 수 있습니다:

- 가장 가까운 농가와 수요처 간 거리, 시간, 교통 상황을 고려한 최적 배송 루트 제안
- 수확 예정량과 수요량이 일치하는 곳끼리 자동 매칭
- 한 차량이 여러 농가의 물량을 수거하고, 여러 수요처로 분산 배송할 수 있도록 혼합 배송 설계

이 과정은 사람이 일일이 설계하지 않아도 되며, 플랫폼이 실시간 위치 정보와 물량 정보를 분석해 자동 생성하게 됩니다.

혼합 배송과 공동 물류 - 잔여 공간과 인프라의 '공유경제'화

플랫폼은 단지 한 대의 트럭이 어느 농장에서 어떤 수요처로 가는지를 설계하는 데 그치지 않습니다. 여러 농가의 물량을 수거해 한 노선에서

같이 실어 나르고, 여러 수요처에 배분 배송하는 '혼합 배송 모델'을 자동 제안합니다.

예를 들어, 경기도 평택의 스마트팜 A, B, C 세 곳이 같은 주간에 딸기를 각 800kg, 500kg, 1,000kg 수확할 예정이고, 수도권 내 B마트, C마트, G쿠팡 물류센터가 각각 1.2톤, 600kg, 500kg씩 수요 예정이면, 1대의 3.5톤 냉장차량을 배차하여 A→B→C 순서로 수거하고, B마트, G쿠팡, C마트 순서로 하차하는 루트가 자동 생성됩니다. 이러한 구조는 물류 공간의 낭비를 줄이고, 수거 차량의 회차 수를 최소화하며, 결과적으로 배송비 절감, 신선도 유지, 차량 운영 효율 상승이라는 세 가지 효과를 동시에 얻을 수 있게 해 줍니다.

콜드체인 최적화 - 정시 수확+예측 배송+자동 온도 관리

정확한 수확 예측 덕분에 냉장차량의 대기 시간도 사라집니다. 수확 예정일에 맞춰 정확히 픽업 시간을 예약하고, 작물 포장 후 바로 상차할 수 있으므로, 냉장차의 온도 손실 없이 즉시 적정 온도로 운반 가능해지며, 또한 고급 유통 플랫폼은 온도·습도 트래킹 센서를 기반으로 콜드체인 유지 상태를 실시간으로 점검하며, 배송 중 이상 징후가 있을 경우 자동 알람 기능까지 제공할 수 있습니다. 이로 인해 신선 농산물의 품질 손실률 감소, B급 판정률 감소 등 수익에 직접적인 영향을 미치는 이점이 생깁니다.

탄소 배출 절감과 지속 가능성 강화

물류의 효율화는 단지 경제적 이익에만 머무르지 않습니다. 플랫폼 기

반의 혼합 배송·공동 물류·최적 경로 운영은 다음과 같은 환경적 부가가치를 만들어 냅니다:

- 공회전 차량 감소: 배차와 회수 차량의 공차 비율 감소
- 탄소 배출 절감: 트럭 운행거리 및 횟수 절감 → CO_2 배출량 저감
- 폐기율 감소: 물량 예측에 따른 적시 납품 → 상품 폐기 및 잉여 제거

이러한 효과는 농산물 유통에서도 ESG 경영 요소로 인정받을 수 있는 영역이며, 향후 탄소세·환경등급 기반 물류 보조금과 같은 정책 연계에서도 핵심 경쟁력이 됩니다.

물류도 이제 '출하 후 결정'이 아니라 '수확 전 설계'의 시대

스마트팜이 수확 시점과 수량을 예측할 수 있고, 소비시장 플랫폼이 수요를 실시간으로 파악할 수 있다면, 그 둘을 잇는 물류도 당연히 사전에 계획되고 최적화될 수밖에 없습니다. 더 이상 "수확 후, 트럭 부르기"는 시대에 뒤처진 방식입니다. 이제는 데이터로 수요를 읽고, 수확을 설계하며, 물류를 자동 배치하는 구조, 그것이 스마트팜 유통 플랫폼의 새로운 풍경입니다. 물류는 생산의 끝이 아니라, 유통 시스템의 시작입니다. 그리고 그 시작은 이제, 예측과 알고리즘이 맡고 있습니다.

④ 데이터 기반 유통이 만들어 내는 신뢰의 농업 구조

스마트팜이 생산 데이터, 수확 예측 정보, 소비시장 수요 데이터를 실

시간으로 연결하게 되면, 그 효과는 단순한 생산성과 물류 효율을 넘어 '가격 안정성'과 '계약 기반의 투명한 거래'로 이어지게 됩니다. 이는 전통적으로 가격 변동성과 수급 불안정성에 시달려 온 농업에 있어 매우 혁신적인 변화입니다.

가격 예측 기반의 협의 구조 - 가격은 '사후 정해지는 것'이 아니다

기존 농산물 유통 구조에서는 수확이 끝나고 시장에 출하한 뒤에야 그 날의 시세에 따라 가격이 결정되었습니다. 하지만 이런 방식은 농가에 있어 수익 예측이 어렵고, 유통업체 입장에서도 공급 불안정에 따른 재고 불일치, 납품 차질 등의 문제가 빈번하게 발생하곤 했습니다. 그러나 스마트팜 기반 유통 플랫폼에서는 수확량과 품질이 사전에 예측되고, 유통 플랫폼에는 지역·시기별 수요와 단가 흐름 데이터가 실시간으로 반영됩니다. 이를 통해 생산자와 유통업체 간의 '사전 가격 협의'와 '수량 계약'이 가능해지며, '농가는 가격을 알고 농사를 짓고', '유통사는 물량을 확보한 뒤 판매 전략을 수립하는' 계획형 농업과 유통의 연결 구조가 완성됩니다.

계약 기반 거래로 전환 - 신뢰는 데이터에서 만들어진다

이러한 사전 협의는 단순히 말로 끝나는 것이 아니라, 스마트 계약(Smart Contract) 기술을 통해 데이터 기반 계약서로 전환될 수 있습니다. 스마트 계약이란, 블록체인 기술을 활용하여 사전에 설정된 조건이 충족되면 자동으로 실행되는 디지털 계약을 의미합니다.

예를 들어,

- A 스마트팜이 "3월 셋째 주, B등급 이상 토마토 1.5톤 공급" 계약을 체결하면
- 시스템은 해당 농가의 생육 데이터를 지속적으로 모니터링하고
- 수확 가능성이 95%를 넘어서면 자동으로 배송 확정 알림 발송
- 물류가 픽업을 완료하면, 배송 완료 자동 기록
- 수량·품질 확인이 끝나면 계약 내용대로 정산 자동 실행

이 모든 과정이 사람이 개입하지 않아도, 조건이 충족되는 즉시 자동으로 이뤄집니다. 이는 거래 당사자 간 불확실성 해소, 책임 회피 방지, 분쟁 소지 최소화라는 효과를 동시에 가져옵니다.

정산의 투명성 향상 - 농업도 신뢰의 플랫폼 시대

특히 농산물 거래에서 종종 문제로 지적되던 부분이 바로 정산 과정의 불투명성입니다.

- 유통업체는 "이건 B급이라 가격을 낮춰야 한다"며 가격을 일방적으로 조정하고,
- 농가는 기준이 불분명한 채 받아들이거나, 재협상을 해야 하는 구조

그러나 스마트 계약 구조에서는,

- 수확물의 등급은 센서 기반 생육 데이터+이미지 분석 기반 품질 AI가 자동 판별

- 계약서상 기준과 일치 여부를 시스템상에서 판별 가능
- 정산 내역은 블록체인상에 자동 기록되며 변경 불가능
- 각 단계별 로그(수확량 입력, 픽업 완료, 검수 확인 등)도 시계열로 투명하게 저장

결국 농가는 가격과 거래 결과에 대한 신뢰를 확보하고, 유통업체 역시 일관된 품질 기준과 납품 안정성을 확보할 수 있게 됩니다.

농업 계약은 신뢰가 아니라 데이터로 이루어진다

데이터 기반 유통이 정착되면, 농업은 더 이상 '좋은 가격이 오기를 기도하는 산업'이 아니라, '데이터를 근거로 가격과 수익을 설계하는 산업'이 됩니다. 여기에 스마트 계약 기술이 결합되면, 계약 이행, 수량 검수, 정산 처리까지 자동화되며, 거래는 신뢰를 넘어 '불가역적 투명함'을 갖게 됩니다. 스마트팜은 단순히 기후를 제어하는 기술이 아닙니다. 가격을 예측하고, 수익을 계획하며, 거래를 기록하는 새로운 농업 시스템의 중심축이 되고 있는 것입니다.

⑤ 카카오T 플랫폼처럼 작동하는 농산물 플랫폼
 - 농산물도 '호출과 배차'로 연결되는 시대

스마트팜과 소비시장 데이터가 연결되는 구조를 어렵게 느끼는 분들도 많습니다. 하지만 우리가 일상적으로 사용하는 카카오T, 우버 같은 교통 플랫폼을 떠올리면 훨씬 쉽게 이해할 수 있습니다. 실제로 농산물 유

통 플랫폼도 카카오T처럼 '수요자와 공급자를 실시간으로 연결해 주는 시스템'으로 진화할 것이기 때문입니다.

교통 플랫폼의 원리 - '호출'과 '배차'의 혁신

우선 교통 플랫폼은 기본적으로 다음과 같은 방식으로 작동합니다:

1. 소비자(승객)는 앱을 통해 자신의 위치와 목적지를 입력합니다.
2. 플랫폼은 근처의 빈 차량(공급자: 택시 기사)을 자동으로 탐색합니다.
3. 시스템은 거리, 시간, 교통 상황 등을 고려해 가장 최적의 기사에게 배차합니다.
4. 과거처럼 택시가 "빈 차" 표시만 달고 길거리를 배회하지 않고, 앱만 보면 어디에 승객이 있는지 즉시 알 수 있습니다.
5. 승객은 과거처럼 "따따블~!"을 외치지 않아도 기다림 없이 가장 빠른 차를 타고, 기사는 효율적으로 손님을 찾아 수입을 극대화할 수 있습니다.

이 시스템은 단순한 중개가 아니라, 수요와 공급을 실시간으로 예측하고 정렬하여, 효율적으로 연결하는 알고리즘입니다. 이제 이런 구조가 농산물 유통 플랫폼에도 그대로 적용되고 있습니다.

스마트팜 유통 플랫폼 = '농산물의 카카오T'

이제 농산물도 다음과 같은 방식으로 출하되고 유통될 수 있습니다:

1. 소비자 데이터 수집: 대형 유통사, 온라인몰, 식자재 업체 등은 특정 품목의 수요를 실시간으로 파악합니다.
   - 예: "서울 강서구에 3월 셋째 주, 토마토 수요 급증 예상. 1.2톤 필요."
2. 스마트팜(생산자)의 생육 데이터를 플랫폼이 자동 수집합니다.
   - 예: "경기도 평택의 A팜, 3월 3주 차에 토마토 1.5톤 수확 예정."
3. 유통 플랫폼이 매칭합니다. 거리, 품질, 수확 시기, 등급, 수요자의 요구조건(친환경, 크기 등)을 고려해 가장 적합한 농가를 실시간으로 추천하고 계약 제안을 연결합니다.
4. 생산자는 더 이상 '시장에 내다 파는' 구조가 아닌, 수요에 맞춘 '배차된 출하'를 실행하게 됩니다. "예측 출하 요청 수락"만 누르면, 물류가 자동으로 연결되고 납품 계약이 성립됩니다.

이 구조 속에서는 생산자와 소비자가 더는 따로 존재하지 않습니다. 서로를 플랫폼이 즉시 찾아주고 연결해 주는 구조로 진화한 것입니다.

이렇게 달라지는 농업의 풍경

과거에는 농부가 단순히 수확 후 '팔 곳'을 찾아야 했습니다. "이번 주에 토마토가 많이 났는데, 어디 도매시장에 가져가야 하나?", "가격 괜찮은가요? 안 팔리면 어떡하죠?" 이런 불안과 비효율은 마치 출퇴근 시간대의 택시 대기줄과 같은 풍경이었습니다. 그러나 이제는 시스템이 미리 알려줍니다:

- "이번 주 수도권 수요 급증 → 출하 권장"

- "이 물량은 식자재 회사 B와 연결 가능"
- "A등급 기준으로 kg당 3,800원 단가 확정"
- "납품일: 3월 18일, 물류 픽업: 오후 3시 예정"

이 모든 흐름이 실시간 수요·공급 매칭 알고리즘으로 작동하는 구조입니다. 즉, 농산물도 이제는 '호출'되며, '배차'되는 시대가 된 것입니다.

농업도 플랫폼 기반 '수요 기반 유통'으로 간다

카카오T가 교통의 방식을 바꿨듯, 스마트팜 유통 플랫폼은 농업의 유통 방식을 근본적으로 재편하고 있습니다. 공급자는 더 이상 '팔 곳'을 찾아 헤매지 않고, 소비자는 더 이상 '신선한 물건'을 기다릴 필요가 없습니다. 시스템이 수요-공급을 읽고, 가장 합리적인 연결을 실시간으로 완성해 줍니다. 이제 농업은 더 이상 예측 불가능한 산업이 아닙니다. 예측하고 연결하며, 미리 조율하는 산업으로 진화하고 있습니다. 스마트팜은 '작물 생산 기술'이 아닌, '시장 반응에 대응하는 공급 네트워크'의 일부가 되어 가고 있는 것입니다.

궁극적으로는 생산자와 유통자, 소비자를 아우르는 데이터 중심의 플랫폼 유통 생태계가 형성될 것입니다. 이는 중간 유통단계의 축소, 물류 효율의 제고, 계약형 거래 증가, 폐기감모율 감소 등 유통 시스템 전반의 구조를 바꾸는 일이 가능해집니다.

⑥ "데이터의 만남이 유통을 바꾼다"

스마트팜은 단지 농사의 자동화 기술이 아닙니다. 그것은 데이터 중심의 농업 혁신을 가능하게 하는 시작점이며, 소비자와 유통, 생산자의 정보를 유기적으로 연결하는 플랫폼이 완성될 때 진정한 혁신은 현실이 됩니다. 앞으로 농업은 기술만이 아니라 정보의 흐름으로도 경쟁해야 하는 시대가 도래하고 있습니다. 이 흐름을 선도하기 위해, 스마트팜과 유통 정보의 통합 플랫폼 구축은 선택이 아니라 필수 과제이자 생존 방법입니다.

> # 도심형 수직농장을 위한
> # 새로운 유통 해법
> - Food Assembly를 아시나요?

2010년 프랑스에서 Guilhem Chéron과 Marc-David Choukroun이 공동 창업한 The Food Assembly(프랑스어로 La Ruche qui dit Oui! - "예스라고 말하는 벌집")는 디지털 기술을 활용하여 지역 농부와 소비자를 직접 연결하는 온라인-오프라인 하이브리드 형태의 플랫폼입니다. 이 플랫폼은 생산자가 온라인에 농산물을 등록하고, 소비자가 사전에 주문한 뒤, 정해진 장소에서 직접 농산물을 받아 가는 시스템을 통해 중간 유통 단계를 최소화하고, 지역 내에서 신선한 식품을 소비할 수 있도록 지원합니다.

① 운영 구조와 수익 모델

생산자 중심의 가격 설정

생산자는 자신의 농산물을 온라인 플랫폼에 등록하고, 가격을 자율적으로 설정합니다. 이를 통해 생산자는 공정한 수익을 확보할 수 있으며,

소비자는 신선한 지역 농산물을 합리적인 가격에 구매할 수 있습니다.

지역 커뮤니티의 중심, 어셈블리 호스트

각 지역의 '어셈블리 호스트'는 생산자와 소비자를 연결하는 역할을 수행합니다. 이들은 온라인 판매를 조직하고, 정기적인 오프라인 수령 장소를 마련하여 지역 커뮤니티를 활성화합니다. 어셈블리 호스트는 생산자의 판매 수익 중 8.35%를 수수료로 받으며, 플랫폼 운영사도 동일한 비율의 수수료를 취득합니다.

런던 Barbican에서 열린 The Food Assembly의 전시 부스

② 확장성과 사회적 영향

The Food Assembly는 프랑스를 시작으로 벨기에, 독일, 스페인, 이탈

리아 등 유럽 여러 국가로 확장되었습니다. 2015년 기준으로 800개 이상의 어셈블리가 운영되었으며, 4,500명 이상의 생산자가 참여하고 있습니다. 이 플랫폼은 지역 경제 활성화, 식품 운송 거리 감소로 인한 탄소 배출 저감, 음식물 쓰레기 감소 등 다양한 사회적 가치를 창출하고 있습니다.

③ Food Assembly의 구체적인 사업 모델

- 생산자는 스스로 가격을 설정하고, 중간 유통 과정을 최소화해 수익을 극대화할 수 있습니다.
- 소비자는 필요한 양만 사전 주문하고, 신선한 농산물을 직접 받아볼 수 있어 품질과 신뢰를 확보합니다.
- 지역 안에서만 생산과 소비가 이뤄져 운송 거리를 줄이고, 환경 부담을 최소화합니다.

이처럼 Food Assembly는 생산자와 소비자 모두에게 이익이 되는 지속 가능한 지역 농산물 유통 생태계를 만들어 냈습니다.

④ 그렇다면 도심형 수직농장은 어떤 문제를 안고 있을까?

최근 각광받고 있는 도심형 수직농장은 다양한 장점을 가지고 있지만, 유통 측면에서는 다음과 같은 한계에 부딪히고 있습니다.

- 소량 다품종 생산으로 인해, 판매와 유통이 복잡해지고 비용이 증가

합니다.
- 생산자 개인이 모든 생산물을 직접 판매하기 어려워 잉여 생산물이 발생하기 쉽습니다.
- 물류와 배송 부담이 크기 때문에, 오히려 소규모 농장이 운영에 어려움을 겪습니다.
- 수요 변동에 대한 대응이 늦어 생산물 손실이 발생할 위험이 존재합니다.

즉, 단순히 농작물을 잘 기른다고 해서 해결될 문제가 아니라, 생산된 농산물이 적시에, 적정한 경로로 소비자에게 전달되는 체계가 반드시 필요합니다.

⑤ 대응 방안: 도심형 Food Assembly 플랫폼 구축

이러한 문제를 해결하기 위해, 기존 **Food Assembly** 모델을 도심형 수직농장에 맞게 재구성한 새로운 플랫폼을 제안합니다.

- 농장은 생산 예정 품목과 수량을 플랫폼에 등록하고, 시스템은 예상 잉여량을 미리 분석합니다.
- 소비자 주문은 자동으로 농장과 매칭되고, 잉여 생산물은 레스토랑, 카페, 가공업체 등 다양한 수요처로 신속히 연결됩니다.
- 공동 물류망을 통해 여러 농장의 물량을 효율적으로 수송하고, 물류비 부담을 크게 줄입니다.

- 판매 데이터를 분석해 농장에는 다음 작기를 위한 품종 추천과 수량 조정 가이드를 제공합니다.
- 소비자는 온라인 스토어를 통해 신선한 지역산 농산물을 직구하거나, 정기구독으로 쉽게 공급받을 수 있습니다.

⑥ 초로컬 식량 공급 체계란 무엇인가?

이렇게 구축되는 플랫폼은 단순히 판매 경로를 만드는 것이 아닙니다. 도시 안에 초로컬 식량 공급 체계(Ultra-Local Food Supply System)를 만들어 내는 것입니다.

초로컬 식량 공급 체계란, 생산지와 소비지가 거의 일치하는 구조를 말합니다. 즉, 도심 안에서 농산물을 재배하고, 같은 도심 안의 소비자가 그것을 구매해 소비하는 것입니다.

운송 거리는 몇십 킬로미터가 아니라 몇 킬로미터 이내로, 경우에 따라서는 몇백 미터 안에서 모든 유통이 끝납니다. 이렇게 되면 다음과 같은 변화가 일어납니다.

- 운송 거리가 짧아지면서 푸드마일리지(식품이 이동하는 거리)가 급격히 감소합니다.
- 신선도를 극대화할 수 있어, 저장과 유통 과정에서 발생하는 감모율(상품 손실률)이 줄어듭니다.
- 탄소 배출량이 줄어들어 환경 부담이 낮아지고, 지속 가능한 도시

환경을 조성할 수 있습니다.

⑦ 현재 농촌-도시 구조의 문제

오늘날, 도시와 농촌은 서로 멀리 떨어져 있습니다. 농촌은 주로 생산을 담당하고, 도시는 소비를 담당하지만, 이 구조는 여러 심각한 문제를 초래하고 있습니다.

- 탄소 발자국 증가: 먼 거리 운송이 필요하기 때문에 식품 1kg을 소비하기 위해 막대한 에너지가 소비됩니다.
- 농촌 인구 감소: 농촌은 고령화와 인구 소멸이 가속화되며, 농업을 유지할 노동력이 점점 줄어들고 있습니다.
- 감모율 증가: 농장에서 출하한 농산물이 도시까지 이동하는 동안 시간이 길어지고, 그 과정에서 상품 가치가 떨어지는 경우가 많습니다.

이러한 문제들은 단순한 농업 문제가 아니라, 도시와 농촌 모두의 지속 가능성을 위협하는 사회적 문제로 이어지고 있습니다.

⑧ 도심형 초로컬 농업 모델: 미래 농업의 대안

이제, 도심형 수직농장과 초로컬 유통 플랫폼을 결합한 시스템은 이러한 문제를 한꺼번에 해결할 수 있는 미래 농업의 새로운 대안이 될 수 있습니다.

- 생산과 소비를 한 지역 안에서 해결함으로써, 탄소 발자국을 줄이고, 식량 체계를 더 친환경적으로 만들 수 있습니다.
- 농촌만이 아니라, 도시 자체가 일정 부분 식량을 자급자족할 수 있는 기반을 갖추게 됩니다.
- 수확 후 유통되는 시간이 짧아져 농산물의 품질과 가치가 높아지고, 생산자의 수익성도 개선됩니다.

결국, 도심형 Food Assembly 모델은 단순히 농작물을 파는 것을 넘어, 지속 가능한 식량 생산-유통-소비 생태계를 만들어 나가는 미래 전략이 될 것입니다.

The Food Assembly 네트워크 내 다양한 지역 생산자들

스마트팜 기반 장애인표준사업장, 기업 투자의 새로운 대안인가?

– 사회적 가치와 경제적 절세 효과를 동시에 노리는 기업을 위한 전략적 기회

오늘날 기업의 경영 철학은 단순한 이윤 추구를 넘어, 사회적 책임(Corporate Social Responsibility, CSR)을 핵심 전략으로 삼는 방향으로 빠르게 변화하고 있습니다. 특히 ESG 경영이 확산되면서, 고용 다양성과 포용성 확보는 더 이상 선택의 문제가 아니라 기업의 지속 가능성과 직결된 필수 과제로 인식되고 있습니다.

이러한 흐름 속에서 장애인 고용 확대는 주요한 사회적 과제 중 하나로 부각되고 있습니다. 현재 많은 대기업들이 법정 장애인 고용률을 충족하지 못해, 매년 수십억 원에 이르는 장애인고용부담금을 납부하고 있는 실정입니다. 이는 비용 측면에서도 기업에 부담이 되는 한편, 사회적 책임 실현이라는 명제 앞에서도 한계를 드러냅니다.

바로 이 지점에서 '스마트팜 기반 장애인표준사업장'이라는 새로운 사업 모델이 주목받고 있습니다. 스마트팜은 농업을 기반으로 하면서도 고도로 자동화되고 데이터 중심의 운영이 가능하기 때문에, 장애인 근로자

의 작업 접근성과 효율성을 모두 고려할 수 있는 산업 구조를 제공합니다. 이는 전통적인 제조업 기반의 표준사업장과는 차별화되는 지속 가능하고 확장 가능한 사업 기반을 의미합니다.

무엇보다 스마트팜은 작업의 표준화·단순화·자동화가 가능하다는 점에서, 다양한 유형의 장애인 근로자가 비교적 안전하고 안정적인 환경에서 업무에 참여할 수 있습니다. 예를 들어, 자동화된 양액 공급 시스템, LED 보광, 온도·습도 제어 시스템 등은 작업자의 물리적 부담을 줄이는 한편, 반복적이고 정형화된 작업을 통해 작업 숙련도 향상과 성취감 유도가 가능합니다. 또한 IT 기반의 모니터링과 데이터 관리 업무는 지적·자폐성 장애인 등 인지적 특성이 다른 근로자에게도 적합한 역할 분담을 가능하게 해 줍니다.

여기에 더해, 스마트팜은 환경친화적이면서도 지역사회와 연결되기 쉬운 산업입니다. 지역 농산물 유통, 교육체험 연계, 로컬푸드 공급망 등과도 손쉽게 결합할 수 있어, 단순 고용을 넘어 지역 경제와 공동체 회복에 기여하는 다층적인 사회적 효과를 기대할 수 있습니다.

무엇보다 중요한 점은, 이러한 스마트팜 기반 장애인표준사업장이 단순한 복지 차원의 시혜가 아니라, 자립 기반의 생산성 있는 경제 활동이라는 점입니다. 기업 입장에서는 장애인 고용률 충족과 사회공헌이라는 두 가지 과제를 동시에 해결할 수 있으며, 투자 유치나 ESG 평가 측면에서도 긍정적 시그널을 시장에 제공할 수 있습니다.

스마트팜은 기술성과 사회성이 융합된 새로운 유형의 장애인표준사업장 모델로, 장애인 고용 확대의 현실적 해법이자 기업의 사회적 책임 이행의 실질적 전략으로 자리 잡을 수 있습니다. 이는 단순한 '부담금 회피'

가 아니라, 기업과 사회가 함께 성장하는 지속 가능한 투자 대상으로서 그 실효성을 입증해 가고 있습니다.

***투자 매력 ①** 고용부담금 감면이라는 실질적 투자 회수 수단*

스마트팜 기반 장애인표준사업장에 대한 투자가 주목받는 이유 중 하나는, 단순한 사회공헌을 넘어 실질적인 재무적 이익을 가져올 수 있다는 점입니다. 특히, 장애인 고용 의무가 있는 기업에게 있어 이러한 투자는 장애인고용부담금을 감면받을 수 있는 직접적인 수단으로 작용하며, 이를 통해 현금 유동성 확보와 세제 절감이라는 구체적인 투자 회수 효과를 기대할 수 있습니다.

예를 들어, 연간 10억 원 규모의 장애인고용부담금을 납부하고 있는 A 기업이 있다고 가정해 보겠습니다. 이 기업이 직접 장애인을 고용하는 대신, 장애인 30명을 고용하고 있는 표준사업장에 일정 지분(통상적으로 50% 이상)을 투자하게 되면, 해당 지분율에 따라 부담금의 상당 부분을 감면받을 수 있습니다. 실제로는 연간 수억 원에 이르는 부담금이 투자만으로도 상쇄되는 셈이며, 이는 장기적으로 볼 때 기업의 재무제표상에서 명확한 비용 절감 효과를 가져다주는 요소로 평가됩니다.

더불어 이와 같은 감면 혜택은 단기적인 절세 효과뿐만 아니라, 기업의 ESG 성과 지표 향상에도 긍정적인 영향을 미칩니다. 단순한 기부나 후원이 아닌, 지속 가능한 구조를 갖춘 생산적 투자를 통해 고용 다양성과 사회적 기여를 실현한 사례로 인식되기 때문입니다. 특히 대기업이나 공공기관을 포함한 중견 기업들이 사회적 책임 이행과 동시에 투자의 실질적 회수 수단을 모색할 수 있다는 점에서, 스마트팜 기반 표준사업장은 매우 매력적인 대안이 됩니다.

즉, 이 사업 모델은 '사회적 기여'와 '투자 수익'이라는 두 마리 토끼를 잡을 수 있는 드문 기회이며, 스마트팜이라는 지속 가능한 산업성과 결합될 경우, 장기적인 관점에서 재무적 안정성과 사회적 신뢰도를 동시에 확보할 수 있는 전략적 자산이 될 수 있습니다.

투자 매력 ② 사회적 가치와 ESG 성과를 동시에 획득

장애인표준사업장에 대한 투자는 단지 법적 의무를 이행하는 수단에 그치지 않습니다. 기업 입장에서는 '장애인 일자리 창출', '지속 가능한 농업 실현', '지역사회와의 동반 성장'이라는 사회적 가치를 실현함으로써, 기업 이미지와 브랜드 신뢰도를 높이는 데 큰 역할을 할 수 있습니다. 이는 곧 공공기관 입찰 시 가점 부여, 금융기관의 ESG 평가 우대, 그리고 투자자와 주주 대상의 사회적 책임경영 실천에 대한 신뢰도 제고로 이어질 수 있는 실질적인 기업 경쟁력 강화 요소로 작용합니다.

특히 스마트팜을 기반으로 한 장애인표준사업장은 그 자체로도 ESG 시대에 부합하는 선진적인 사업 모델로 주목받고 있습니다. 스마트팜은 단순한 농업이 아니라, ICT 기반의 자동화 시스템, 환경 센서, 클라우드 데이터 관리, 원격 제어 등을 통해 운영되는 고도화된 디지털 농업입니다. 이러한 디지털 전환(DX) 기반의 농업 시스템은 청년장애인이나 중증장애인에게도 새로운 방식의 일자리를 제공할 수 있습니다.

예를 들어, 육체 노동 중심의 기존 농업과 달리, 스마트팜에서는 모니터링, 장비 제어, 데이터 입력, 환경 기록 분석 등 다양한 비육체적 업무가 필요하며, 이는 훈련을 통해 장애인 근로자들이 충분히 감당할 수 있는 영역입니다. 특히 시각 또는 청각에 제한이 있는 중증장애인도 맞춤형 UI/UX나 보조장비를 통해 시스템에 접근할 수 있어, 실제 현장에서는 지속 가능하고 생산성 있는 업무 참여가 가능합니다.

이러한 확장성과 유연성은 장애인 고용정책이 단순 반복 노동에만 머무르지 않고, 고도화된 산업 속에서도 다양하게 실현될 수 있음을 보여주는 사례로 기능합니다. 따라서 스마트팜 기반의 표준사업장에 투자하는 것은 단지 고용 의무를 '채운다'는 의미를 넘어, ESG 경영을 구체적으로 실천하고, 디지털 시대의 포용적 일자리 모델을 제시한다는 점에서 기업의 미래 지향적 비전을 담은 전략으로 평가될 수 있습니다.

결국 이 모델은 기업에게는 사회적 책임의 실현과 브랜드 가치 제고, 장애인에게는 기술 기반의 양질의 일자리, 그리고 지역사회에는 지속 가능한 농업과 경제 활성화라는 세 가지 효과를 동시에 제공하는, 매우 완성도 높은 사회적 투자 전략이 될 수 있습니다.

투자 매력 ③ 사업 안정성과 정부 지원의 병행 효과

장애인표준사업장에 대한 투자가 매력적인 이유 중 하나는, 높은 사업 안정성과 정부의 다층적인 지원 제도를 동시에 기대할 수 있다는 점입니다. 특히 스마트팜이라는 산업적 특수성과 장애인 고용이라는 사회적 목적이 결합될 경우, 정부와 공공기관의 제도적·재정적 지원을 함께 받을 수 있는 기회가 열리게 됩니다.

우선, 장애인표준사업장은 설립 단계에서부터 고용노동부와 한국장애인고용공단의 체계적인 지원 대상으로 분류됩니다. 일정 요건을 충족할 경우, 시설 설치비나 기자재 구입비, 근로자 인건비, 직무지도사 배치비 등을 포함한 직접적인 재정 지원을 받을 수 있으며, 고용 규모나 근로 유형에 따라 고용장려금 지급도 가능합니다. 이와 함께, 법인세 감면, 지방세 면제 등 세제 혜택, 그리고 인허가·설립 신고 등의 행정 간소화 혜택도 뒤따르게 되어, 초기 사업 운영의 부담을 실질적으로 줄일 수 있습니다.

여기에 '스마트팜'이라는 산업적 속성은 또 다른 정부 부처와의 협업 가능성을 열어 줍니다. 농림축산식품부는 물론, 지역 지방자치단체, 사회적기업 육성 정책을 추진 중인 복지부·행안부 등 여러 부처에서 융합형 지원 사업이 진행되고 있기 때문에, 스마트팜 기반 장애인표준사업장은 다부처 연계 지원을 받을 수 있는 유리한 위치에 있습니다. 예를 들어, 스마트팜 혁신밸리 조성 사업, ICT 융복합 농업기술 보급 사업, 사회적경제 기업 판로 지원 사업 등과의 연계를 통해 추가적인 인프라 지원 및 마케팅 지원을 확보할 수 있습니다.

결과적으로 이는 단순한 정부 보조에 그치지 않고, 사업의 구조적 안정성과 투자 대비 수익률(ROI)을 계획적으로 설계할 수 있는 기반으로 작동합니다. 초기 고정비용의 상당 부분을 정부 지원으로 커버할 수 있다면, 투자 기업은 부담을 줄이고 보다 장기적이고 지속 가능한 수익 모델을 구축할 수 있게 되는 것입니다.

따라서 스마트팜 기반 장애인표준사업장은 사회적 가치 실현과 재무적 수익을 동시에 확보할 수 있는 구조를 갖추고 있으며, 정부와 제도의 뒷받침을 통해 사업 리스크를 최소화하고, 안정적 경영 기반을 마련할 수 있는 전략적 투자처로 평가받을 수 있습니다.

① 투자 시 주의사항

그러나 이러한 투자 모델이 마냥 장밋빛은 아닙니다. 기업이 전략적으로 접근하지 않으면, 다음과 같은 함정을 피하기 어려울 수도 있습니다.

지분율 vs. 고용기여율 연계 확인 필요

장애인표준사업장에 대한 투자로 장애인고용부담금 감면 혜택을 기대하는 경우, 단순히 자본을 출자했다고 해서 자동적으로 감면이 이루어지는 것은 아닙니다. 감면 혜택의 전제는 '실질적인 고용 기여'가 입증되어야 한다는 점을 명확히 인지해야 합니다.

구체적으로는, 기업이 해당 표준사업장에 일정 지분 이상을 투자하더라도, 그 지분율에 상응하는 만큼 실질적으로 장애인 고용이 이루어지고 있음이 확인되어야만 고용부담금 감면이 적용됩니다. 즉, 형식적으로 투자만 하고 장애인 고용이 제대로 이루어지지 않거나, 사업장이 명목뿐인 운영 상태일 경우에는 감면 대상에서 제외될 수 있습니다.

따라서 투자 기업은 단순 투자 계약을 넘어서, 장애인 고용 인원, 고용 유형, 근로 환경의 적정성, 사업장 운영의 지속성 등 실질적인 고용 성과가 입증될 수 있도록 구조를 설계하고 관리해야 합니다. 이를 위해 사업장 운영 주체와의 긴밀한 협업, 고용 데이터의 정기적 보고, 현장 실사 대응 준비 등 철저한 사전 계획과 투명한 운영 체계가 요구됩니다.

결국 고용부담금 감면은 투자의 부산물이 아닌, 실질적인 장애인 고용 참여에 따른 보상 체계임을 명확히 이해해야 하며, 이는 투자와 사회적 책임의 균형을 추구하는 스마트한 기업 전략의 일환으로 접근해야 할 영역입니다.

운영 안정성 부족 시 반대로 리스크

장애인표준사업장에 대한 투자는 분명 매력적인 재무적·사회적 효과를 기대할 수 있지만, 동시에 운영 안정성이 확보되지 않을 경우 오히려 기업에 리스크로 작용할 수 있다는 점도 반드시 고려해야 합니다.

가장 큰 위험은, 표준사업장이 운영 실패로 해산되거나 장애인 고용을 지속하지 못할 경우입니다. 이러한 상황이 발생하면, 기존에 감면받았던 장애인고용부담금이 소급하여 환수될 수 있습니다. 이는 단지 감면 혜택을 잃는 데 그치지 않고, 예상치 못한 회계적 손실과 법적 불이익으로 이어질 수 있는 심각한 리스크 요인입니다.

따라서 투자에 앞서 가장 중요한 것은 운영 주체의 전문성과 안정성에 대한 철저한 사전 검토입니다. 구체적으로는 사업장의 설립 이력, 과거의 장애인 고용 실적, 조직 운영 능력, 시설 및 설비의 유지관리 체계, 고용 인력의 직무 적합성 등에 대해 종합적인 실사와 리스크 평가가 선행되어야 합니다. 특히 중장기적으로 장애인 고용이 안정적으로 유지될 수 있도록 재무 구조와 수익 모델, 정부 지원과의 연계성, 장애인 근로자의 직무 적응 지원 체계 등이 잘 갖추어져 있는지를 면밀히 살펴야 합니다.

표준사업장 투자는 단순한 자금 출자 이상의 전략적 판단이 필요한 분야입니다. 투자 수익뿐 아니라 감면 혜택의 지속성을 확보하기 위해서라도, 운영 파트너의 신뢰성과 사업의 지속 가능성에 대한 검증은 선택이 아닌 필수라고 할 수 있습니다. 안정적이고 책임 있는 파트너십이 전제될 때, 비로소 이러한 투자는 사회적 가치와 재무적 이익을 함께 실현하는 건강한 모델로 자리 잡을 수 있습니다.

단순 '면피용 투자'는 부정 평가 가능성

장애인표준사업장에 대한 투자가 실제로 사회적 책임을 다하는 전략으로 인정받기 위해서는, 단순히 자본을 투입하는 것만으로는 부족합니다. 고용노동부와 외부 감사기관은 이러한 투자를 단순 '면피용'으로 간주하지 않기 위해, 투자 기업의 실질적인 참여 여부와 경영에 대한 영향력까지 면밀히 검토하고 있기 때문입니다.

즉, 형식적으로 일정 지분을 보유하고 있다고 하더라도, 실제로 장애인 고용 확대에 얼마나 기여했는지, 경영에 있어 의사결정에 참여하고 있는지, 사업 운영에 책임 있는 주체로서 역할을 하고 있는지 등이 평가의 핵심 기준이 됩니다. 만약 투자 기업이 실질적 참여 없이 단순 후원 수준의 태도로 임할 경우, 정부 지원 대상에서 배제되거나 감면 혜택이 축소되는 등의 불이익을 받을 수 있으며, 외부 ESG 평가에서도 부정적인 인상을 남길 가능성이 있습니다.

따라서 기업은 장애인표준사업장에 대한 투자를 단순한 법적 의무 회피 수단으로 볼 것이 아니라, 책임 있는 사회적 투자자로서의 전략적 선택으로 접근해야 합니다. 이를 위해서는 초기 투자 단계부터 운영 구조 설계, 경영 참여 방식, 고용 전략 수립 등 전반에 걸쳐 적극적으로 관여하는 체계가 필요합니다. 예를 들어, 이사회 또는 운영위원회 참여, 고용 인원과 직무 구성에 대한 공동 기획, 경영진과의 정기 협의 등 실질적인 거버넌스 체계를 구축하는 것이 바람직합니다.

투자의 진정성이 확보될 때에만 기업은 고용부담금 감면이라는 직접적인 이익뿐 아니라, 사회적 신뢰와 기업 이미지 제고라는 장기적인 무형의 자산까지 함께 얻을 수 있습니다. 장애인 고용이라는 공공성과 스마트팜이라는 미래 산업이 결합된 이 모델은, 그만큼 성실한 운영 참여와 책임 있는 투자 전략이 필수적이라 할 수 있습니다.

② 맺으며…

스마트팜 기반의 장애인표준사업장은 단순한 농업 사업을 넘어, 기업의 사회적 책임 이행과 비용 절감, 지속 가능 경영을 동시에 실현할 수 있는 하이브리드형 투자 모델이 될 수 있습니다. 특히 장애인고용부담금이라는 매년 반복되는 고정비용에 대한 대응 전략으로서, 이 사업에 대한 투자는 그 자체로 강력한 회수 로직을 내포하고 있습니다.

기업이 이 기회를 단기 면피용이 아닌, "장기적 파트너십 기반의 임팩트 투자"로 인식한다면, 이는 곧 미래 경쟁력을 높이는 전략적 선택이 될 수 있을 것입니다.

도시 유휴 공간과 수직농장, 그리고 대마 산업의 미래
- 도시 속 농장, 새로운 시대의 시작

오늘날 도시 한복판에서 농장을 본다는 것은 더 이상 낯선 일이 아닙니다. 고층 빌딩 내부, 폐쇄된 창고, 유휴 공장 터 등, 기존에 활용되지 않던 도시 공간이 농업의 새로운 장으로 다시 태어나고 있습니다. 그 중심에는 바로 '수직농장(Vertical Farm)'이 있습니다.

수직농장은 온실과는 다릅니다. 외부의 햇빛이나 날씨에 의존하지 않고, LED 광원과 센서 기반의 환경제어 시스템을 통해 밀폐된 공간에서 식물을 수직으로 재배하는 방식입니다. 공간 활용성이 높고, 물 사용량을 90% 이상 줄일 수 있으며, 병해충 걱정도 없는 이 방식은 도시의 식량 자급률을 높이고, 탄소 발자국을 줄이는 지속 가능한 해법으로 주목받고 있습니다.

특히 미국의 딕슨 데스포미어(Dickson Despommier) 교수는 이 개념을 널리 알린 인물로, 그는 컬럼비아 대학교에서 도시 옥상 농업의 한계를 연구하다가 수직농장 개념을 제안했습니다. 그는 "30층 빌딩 농장 하나로 5만 명에게 먹거리를 공급할 수 있다"고 주장하며, 도시 내 유휴 부동산이 식량 생산지로 전환될 수 있음을 보여 주었습니다.

① 고부가가치 작물로서의 대마(Cannabis)

이러한 도시형 농업 모델이 특히 주목받는 또 하나의 이유는 바로 **대마** 재배와의 접목 가능성입니다. 대마는 산업용, 의료용, 그리고 일부 국가나 주에서의 기호용까지 다양한 용도로 사용되며, 특히 의료용 대마 시장은 고속 성장 중입니다. CBD(칸나비디올) 성분이 통증 완화, 불면 개선, 항염 작용에 효과가 있다는 연구들이 이어지며, 미국, 캐나다, 독일, 이스라엘 등을 중심으로 합법화가 확산되고 있습니다.

대마는 일반 작물보다 훨씬 민감한 환경 조건을 요구합니다. 온도, 습도, 광주기, 이산화탄소 농도 등 작은 변화에도 생육과 품질이 영향을 받습니다. 따라서 재배 환경을 완벽히 통제할 수 있는 수직농장은 대마 재배에 최적화된 플랫폼이 될 수 있습니다. 또한, 밀폐된 공간은 법적으로 요구되는 보안 조건을 충족하는 데에도 유리합니다.

② 도시 유휴 공간+수직농장+대마: 3박자의 융합

이제 상상해 봅시다. 도심 한가운데 버려진 창고가 있습니다. 사람들의 왕래가 적고, 사용되지 않은 채 방치되어 있습니다. 이 공간에 LED 보광과 자동 급액 시스템, 온습도 제어 기능을 갖춘 수직농장이 들어선다면 어떨까요?

여기에 의료용 대마를 재배하게 되면, 단위 면적당 수익은 일반 채소보다 수십 배 이상 높아질 수 있습니다. 예를 들어, 미국 캘리포니아에서 1제곱미터당 양상추(Lettuce) 재배로 연간 100달러의 수익을 낼 수 있다면, 의료용 대마는 품질에 따라 1,000~2,000달러 이상의 수익을 낼 수 있는 것으로 알려져 있습니다.

이는 농업이 더 이상 넓은 땅에서, 땀 흘려 일해야만 가능한 산업이 아니라는 것을 보여 줍니다. 기술과 데이터, 자동화, 그리고 도시의 공간이 만나면, 고부가가치 산업으로 전환될 수 있습니다.

③ 해외 사례로 본 가능성

- AeroFarms(미국 뉴저지): 폐공장을 리노베이션하여 연간 1,000톤 이상의 채소를 생산하는 수직농장을 운영하고 있으며, 일부 시설에서는 CBD 추출용 대마 재배도 병행하고 있습니다.
- Green Spirit Farms(미국 미시간): 폐교 건물을 활용하여 식물성 식품과 의료용 대마를 동시에 재배하는 복합형 수직농장을 운영 중입니다. 고밀도 재배를 통해 생산성과 수익성을 모두 확보했습니다.
- Aurora Cannabis(캐나다): 세계 최대 대마 재배 기업 중 하나로, 자

동화된 수직형 재배 시스템을 갖춘 시설에서 연간 수천 톤 규모의 대마를 생산하고 있습니다. 이 시스템은 전력 효율과 보안 면에서도 높은 평가를 받고 있습니다.

④ 우리나라에서의 적용 가능성과 과제

한국은 아직 대마 재배에 있어 규제가 매우 엄격한 나라입니다. 하지만 최근 들어 의료용 대마의 제한적 허용이 논의되고 있고, CBD 성분을 활용한 기능성 식품 및 화장품에 대한 수요도 증가하고 있어, 중장기적으로 관련 산업의 합법화와 규제 완화 가능성은 존재합니다.

이에 따라, 도시 내 유휴 공간을 활용한 고밀도 수직농장 모델은 '스마트팜+고부가 작물+도시재생'이라는 세 가지 키워드를 모두 충족하는 미래형 모델로 발전할 수 있습니다.

다만, 이를 실현하기 위해서는 다음과 같은 과제가 병행되어야 합니다:

- 법 제도 정비 및 규제 완화
- 스마트 재배 인프라 기술력 확보
- 보안 및 품질 관리 시스템 구축
- 유통 및 가공체계와의 연계

⑤ 도시 농업, 그리고 산업적 전환의 기회

도시의 유휴 공간은 낡은 건물이 아닙니다. 미래의 '도시형 고부가 농장'으로 변신할 수 있는 잠재력이 있는 공간입니다. 대마 산업과 같은 고성장 분야와 수직농장이 만난다면, 그것은 단순한 농업의 진화가 아니라, 도시와 농업, 산업과 기술의 융합을 의미합니다.

딕슨 교수의 수직농장 철학은 단순한 이론이 아닙니다. 이미 미국과 캐나다, 네덜란드에서는 현실로 구현되고 있으며, 한국 역시 이러한 흐름을 뒤따라가야 할 시점입니다.

미래의 농부는 땅이 아닌 데이터와 공간을 읽고, 수확은 단순한 노동이 아닌 시스템과 전략에서 나올 것입니다. 대마 산업과 수직농장의 만남은 그 시작에 불과합니다.

스마트팜의 성공, 종자에서 시작됩니다
- 스마트농업에 적합한 전용 품종 개발의 필요성과 과제

① 스마트농업, 새로운 환경에 맞는 품종이 절실

최근 스마트팜과 수직농장에 대한 관심이 높아지고 있습니다. 그러나 이러한 새로운 농업 시스템이 단순히 센서나 자동화 장비만으로 성공할 수는 없습니다. 스마트농업은 기존 노지나 일반 시설온실과는 전혀 다른 환경을 가지고 있으며, 그에 따라 작물이 자라는 방식 또한 달라집니다.

밀폐 또는 반밀폐 공간, 인공광 사용, 수경재배, 고밀도 재식, 기계화된 수확과 포장, 그리고 제한적인 통풍 조건 등은 작물에게 전혀 새로운 도전이 됩니다. 따라서, 이와 같은 새로운 환경에 적합한 전용 품종의 개발은 스마트팜의 생산성과 효율성을 높이기 위한 필수 과제라 할 수 있습니다.

② 기존 품종, 스마트팜에는 적합하지 않을 수 있어

지금까지 대부분의 스마트팜에서는 기존에 노지 또는 일반 하우스용으로 개발된 품종을 그대로 사용하는 경우가 많았습니다. 하지만 이는 마치 스마트폰에 맞지 않는 앱을 억지로 실행하는 것과 비슷한 상황입니다. 공간활용률이 중요한 수직농장에서는 수평으로 퍼지는 형태의 작물보다는 세로로 자라고, 콤팩트하며, 통풍이 원활한 구조의 품종이 더 적합합니다. 예를 들어, 일본에서는 이러한 요구에 맞춰 위로 길게 자라는 '미니 로메인 상추' 품종을 개발하였고, 이는 트레이당 식재 수를 늘려 수확량을 높이는 동시에 병해 발생도 줄여 주는 효과가 있었습니다.

③ 인공광 환경에 맞춘 '저광 적응 품종'이 필요

스마트팜과 수직농장은 자연광이 부족하거나 전혀 없는 환경에서 LED 보광을 통해 광합성을 유도합니다. 이때 광합성 효율이 높은 품종을 선택하거나, 아예 저광에서도 생육이 잘되는 품종을 개발하는 것이 에너지 효율 측면에서 매우 중요합니다.

미국의 수직농장 기업 'Plenty'는 LED 파장에 특화된 리프채소 전용 품종을 자체 개발하여, 빠른 생육과 우수한 품질을 동시에 만족시키는 성과를 얻었습니다. 이처럼, 스마트농업은 단순한 환경제어 기술뿐 아니라, 그 환경에 적합한 품종 설계가 함께 이루어져야 진정한 성과를 기대할 수 있습니다.

④ 고부가가치 품종 개발로 소비자 만족도도 높여야

스마트팜의 장점 중 하나는 작물의 품질을 정밀하게 조절할 수 있다는 점입니다. 이를 활용하면 단순한 양적 생산을 넘어, 프리미엄 소비층을 겨냥한 기능성 작물도 충분히 재배할 수 있습니다. 예를 들어, 항산화 성분이 풍부한 고라이코펜 토마토, 비타민C 강화형 상추, 향기와 색상이 특이한 허브류 등은 식품 가공, 샐러드 키트, 건강식품 시장으로의 확장 가능성이 큽니다. 이러한 품종은 단순한 신선 농산물을 넘어서 스마트팜의 브랜드 가치를 높여 주는 차별화 포인트가 될 수 있습니다.

⑤ 작물도 이제 환경과 기술에 '최적화'되어야 할 때

스마트팜이 고도화될수록, 단순히 좋은 종자를 고르는 수준을 넘어서 '기술 환경에 최적화된 작물'을 개발하는 일이 중요해지고 있습니다. 즉, 농작물도 이제는 땅만 바라보는 시대가 아니라, 기계와 시스템, 소비자와 데이터까지 고려한 맞춤형 품종 개발이 요구되는 시대에 접어든 것입니다. 미래 스마트농업에 대응하기 위한 품종 개발 방향은 다음과 같은 다섯 가지 축으로 정리할 수 있습니다.

좁은 공간을 똑똑하게 쓰는 '공간 효율형' 품종 개발

수직농장이나 다단재배 시스템에서는 공간을 얼마나 효율적으로 활용할 수 있느냐가 수익성과 직결됩니다. 이를 위해서는 아래와 같은 특성을 가진 품종이 필요합니다:

- 수직으로 자라는 형태: 잎이나 열매가 옆으로 퍼지지 않고, 위로 길게 자라 공간을 덜 차지
- 짧은 생육 주기: 뿌리 내리고 수확까지 걸리는 시간이 짧아 회전율이 높아짐
- 병해에 강한 구조: 좁은 공간에서는 곰팡이나 병균이 퍼지기 쉬우므로, 기본적으로 저항성이 강한 품종이 유리

예를 들어, 좁은 간격으로 심어도 잘 자라고, 결구가 단단한 양상추 품종은 수직농장에 특히 적합합니다.

전기를 아끼는 작물 - 에너지 효율형 품종 설계

LED 조명은 스마트팜에서 가장 많이 쓰이는 인공광원이지만, 햇빛보다 광량이 적기 때문에 적은 빛에도 잘 자라는 품종이 유리합니다. 이러한 품종은 다음과 같은 특징을 갖습니다:

- 광포화점이 낮다: 적은 빛에도 광합성이 활발하게 일어나는 특성
- 광효율이 높다: 같은 양의 빛을 받아도 더 빠르고 튼튼하게 자라는 구조

이러한 특성을 지닌 작물은 에너지를 덜 들이고도 고품질 수확이 가능하므로 에너지 비용이 높은 수직농장이나 도심형 온실에 매우 유리합니다.

잘 팔리는 작물 - 소비자 중심 고기능성 품종

농산물도 이제는 기능성과 스토리텔링이 중요한 시대입니다. 건강에 도움이 되거나 독특한 맛과 색, 식감을 가진 작물은 프리미엄 유통 채널, 기능성 식품 시장, 가공식품 산업에 큰 강점을 가집니다. 예를 들어:

- 항산화 성분이 높은 베리류
- 자색고구마처럼 색이 특이한 채소
- 씹는 감촉이 특별한 토마토나 오이 등

이러한 품종은 단지 "잘 자라는" 수준을 넘어서, "잘 팔리는 작물"로서의 유전적 경쟁력을 갖추게 됩니다.

기계가 좋아하는 작물 - 기계화·자동화 친화형 품종

스마트팜에서는 사람의 손을 최소화하고, 수확, 세척, 선별, 포장까지 기계로 자동 처리하는 구조가 일반적입니다. 따라서 작물 자체도 다음과 같은 형태로 개발되어야 합니다:

- 크기가 균일하고 둥근 구조: 자동 선별·포장 기계에 잘 맞음
- 표면이 단단하고 손상에 강한 성질: 자동 수확 시 낙과나 멍들음 방지
- 줄기나 뿌리가 기계에 엉키지 않는 구조: 작업 효율 극대화

예컨대, 수경재배에 특화된 균일형 베이비잎 채소는 세척과 포장에 매우 효율적입니다.

AI · 데이터 기반 스마트 육종 - 농업의 유전 혁신

스마트팜에서는 온도, 습도, CO_2, 조도, 생육 속도, 수확량 등 다양한 데이터를 시간대별로 수집하고 분석할 수 있습니다. 이 데이터들이 쌓이면 품종별 생리 반응 차이를 명확히 구분할 수 있게 되며, 이는 곧 데이터 기반 유전체 분석과 스마트 육종의 자료로 활용됩니다. 즉,

- 어떤 품종이 어떤 환경에서 가장 효율적인 생장을 보였는지
- 어느 조건에서 수량, 당도, 항산화 수치가 최고치를 찍었는지

이러한 정보를 바탕으로, 정확한 유전적 특성을 지닌 품종을 정밀 설계할 수 있게 되는 것입니다. 이는 AI와 유전체 육종이 결합된 새로운 작물 개발 방식으로, 앞으로 수직농장 전용 토마토, 저에너지 상추, 빠른 수확 딸기 등 용도별 작물 개발이 본격화될 전망입니다.

⑥ 스마트농업의 미래, 종자에서 결정

스마트팜은 기술과 생명과학이 융합된 '지능형 농업 플랫폼'입니다. 이 플랫폼이 성공하기 위해서는 작물이 그 시스템에 완벽하게 적응하고, 효율을 극대화할 수 있어야 합니다.

다시 말해, 스마트팜이라는 무대 위에 올라설 최적의 배우, 즉 최적화된 품종이 없으면 아무리 훌륭한 시스템이라도 제 기능을 발휘하지 못합니다. 그렇기에 앞으로의 스마트농업은 '어떤 시스템을 갖췄는가'에 못지않게, '어떤 품종을 위한 시스템인가'를 질문해야 합니다.

이제는 '작물에 맞는 환경을 조성하는 시대'에서 '환경에 맞는 작물을 개발하는 시대'로의 전환이 필요한 시점입니다. 스마트팜의 성공은 종자에서 시작됩니다. 그리고 그 종자는, 농업의 미래를 바꾸는 씨앗이 될 것입니다.

농업, 데이터, 에너지가 만나는 곳
- 네덜란드 Agriport A7 이야기

디지털 시대, 우리는 농업을 다시 생각하게 됩니다. 단순히 땅을 일구고 물을 주는 일이 아닌, 데이터와 에너지, 물류와 기술이 함께 움직이는 거대한 산업으로서의 농업.

그 중심에 바로 네덜란드 Agriport A7이 있습니다.

네덜란드 Agriport A7 전경

① 미래형 농업 클러스터의 탄생

Agriport A7은 노르트홀란트주 북부, 간척지 950헥타르 위에 자리한 세계적인 농업 비즈니스 단지입니다. 이곳에는 약 50여 개의 기업이 입주해 있으며, 대부분은 온실 농업을 하는 곳으로, 물류, 포장, 저장, 심지어 빅데이터 기업들까지 어깨를 나란히 하고 있습니다.

그 시작은 2005년. 온실 중심의 농업단지로 출발한 이곳은 불과 7년 만에 300헥타르 이상의 스마트팜 온실을 조성, 이후에도 그 규모는 두 배로 늘어날 전망입니다.

참고로, 네덜란드 평균 온실 크기가 2.5~3헥타르 수준인 것에 비해, Agriport는 평균 60헥타르, 무려 축구장 100개 크기에 달합니다. 이 압도적인 규모는 곧 대규모 자본, 대규모 기술 집약의 가능성을 뜻합니다. 게다가 이 지역은 다른 지역보다 연간 일조량이 10% 더 많아, 같은 시설이라도 10% 더 많은 작물 수확이 가능합니다. 이 자체로 입지 경쟁력이 생기는 셈이죠.

② 순환하는 에너지, 지속 가능한 농업

Agriport의 진짜 혁신은 에너지 시스템에 있습니다. 온실에서는 자체적으로 열과 CO_2를 생산해 작물 생장에 재활용하고, 복합열병합발전(CHP) 기술로 만든 전기를 국가 전력망에 판매합니다. 그리고 남는 열과 CO_2는 다시 온실 내부에 투입되어 자급자족형 생태계를 이룹니다. 뿐만 아니라, 자체 설립한 에너지 기업 ECW를 통해 고압 전력망에 직접 연결되며, 지열 히트펌프 2기도 가동되어 전체 난방 수요의 20%를 충당하고 있습니다. 이런 시스템 덕분에 Agriport는 헥타르당 연간 약 10만 유로의 비용 절감을 실현합니다. 즉, 폐열과 이산화탄소조차 귀중한 자원이 되는 순환형 구조를 만들어 낸 것입니다.

③ IT와 농업의 융합 - 데이터센터 폐열로 토마토를 키우다

이 놀라운 순환 시스템은 데이터센터와의 연결에서 극대화됩니다. 2014년, 마이크로소프트는 Agriport 내에 대형 데이터센터를 건립했습니다. 그 이유는 명확했습니다.

- 지속 가능하고 저렴한 전력
- AMS-IX(세계 2위 인터넷 교환소)와의 고속 광통신망 연결
- 온실에서 생산한 전력 → 데이터센터 운영 → 데이터센터 폐열 → 다시 온실 난방에 활용

이러한 폐열 순환 모델은 지금도 세계적으로 주목받는 혁신 사례입니다. 실제로 Agriport 관계자는 이렇게 말합니다. "여러분이 컴퓨터를 쓸 때, Agriport에선 토마토가 자라고 있습니다."

④ 정부의 민첩한 대응이 만든 성공

이 모든 성과는 단지 민간의 노력만으로 이루어진 것이 아닙니다. 지

방정부와 네덜란드 투자청이 적극적으로 협력하여, 모든 인허가를 단 8주 이내에 완료해 주었습니다. 이처럼 정부의 빠르고 유연한 행정 절차는 글로벌 기업 유치의 핵심 요인이 되었고, Agriport는 이제 노르트홀란트 최대 외국인직접투자(FDI) 사례로 기록되고 있습니다. 이미 수많은 위성 IT 기업들이 입주를 앞두고 있습니다. 스마트팜 온실 농업과 IT 클러스터가 공존하는 하이브리드 산업단지로 성장 중인 것이죠.

⑤ **Agriport A7은 더 이상 단순한 농업단지가 아니다**

이곳은 농업, 에너지, IT가 어우러진 지속 가능한 미래형 산업 생태계입니다. 데이터센터의 폐열이 작물을 키우고, 온실의 전기가 클라우드를 움직이며, 정부와 민간이 함께 기술 기반 농업의 새로운 장을 열고 있는 이곳.

기후 위기, 에너지 위기, 식량 위기 시대를 살아가는 우리에게 Agriport A7은 단지 하나의 사례가 아닌, 하나의 미래 방향성입니다.

⑥ **간척지가 바뀐다!**
Agriport A7에서 배우는 한국형 스마트팜 클러스터 전략

"스마트팜은 온실 하나 짓는 것으로 끝나지 않는다."

지금 우리가 주목해야 할 모델은, 온실과 에너지, 데이터가 융합된 복합 클러스터입니다. 그리고 이 모델은 지금, 한국 서해안 간척지 개발의 미래 전략으로서 주목받고 있습니다.

⑦ 한국 서해안 간척지 개발이 주목해야 할 시사점

넓은 간척지는 대규모 스마트팜에 최적화

Agriport가 성공할 수 있었던 이유 중 하나는 바로 간척지 기반의 넓은 부지 덕분이었습니다. 이는 새만금, 화옹지구 등 우리나라 서해안 간척지에서도 동일한 조건을 활용할 수 있다는 뜻입니다. 대형 온실과 물류단지, 에너지 설비를 함께 배치할 수 있는 공간 기반의 경쟁력이 확보되어야 진정한 스마트 클러스터가 가능해집니다.

에너지 융복합 모델, 한국도 가능하다

Agriport는 CHP(복합열병합발전), 지열, 풍력, 태양광, 데이터센터 폐열까지 다양한 에너지원을 통합 활용합니다. 한국에도 화력발전소, LNG 기지 등 이와 유사한 기반은 충분합니다. 이들과 연계하면, 에너지와 농업이 융합된 지속 가능한 산업단지를 만들 수 있습니다.

데이터센터와 온실의 환상적 시너지

Agriport의 핵심은 에너지 순환 구조입니다. 온실에서 만든 전기가 데이터센터를 돌리고, 데이터센터에서 나온 폐열이 다시 온실을 데웁니다. 이러한 구조는 기후 위기와 고에너지 비용 문제를 동시에 해결할 수 있는 한국형 모델로 확장될 수 있습니다.

⑧ 벤치마킹 시 꼭 고려해야 할 점

단일 시설이 아니라 '클러스터 전략'이어야 한다

온실 하나 짓고 끝나는 게 아닙니다. Agriport는 온실+에너지+ICT+물류+정부 협력까지 함께 움직였습니다. 한국도 간척지를 다기능 복합 산업단지로 기획하지 않으면 성공하기 어렵습니다.

한국 서해안의 기후적 특수성 고려

네덜란드는 온화한 기후지만, 한국 서해안은 여름철엔 고온 다습+태풍+염해 리스크가 큽니다. 반밀폐형 온실, 제습 냉방, 염해 대응 수자원 관리 기술 등이 반드시 함께 설계되어야 합니다.

데이터센터 관련 규제 해소가 선결 과제

현재 한국은 전력망, 용도 변경, 산업단지 규제 등으로 인해 대형 데이터센터 유치가 쉽지 않습니다. Agriport의 성공 비결은 정부의 빠른 인허가와 민관 협력에 있었습니다. 한국도 이를 반영한 제도 개선이 병행되어야 합니다.

단순 폐열 활용을 넘어, 에너지 운영 전략이 필요

단순히 "데이터센터 폐열로 온실을 덥히자"는 생각은 부족합니다.

- 전력망 설계
- 열 공급 배관망

- 수요-공급 매칭 시스템 구축

이처럼 실행 가능한 에너지 인프라 전략이 수반되어야만 실현 가능한 계획이 됩니다.

⑨ 한국형 Agriport 모델, 어떻게 구성되어야 하는가?

네덜란드의 Agriport A7은 농업, 에너지, ICT가 융합된 대규모 스마트 농업 클러스터의 대표적 성공 사례입니다. 이 모델을 한국에 맞게 적용하려면, 단순히 대형 온실을 조성하는 것을 넘어, 입지 선정, 클러스터 구성, 기술 인프라, 제도적 뒷받침, 민관 협력 구조가 유기적으로 결합된 구조로 설계되어야 합니다. 한국형 Agriport 모델을 성공적으로 구현하기 위한 주요 조건은 다음과 같습니다.

입지 조건 - 수도권 인접 간척지가 최적지

한국형 Agriport를 구축할 입지로는 새만금, 화옹지구와 같은 수도권 인근의 대규모 간척지가 이상적입니다. 이들 지역은 다음과 같은 장점을 갖습니다:

- 넓은 단일 필지 확보 가능 → 대형 온실 단지 조성에 유리
- 수도권과의 거리 2시간 이내 → 물류 접근성 및 유통 효율성 확보
- 평탄지 기반의 토지 → 시공 및 배수·관수 시스템 구축이 용이

이러한 지형적 조건은 네덜란드 Agriport처럼 대규모 단지형 스마트팜 개발에 필요한 기반 공간을 제공합니다.

클러스터 구성 - 농업+에너지+데이터+물류의 융합

단일 온실 단지를 넘어, 한국형 Agriport는 '복합 클러스터' 형태로 설계되어야 합니다. 주요 구성요소는 다음과 같습니다:

- 온실: 반밀폐형 구조를 기본으로 한 고효율 스마트 온실
- 데이터센터: IT 기업 또는 통신사의 엣지데이터센터 유치 → 폐열 회수 가능
- 에너지 설비: 열병합발전(CHP), 태양광·풍력 발전소, 폐열 회수 시스템 등
- 스마트 관제센터: 환경 제어, 생산관리, 에너지 모니터링 통합 플랫폼 운영
- 물류 인프라: 콜드체인 기반의 전처리장, 공동 포장/출하 센터, 유통 연계망

이 구조는 단순 생산시설이 아니라, 에너지 절감+물류 효율+데이터 기반 운영을 가능하게 하는 '스마트농업 산업단지'의 핵심 형상입니다.

기술 요소 - 저탄소·고효율 중심의 기술집약형 설계

기술적으로는 고에너지효율, 저탄소 설계, 자동화 기반 운영을 갖춘 최신 기술들이 집약되어야 합니다:

- 반밀폐형 온실: 시간당 8~9회 환기로 온습도 유지와 CO_2 보존을 동시에 실현
- CHP(열병합발전): 온실 난방용 열과 발전용 전기를 동시에 생산
- 폐열 회수 시스템: 데이터센터, 산업시설에서 나오는 폐열을 온실 난방에 재활용
- 스마트 관제 기술: 온실 내 온도·습도·CO_2·광량을 AI 기반으로 자동 제어하고, 에너지 사용량도 실시간 분석

이러한 기술 요소들은 단순히 생산성을 높이는 것을 넘어, 에너지 절감과 ESG 대응 능력을 동시에 충족시키는 조건이 됩니다.

제도적 기반 - 인프라 조성과 규제 유연화가 핵심

한국형 Agriport가 현실화되기 위해서는 제도적 기반 정비도 반드시 필요합니다.

- 전력·용수 인프라 사전 구축: 스마트팜과 데이터센터, 냉난방 시스템은 대용량 에너지와 안정적 물 공급이 필수
- 토지 용도 규제 완화: 농업과 산업이 융합된 공간으로서, 농업진흥지역 해제 또는 복합용도지구 지정 필요
- 외국인 투자 유치 지원: 농업+기술+인프라 투자에 대한 세제 혜택, 법적 보호 장치 마련

제도적 기반은 민간투자의 유입과 지역 내 지속 가능성 확보를 위해 반

드시 뒷받침되어야 할 전제 조건입니다.

운영 주체 - 민관 협력형 공동 운영 모델

Agriport 모델의 핵심은 '협업'입니다. 한국에서도 지방정부, 민간기업, 농업법인, 에너지·ICT 기업이 함께 운영하는 공동 거버넌스 체계가 중요합니다.

- 지자체: 부지 제공, 인허가, 인프라 조성, 교육 및 일자리 지원
- 농업법인: 실제 생산 및 현장 운영
- 에너지 기업: CHP, 폐열 활용 설비 구축 및 관리
- ICT 기업: 환경제어 플랫폼, 데이터 수집·분석 시스템 제공 및 유지

이러한 구조는 각자의 전문성을 살리면서도, 책임과 수익을 분산하고 지속 가능한 운영 구조를 만드는 데 핵심이 됩니다.

⑩ 한국형 Agriport는 '스마트농업 산업화의 허브'가 되어야

한국의 스마트농업이 산업으로 성장하기 위해서는, 개별 농장의 고립된 기술 적용을 넘어 복합 에너지-물류-데이터 융합형 클러스터 모델이 필요합니다. 입지는 넓고 접근성 좋은 간척지, 구성은 농업+에너지+ICT+물류의 융합, 운영은 민관 협력의 공동체계, 지원은 제도와 금융이 함께하는 시스템, 바로 이것이 한국형 Agriport 모델이 작동하기 위한 필수 조건입니다. 이 모델이 성공하면, 한국은 농업과 첨단산업이 결합한

새로운 수출형 플랫폼을 확보하게 되며, 기후 위기 시대의 지속 가능한 농업 솔루션 수출국으로 도약할 수 있습니다.

서해안 간척지의 미래는 단순한 농지 개발이 아닙니다. 농업과 에너지, 기술이 융합된 '하이브리드 산업 생태계', 그것이 바로 한국형 스마트팜 클러스터가 가야 할 방향입니다.

지금이야말로, Agriport A7의 모델을 한국 실정에 맞게 벤치마킹할 시간입니다.

인도산 대신 제주산?
스마트팜이 열어 주는 농업의 새로운 지평
– 리만코리아의 병풀 스마트팜

화장품을 좋아하시는 분들이라면 한 번쯤 '병풀 추출물(Centella Asiatica extract)'이라는 성분을 들어 보셨을 겁니다. 예민한 피부 진정, 재생, 장벽 강화 등의 효과로 각광받으며 '시카크림' 열풍을 이끈 주역이기도 하지요. 이 병풀, 원산지는 대부분 인도나 동남아입니다.

그런데 최근, 화장품 기업 '리만코리아'가 제주도의 스마트팜에서 병풀을 직접 재배하기 시작했습니다. 단순한 원료 조달이 아니라, 스마트팜을 통해 품질 관리부터 안정적 공급, 친환경성까지 확보하겠다는 전략인 것입니다.

이 사례는 단순히 한 기업의 선택을 넘어, 스마트팜 작물 다양화의 실질적 가능성을 보여 주는 중요한 전환점으로 주목받고 있습니다.

① 병풀은 왜 '스마트팜'에서 길러야 했을까?

과거 병풀은 가격이 저렴한 인도나 스리랑카 등지에서 대량 수입되었습니다. 그러나, 최근 다음과 같은 문제들이 발생했죠.

1. 품질의 불균일성
   - 계절과 환경에 따라 유효성분 함량 차이 큼
   - 생산지의 재배 및 건조 관리 기준 미흡
2. 잔류 농약과 중금속 우려
   - 일부 수입 병풀에서 유럽 수출 기준을 초과한 농약 검출 사례 발생
3. 공급망 불안정
   - 코로나 이후 항공·해상 물류 차질, 국제 정세 악화로 수입 지연 빈발

그 결과, 병풀은 '값싼 원료'에서 오히려 생산단가가 높고 리스크가 큰 원료로 바뀌게 되었습니다. 리만코리아는 이런 문제를 해결하기 위해 국내 제주도에 최첨단 스마트팜을 구축, 병풀을 직접 수경재배하고 있는 것입니다.

② 스마트팜 병풀, 뭐가 다른가?

리만코리아의 병풀 스마트팜은 단순한 재배장이 아닙니다. 정밀 환경 제어 시스템, 무농약 재배 기반, AI 기반 생육 데이터 분석 등 차세대 농

업기술의 총집합체라고 할 수 있습니다.

항목	기존 병풀 재배(해외 수입)	스마트팜 병풀 재배(국내, 리만코리아)
재배 환경	노지, 자연 환경 의존	밀폐형 또는 온실 내 정밀 제어
농약 사용	사용 가능성 존재	무농약 수경재배
수분·영양 관리	토양 의존, 균일도 낮음	양액 자동 제어 시스템 도입
유효성분 품질	계절·환경 따라 편차 큼	DLI, 온습도, EC 제어로 균일함
이력 관리	어렵고 불투명	전 과정 이력 추적 가능

결과적으로 스마트팜에서 재배된 병풀은 유효성분이 균일하고, 잔류 농약 우려가 없으며, 연중 안정적인 생산이 가능하다는 장점이 있습니다.

③ 화장품 원료작물의 새로운 길

병풀은 단지 시작일 뿐입니다. 스마트팜에서 재배가 가능한 고부가가치 원료작물은 다음과 같습니다.

- 아로니아, 캐모마일, 카렌듈라 등 허브류
- 스킨케어 원료용 해조류, 녹차, 로즈마리

특히 스마트팜은 농약이나 중금속의 검출이 치명적인 식의약·화장품 원료에 매우 적합한 시스템입니다.

"식물공장에서 화장품이 자라는 시대." 이제는 상상 속 이야기가 아닙니다.

④ 국내 스마트팜의 방향성: 다양화+고부가가치화

스마트팜이 '상추, 방울토마토'에 머무르지 않으려면 이제 작물의 스펙트럼을 확장할 때입니다. 리만코리아의 병풀 스마트팜은 그 훌륭한 선례가 되고 있습니다.

- 의약·화장품 원료작물
- 한방약초, 기능성 식물, 고품질 허브
- 수입 의존도가 높은 고가 식재료

이제 스마트팜은 단순한 생산 플랫폼이 아니라, 식물 기반 바이오소재의 안정적 공급 플랫폼으로 진화하고 있습니다.

⑤ 농업과 산업이 만나는 접점, 스마트팜

병풀은 그동안 '그저 싼 수입 원료'로 취급받던 작물이었습니다. 하지만 스마트팜을 통해 병풀은 "프리미엄 K-화장품의 국산 핵심 원료"로 재탄생했습니다.

농업은 더 이상 고립된 1차 산업이 아닙니다. 스마트팜은 화장품, 제약, 식품, 바이오산업의 뿌리가 되는 '소재 산업'의 근간이 되어 가고 있습니다. 지금 이 순간에도, 식물은 조용히 미래를 준비하고 있습니다.

그리고 그 출발점은, 스마트팜에서 시작됩니다.

병풀 스마트팜 온실 외관

병풀 스마트팜 내부 전경

도심 속 농업의 실험장, 싱가포르
- 스마트팜 기업이 진출하기 전에 알아야 할 기회와 과제들

"농사는 땅이 있어야 가능한 일이다."

이 오래된 상식이 싱가포르에서는 더 이상 통하지 않습니다. 서울 면적 정도의 빌딩 숲으로 이뤄진 도시국가 싱가포르는 지붕 위와 빌딩 안에서 작물을 키우며 미래 농업의 새로운 기준을 만들어 가고 있습니다.

바로 스마트팜, 그중에서도 수직농장과 온실형 스마트팜이 싱가포르의 농업을 이끌고 있습니다. 스마트팜에 진출하고자 하는 기업이라면, 이 두 모델의 차이와 장단점을 정확히 이해해야 합니다. 특히, 경제성 측면의 분석은 사업의 지속 가능성을 결정짓는 핵심 요소입니다.

① 수직농장 vs. 온실형 스마트팜: 무엇이 더 유리할까?

초기 투자비용과 운영비

구분	수직농장	온실형 스마트팜
초기 투자비	매우 높음 (LED, 공조설비, 구조물 등)	중간~높음(온실 구조물, 냉방/환기 시스템 등)
운영비	전기료(조명+냉방) 매우 높음	냉방비, 환기비 등 에너지비 높음
부지비용	산업용 건물 임대 또는 구입 필요	정부농지 입찰 (단가 낮음, 제한적)
노동력 비용	자동화로 인건비 절감 가능	일부 수작업 여전히 필요

수직농장은 투자비와 에너지 비용이 높지만, 공간 활용 효율과 자동화 측면에서 우위를 가집니다. 반면, 온실은 상대적으로 넓은 공간과 자연광을 활용할 수 있어 에너지 효율이 나은 경우도 있습니다.

생산성 및 단위면적당 수익

항목	수직농장	온실형 스마트팜
작물 회전율	매우 높음 (3~4일마다 수확도 가능)	비교적 낮음 (생육 주기 긴 작물 포함)
단위면적 생산량	최대 20~30배 (다층 구조)	1배 기준 (자연 채광+공기 순환 기반)
작물 다양성	제한적 (잎채소, 허브 위주)	비교적 다양 (토마토, 오이 등 과채류 포함 가능)

수직농장은 고밀도 생산이 가능하지만, 작물 종류가 한정됩니다. 반면 온실은 품종 선택의 폭이 넓고, 특히 맛이나 향 등 품질 중심의 작물 재배에 유리합니다.

시장 접근성과 소비자 반응

수직농장은 도심 인근에 설치할 수 있다는 지리적 장점 덕분에 레스토랑, 호텔, 식품 브랜드와의 B2B 계약이 활발합니다. 특히, 고급 샐러드 채소를 kg당 60~70달러에 납품하는 경우도 있으며, ESG 가치에 민감한 고객군에게 높은 평가를 받고 있습니다. 반면 온실은 넓은 부지를 바탕으로 상대적으로 대량생산이 가능하며, 가격 경쟁력을 강화해 일반 소비자용 유통(B2C)이나 소매점 판매에 유리합니다.

② 싱가포르 시장에서 바라본 두 가지 스마트농업 모델
  - 수직농장 vs. 온실형

싱가포르는 도시국가라는 특성상 농업용 토지가 매우 제한적이고, 식량 자급률이 낮은 국가입니다. 그만큼 도시형 농업 모델의 필요성과 지속 가능한 식량 생산 방식에 대한 관심이 매우 높습니다. 이러한 배경에서 수직농장과 온실형 스마트팜은 각기 다른 장점과 한계를 가지며, 어떤 모델이 더 적합한지는 목표, 예산, 운영 방식, 생산품의 시장 전략에 따라 달라질 수 있습니다.

수직농장 - 도심형 프리미엄 농업의 대표 주자

싱가포르의 중심 상권과 가까운 위치에서 연중무휴로 생산과 출하가 가능하다는 점에서, 수직농장은 '초근거리 소비시장 대응형 모델'로 주목받고 있습니다. 특히 다음과 같은 환경에서는 수직농장이 강점을 발휘합니다:

- 부지가 협소하고 고가인 도심 중심부에서는 다층 구조로 면적당 생산량을 극대화할 수 있어 경제성이 살아납니다.
- 소비자 접근성이 중요한 프리미엄 시장, 예를 들어 호텔·레스토랑·백화점 연계 B2B 납품 시 '신선도+로컬 생산+지속 가능성'이라는 마케팅 메시지가 강력하게 작용합니다.
- 열대 기후로 인해 병해충이 상시 존재하는 환경에서는 외부로부터 완전히 차단된 밀폐형 구조 덕분에 농약 없이 청결한 재배가 가능하며, 이는 '클린푸드', '제로농약' 브랜드 전략과 잘 맞물립니다.

그러나, 수직농장의 가장 큰 단점은 바로 운영비 부담입니다. LED 인공광, 공조·제습 시스템, 복잡한 제어 기술이 모두 전기에 의존하기 때문에, 싱가포르처럼 에너지 비용이 높은 국가에서는 경제성을 확보하기 어려운 구조가 될 수 있습니다. 또한, 기술 고장이 발생하거나 정전이 일어날 경우, 생산 전 라인이 중단되는 시스템 리스크도 크기 때문에, 안정적인 백업 설비와 관리 체계가 필수적입니다.

온실형 스마트팜 - 중대형 공급 기반의 다작물 대응형 모델

반면, 온실형 스마트팜은 도심 외곽 또는 간척지 등 상대적으로 넓은 부지를 활용하여, 과채류 등 다양한 작물을 중대형 규모로 생산할 수 있는 장점이 있습니다. 싱가포르 정부가 추진 중인 '30 by 30' 전략(2030년까지 식량 자급률 30% 달성)의 일환으로, 농업용 부지를 정부 입찰 방식으로 배정하는 경우, 온실형 스마트팜은 상대적으로 진입 장벽이 낮고 제도적 지원도 용이합니다. 특히 파프리카, 토마토, 오이 등 상품성이 높은 과채류를 현지 생산으로 대체하려는 공공급식 및 유통망 대응 전략에 유리한 포지셔닝이 가능합니다.

그러나, 온실형은 완전 밀폐 구조가 아니기 때문에 외부 기후의 영향을 받는다는 점은 분명한 단점입니다. 싱가포르처럼 고온 다습한 환경에서는, 여름철 냉방과 환기 부하가 상당히 커질 수 있으며, 이를 위한 반밀폐형 온실 기술이나 고성능 냉방·제습 시스템의 도입이 사실상 필수입니다. 또한, 자동화 수준이 수직농장보다 낮은 경우가 많아, 정식, 수확, 선별 등 인력 의존도가 여전히 존재하며, 이로 인해 인건비 부담이 발생할 가능성도 배제할 수 없습니다.

"어떤 스마트팜 모델을 선택할 것인가?"

싱가포르 시장에서 수직농장과 온실형 스마트팜은 단순한 기술 선택의 문제가 아닙니다. 생산 대상, 타깃 시장, 브랜드 전략, 에너지 인프라, 투자 여력에 따라 각기 다른 장점과 단점이 명확하게 드러나는 선택지입니다.

- 고밀도 도시 내에서 신선 채소를 프리미엄 소비자에게 공급하고자 한다면 수직농장이 적합할 것이며,
- 과채류 등 복합 작물을 다량으로 생산하여 유통, 가공, 공공급식 등으로 공급하려 한다면 온실형 스마트팜이 유리할 것입니다.

결국 중요한 것은 어떤 작물을, 누구에게, 어떤 가치로 전달할 것인가라는 질문에 대한 답을 먼저 정하고, 그에 맞는 모델을 설계하는 것입니다. 싱가포르처럼 작은 국토에서 높은 자급률을 목표로 하는 시장에서는, '작은 공간에 높은 효율'을 구현하는 농업 모델이 더욱 중요해집니다. 두 모델 모두 가능성은 충분하며, 그 가능성의 방향을 정하는 것은 운영자의 전략과 시장의 요구에 대한 통찰입니다.

③ 싱가포르 시장에서 성공하려면

싱가포르 정부는 현재 수직농장이든 온실형 스마트팜이든, 생산성과 자원효율성, 지속 가능성을 기준으로 보조금과 입찰 가점을 부여하고 있습니다. 단순히 "어떤 모델이 더 좋다"의 문제가 아니라, 타깃 시장, 유통 전략, 재배 작물군, 에너지 모델에 따라 선택이 달라질 수 있습니다. 프리미엄 샐러드 중심의 고밀도, 도심형 농업을 원한다면 수직농장이 적합하고 다품종, 일반 소비자 대상 생산과 넓은 품종 확장을 원한다면 온실형 스마트팜이 더 유리할 수 있습니다.

싱가포르는 작지만 스마트팜 분야에서는 가장 야심 찬 국가 중 하나입니다. 기후 위기, 식량 위기 시대를 맞아, 이곳은 단순한 수출 시장을 넘

어 도시형 스마트농업의 '테스트베드'이자 '쇼룸'으로 자리 잡고 있습니다. 기업 입장에서는 초기 진입장벽과 기술적 도전이 분명 존재하지만, 정부의 강력한 정책 의지와 풍부한 지원 제도, 그리고 빠르게 변화하는 시장 수요는 충분히 매력적인 요소입니다. 이제 중요한 건 방향과 실행력입니다. 도심 속에서 뿌리를 내리는 농업, 그 한가운데에 여러분의 스마트팜이 자리 잡을 수 있기를 바랍니다.

사막 한가운데서 자라는 신선함
- Pure Harvest가 보여 주는 스마트팜의 진화

 고온, 고습, 일교차 없는 기후. 어느 하나 농업에 우호적이지 않은 곳. 아랍에미리트(UAE).

 하지만 이곳에서 연중 365일 신선한 토마토와 상추, 딸기를 생산해 내는 회사가 있습니다. 바로 Pure Harvest Smart Farms입니다.

Pure Harvest 온실 내부 전경

2017년, 중동 한가운데에서 '농업은 불가능하다'는 통념에 도전장을 던진 이 회사는 데이터 기반 온실 제어, 정밀 냉방 기술, 자동화 설비, 그리고 무엇보다 기후에 대한 깊은 이해와 설계를 통해 가능성을 현실로 바꾸어 냈습니다.

① Pure Harvest 온실은 무엇이 다른가?

UAE의 내륙 사막지대, 연중 45℃를 넘나드는 고온과 강한 일사, 낮은 강수량과 높은 일교차. Pure Harvest가 운영하는 스마트 유리온실은 바로 이런 혹독한 자연 조건 한가운데에 자리 잡고 있습니다. 하지만 놀랍게도, 이 온실 내부는 주간 평균 26℃, 상대습도 75% 수준의 쾌적한 환경을 1년 내내 유지합니다. 이는 단순히 강력한 냉방 장치를 돌려서 만든 결과가 아닙니다. 고급 복합환경제어 시스템과 정밀하게 설정된 복합 알고리즘, 그리고 극한 환경에 최적화된 동적 대응 전략의 조합이 그 비결입니다. 사계절이 뚜렷하고 외기 RH가 높은 한국과 비교해 봤을 때, 사막 지역 특유의 기후 특성과 맞물린 제어 설계의 차별성이 이 시스템의 핵심입니다.

극한의 외기 조건에서 시작되는 온도 제어 - '냉방의 철학'이 다르다

한국의 여름이 고온 다습한 반면, UAE의 사막은 고온건조가 기본값입니다. 따라서 냉방 전략도 단순히 온도를 낮추는 것이 아니라, 온도는 유지하되 증산을 과도하게 억제하지 않도록 설계되어야 합니다. 주간 26℃, 야간 20~21℃를 기준으로 설정하며, 이 온도 범위 내에서 ±1.5℃의 변동만 허용하는 매우 정밀한 온도 안정성을 유지합니다. 이는 단순한 냉방장치의 작동이 아니라, 환기, 스크린, 패드앤팬, CO_2 제어의 유기적 조합을 통해 달성됩니다.

복합 기후조건 기반 환기 - 온도만이 아닌 복사광·습도까지 연동

사막은 해가 뜨는 순간부터 급격히 복사광이 증가합니다. 특히, 온도보다도 복사광으로 인한 열 부하가 더 큰 위협이 되곤 합니다. 온실 내부 온도가 26.5℃ 이상이 되면 환기를 시작하지만, 이는 단일 온도 트리거가 아니라 복사광, 습도와의 연동 조건을 통해 작동합니다. 예를 들어, 외부 복사광이 800W/㎡ 이상일 경우에는 자동으로 차광 스크린을 50~60% 닫음으로써, 실내 온도 상승을 사전 차단하고, 외기 유입 전에 내부 에너지 보존 상태를 유지합니다. 이는 한국 장마철처럼 습도가 외기 기준으로 높을 때보다도 건조하고 고복사광 환경에서 생기는 급격한 내부 과열을 방지하기 위한 특화 대응 전략입니다.

냉각 방식의 전략적 전환 - 패드앤팬+미스트의 선택적 운용

Pure Harvest의 냉각 전략은 온도와 외기 상대습도(RH)를 기준으로 냉각 방식이 전환됩니다. 28℃ 이상이 되면 패드앤팬 시스템이 가동되어 외기를 유입하며 냉각합니다. 그러나 외기 RH가 80% 이상일 경우, 패드 방식은 증발 효율이 떨어지므로 이때는 자동으로 미스트 시스템으로 전환되어 즉각적인 수분 공급과 냉각을 동시에 수행합니다. 이러한 구조는 사막 지역의 일시적 습도 상승(예: 아침 해돋이 직후)에 대응하여 냉방 효율을 유지하는 이중 대응 전략입니다. 한국의 장마철처럼 습도 조절에만 중점을 두는 제어와는 달리, Pure Harvest는 건조한 환경에서의 수분 보존과 냉각 간 균형 유지가 핵심입니다.

CO_2 농도 유지의 독립 제어 - 광합성 효율 우선 전략

사막처럼 외기 CO_2 농도가 낮고, 강한 일사로 인해 기공이 급격히 닫히는 조건에서는 광합성 효율을 유지하기 위한 CO_2 전략이 필수적입니다. 내부 CO_2를 800~1,000ppm으로 일정하게 유지하며, 환기 시 CO_2 공급을 자동 차단하여 손실을 방지합니다. 외부와 단절된 고온기 상황에서는 공기 재순환 시스템 내에서 CO_2 분포의 균일성 확보가 중요하며, 이때 환기보다도 미세한 공기 흐름과 CO_2 분사 노즐의 배치가 생산성에 직접적인 영향을 미칩니다. 이 전략은 단순히 CO_2 농도를 높이는 것이 아니라, "고온 조건에서도 작물이 기공을 열 수 있는 마이크로기후 조성"이라는 철학에 기반하고 있습니다.

사막 환경이기에 가능한, '예측 가능한 인공 자연'의 완성

Pure Harvest의 온실은 고온과 일사, 건조와 미세먼지라는 사막의 혹독한 조건 속에서도 정밀 제어를 통해 생육 최적지로 변모한 인공 생태계입니다. 한국처럼 장마철 습도와 고온이 복합적으로 작용하는 환경에서도 이 시스템은 적용이 가능하지만, 사막 지역 특유의 조건에 맞춰진 다음과 같은 전략이 차이를 만듭니다.

- 단순 환기가 아닌 복사광+습도+온도 연계 환기 설계
- 냉방 시스템의 복합 전환 운용(패드→미스트)

- 온도보다 중요한 CO_2 균형 유지 중심의 생육 설계

Pure Harvest의 사례는 스마트팜이 단순히 첨단 장비가 아닌, 환경을 정밀하게 해석하고 다층적으로 반응하는 '복합 생명 시스템'임을 증명하는 대표적인 예라 할 수 있습니다.

② 냉방 공조의 핵심은 '조화'

Pure Harvest의 온실 냉방 시스템은 단순히 '더운 공기를 식힌다'는 차원의 기술이 아닙니다. 극한 고온의 사막기후 속에서도 작물 생장을 최적화하면서, 운영비와 에너지 소비를 동시에 낮추기 위한 정교한 공조 조화 전략이 핵심입니다. 이들은 다양한 냉방 기술을 하나의 하이브리드 시스템으로 통합하고, 이를 시간대별로 최적 운용하여 냉방 효율을 극대화합니다.

주간 전략 - 자연 냉각과 차광의 결합

낮 시간에는 햇볕이 강하고 외기 온도가 최고조에 달하기 때문에, 복사열과 뜨거운 공기 유입을 막는 것이 1차적인 과제입니다. 이 시간대에는 패드앤팬 시스템과 차광 스크린을 병행해 사용합니다. 패드앤팬 시스템은 외기의 수분 증발을 이용한 냉각 효과를 제공하고, 차광 스크린은 $800W/㎡$ 이상의 복사광이 유입될 경우 자동으로 50~60% 정도 닫혀, 내부로 들어오는 태양 에너지를 차단합니다. 이 두 요소는 단독으로도 효과적이지만, 함께 작동할 경우 열 차단+증발 냉각이라는 이중의 방어막

을 형성하여 주간 냉방 에너지 소비를 크게 줄일 수 있습니다.

야간~새벽 전략 - AHU 기반의 정밀 공기 제어

사막의 밤은 기온이 급격히 떨어지고, 상대습도가 상승하는 경향이 있습니다. 이때는 단순한 냉방이 아닌, 정밀한 공기 순환과 제습이 더 중요한 목표가 됩니다. 이를 위해 AHU(Air Handling Unit, 공기조화기)를 사용합니다. AHU는 외기 및 재순환 공기를 혼합하거나 단독으로 사용해 온실 내부의 공기를 천천히 순환시키고, 불필요한 습기를 제거합니다. 특히 일출 직전, 잎 표면의 결로를 방지하기 위한 조조가온과 맞물려 작동되며, 병해 발생 위험을 줄이고, 광합성 준비 상태를 조성합니다.

냉각원의 다변화 - 고효율 히트펌프와 냉동기

온실 냉방에 필요한 차가운 공기를 만들어 내는 장치는 단순한 전기식 냉동기가 아닙니다. 다양한 냉각원을 현장 조건에 맞게 최적화해 사용합니다. 공기열원 히트펌프는 전기를 사용하되, 외기 열을 흡수해 냉열을 만드는 시스템으로 전기 소모 대비 냉방 효율이 높고 유지비가 낮은 것이 장점입니다. 일부 프로젝트에서는 흡수식 냉동기를 병행하기도 합니다.

공조 분배 - 내부 공기 혼합 최소화를 위한 덕트 설계

공기를 만들어 내는 것만큼 중요한 것은, 그 공기를 어떻게 온실 내부에 전달할 것인가입니다. 이를 위해 이중 덕트 시스템을 운영합니다. 천장부 덕트는 고온 공기 제거 및 상층 냉각을 담당하고, 하부 PE 덕트는 작물의 잎 아래로 냉각된 공기를 고르게 분포시켜 잎 주변 미세기후를 정밀하게 조절할 수 있도록 설계되어 있습니다. 이러한 분산 방식은 공기층 간 혼합을 줄이고, 작물이 있는 구간의 온습도를 균일하게 유지하는 데 매우 효과적입니다.

통합 제어 - 시간대별 에너지 최적화의 완성

이 모든 냉방 및 제습 장치는 단순히 시간 스케줄로 움직이는 것이 아니라, 복합환경제어 시스템과 연동되어 외기 조건, 내부 광량, 작물 생장 단계, CO_2 농도 등을 종합 분석한 후 '언제 어떤 장치를 얼마나 가동할 것인가'를 실시간으로 계산해 자동 제어됩니다. 덕분에 전기요금이 높은 UAE에서도 에너지 소비를 시간대별로 최적화할 수 있으며, 낭비 없이 정밀하게 작물 중심의 냉방 전략을 수행할 수 있게 됩니다.

"냉방은 기술이 아니라 조화다."

이러한 하이브리드 냉방 시스템은 냉각, 제습, 차광, 순환을 따로따로 작동시키는 것이 아니라, 환경 조건과 작물의 생리 반응에 따라 서로 연결하고 조율하는 시스템입니다.

정해진 장비보다, '언제, 무엇을, 어떻게 조합할 것인가'에 대한 설계 철학이 냉방 성능과 에너지 효율을 결정짓습니다. 이는 단순한 열 제거를 넘어, 생산성과 지속 가능성을 동시에 고려한 공조 전략의 정수라고 할 수 있습니다.

③ 농업은 기술의 정수다 - 사막이 주는 교훈

Pure Harvest가 증명한 사실은 분명합니다. '기후는 극복의 대상이 아니라, 설계의 대상이다.' 과거 같으면 "이런 환경에선 아무것도 못 키워요"라며 포기했을 온도와 습도에서도, 지금은 데이터를 기반으로 한 온실 운영 전략이 현실화되고 있습니다. 이는 한국의 여름철 고온다습기 대응 전략에도 강력한 시사점을 줍니다.

④ 미래 농업의 좌표는 어디인가?

UAE Pure Harvest는 단순한 기술 기업이 아닙니다. 이들은 기후 위기 속에서도 먹거리 주권을 확보하는 방법을 실천하는 선구자이며, 농업의 자동화와 탈탄소화, 디지털화를 실현하는 모범 사례입니다. 한국형 스마트팜이 앞으로 나아가야 할 방향도 여기에 있습니다.

- 데이터에 기반한 환경제어
- 복합 냉방 공조 전략
- 에너지 절감과 지속 가능성의 조화
- 지역별 맞춤형 스마트팜 설계

기후를 적으로 보지 말고, 스마트하게 조율해야 할 대상으로 바꿔 보는 것. 그것이 바로 미래 농업의 시작입니다.

일본 사라다보울,
지역을 키우는 스마트팜
- 농업의 새로운 형태를 창조한다

'스마트팜'이라는 단어가 국내 농업계에 등장한 지도 벌써 수년이 지났습니다. 하지만 정작 "스마트팜이 무엇을 스마트하게 만드는가?"라는 질문에 대한 답은 아직 찾지 못한 채, 센서와 자동화, 기계에만 초점이 맞춰져 있는 경우가 많습니다.

그런 와중에, 일본의 스마트팜 기업 사라다보울(Salad Bowl Group)은 단순한 기술 도입을 넘어서 지역을 일으키고 사람을 연결하는 농업의 새로운 길을 제시하고 있습니다.

① **사라다보울은 어떤 회사인가?**

사라다보울은 일본 전역에 스마트팜 기반의 온실과 농업 생태계를 구축해 온 선도 기업입니다. 2000년대 초 야마나시현을 시작으로, 현재는 사이

타마, 후쿠시마, 시즈오카, 아키타, 후쿠오카 등 전국 18개소 이상의 대규모 온실 단지를 운영하고 있으며, 연중 생산, 4定(정시·정량·정질·정가) 공급 체계를 통해 160개 이상의 일본 내 대형 슈퍼마켓과 직접 거래하고 있습니다. 특히 20ha 규모의 세계 최대급 딸기 스마트팜 '이치고노오카(イチゴノオカ)' 프로젝트는 스마트팜이 지역 산업의 중추로 성장할 수 있다는 가능성을 증명하는 대표 사례입니다.

② **기술보다 철학, 사라다보울의 특별한 운영 방식**

사라다보울이 강조하는 것은 '사람'입니다. 기술은 도구일 뿐, 결국 사람이 중심이 되어 지역에 가치를 돌려주는 농업이 되어야 한다는 철학을 실현하고 있습니다.

- 고령자, 경력 단절 여성, 장애인을 포함한 다양한 인력 고용
- 정규직 100여 명, 파트타이머 700여 명, 그중 70% 이상이 50세 이상
- '사회적 농장(Social Farm)'으로서의 역할도 적극 수행

③ **디지털 전환의 모범 사례**

사라다보울은 단순히 '센서 농장'이 아닙니다. Trello, Slack, Tableau, JIRA, LetsGrow, iSii 등을 활용해 경영·노무·작물생육·재고·출하까지 완전한 디지털 전환(Digitalization)을 실현하고 있습니다. 모든 농장을 원격 모니터링하고 Chief Grower가 매일 원격 회의를 통해 생육 상황을

점검하고, AI 기반 수확 예측, 로봇 수확기 도입 등도 추진 중입니다.

일본 사라다보울사의 온실 전경

④ 한국에 주는 세 가지 주요 교훈

사람 중심의 스마트팜이 되어야 한다

한국의 스마트팜은 종종 '고가 장비'와 '자금력'에 갇혀 있습니다. 그러나 사라다보울은 고령자, 비숙련자, 장애인까지 함께 일할 수 있는 농업을 만들고 있습니다. 고용 취약계층에게 실질적인 일자리를 제공하고, 농업이 사회를 품는 복지적 기능까지 수행하는 모습은, 인구 감소와 지역 소멸 위기에 놓인 한국 농촌에도 필요한 모델입니다.

데이터는 기술이 아니라 문화가 되어야 한다

사라다보울은 모든 생육 데이터, 환경 데이터, 노동 데이터를 실시간으로 수집·분석하여 경영에 반영합니다. 이는 단순한 'IT 장비'가 아닌 "데이터로 경영하는 문화"가 정착되었기 때문입니다. 한국의 스마트팜이 진정 스마트해지기 위해선, 기기 설치보다도 현장 농민과 경영자가 데이터를 중심으로 사고하는 문화의 변화가 먼저 필요합니다.

스마트팜을 통해 지역 산업을 일으켜야 한다

사라다보울은 단지 작물을 재배하는 것에 그치지 않고, 직매장, 체험농장, 농원테라스, 공유주방 등 6차 산업화를 결합하여 도시민의 유입과 체류를 유도하고 있습니다. 이는 스마트팜이 농업의 '끝단'이 아니라, 시작점이 되어 관광·식문화·체험 산업까지 확장될 수 있다는 것을 보여 줍니다. 한국에서도 스마트팜 단지를 지역 산업의 허브로 재정의할 필요가 있습니다.

⑤ **스마트함의 본질을 다시 생각해 보다**

일본의 사라다보울은 우리에게 말합니다.

"농업은 사람을 만들고, 일이 생기며, 지역을 살린다."

스마트팜은 기술 그 자체가 목적이 되어서는 안 됩니다. 그 기술이 사람을 행복하게 하고, 지역을 지키며, 사회와 연결되는 방식으로 사용될 때, 비로소 진정한 스마트함을 가지게 됩니다. 이제 한국의 스마트팜도, 기술을 넘어 철학으로 나아가야 할 때입니다.

"스마트팜, 기술이 아닌 사람을 위한 농업."

사라다보울은 그것을 보여 주는 가장 아름다운 사례입니다.

물 한 방울의 가치,
데이터센터의 열 한 줄기에서 시작된다
– 폐열을 활용한 스마트팜 냉난방 혁신 이야기

　우리가 매일 사용하는 인터넷, 클라우드, 영상 스트리밍 서비스의 이면에는 엄청난 양의 전기를 소비하는 데이터센터가 있습니다. 그 데이터센터는 24시간 서버를 가동하며 끊임없이 열을 만들어 냅니다. 이 열은 대부분 지금까지는 그냥 '버려지는 열'이었습니다. 그런데 이 버려지던 열이, 이제는 농작물을 키우는 데 쓰이고 있다는 사실, 혹시 알고 계셨나요?

　이야기의 무대는 바로 스마트팜, 그중에서도 밀폐형 식물공장이나 수직농장과 같은 최신 농업 공간입니다. 여름에는 식물들을 시원하게, 겨울에는 따뜻하게 유지해 주는 것이 중요한데, 이를 위해 막대한 전기와 에너지가 들어갑니다. 이때, '데이터센터에서 나온 따뜻한 물'을 다시 쓸 수 있다면 어떨까요?

① 여름엔 '따뜻한 물'로 시원하게!

이게 가능한 비결은 바로 흡수식 냉동기라는 기술입니다. 마치 땀을 증발시키며 몸을 식히는 우리 몸처럼, 흡수식 냉동기는 물이 증발하는 과정을 이용해 찬물을 만들어 냅니다. 그리고 이 증발을 촉진시키는 열원이 바로 폐열입니다. 따뜻한 물로 오히려 차가운 물을 만들어 내는 이 기술은 전기를 거의 쓰지 않고도 실내 냉방을 가능하게 해 주죠.

실제로 전통적인 전기 냉방 시스템에 비해 전기 사용량을 90%까지 줄일 수 있다는 연구 결과도 있습니다. 에너지 요금 걱정, 지구 온난화 걱정을 모두 덜어 주는 기특한 기술인 셈이죠.

② 겨울엔 난방도 문제없어

그럼 겨울에는? 폐열을 그대로 난방에 활용하거나, 부족하면 히트펌프라는 장치를 이용해 온도를 한층 더 올려 줄 수 있습니다. 그렇게 만들어진 따뜻한 물은 식물공장의 바닥을 데우거나, 실내 공기를 따뜻하게 해 주는 데 쓰입니다. 전기 히터나 보일러에 의존하지 않고도 식물들이 따뜻한 겨울을 날 수 있게 되는 겁니다.

③ 그럼 정말 돈이 아껴질까?

그렇다면 이렇게 폐열을 이용하면 농장 운영비가 얼마나 줄어들까요? 예를 들어, 500평 규모의 스마트팜에서는 냉난방 전기로만 연간 약 2,000

만 원 이상이 쓰입니다. 그런데 데이터센터 폐열을 이용하면 이 중 90% 가까운 비용을 절약할 수 있다는 계산이 나옵니다. 매년 1,800만 원 이상이 아껴지는 셈이죠.

물론, 흡수식 냉동기나 히트펌프, 배관 설비 등 초기 투자비는 들겠지만, 3~5년 안에 충분히 회수할 수 있습니다. 그 이후부터는 매년 에너지 비용을 훨씬 절약할 수 있고, 무엇보다도 친환경 농업으로서의 가치를 인정받을 수 있습니다.

④ 1년 내내 일하는 데이터센터, 1년 내내 열이 필요한 스마트팜

데이터센터는 365일 24시간 쉬지 않고 열을 내뿜습니다. 그리고 스마트팜은 계절에 따라 냉방과 난방이 모두 필요하죠. 이 둘이 만나면, 그야말로 1년 내내 효율적인 에너지 순환 구조가 만들어집니다. 여름에는 폐열로 냉방을, 겨울에는 폐열로 난방을. 그렇게 연중 지속되는 에너지 선순환이 가능해지는 겁니다.

⑤ 새로운 도시 농업의 길을 열다

이 기술은 특히 도시 내 지하 공간, 쇼핑몰의 유휴 공간, 도심 인근 데이터센터 부지와 결합할 때 큰 시너지를 발휘합니다. 식물공장을 도심 한복판에 만들고, 바로 옆 데이터센터에서 나오는 열을 공급받아 농산물을 키우는 도시형 스마트팜. 에너지 효율, 탄소 저감, 지역 먹거리 공급이라는 세 마리 토끼를 잡는 셈입니다.

　버려지던 열 한 줄기가 농작물의 생명을 살리고, 농민의 부담을 덜고, 지구의 온도를 낮춥니다. 기술은 그렇게, 우리가 보지 못한 것들의 가치를 다시 보게 해 줍니다.
　지금 이 순간에도 우리 근처의 생활공간, 산업단지, 발전소, 또는 데이터센터에서 나오는 열이, 누군가의 상추, 토마토, 딸기를 키우고 있을지 모릅니다. 그리고 그 미래는, 생각보다 더 가까이 와 있습니다.

　여기 국내에서 폐열을 활용한 스마트팜 사례를 소개하고자 합니다.

　부산의 철강회사 대한제강은 이 폐열을 '그냥 버리지 않기로' 했습니다. 그 대신, 바로 옆에 자리 잡은 스마트팜에 공급하기로 한 것입니다. 놀랍게도, 이 공장 굴뚝에서 나온 열이 이제는 딸기와 토마토를 키우고 있는 것이죠.

대한제강 신평공장 내 폐열을 활용하는 스마트팜 온실 전경

철강공장에서 발생된 열을 스마트팜으로 전달하는 배관

⑥ 폐열, 에너지의 두 번째 인생

철강공장에서 발생한 고온의 배기가스는 열교환기를 통해 온수를 만들어 냅니다. 이 온수는 인근 스마트팜의 냉난방 시스템으로 보내져, 계절에 따라 다양한 방식으로 작동하게 됩니다.

- 여름에는 흡수식 냉동기를 가동하여 찬물을 만들고, 이를 통해 밀폐된 스마트팜 내부를 시원하게 유지합니다.
- 겨울에는 열교환기를 통해 온수를 난방에 활용하거나, 직접 바닥난방 및 온풍기로 활용하여 내부 온도를 따뜻하게 유지합니다.

이처럼 하나의 열원으로 1년 내내 냉방과 난방을 동시에 해결할 수 있는 시스템이 바로 지금 대한제강에서 실현되고 있는 혁신입니다.

⑦ 비용 절감은 덤, 환경 효과는 보너스

　그렇다면 이 시스템이 가져다주는 경제적 효과는 얼마나 클까요? 대한제강 내에 설치한 1,000평의 스마트팜은 폐열을 활용한 이후, 90% 가까운 에너지 비용이 절감되었고, 이는 연간 4,000만 원 이상의 절감 효과로 이어졌습니다.
　여기에 전기 대신 산업 폐열을 활용하니 이산화탄소 배출도 획기적으로 줄고, 냉매 사용도 거의 없어 친환경 농업의 대표 모델이 되기에 충분합니다.

⑧ 산업+농업의 신선한 콜라보

　대한제강의 사례는 단순한 기술 도입을 넘어서 산업과 농업이 어떻게 에너지와 공간을 공유할 수 있는지를 보여 주는 좋은 본보기입니다. 전통적으로 '공장'과 '농장'은 서로 거리가 먼 산업으로 여겨졌지만, 지금은 서로의 한계를 채워 주는 훌륭한 파트너가 되고 있습니다.

　대한제강은 폐열을 재활용해 에너지 효율을 높이고 ESG 경영의 이미지를 강화했으며, 스마트팜은 안정적인 열원을 확보하여 연중 작물 생육을 정밀하게 제어할 수 있는 환경을 갖추게 되었습니다.

⑨ 도시 속 에너지 순환 모델의 미래

이러한 사례는 이제 더 이상 특별한 것이 아닙니다. 도시 곳곳에 위치한 데이터센터, 발전소, 공장, 폐수처리장 등은 모두 우리가 활용할 수 있는 폐열의 보고(寶庫)입니다. 이 열을 버리지 않고 농업, 지역 난방, 식물공장 등에 활용한다면, 탄소를 줄이면서도 경제를 살리는 순환형 에너지 사회가 실현될 수 있습니다.

대한제강의 굴뚝에서 피어오르던 고온의 열기, 그 열기가 지금은 토마토 한 송이의 생명을 따뜻하게 키우고 있습니다. 기술은 그렇게, 우리가 보지 못하던 자원을 새로운 가치로 바꾸고 있습니다.

그 어떤 첨단 농업보다 강력한 에너지 솔루션, 바로 산업 폐열의 재발견입니다. 그리고 이 폐열이 만드는 '따뜻한 농업'은 우리 농업의 지속 가능성을 지탱하는 든든한 에너지원이 될 것입니다.

서해안 간척지 스마트팜의 에너지 자립형 모델에 대한 단상(斷想)
- 투자와 수익 분석

최근 스마트팜은 단순한 농업 생산의 혁신을 넘어, 에너지 자립이라는 목표까지 추구하는 방향으로 발전하고 있습니다. 특히 서해안 간척지와 같은 대규모 부지에서는 기존 전력망에 의존하지 않고, 자체적으로 에너지를 생산하고 소비하는 '100% 에너지 자립형 스마트팜' 모델을 마련해야 합니다. 1ha(10,000㎡) 규모 스마트팜을 기준으로, 수소연료전지와 대수층 지열 시스템, 태양광 발전, 그리고 스마트 에너지 관리 플랫폼을 조합하여 에너지 자립형 농장을 운영할 경우 필요한 투자비와 운영비를 한번 추정해 보았습니다.

① 기본 시스템 구성

이 모델은 세 가지 주요 에너지원의 복합적 활용을 기반으로 합니다. 첫째, LNG(액화천연가스)로부터 수소를 개질하고, 이를 연료로 수소연료전지 발전기를 가동하여 스마트팜에 필요한 전력을 공급합니다. 이 과정에서 발생하는 폐열은 온실 난방에 적극적으로 활용하여 에너지 손실을 최소화할 수 있습니다.

둘째, 간척지 지하에 존재하는 대수층을 활용하여 지열을 냉난방에 이용하는 ATES(Aquifer Thermal Energy Storage) 시스템을 도입합니다. 여름철에는 냉수, 겨울철에는 온수를 공급함으로써, 히트펌프를 통한 냉난방 에너지 소비를 크게 절감할 수 있습니다.

셋째, 주변 부지에 태양광 발전 설비를 설치하여 주간 시간대 전력을 보완하고, 잉여 전력은 저장하거나 판매할 수 있도록 합니다. 이 모든 에너지원은 AI 기반 스마트 에너지 매니지먼트 시스템을 통해 통합 관리되며, 전력 수급과 냉난방 수요를 실시간으로 최적화합니다.

② 투자비와 운영비 분석

해당 시스템을 구축하는 데 필요한 초기 투자비는 다음과 같습니다.

- 스마트팜 온실 및 자동화 시스템 구축: 약 35~40억 원
- 수소연료전지 및 수소 개질 설비 구축: 약 20~25억 원
- 대수층 수열 히트펌프 시스템 구축: 약 10억 원
- 태양광 발전 시스템 설치: 약 7,500만 원
- 에너지 매니지먼트 시스템 및 부대설비 공사: 약 4억 원

이를 모두 합산하면 총투자비는 약 75~80억 원으로 예상됩니다. 운영

비는 연간 약 3.3~3.5억 원이 소요됩니다. 이 항목에는 LNG 연료비, 연료전지 및 히트펌프 유지보수비, 스마트팜 운영 인건비 등이 포함됩니다. 난방연료비용은 수소연료전지에서 발생하는 폐열 활용으로 인해 발생하지 않습니다. 이게 운영비 절감의 주요 원인입니다.

③ 수익 구조

농산물 판매 수익과 전력 판매 수익이 스마트팜의 주요 수익원이 됩니다. 1ha 스마트팜에서는 연간 약 50만 kg의 토마토를 생산할 수 있습니다. 이를 kg당 3,000원에 판매할 경우, 연간 농산물 매출은 약 15억 원에 이릅니다.

또한 수소연료전지를 통해 생산된 전기를 SMP(전력도매가격) 및 REC(신재생에너지 인증서) 거래를 통해 연간 약 7,171만 원어치 판매할 수 있을 것으로 추정됩니다.

④ 투자수익성 분석

총매출은 약 15.7억 원이며, 연간 운영비 약 3.5억 원을 차감하면 순수익은 약 12.2억 원이 됩니다. 이를 기준으로 초기 투자비 75~80억 원을 회수하는 데 소요되는 기간은 약 6.2~6.6년으로 추정됩니다. 이는 기존 일반 스마트팜 투자(ROI 8~10년) 대비 빠른 투자 회수 속도를 의미합니다.

⑤ 종합 평가

이 모델은 다음과 같은 장점을 지니고 있습니다.

- 외부 전력망에 의존하지 않는 완전한 에너지 자립형 운영
- 에너지 비용 절감 및 전력 판매를 통한 부가수익 창출
- 연료전지 폐열 활용을 통한 난방비 대폭 절감
- CO_2 공급을 통한 작물 생산성 향상 가능성
- 간척지와 같은 대규모 부지에서 최적의 적용 가능성

다만, 초기 투자비가 상당히 크기 때문에 이에 해당하는 재원마련과 이에 따른 책임과 부담을 어떻게 나누느냐가 관건이 될 것입니다.

여하튼, 기존 전력공급망과 에너지 시스템이 아닌 새로운 시스템으로서, 간척지 1ha 스마트팜을 수소연료전지, 대수층 히트펌프, 태양광 발전을 결합한 복합에너지 시스템으로 운영할 경우, 7년 이내 투자 회수가 가능할 수 있을 듯합니다. 이러한 모델은 향후 한국형 100% 에너지 자립 스마트팜 구축의 대표적 성공 사례로 자리 잡을 수 있으며, 스마트농업과 재생에너지 융합의 새로운 패러다임을 제시할 수 있을 것입니다.

아직은 단상(斷想)에 불과하지만, 많은 전문가들이 머리를 맞댄다면 결코 불가능하지 않은 미래라고 확신합니다.

여러분들 생각은 어떠신지요?

감자 산업의 미래, 스마트팜 '분무경'에서 시작된다
– 스마트팜 '분무경'이 열어 가는 감자의 미래

스마트팜 기술과 결합한 무병 씨감자 증식 기술은 농업 혁신의 한 축으로 자리 잡아가고 있습니다. 기존의 전통적인 감자 재배 방식에서 벗어나 ICT 기반의 환경제어 기술과 무병종묘 생산 시스템이 만나면서, 감자 산업의 체질이 근본적으로 바뀌고 있는 것입니다. 이 흐름 속에서 '스마트팜 기반 무병 씨감자 증식 기술'은 단순한 재배 방식을 넘어, 고품질 농업의 새로운 모델로 부상하고 있습니다.

① 무병 씨감자 증식 기술의 스마트팜 연계 특징

스마트팜 기술이 무병 씨감자 증식에 접목되면서, 감자 재배는 보다 정밀하고 효율적인 체계로 전환되고 있습니다. 특히 바이러스 감염을 차단하고, 생육 환경을 최적화하며, 증식 속도를 높일 수 있다는 점에서 스마트팜 기반 무병 씨감자 생산은 감자 산업의 미래를 여는 핵심 기술로 주목받고 있습니다.

첫째, 스마트팜은 바이러스를 원천적으로 차단할 수 있는 '완전 통제형 환경'을 제공합니다. 전통적인 노지 재배나 일반 온실에서는 외부 날씨나 토양의 영향을 완전히 배제하기 어렵기 때문에, 바이러스나 병원균에 노출될 가능성이 항상 존재합니다. 반면 스마트팜은 외부 기후와 철저히 단절된 밀폐형 재배 시설, 예를 들어 식물공장이나 반밀폐형 온실 등을 통해 외부의 오염원을 차단할 수 있습니다. 이곳에서는 온도, 습도, 광량, 이산화탄소 농도, 양액 공급 등의 요소가 자동으로 정밀하게 조절되므로, 병원균의 유입 경로 자체를 최소화할 수 있습니다. 이러한 환경은 무병 씨감자 생산을 위한 가장 안전한 조건을 제공하며, 감자 바이러스의 수직 전파를 차단하는 데 매우 효과적입니다.

둘째, 생장 조건의 최적화를 통해 씨감자의 품질을 획기적으로 높일 수 있습니다. 스마트팜 내에서는 감자의 생육 단계별로 생장 데이터를 실시간으로 수집하고 분석할 수 있습니다. 특히 분무경 기술은 감자 뿌리에 미세한 안개 형태로 영양액을 직접 분사하여 공급하는 방식으로, 토양 없이도 생장이 가능한 청결한 재배 환경을 구축합니다. 이 과정에서 센서와 AI 분석 기술을 활용하면, 작물의 생리적 변화에 따라 영양액의 농도, 분무 주기, 조명 시간 등을 자동으로 조정할 수 있습니다. 그 결과, 각 개체 간 생육 편차가 줄어들고, 씨감자의 균일성과 품질이 향상되며, 전반적인 생산 효율도 높아집니다.

셋째, 스마트팜은 계절과 무관한 연중 생산 체계를 가능하게 함으로써 증식 속도를 크게 끌어올릴 수 있습니다. 기존의 밭이나 노지에서는 계절과 날씨에 따라 파종 및 수확 시기가 제한되었지만, 스마트팜은 이러한 외부 환경 제약을 받지 않습니다. 재배자는 언제든지 계획적으로 씨감자를 증식할 수 있으며, 일정한 환경에서 감자를 빠르게 성장시킬 수 있으므로 단기간 내에 더 많은 수의 무병 씨감자를 확보할 수 있게 됩니다. 이는 국가적인 씨감자 자급률 향상뿐 아니라, 농가 단위에서도 자가 종묘 생산을 가능하게 해 주는 기반이 됩니다.

이처럼 스마트팜 기술과 무병 씨감자 증식 기술의 결합은 단순한 재배 방식의 개선을 넘어, 감자 산업의 지속 가능성과 기술 자립을 이끄는 중추적 역할을 하고 있습니다. 향후 이 기술이 더욱 고도화되면, 데이터 기반의 예측형 재배, 지역별 최적화 시스템 구축, 나아가 글로벌 종묘 산업 진출까지도 가능할 것입니다.

② 무병 씨감자 증식 기술의 산업적 전망

스마트팜 기반의 씨감자 증식 기술은 단순히 재배 과정을 자동화하는 기술을 넘어, 국가 농업의 경쟁력을 높이는 핵심 인프라로 자리매김하고 있습니다. 특히 무병 씨감자의 안정적인 공급을 가능하게 함으로써, 우리나라 농업이 안고 있는 여러 구조적인 문제들을 해결할 수 있는 실질적인 해법이 되고 있습니다.

우선, 국산 씨감자의 자급률을 높이는 데 큰 기여를 하고 있습니다. 지금까지는 병해에 강하고 품질이 뛰어난 씨감자의 상당 부분을 해외에서 수입해 사용하는 경우가 많았습니다. 이는 높은 비용은 물론, 외부 수급에 의존하는 구조로 인해 공급 불안정 문제를 야기해 왔습니다. 그러나 스마트팜을 활용하면 국내에서도 균일하고 고품질의 씨감자를 안정적으로 대량 생산할 수 있어, 이러한 수입 의존도를 낮추고 자급 체계를 확립할 수 있는 기반이 됩니다.

또한, 스마트팜에서 생산되는 무병 씨감자는 일반 감자보다 수확량이 많고 품질도 뛰어나, 농가의 생산성과 경제적 수익을 직접적으로 향상시켜 줍니다. 감자는 씨감자의 상태에 따라 생장 속도, 병해 발생률, 수확량이 크게 좌우되기 때문에, 건강한 씨감자의 확보는 곧 농가의 경쟁력을 결정짓는 요인이 됩니다.

더 나아가, 스마트팜 기술을 통해 구축된 씨감자 증식 시스템은 종묘 수출 산업으로 확장할 수 있는 가능성도 지니고 있습니다. ICT 기반 환경제어 기술과 무병 증식 노하우를 하나의 패키지로 만들어 해외에 수출하거나, 기술 이전 형태로 해외 농업시장에 진출하는 것도 충분히 가능합니다. 이는 종묘뿐 아니라, 스마트팜 기술 그 자체의 수출로 이어질 수 있어 국가 농업기술의 산업화와 수출 경쟁력 강화에도 긍정적인 영향을 미칠 것입니다.

이러한 스마트 씨감자 생산 시스템은 기후 위기에 대응하는 새로운 농업 모델로서도 주목받고 있습니다. 갈수록 예측이 어려워지는 기후 환경 속에서 병해에 강하고 안정적인 품질의 작물을 연중 생산할 수 있다는 점은, 앞으로의 농업이 감당해야 할 위험을 줄이고 지속 가능한 생산 기반을 만드는 데 핵심이 됩니다.

결과적으로, 스마트팜 기반 무병 씨감자 증식 기술은 자급률 향상, 농가 수익 증대, 산업 경쟁력 확보, 기후 대응력 강화라는 네 가지 측면에서 우리 농업의 미래를 견인할 중요한 기술로 평가되고 있습니다.

③ 향후 발전 방안

스마트팜 기반 무병 씨감자 증식 기술의 지속적인 발전과 확산을 위해서는 기술적인 고도화와 함께 제도적·인프라적 뒷받침이 병행되어야 합니다. 특히 단순한 자동화 수준에서 머무르지 않고, 정밀 농업으로 진화하기 위한 다각적인 전략이 필요합니다. 무엇보다 중요한 것은, AI 기반 예측 및 품질 관리 시스템의 도입입니다. 현재의 무병 씨감자 재배는 일정 수준의 환경제어와 자동화에 머무르고 있지만, 앞으로는 이미지 분석, 생육 데이터 수집, 병해 발생 패턴 등의 데이터를 AI가 분석하여 생육 상태를 예측하고 위험 개체를 조기에 선별할 수 있는 체계로 발전해야 합니다. 이를 통해 감자의 품질을 사전에 관리하고, 특정 개체에 한해 선택적으로 대응할 수 있는 고도화된 품질 관리 시스템이 구축될 수 있습니다.

또한, 지역 거점 중심의 스마트 씨감자 생산 기지와 종자은행의 연계도 필요합니다. 우리나라는 지역별로 기후 조건과 토양 환경이 다르기 때문에, 지역별 특성에 맞는 맞춤형 재배 모델을 갖춘 스마트팜이 구축되어야 합니다. 이러한 생산 기지는 종자은행과 유기적으로 연결되어, 병충해 발생이나 기후 재난과 같은 위기 상황에서도 신속하고 안정적인 씨감자 보급 체계를 운영할 수 있어야 합니다.

이러한 기술을 제대로 운용하기 위해서는 스마트팜 인프라와 교육 강화도 함께 이루어져야 합니다. 특히 무병 씨감자 증식에 사용되는 분무경 시스템이나 환경제어 기술은 고도의 기술적 이해와 정밀한 데이터 운용 능력을 요구하므로, 재배자와 기술 인력을 대상으로 한 전문 교육 프로그램이 반드시 필요합니다. 이를 위해 농업기술센터, 농업 대학, 그리고 민간 스마트팜 전문 기업이 협력하여 종묘 전문인력 양성 교육과 인증 제도를 마련하는 것이 바람직합니다.

마지막으로, 기술 표준화와 보급형 모델 개발을 위한 민관 협력이 매우 중요합니다. 현재는 농업 관련 연구기관이나 지역 농업기술센터에서 각기 다른 장비와 프로토콜로 씨감자 증식 기술을 개발하고 있어, 민간 농가로의 확산에 어려움이 존재합니다. 따라서 앞으로는 장비 규격, 재배 매뉴얼, 데이터 포맷 등을 표준화하고 통합된 플랫폼을 구축해야 하며, 누구나 쉽게 접근하고 적용할 수 있는 보급형 모델을 개발해 전국적으로 빠르게 확산시켜야 합니다.

이와 같은 전략은 스마트 씨감자 기술이 현장에 뿌리내리고 산업적으로 성장하기 위한 핵심 과제로, 국가 단위의 중장기적 정책과 함께 추진될 필요가 있습니다. 이를 통해 무병 씨감자 생산 시스템은 단순한 기술을 넘어, 지속 가능한 농업의 핵심 축으로 자리 잡을 수 있을 것입니다.

무병 씨감자 증식 기술은 스마트팜과의 융합을 통해 보다 정밀하고 지속 가능한 방식으로 진화하고 있습니다. 이는 단순한 감자 재배 기술을 넘어, 식량 안보, 농업 혁신, 기후 위기 대응이라는 더 큰 농업 생태계의 흐름과도 맞닿아 있습니다. 향후 이 기술이 전국적으로 확산된다면, 한국의 감자 산업은 자급을 넘어 수출과 글로벌 종묘 시장까지도 노릴 수 있는 전략 산업으로 도약할 수 있을 것입니다.

아쿠아포닉스(Aquaponics)와 수경재배(Hydroponics)의 차이
- 아쿠아포닉스의 가능성과 과제

 스마트팜 기술의 다양한 형태 가운데, 아쿠아포닉스(Aquaponics)와 수경재배(Hydroponics)는 모두 흙을 사용하지 않고 식물을 키운다는 공통점을 가지고 있습니다. 그러나 두 방식은 기본 원리와 운영 방식에서 분명한 차이를 보입니다.

 수경재배는 영양분이 포함된 양액을 인공적으로 만들어 식물에 공급하는 방식입니다. 재배자는 식물에 필요한 모든 영양 성분(N-P-K 및 미량 원소)을 정확하게 조합하여 관리할 수 있기 때문에, 생산성이 매우 높고 품질 관리도 용이합니다. 특히 상추, 토마토, 오이와 같은 작물은 수경재배를 통해 고밀도로 빠르게 생산할 수 있습니다. 다만, 수경재배는 많은 양의 비료와 물을 사용하고, 사용이 끝난 양액을 폐수로 처리해야 하는 문제가 있습니다. 이로 인해 친환경성 측면에서는 한계를 가진다는 지적도 있습니다.

반면, 아쿠아포닉스는 물고기 양식과 식물 재배를 결합한 순환형 시스템입니다. 물고기는 먹이를 먹고 배설물을 내보내고, 이 배설물 속 암모니아가 박테리아에 의해 질산염 등으로 전환되어 식물의 영양분이 됩니다. 식물은 이 질산염을 흡수하면서 동시에 물을 정화해 주고, 다시 깨끗해진 물은 물고기에게 돌아갑니다. 이처럼 아쿠아포닉스는 '생태계 순환'의 원리를 적용한 친환경적인 재배 방식입니다. 비료나 농약을 별도로 사용할 필요가 없고, 폐수 배출도 거의 없어 물 사용량을 대폭 줄일 수 있습니다.

하지만, 아쿠아포닉스는 수경재배에 비해 해결해야 할 몇 가지 문제점을 가지고 있습니다.

첫 번째 문제는 복잡한 생태계 관리에 있습니다. 아쿠아포닉스 시스템은 물고기, 박테리아, 식물이라는 세 가지 생명체가 유기적으로 연결되어 있거든요. 이 중 하나라도 건강에 문제가 생기면 전체 시스템이 붕괴할 수 있습니다. 예를 들어 물고기에게 질병이 생기거나, 박테리아 층이 붕괴하거나, 식물이 급격히 시들 경우, 순환 시스템 전체가 영향을 받게 됩니다. 따라서 운영자는 각각의 생명체에 대한 깊은 이해와 세심한 관리 능력을 갖춰야 합니다.

두 번째로는 수질 관리의 어려움이 있습니다. 아쿠아포닉스는 물고기 양식과 식물 재배를 동시에 수행해야 하기 때문에 pH, 암모니아, 아질산, 질산 농도를 모두 최적의 범위로 유지해야 합니다. 문제는 물고기와 식물이 요구하는 수질 조건이 반드시 일치하지 않는다는 데 있습니다. 이로 인해 시스템 운영자는 두 생물군의 요구를 균형 있게 충족시켜야 하는 난제를 안고 있습니다.

세 번째로는, 초기 투자 비용 또한 아쿠아포닉스의 중요한 장애물입니다. 일반 수경재배 시스템에 비해 어항, 생물 여과 장치, 배양 침대 등 추가적인 설비가 필요하기 때문에 초기 구축 비용이 상당히 높습니다. 이는 특히 대규모 상업용으로 확장할 때 투자 부담을 가중시킵니다.

네 번째로 아쿠아포닉스는 식물 종류에 제한이 있습니다. 물고기 배설물 기반 영양 공급은 질소는 풍부하지만 칼슘, 마그네슘, 철분과 같은 특정 미량 원소는 부족할 수 있습니다. 그 결과, 수요가 높은 과채류(예: 토마토, 딸기)나 뿌리채소(예: 감자)의 재배가 까다로워지고, 주로 상추, 허브류 같은 잎채소에 적합한 시스템이 됩니다.

다섯 번째로 생산성 문제도 있습니다. 아쿠아포닉스는 복합적인 관리가 필요하고, 영양 농도 조절이 쉽지 않기 때문에, 고정밀 양액 관리가 가능한 순수 수경재배 시스템에 비해 단위 면적당 생산량이 다소 낮을 수 있습니다.

마지막으로, 질병 전파 리스크가 존재합니다. 물고기에게 질병이 발생하면 물을 통해 식물에도 영향을 미칠 수 있으며, 반대로 식물의 병해를 방지하기 위해 농약을 사용할 수도 없는 구조입니다. 이는 시스템 전체의 안정성을 떨어뜨릴 수 있는 중요한 위험 요소이기도 합니다.

이러한 문제를 해결하기 위해서는 몇 가지 핵심 과제가 있습니다.

우선, 자동화 기술 강화가 필수적입니다. IoT 기반 센서와 인공지능(AI) 기술을 활용하여 수질(pH, 온도, 암모니아 농도 등)을 실시간 모니터링하고 자동으로 제어할 수 있는 시스템이 개발되어야 합니다. 이를 통해 사람의 개입 없이도 안정적인 생태계 유지를 지원할 수 있습니다.

또한, 물고기와 식물 간 균형 연구가 심화되어야 합니다. 물고기의 종류에 따라 배설물의 영양 성분이 다르기 때문에, 특정 물고기(예: 틸라피아)와 특정 식물(예: 상추)의 최적 조합을 찾아내는 연구가 필요합니다. 이를 통해 시스템 효율성을 높이고 식물 재배의 다양성을 확보할 수 있습니다.

양식과 재배의 이원화 설계도 고려해야 합니다. 위급 상황 발생 시 물고기 구역과 식물 구역을 부분적으로 분리할 수 있도록 시스템을 설계하면, 문제 발생 시 전체 시스템이 아닌 일부만 영향을 받게 되어 리스크를 분산시킬 수 있습니다.

아울러, 영양 강화 기술 개발도 필수입니다. 부족한 미량 원소를 안전하고 자연친화적인 방식으로 추가 공급할 수 있는 기술이 마련되어야 합니다. 이로써 과채류나 고부가가치 작물 재배도 가능하게 할 수 있습니다.

또한, 소규모 개인용을 넘어 대규모 시스템의 경제성 향상도 과제라고 할 수 있습니다. 보다 낮은 운영비와 높은 생산성을 달성할 수 있는 대형 아쿠아포닉스 농장 모델이 필요하며, 이를 위한 표준화 연구가 중요할 겁니다.

마지막으로, 질병 예방 및 생물학적 제어 기술이 강화되어야 합니다. 친환경 미생물 접종이나 자연 기반 항균 솔루션을 활용하여, 약품 없이 시스템 건강을 유지할 수 있는 방안이 마련되어야 합니다.

그럼에도 불구하고 아쿠아포닉스는 미래 농업의 한 축으로 성장할 가능성이 매우 큽니다.

첫째, 아쿠아포닉스는 도시형 농업 솔루션으로 이상적입니다. 좁은 공간에서도 물고기와 식물을 함께 생산할 수 있기 때문에, 도시 내부나 주변부에 설치하여 로컬푸드 공급망을 구축하는 데 매우 유리합니다.

둘째, 화학비료와 농약을 사용하지 않는 구조 덕분에 친환경 인증이 용이합니다. 친환경, 무농약, 유기농 인증을 통한 부가가치 창출이 가능하며, 친환경 소비 트렌드에 부합하는 제품을 생산할 수 있습니다.

셋째, 아쿠아포닉스는 지속 가능 농업 모델로서의 가능성도 높습니다. 기존 토양 농업에 비해 물 사용량을 최대 90% 이상 절감할 수 있으며, 폐수 발생도 거의 없기 때문에 기후 변화와 물 부족 문제를 해결하는 데 기여할 수 있습니다.

넷째, 아쿠아포닉스는 교육 및 체험 프로그램에도 적합합니다. 순환 생태계 원리를 실제로 체험하고 학습할 수 있기 때문에, 학교 교육용 프로그램이나 농업 체험장의 콘텐츠로서 활용 가치가 높습니다.

마지막으로, 아쿠아포닉스는 프리미엄 시장을 겨냥할 수 있습니다. "친환경, 무농약, 로컬푸드"를 강조하는 소비자 트렌드에 부합하는 고급 채소 및 수산물을 생산하여, 차별화된 농산물 시장을 선도할 수 있습니다.

이로써 아쿠아포닉스는 아직까지 완성된 모델은 아니지만, 도시화, 물 부족, 기후 변화 등 현대 농업이 직면한 문제를 해결할 수 있는 하나의 유력한 대안입니다. 스마트팜 기술과 결합하여 더욱 정교하고 자동화된 시스템으로 발전한다면, 미래 농업의 중요한 한 축으로 자리 잡을 가능성이 충분합니다.

"물이 순환하고, 생명이 순환하는 농업." 아쿠아포닉스는 바로 그런 지속 가능한 농업의 새로운 꿈을 품고 있습니다.

친환경 스마트팜의 필수 전략, 생물학적 방제의 길
– 생물학적 방제의 중요성과 문제점, 그리고 해결 방안

① 생물학적 방제의 중요성

온실가루이에 기생하는 온실가루이좀벌

총채벌레를 포식하는 애꽃노린재

스마트팜 시대에 생물학적 방제는 단순한 해충 관리 기술을 넘어, 농업의 지속 가능성과 농산물 수출 경쟁력을 좌우하는 핵심 전략으로 자리 잡고 있습니다. 생물학적 방제란 농업 해충을 대상으로 천적(포식성, 기

생성, 곤충병원성 생물 등)을 활용하여 자연 친화적으로 해충을 억제하는 방법을 의미합니다. 이러한 생물학적 방제는 여러 관점에서 그 중요성이 강조되고 있습니다.

첫째, 학문적 측면에서는 천적이 자연 생태계 내 상위 먹이사슬을 구성하는 존재로, 해충을 자연스럽게 억제하는 생태적 기능을 활용한다는 점에서 중요합니다.

둘째, 경제적 측면에서는 생물학적 방제를 통해 농약 사용을 최소화함으로써 농산물의 안전성을 높이고, 소비자 신뢰를 향상시키며, 농산물의 부가가치를 증대시킬 수 있습니다.

셋째, 산업적 측면에서는 천적이 아직 미개척된 산업 자원으로서, 연구·개발 및 적용을 통해 새로운 농업 부가가치를 창출할 수 있습니다. 특히 농업 선진국들은 이러한 생물자원 활용을 통해 농업 경쟁력을 강화하고 있습니다.

넷째, 농업인 측면에서는 천적이 농업인에게 다수확과 고품질 농산물을 생산할 수 있도록 도와주는 '훌륭한 일꾼'이 될 수 있습니다. 또한 농약 사용 의존도를 줄임으로써 생산비를 절감하고, 농장의 환경을 보다 건강하게 유지하는 데 기여할 수 있습니다.

특히 국제 시장에서는 농약 잔류 문제에 대한 소비자들의 관심이 높아지고 있으며, 천적을 활용한 생물학적 방제는 한국산 농산물의 수출 경쟁력을 높이는 데 있어 매우 중요한 역할을 하고 있습니다.

② 생물학적 방제의 문제점

그러나 생물학적 방제는 여러 도전 과제와 한계를 함께 안고 있는 것이 현실입니다.

우선, 농업인의 해충 예찰 능력 부족이 문제로 지적됩니다. 생물학적 방제는 해충 발생 초기부터 세심하고 체계적인 관리가 필수적인데, 많은 농가에서 해충 발생 양상을 정확히 파악하지 못하는 경우가 발생하고 있습니다.

또한, 천적에 대한 이해 부족도 큰 장애물입니다. 천적을 투입하더라도 즉각적인 방제 효과를 기대하기 어렵기 때문에, 이를 이해하지 못하고 조급하게 결과를 판단하거나 실패로 여기는 경우가 많습니다.

환경 조건이 부적합한 경우도 생물학적 방제를 어렵게 만듭니다. 천적이 잘 활동하고 번식하기 위해서는 적절한 온도, 습도, 작물 환경이 조성되어야 하나, 이런 조건이 갖추어지지 않은 경우 천적의 효과가 떨어집니다.

해충 밀도 관리 실패 또한 중요한 문제입니다. 이미 해충이 대량 발생한 이후에 천적을 투입하는 경우, 천적만으로는 방제가 거의 불가능하며 추가적인 비용과 시간이 낭비될 수 있습니다.

아울러, 컨설팅 및 방제 프로그램 이행 부족, 천적 공급 체계 미비도 생물학적 방제의 실패 원인으로 작용하고 있습니다. 전문 컨설턴트의 조언을 충실히 따르지 않거나, 필요한 시기에 천적을 공급받지 못하면 방제 효과가 크게 저하됩니다.

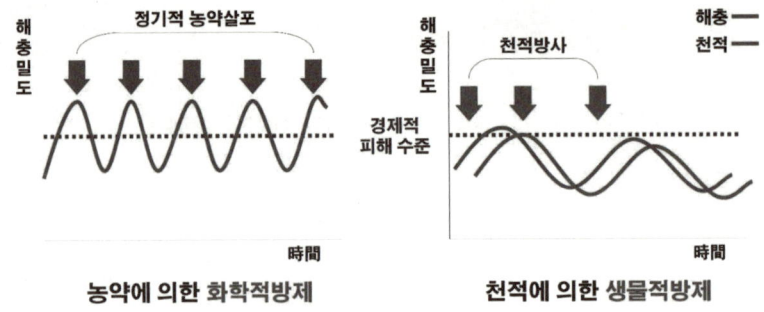

화학적 방제와 생물학적 방제의 경제적 피해 수준 비교

③ 앞으로의 해결 방안

 스마트팜에서 생물학적 방제를 성공시키기 위해서는 천적을 단순히 투입하는 수준을 넘어, 체계적이고 통합적인 관리 시스템을 구축하는 것이 반드시 필요합니다.

인식의 전환

 무엇보다 먼저, 생물학적 방제에 대한 인식 전환이 필요합니다. 생물학적 방제는 '즉각적인 효과'를 목표로 하는 것이 아니라, '지속적인 관리'를 통해 해충 밀도를 경제적 피해 수준 이하로 유지하는 것을 목표로 삼아야 합니다. 해충을 완전히 없애는 것을 목표로 삼기보다는, 농업 경영상 감내할 수 있는 해충 밀도를 유지하는 것이 현실적이며, 필요시 허용된 농약을 보완적으로 사용하는 통합적 해충 관리(IPM) 접근법을 병행해야 합니다.

농가 내 관리 체계 강화

농장 내에는 반드시 천적 관리를 전담할 담당자를 지정하여, 해충과 천적의 발생 양상과 밀도를 정기적으로 관찰하고 기록해야 합니다. 또한 농장 작업자 전원이 해충과 천적을 구별할 수 있도록 기본 교육을 받고, 문제가 감지되었을 때 즉각 대응할 수 있는 체계를 갖추어야 합니다. 특히 정기적 예찰과 데이터를 통한 분석을 통해 해충 발생 패턴을 사전에 예측하고, 조기 대응이 가능하도록 해야 합니다.

천적 활용 환경 조성

천적이 효과적으로 활동할 수 있도록 온실 환경을 미리 정비하는 것도 매우 중요합니다. 해충 발생의 근원이 되는 잡초를 제거하고, 출입구에 방충망 및 소독 패드를 설치하여 외부 해충의 유입을 차단해야 합니다. 또한 천적 활동에 적합한 온도와 습도를 유지하도록 온실 내 환경을 조정해야 합니다. 특히 천적을 투입하기 전에 해충 밀도를 소규모 수준 이하로 낮추는 것이 핵심이며, 필요할 경우 승인된 약제를 최소한으로 사용하여 해충 밀도를 조절해야 합니다.

천적 회사 및 컨설팅 체계 개선

천적을 공급하는 회사에서도 다양한 해충에 대응할 수 있는 천적 제품을 확보하고, 농장 상황에 맞는 맞춤형 방제 프로그램을 제공해야 합니다. 주기적인 컨설팅과 현장 방문을 통해 농가에 실질적인 도움이 되는 전문적인 지원 체계를 구축하는 것이 중요합니다. 농가 역시 컨설턴트와 긴밀하게 협력하여, 방제 프로그램을 충실히 이행하는 자세가 필요합니다.

결론적으로, 스마트팜의 미래에서 생물학적 방제는 이제 선택이 아니라 필수적 요소가 되어 가고 있습니다. 하지만 이를 성공적으로 수행하기 위해서는 단순한 천적 투입을 넘어선 철저한 준비와 관리, 그리고 농업인과 천적 공급사, 컨설턴트 간의 긴밀한 협력이 반드시 뒷받침되어야 할 것입니다.

K-스마트팜의 글로벌 도약, 무엇이 성공을 결정할까?
– 스마트팜 기업이 해외시장에 진출하기 위한 전략과 유의해야 할 점

한국의 스마트팜 기술은 환경제어 시스템, 수경재배 기술, 작물 생리 기반의 복합제어 노하우 등에서 세계적으로 높은 수준에 도달해 있습니다. 이러한 기술력을 바탕으로 최근에는 중국, 동남아, 중동, 유럽 등 해외시장 진출을 모색하는 한국 기업들이 늘어나고 있습니다.

하지만 해외 진출은 단순히 기술을 수출하거나 온실을 시공하는 수준에서 끝나는 것이 아닙니다. 해당 국가의 기후, 문화, 정책, 산업 생태계까지 종합적으로 고려한 전략과 준비가 필요합니다. 나아가 기술 보호와 지속 가능한 사업 모델 설계 역시 간과할 수 없는 중요한 과제입니다.

이번 장에서는 한국 스마트팜 기업들이 해외 진출을 할 때 반드시 염두에 두어야 할 전략과 유의점에 대해 말씀드리고자 합니다.

① 단순 '설비 수출'이 아닌 '솔루션 수출'로 접근

많은 기업들이 해외에서 스마트팜을 "지어 달라"는 요청을 받으면, 자재와 제어기를 수출하고 시공을 지원하는 형태로 대응하곤 합니다. 하지만 이러한 일회성 프로젝트 방식은 유지관리 문제와 수익성의 한계에 부딪히기 쉽습니다. 이제는 '하드웨어 수출'을 넘어선 '환경제어+재배 노하우+데이터 분석+교육+유통 모델'까지 포함한 통합 솔루션형 진출 모델이 요구됩니다. 예를 들어, 온실 설치뿐만 아니라 작물별 생육 매뉴얼 제공, SaaS(Software-as-a-Service)형 제어 플랫폼 연동, 운영자 교육 프로그램까지 포함한 패키지 형태로 제안하는 것이 바람직합니다.

② 현지화(Localization)는 생존을 위한 필수 조건

기후, 작물 선호도, 에너지 요금 구조, 인건비 수준, 농업 정책 등은 국가마다 매우 다릅니다. 한국에서 통했던 기술과 운영 방식이 해외에서는 실패하는 이유는 대부분 '현장 맥락을 고려하지 않은 단순 복제' 때문입니다. 예를 들어, 한국의 겨울형 난방 기반 온실 모델은 동남아 고온 다습 지역에는 적합하지 않습니다. 또한, 한국에서 개발된 스마트팜 시스템의 UI/UX가 현지 농장 관리자들에게는 너무 복잡하거나 생소할 수 있습니다.

따라서 진출 전에 기후적, 문화적, 경제적 특성을 반영한 현지 맞춤형 설계와 콘텐츠 로컬라이징이 반드시 필요합니다. 언어, 교육 자료, 리포트 포맷까지 현지화하는 세심한 준비가 성공의 열쇠입니다.

③ SaaS 기반 플랫폼과 원격지원 체계를 반드시 확보

스마트팜 온실은 한 번 설치하면 수년간 운영되며, 문제가 발생했을 경우 신속한 대응이 매우 중요합니다. 이를 위해 클라우드 기반의 SaaS형 기후 제어 플랫폼 구축이 필요하며, 이는 원격으로 온실을 모니터링하고 설정을 조정하며 데이터를 분석할 수 있게 해 줍니다. 또한, 고객이 직접 쉽게 사용할 수 있도록 직관적인 사용자 인터페이스(UI), 언어별 튜토리얼, 초보자/전문가 모드 분리 기능 등도 함께 제공되어야 합니다.

디지털 지원 시스템 없이 설비만 수출하는 스마트팜 모델은 지속 가능하지 않습니다.

④ 지식재산권(IP) 보호 전략은 반드시 사전에 마련해야

중국, 동남아, 인도 등의 일부 지역에서는 현지 파트너사나 SI(System Integrator)와의 협업 과정에서 기술 유출의 위험이 존재합니다. 이러한 위험을 최소화하기 위해, 핵심 기술 요소는 클라우드 서버에 두고 블랙박스화(Black-boxing) 하는 것이 필요하며, API 기반으로만 기능을 제공해 직접 코드나 로직에는 접근하지 못하게 설계해야 합니다.

또한, 다음과 같은 조항이 포함된 계약서를 반드시 체결해야 합니다:

- 지식재산권 귀속 명시
- 제3자 제공 및 역설계 금지 조항
- 위반 시 손해배상 및 국제중재기구 지정(예: SIAC, HKIAC 등)

기술력만큼이나 계약력과 법적 대응력이 중요한 시장입니다.

⑤ '온실'이 아닌 '운영 가능한 비즈니스 모델'을 수출해야

해외 고객이 진정으로 원하는 것은 "최첨단 온실"이 아닙니다. 그들은 수익을 창출할 수 있는 지속 가능한 농업 비즈니스 모델을 원합니다. 즉, 설비를 넘어서 작물 추천, 수익성 시뮬레이션, 운영 노하우, 유통까지 연결된 솔루션을 기대하고 있는 것입니다.

따라서 한국 기업들은 다음과 같은 요소를 포함한 종합적인 사업 모델 수출 전략을 준비해야 합니다:

- 고수익 작물에 대한 맞춤형 제안과 ROI 모델링
- 가공식품, HMR, 구독형 유통 모델과의 연계
- 운영자 교육 → 온실 운영 → 농산물 판매까지 이어지는 사업 구조 설계

기술력은 해외 진출의 출발점일 뿐입니다. 스마트팜의 성공적인 해외 확장을 위해서는 현지 시장에 맞는 전략과 생태계 설계가 반드시 필요합니다.

한국 기업들은 이미 충분한 기술력과 운영 경험을 가지고 있습니다. 이제는 여기에 현지화 전략, SaaS 기반 제어 플랫폼, 지식재산 보호 체계, 통합형 비즈니스 모델 설계 역량을 더해야 진정한 글로벌 스마트팜 기업으로 자리매김할 수 있습니다.

한국형 스마트팜의
글로벌 확산을 위한 현실적 접근
– 해외시장에서 스마트팜 SaaS 플랫폼을 확산하기 위한 전략과 과제

글로벌 식량 안보와 지속 가능한 농업의 실현을 위해 스마트팜 기술이 주목받고 있습니다. 특히 아프리카, 동남아, 중앙아시아 등 개발도상국에서는 농업의 생산성과 효율성을 끌어올릴 수 있는 대안으로 스마트팜이 거론되고 있으며, 이에 따라 한국 기업들의 해외 진출 기회도 점차 확대되고 있습니다.

그러나 현실은 그렇게 간단하지 않습니다. 환경제어, 센서 기반 재배, 클라우드 플랫폼, 원격 운영 등으로 구성된 첨단 스마트팜 모델이 개발도상국 현장에 바로 적용되기에는 여러 가지 벽이 존재하기 때문입니다.

특히 최근 강조되는 SaaS 기반 기후 제어 플랫폼과 원격 지원 체계는 고도화된 통신·에너지·IT 인프라를 전제로 한 모델이기 때문에, 개발도상국의 현장과는 다소 간극이 존재합니다. 그렇다면 이러한 현실 속에서 한국 스마트팜 기술이 어떤 전략으로 접근해야 할지, 구체적으로 짚어 보겠습니다.

① 통신 인프라와 전력 안정성의 한계

개발도상국의 농촌 지역은 인터넷 환경이 불안정하거나 LTE조차 연결되지 않는 경우가 많습니다. 정전도 자주 발생하며, 일부 지역은 하루에 몇 시간만 전기가 들어오기도 합니다. 클라우드에 실시간으로 데이터를 올리고, 분석을 통해 원격으로 작동시키는 SaaS 모델은 이런 환경에서는 신뢰성을 확보하기 어렵습니다. 또한 고성능 스마트폰이나 태블릿을 갖춘 농민은 드뭅니다. 플랫폼을 설치하더라도 사용자가 제대로 작동시킬 수 없는 경우가 많고, 앱 로그인과 같은 기본적인 단계에서부터 난관에 부딪힙니다.

② 복잡한 시스템은 현장에서 외면받는다

농업 종사자들의 디지털 리터러시가 낮고, 대부분은 "편하게 작동되기만 하면 된다"는 입장입니다. 기술자는 자율제어 알고리즘이나 광·수분 조건의 복합변수에 대해 이야기하지만, 현장에서는 한눈에 보이고, 쉽게 눌러 작동할 수 있는 시스템이 더 필요합니다.

기술력이 높다고 해서 항상 현장에서 환영받는 것은 아닙니다. 현장의 눈높이에서 작동하는 시스템이 아니면, 아무리 고도화된 기술이라도 '도입 후 방치되는 장비'가 될 위험이 큽니다.

③ 적응형 기술 전략이 해답이다

이러한 문제를 해결하기 위해서는 한국이 보유한 스마트팜 기술을 그대로 수출하는 것이 아니라, 해외 현지 상황에 맞춰 '적응형으로 재설계'하는 전략이 필요합니다.

가장 현실적인 방식은 '하이브리드형 Edge-Cloud 구조'입니다. 즉, 온실이나 재배시설 내부에 소형 컴퓨터(게이트웨이)를 설치해 기본적인 제어는 현장에서 처리하고, 클라우드에는 간헐적으로 연결해 데이터를 저장하거나 리포트를 생성하는 구조입니다. 이렇게 하면 인터넷이 불안정하거나 일시적으로 끊겨도 기초 제어는 중단되지 않으며, 중앙 서버를 통해 정기적인 업데이트와 리포트 기능은 유지할 수 있습니다. 또한 제어 UI는 그림 위주의 직관적 구성, 현지 언어 지원, 음성 안내 기능 등을 탑재해, 디지털 경험이 부족한 사용자도 쉽게 접근할 수 있도록 설계해야 합니다.

④ 기술 이전이 아닌, '현지화된 교육과 운영'이 관건

SaaS 기반 시스템의 성공적인 확산을 위해서는 기술 이전보다도 운영 교육과 사후관리 체계를 현지화하는 것이 더 중요합니다. 한국 본사는 클라우드 운영과 시스템 유지보수를 담당하고, 현지 파트너(SI 기업, 농업기술센터, 농업대학 등)가 설치, 교육, 간단한 유지보수를 담당하는 '이중 운영체계(Dual Operation Model)'를 구축하는 것이 바람직합니다.

또한 공적개발원조(ODA), 국제농업기구(FAO, IFAD 등), 현지 정부 보

조금 사업과 연계해 '농가 개별 도입'이 아닌 '공공사업형 확산 모델'로 진출하는 것도 현실적인 전략입니다.

⑤ 기술을 현지화하면, 진정한 글로벌화가 시작된다

스마트팜은 기술 산업이지만 동시에 농업입니다. 즉, 사람과 환경, 문화, 관행을 중심에 두고 설계되어야 하는 산업입니다. 개발도상국의 스마트팜 시장은 잠재력이 크지만, 기술 수출의 관점이 아니라 "그 나라 농부가 실제로 사용할 수 있는 기술"로 녹여내는 과정이 먼저입니다. 한국 스마트팜 기업들은 이미 훌륭한 기술력을 갖추고 있습니다. 이제는 그것을 어떻게 잘 전달하고, 현장과 연결하며, 함께 작동하게 할 것인가에 대한 고민이 필요한 시점입니다. 현지에 맞춘 스마트, 사람에게 맞춘 기술. 그것이 개발도상국 스마트팜 시장에서 한국이 주도권을 가질 수 있는 진정한 경쟁력입니다.

> # 스마트팜은 AI가 아니라
> # 사람이 돌린다
> – 사람을 키우지 않았다면, 이미 실패의 씨앗을 뿌린 셈입니다

스마트팜 기술은 빠르게 진화하고 있습니다. 자동화된 관수, 정밀한 기후 제어, AI 기반의 작물 생육 분석까지. 이제 농업은 '기계'와 '데이터'의 시대에 접어들었습니다. 하지만 막상 수십억 원을 들여 스마트팜을 지어 놓고도 수익을 내지 못해 고전하는 사례가 늘고 있는 것도 사실입니다. 그 이유는 무엇일까요?

결론부터 말하자면, "기술보다 사람이 먼저"입니다. 특히 스마트팜과 같은 고도화된 시스템일수록, 기술을 '관리할 사람'의 역량이 수익성과 직결됩니다.

① 기계는 알람만 울릴 뿐, 수리는 사람이 합니다

대형 스마트팜 온실의 최대 장점은 외부 환경 영향을 최소화하면서 연중 일정한 작물 품질을 유지할 수 있다는 점입니다. 하지만 그 안정성은

전제가 있습니다. 모든 장비가 제대로 작동할 때에만 가능한 이야기입니다. 여름철 냉각 시스템이나 관수 장비에 1~2시간만 문제가 생겨도, 작물이 '시들어 버리는 피해'를 입을 수 있습니다. 특히 팬, 패드, 관수펌프, 보일러 같은 핵심 장비는 단 한 번의 오작동으로 몇천만 원의 피해를 유발할 수 있습니다. 국내 대형 온실 현장에서 자주 발생하는 실수 중 하나는 "설계도에 따라 시공은 끝났으니, 이제 알아서 굴러가겠지"라는 안이한 접근입니다. 유지보수팀은 외주에 맡기고, 재배자 한 명에게 모든 것을 떠넘기곤 합니다. 그러나 스마트팜 온실에서는, 하루 단위의 이상 징후 탐지와 대응이 '성공과 실패의 갈림길'이 됩니다.

② 인력이 없으면 어떻게 하냐고요? 키우면 됩니다

"기계는 좋은 걸 들여왔어요. AI도 들어가고요. 근데 왜 수확량이 이 모양이죠?"

요즘 대형 스마트팜을 운영하는 분들이 가장 많이 하는 말입니다. 기계는 수입했는데, 그걸 '쓸 줄 아는 사람'이 없다는 거죠. 특히 고도화된 시스템일수록 이런 문제가 더 크게 터집니다. 누군가는 유럽에서 경험 많은 재배자를 고용하려 할 겁니다. 실제로도 그렇게들 해 왔습니다. 그런데 이상하게도, 1~2년 안에 대부분 돌아갑니다. 왜 그럴까요?

- 한국은 유럽과 기후가 완전히 다릅니다.
- 한국 농장에는 중간 관리자 없이 대표-작업자 구조가 많습니다.
- 언어, 문화 차이도 큽니다.

- 설비가 고장 나도, 유럽처럼 근처에 공급업체나 정비팀이 없어 직접 해결해야 합니다.

결국 현지 적응도 어렵고, 혼자 감당해야 할 일이 너무 많다는 뜻이죠. 아무리 훌륭한 외국인 재배자라도, '한국형' 온실을 운영하기는 어렵습니다. 답은 하나입니다. 현장에서, 처음부터, 우리 손으로 '진짜 재배자'를 키워야 합니다. 그렇다고 무작정 작업에 투입시키는 건 아닙니다. 단순 노동자를 양성하는 게 아니라, "내가 이 온실의 주인이다"라는 책임감을 가진 운영자를 만드는 과정입니다. 현장에서는 크게 네 가지 영역이 돌아갑니다.

1. 기후 제어 - 온실 안 온도, 습도, CO_2를 조절하는 사람
2. 관수·양액 - 물 주기와 양액 배합을 책임지는 사람
3. 병해충 관리 - 병이 도는지 매일 살펴보고 방제 대책을 세우는 사람
4. 노동 관리 - 누가 어디서 어떤 작업을 하는지 조율하는 사람

훈련생들에게 이 중 하나씩 맡깁니다. 그냥 시키는 대로 하는 게 아니라, '자기 구역을 자기가 책임지는 구조'로요. 예를 들어, 관수를 맡은 훈련생이 있습니다.

- 오늘 배액량이 평소보다 줄었어요.
- EC 수치가 높고, 햇빛도 강했는데 이상하네요.
- 이걸 기록해서, 다음 날 아침 팀 회의에서 발표합니다.

"어제 오후 3시 이후 관수가 부족했던 것 같습니다. 오늘은 양액 비율을 10% 조정하겠습니다."

이런 식으로 데이터를 보고, 판단하고, 제안하고, 실행하는 훈련을 매일 반복합니다. 처음엔 엉성하고 말도 버벅거립니다. 하지만 3개월쯤 지나면, 말투가 달라집니다.

"오늘 기류가 약해서 천창 각도를 15도만 열겠습니다."

"이 구역에 진딧물이 다시 보입니다. 생물학적 방제 주기를 바꿔야겠습니다."

이제 이들은 단순 작업자가 아닌 '생각하는 운영자'입니다. 기계가 알람을 울리기 전에, 이미 문제가 생길 징후를 감지합니다. 그게 진짜 재배자입니다.

③ 결국 AI도 '도와주는 사람'이 필요합니다

스마트팜이 발전하면 할수록, 기술을 '쓰는 사람'이 더 중요해집니다. AI가 습도 조절은 해 줄 수 있어도, 패드에 생긴 작은 물때를 발견하진 못합니다. CO_2 농도를 자동으로 계산할 수 있어도, 작물이 힘들어하는지를 눈치채는 건 사람의 감입니다. 결국 사람이 기술을 이끌어야 합니다. 그 사람을 우리가 키워야 합니다.

④ 사람이 스마트해야 스마트팜이 됩니다

스마트팜은 기계로만 돌아가는 농장이 아닙니다. 그 안에는 기계를 이해하고, 작물을 이해하고, 데이터를 이해하는 현장의 '진짜 농부'가 있어야 돌아갑니다. 그리고 그런 사람은 하루아침에 생기지 않습니다. 현장에서 매일 실수하고, 배우고, 책임져 보게 하는 것. 그게 유일한 길입니다. 당장 완벽한 사람은 없을지 몰라도, 제대로 된 시스템 안에서 1년이면 사람은 달라집니다. 기술을 수입했으면, 이제 사람을 키울 차례입니다.

⑤ 마케팅과 판매, 농장은 끝이 아니라 시작입니다

스마트팜 온실은 생산량이 크고 품질이 균일합니다. 문제는 생산이 아니라 '판매'입니다. 매일 수확되는 농산물을 제때 팔지 못하면, 저장고는 금세 가득 차고 가격은 하락합니다. 많은 프로젝트에서 판매 관리자와 마케팅 관리자의 개념을 혼동하는 실수를 범합니다. 전자는 "오늘 몇 박스를 어디에 납품할 것인가"를 결정하는 사람이고, 후자는 "어떤 작물을, 어떤 브랜드 이미지로 시장에 보여 줄 것인가"를 설계하는 사람입니다. 두 역할 모두 초기부터 명확히 정립해야 합니다.

⑥ 스마트팜은 결국 '사람 중심 산업'입니다

스마트팜은 기계의 집합체가 아닙니다. 기술, 작물, 사람 사이의 조화로운 협업이 필요한 생물산업입니다. 성공적인 프로젝트란, 단지 좋은 장비를 수입해서 짓는 것이 아니라, 그것을 운영할 '현장의 사람'을 만드는 과정입니다. 재배자, 기술자, 마케터, 정비자. 그 어느 하나도 빼놓을 수 없습니다. 만약 지금 스마트팜을 시작하거나 계획 중이라면, '사람을 키우는 시스템'을 설계하고 있는지 스스로에게 물어보십시오. 그 질문이야말로 성공을 향한 가장 현실적인 출발점이 될 것입니다.

과수 스마트팜의 역설: 스마트팜 기술이 넘지 못한 벽
– 사과와 배를 스마트팜에서 재배하기 위한 도전

'땅 없이 나무를 키운다'는 말은 단순한 농업 실험을 넘어, 인간이 자연을 얼마나 정밀하게 모사할 수 있는지를 시험하는 일입니다. 상추나 허브처럼 순환주기가 짧은 작물은 스마트팜 기술로 충분히 관리할 수 있습니다. 하지만 사과나무나 배나무처럼 수십 년을 살아가는 나무는 사정이 다릅니다. 과수는 말 그대로 '나무'이기 때문에, 수관부(잎과 열매가 달리는 위쪽)와 근권부(뿌리가 퍼지는 아래쪽)의 관리가 매우 다층적이고 복잡합니다. 이번 장에서는 영역별 주요 문제와 이를 풀어 가는 해결책을 살펴보겠습니다.

① **지상부 환경제어: 나무 위의 기후를 설계하라**

문제점 1: "사계절이 사라지면, 나무는 혼란에 빠진다."
자연의 사과나무는 겨울이면 잎을 떨구고 긴 휴식을 취합니다. 이 시간을 통해 다음 해 꽃을 피울 준비를 하죠. 하지만 스마트팜 안에서는 늘 봄, 혹은 여름입니다.

겨울이 없는 환경 속에서, 나무는 언제 쉬어야 할지 모릅니다. 이 때문에 휴면기 유도에 실패하면, 꽃이 피지 않거나 열매가 불규칙하게 달립니다.

해결방안:
- 인위적인 '겨울 만들기'가 필요합니다.
- 스마트팜에서는 저온과 짧은 광주기(낮 길이)를 조합해 계절의 착각을 일으키는 방식이 사용됩니다.
- 최근엔 AI를 활용해 "이 나무는 지금 쉬고 싶어 하는가?"를 예측하고, 휴면 유도 타이밍을 정밀하게 조절하는 알고리즘도 개발되고 있습니다.

문제점 2: "수분은 충분한데, 뭔가 답답하다."

사과나무는 넓은 수관(잎의 우산)을 갖고 있어서 바람이 잘 통해야 하고, 공기 중 이산화탄소 농도도 일정 수준 이상 유지돼야 합니다. 하지만 밀폐된 스마트팜에서는 공기 흐름이 잘 막히고, 이산화탄소도 쉽게 소모되어 버립니다.

해결방안:
- 다구역 공기 순환 시스템으로 수관 상부, 하부의 온도와 습도를 다르게 설정해 관리합니다.
- 이산화탄소는 광합성 시간대에만 전략적으로 주입해 효율을 높이

고, 팬을 통해 공기를 끊임없이 움직여 나무가 답답하지 않도록 만들어 줍니다.
- 잎 주변의 'VPD(증기압 차이)'를 적절하게 유지하면, 물은 뿌리에서 잘 올라가고 잎은 열을 내보내며 호흡할 수 있게 됩니다.

문제점 3: "햇빛은 있는데, 익숙하지 않은 빛이다."

LED 조명이 햇빛을 대체하긴 하지만, 자연광과는 다릅니다. 특히 과일을 맺고 익히는 데에는 단순한 밝기뿐 아니라 빛의 파장, 비율, 강도까지 맞아야 합니다. 빛이 부족하거나 비효율적이면, 열매가 작거나 맛이 떨어집니다.

해결방안:
- 최근에는 사과·배 전용으로 적색·청색뿐 아니라 근적외선(750~850nm) 파장을 포함한 광합성 최적 조명 시스템이 개발되고 있습니다.
- 센서로 잎의 광합성 반응을 실시간 분석하고, 빛의 색과 세기를 자동으로 조절하는 '스마트 조명 알고리즘'도 도입되고 있습니다.

② 근권부 환경관리: 나무 뿌리의 호흡을 설계하라

문제점 1: "물을 마셔도, 숨은 못 쉰다."

과수의 뿌리는 우리가 생각하는 것보다 훨씬 많이 숨을 쉽니다. 일반 채소보다 2~3배 많은 산소를 필요로 하며, 장기적으로 10년 이상 활동을 지속해야 하죠. 배지경 또는 수경재배 시스템에서는 뿌리가 질식 상태에 빠질 가능성이 높아져요.

해결방안:
- 뿌리 끝이 공기와 맞닿도록 만드는 공기 프루닝 기술을 활용하면, 뿌리도 숨을 쉴 수 있습니다.
- 뿌리 아래쪽에는 미세기포 산소 분사장치(에어레이션)를 설치해, 항상 산소가 충분히 공급되도록 해야 합니다.

문제점 2: "양분은 많은데, 뿌리가 못 먹는다."

과수 뿌리는 목질화되어 있어 양분 흡수 효율이 낮습니다. 이로 인해 양액이 시스템에 계속 쌓이게 되고, 수질 악화와 병해 발생의 원인이 됩니다.

해결방안:
- 뿌리의 양분 흡수 데이터를 기반으로 실시간 흡수량 예측 알고리즘을 적용하여, 필요한 만큼만 양액을 공급합니다.
- 일정 기간마다 양액을 전량 교체하는 자동 리셋 시스템도 도입하여, 장기 수질을 안정화합니다.

③ 스마트팜에서 과수 키우기의 경제적 함정, 그리고 탈출구

문제점 1: "수확까지 너무 오래 기다려야 한다."

사과나무 한 그루는 심은 뒤 평균 3~5년은 지나야 제대로 된 열매를 맺습니다. 이는 상추나 방울토마토처럼 한두 달 만에 수확이 가능한 작물에 비해 수익 창출까지의 '시간 간극'이 매우 큽니다. 즉, 스마트팜 초기 투자비를 회수하기까지 걸리는 시간이 3~5년 이상이며, 그 사이에는 수익 없이 운영비만 발생합니다.

해결방안:

- 초기 2~3년은 다수확 단기 작물(예: 잎채소, 허브)과 병행 재배로 현금 흐름 보완
- 과수 묘목을 유묘 상태에서 사전 육성해 '생산기 진입' 단축
- 조기 수확 가능한 왜성 품종 중심으로 시스템 설계

문제점 2: "설비가 너무 비싸고, 내구성 요구는 더 높다."

과수는 15년 이상을 재배해야 하므로, 이를 버틸 장기 내구형 설비가 필요합니다. 하지만 수경재배 시스템은 원래 1~3년 주기로 작물을 바꾸는 구조이기 때문에, 배관, 양액 시스템, 센서, 조명 등 모든 부품을 "반영구적 품질"로 업그레이드해야 하죠.

해결방안:

- 설계 초기부터 '과수 전용 스마트팜'으로 구조 설계(예: 교체식 양액 라인, 분리형 루트존)
- 기기 및 센서의 모듈화(부품별 수명 분리)로 유지관리 비용 최소화
- 국산화 및 부품 표준화 추진으로 수입 설비 대비 30~40% 비용 절감 가능

문제점 3: "품종을 바꾸려면, 시스템도 다시 짜야 한다."

신품종 사과나 배가 나왔는데, 기존 시설과 양액 레시피가 맞지 않으면? 광환경, 뿌리 흡수 특성, 가지 유도 방식까지 바꿔야 하므로 한 번의 품종 변경이 대규모 추가 비용으로 이어질 수 있습니다.

해결방안:

- 플러그&플레이식(Plug&Play) 작물 교체 시스템 도입: 양액·광원·지지구조를 범용화
- 신품종 개발 단계에서 '스마트팜 적합성 기준' 반영

문제점 4: "시장 단가가 기술 비용을 못 따라간다."

기술로 키운 사과가 있다 해도, 소비자는 "그게 왜 더 비싼지" 모르면 구매하지 않습니다. 즉, 고가의 생산비용을 정당화할 '브랜드 가치'가 없다면, 시장에서 외면받을 수밖에 없습니다.

해결방안:

- '프리미엄 스마트 과일' 브랜드화: 무농약, 고정 당도, 정밀 품질 등 차별 포인트 강조
- 도시형 고소득층, 기능성 식품 시장 타깃 마케팅
- 스마트팜 전용 과일을 '체험형 구독 서비스(예: 분기별 과일박스)'로 판매하는 등 유통 다각화

④ 지금은 '도전', 그러나 내일은 '기준'이 될 가능성

스마트팜은 원래 상추, 허브, 토마토 같은 생육 주기가 짧고, 환경 요구가 단순한 작물에 최적화되어 출발했습니다. 반면, 사과나 배 같은 과수는 생리적 리듬이 길고 복잡하며, 계절의 변화, 깊은 뿌리, 장기 생육 주기 등 '자연 그 자체'에 가까운 특성을 가지고 있습니다. 그래서 기술로 흉내 내기가 쉽지 않았던 것뿐, 기술이 발전하면 그 벽도 무너질 수 있습니다.

⑤ 장기적으로 왜 과수 스마트팜은 중요해질까?

기후 변화에 대응하는 전략 작물

- 한파, 폭염, 우박, 이상기후 등 노지 재배에 대한 리스크가 갈수록 커지고 있습니다.
- 과일은 고부가가치 작물이므로 피해 발생 시 경제적 손실도 큽니다.
- 기후 중립적 과일 생산 시스템이 필요해지며, 이는 스마트팜형 과수 생산으로 연결됩니다.

도시와 가까운 '프리미엄 과일 시장'의 성장

- 고소득 소비자들은 무농약, 일정 당도, 잔류 농약 0%, 정확한 추적이 가능한 '정밀 과일'을 원합니다.
- 스마트팜은 이러한 조건을 완벽하게 제어할 수 있는 유일한 생산 시스템입니다.

- 향후 도시 근교형 수직 과수원(Urban Vertical Orchard) 형태로 발전할 수 있습니다.

AI, 로봇, 디지털 트윈의 융합
- 지금까지는 기술이 자연을 따라잡지 못했지만, AI 기반 생리 예측, 로봇 수확, 자동 가지치기, 디지털 트윈 시뮬레이션이 현실화되면서 사과나무 한 그루를 공장처럼 관리하는 시대가 다가오고 있습니다.

장기투자에 어울리는 수익 모델
- 과수는 한 번 심으면 10~15년 수확이 가능하므로, 시설이 안정화되면 가장 높은 ROI(투자수익률)를 줄 수 있는 작물군입니다.
- 특히 스마트팜 기반의 계약재배·프리미엄 과일 구독 모델과 결합하면 매우 안정적인 수익 구조를 형성할 수 있습니다.

⑥ 미래를 여는 전제 조건

과수 스마트팜이 성공하려면 다음 세 가지 조건이 충족되어야 합니다.

조건	설명
품종의 진화	수경재배·고밀식 재배에 최적화된 '스마트 품종' 개발
기술의 통합	광·기후·양액·병해 방제까지 한 번에 다루는 통합제어 플랫폼
경제성 확보	초기 투자 대비 수익률 개선을 위한 정책적 지원 및 시장 모델

"과수를 스마트팜에서 키운다는 것은, 단지 농법을 바꾸는 것이 아니라

자연의 질서를 기술로 다시 설계하는 일입니다."

오늘은 불가능처럼 보여도, 내일은 이 모델이 기후 위기와 식량 안보를 돌파하는 새로운 정답이 될 수 있습니다. 그러므로 이 도전은 실패를 감수할 가치가 있는 시도이며, 당신이 그 미래를 준비하는 한 사람이라면, 지금 시작해도 늦지 않습니다.

> ### 수직농장과 스마트팜은
> ### 곡물 생산까지 확장될 수 있을까?
> – 곡물 수직농장의 가능성과 한계 사이

수직농장은 지금까지 주로 상추, 허브, 잎채소처럼 생장 주기가 짧고 공간 효율이 높은 작물을 중심으로 발전해 왔습니다. 이는 빛, 물, 온도, CO_2 등 재배 조건을 정밀하게 통제할 수 있는 기술이 가능해졌기 때문입니다. 하지만 곡물, 특히 밀이나 벼, 옥수수 같은 주식 작물에 대한 수직농장 적용은 아직 초기 단계에 머물러 있습니다. 이론적으로는 곡물도 수직농장에서 재배가 가능하며, 일부 실험에서는 기존 농지 대비 수백 배의 생산성을 기록한 사례도 있습니다. 하지만 현실은 다릅니다. 기술적, 경제적, 생리학적 장벽이 아직 매우 높습니다.

① **생산은 가능, 그러나 에너지와 비용이 문제**

예컨대, 10층 구조의 수직농장에서 밀을 재배할 경우, 1ha당 연간 최대 1,900톤에 이르는 생산도 가능하다는 실험 결과가 있습니다. 이는 노지 재배의 200~600배에 달하는 생산성입니다. 그러나 이 수확을 위해 필요한 전기는 1kg당 약 113kWh, 이는 현 시세 기준으로 옥수수보다 30배 이상 비싼 생산비용이 든다는 뜻입니다. 더욱이 1ha 규모의 수직농장을 곡물 기준으로 설계하려면 2,000만 달러 이상이 투입되어야 하는데, 이는 지금의 식량 가격 체계로는 회수가 불가능한 수준입니다. 즉, 생산은 되지만 팔 수 없는 식량, 기술적으로 가능하지만 경제적으로 지속 불가능한 시스템이라는 것이 현재의 결론입니다.

② 곡물은 잎채소와 다르다 - 식물 구조의 한계

곡물 재배가 어려운 이유는 단지 공간의 문제가 아닙니다.

- 광합성 효율이 낮습니다. 밀의 경우 광에너지 전환율이 약 0.6%에 불과하며, 상추는 2.5% 이상입니다.
- 수확지수(Harvest Index)도 낮습니다. 밀은 전체 생장량 중 먹을 수 있는 부분이 약 30% 수준이며, 상추는 거의 95%가 식용 가능합니다.
- 높은 공간 요구도 역시 문제입니다. 밀 1kg을 재배하려면 0.25㎡가 필요하지만, 상추는 0.01㎡로 충분합니다.

이런 구조적 한계 때문에 곡물은 좁은 수직공간에서 수확 효율이 현저히 낮습니다.

③ 이 한계를 넘기 위해 필요한 세 가지 기술 혁신

첫째, 광합성 효율을 극적으로 높여야 합니다.

현재 LED 조명의 광효율을 개선하고, 밀이나 벼에 C4 광합성 경로를 유전적으로 도입하는 연구가 진행 중입니다. 목표는 현재보다 광합성 효율을 5배 이상 높이는 것입니다.

둘째, 에너지 효율 혁신이 필요합니다.

- 조명에서 발생한 열을 HVAC(난방·환기·공조) 시스템으로 95% 이상 재활용하는 기술
- 태양광, 풍력 등 재생에너지 통합을 통한 에너지 자립률 70% 이상 확보

이러한 통합이 없이는 경제성 확보가 어렵습니다.

셋째, 작물 자체의 개량이 필요합니다.

- 수직구조에 맞는 왜성화(dwarfing) 품종 개발
- 얕고 밀집된 수경재배 뿌리 구조
- LED에 최적화된 광유전학 기반 형질 개량이 함께 이루어져야 합니다.

④ 2040년 이후에야 가능할, 하지만 반드시 준비해야 할 시나리오

단기적으로 곡물 수직재배는 경제성과 현실성에서 제한적입니다. 그

러나 2030~2040년대에 접어들면, 기후 변화로 인해 전통적인 농지가 급격히 줄어들거나, 식량 위기가 가시화될 가능성이 큽니다. 이때 수직농장은 식량 안보의 보험 또는 도심 기반 응급식량 시스템으로서 의미를 가질 수 있습니다.

예컨대 다음과 같은 전략적 시나리오가 가능합니다:

- 도시형 혼합재배 모델: 잎채소+곡물 일부(예: 밀 30%, 상추 70%)
- 데이터센터 폐열을 활용한 에너지-식량 통합 시설
- 탄소 크레딧과 연계된 농업: 곡물 수확과 동시에 CO_2 흡수량으로 보조금을 지급받는 방식

이러한 시도는 이미 네덜란드, UAE, 일본 일부 지역에서 실험적으로 진행 중입니다.

⑤ 스마트팜과 수직농장은 미래 식량체계의 중요한 일부가 될 수 있다

수직농장과 스마트팜은 지금 당장 곡물 위기를 해결할 수는 없지만, 기후 위기, 전쟁, 공급망 붕괴 등의 비상 상황에서 작동할 수 있는 유연한 식량 생산 플랫폼으로 주목받고 있습니다. 그 성공 여부는 단순히 '기술을 갖고 있느냐'가 아니라,

- 에너지와 생명공학 기술의 융합
- 데이터 기반 자동화 시스템의 정밀도

- 정책적 투자와 규제 완화

이 세 가지 조건이 동시에 충족될 때 비로소 현실화됩니다.

앞으로의 농업은 단지 '땅'이 아니라, '설계된 환경'에서 이루어질 가능성이 높습니다. 그 중심에 스마트팜과 수직농장이 있으며, 이것이 미래 식량체계를 재구성하는 중요한 축이 될 것입니다.

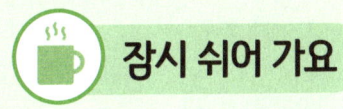 **잠시 쉬어 가요**

흙 없이 자란 채소, 유기농이라 할 수 있을까?
– 물에서 자란 작물과 유기농의 경계, 지금 대한민국은 어디쯤 와 있을까?

스마트팜이나 식물공장에서 자라는 채소들을 보면 흙 없이 물과 양액으로 자라고 있는 경우가 많습니다. 이를 우리는 '수경재배(또는 양액재배)'라고 부릅니다. 그런데 이런 수경재배 채소가 아무리 깨끗하고 농약도 쓰지 않았다 하더라도, 우리나라에서는 '유기농' 인증을 받을 수 없습니다. 왜 그럴까요?

그 이유는 우리나라의 '친환경농어업 육성 및 유기식품 등의 관리·지원에 관한 법률'이라는 법에 명확히 나와 있습니다.

① 유기농 인증, 왜 흙이어야만 하나요?

우리나라에서 유기농 인증을 받기 위해서는 다음 두 가지를 반드시 충족해야 합니다:

1. 합성농약이나 화학비료를 사용하지 않을 것
2. 토양에서 재배한 농산물일 것

즉, '흙'에서 자라야만 유기농으로 인정된다는 이야기입니다. 수경재배는 흙이 아니라 '양액', 즉 물에 녹인 영양분 용액을 쓰기 때문에 법적으로 유기농 자격이 안 됩니다. 게다가 수경재배에서 쓰는 양액은 아무리 정제되고 관리가 잘돼 있어도, 일반적으로 화학비료 성분이 포함되어 있기 때문에, 유기농 기준에서 완전히 벗어납니다. 그래서 수경재배 작물은 '무농약 인증'은 가능하지만 '유기농 인증'은 불가능합니다.

② 법 개정 시도는 계속되고 있지만…

최근 스마트팜이 확산되고, 도심형 농장이나 실내재배가 늘어나면서 수경재배 작물도 많아지고 있습니다. 이에 따라 "수경재배 작물도 유기농으로 인정하자"는 목소리가 국회에서 꾸준히 나오고 있습니다. 실제로 관련 법률안도 여러 차례 발의됐습니다. 하지만 문제는 '유기농의 철학'과 충돌한다는 점입니다. 친환경농업계는 이렇게 말합니다:

"유기농은 단순히 농약을 안 쓰는 게 아니라, 흙 속 생태계를 살리고 토양의 생물 다양성을 유지하는 게 핵심입니다. 흙이 없는 수경재배는 유기농이 될 수 없습니다."

이처럼 유기농을 '자연 순환을 복원하는 농업'으로 보는 전통적 입장에서는, 수경재배는 아무리 깨끗해도 자연 생태계의 일부가 아니라는 이유로 유기 인증 대상이 될 수 없다는 논리입니다.

③ 다른 나라는 어떨까요?

국가마다 기준이 다릅니다.

- 미국: 일정 조건을 만족하면 수경재배도 유기농으로 인정합니다(앞서 설명된 바와 같이, 순환 시스템, 유기 자재 사용 등 조건 있음).
- 유럽연합(EU), 일본: 토양 기반만 유기농으로 인정합니다. 수경재배는 유기농 인증 불가입니다.

즉, 우리나라의 기준은 유럽·일본과 비슷한 '토양 중심 유기농 철학'을 따르고 있습니다.

④ 미국은 "YES" - 그 이유를 들여다보자

유기농이라 하면 대부분 사람들은 자연의 흙에서 자라고, 화학물질 없이 키운 건강한 농산물을 떠올릴 것입니다. 그런데 흙이 아닌 물로 작물을 키우는 '수경재배'도 유기농 인증을 받을 수 있다면? 이건 낯설기도 하고, 왠지 모르게 모순처럼 들리기도 합니다.

놀랍게도, 미국에서는 수경재배 작물도 공식 유기농 인증을 받을 수 있습니다. 그것도 정부가 정한 법과 판결, 기술 기준에 근거해 엄격하게 심사받은 결과입니다. 이 결정을 둘러싼 배경과 조건, 그리고 그에 따른 찬반 논쟁까지 자세히 살펴보면, 현대 농업이 어디까지 확장되고 있는지 실감할 수 있습니다.

토양이 없어도 유기농? - 법적 해석이 먼저였습니다

수경재배 유기 인증의 출발점은 1990년 제정된 미국의 유기농업법(OFPA: Organic Foods Production Act)입니다. 이 법은 유기농업을 "토양 생물활성을 중심으로 생태계를 관리하는 방식"으로 정의하고 있지만, 흥미롭게도 "토양에서만 재배해야 한다"는 명시적 조항은 없습니다. 이 모호한 표현 덕분에 미국 농무부(USDA)는 다음과 같이 해석했습니다.

"토양이 필수는 아니며, 수경재배도 생태적 원칙만 지킨다면 유기농으로 인정할 수 있다."

2021년 미국 제9순회 항소법원도 USDA의 이런 입장을 인정했습니다.

"법적으로 수경재배를 금지한 바 없으며, 유기 인증은 합법이다."

이 판결은 수경재배 유기농 인증의 길을 완전히 열어 준 결정적 계기였습니다.

⑤ 그럼 아무 수경재배나 유기농 인증을 받을 수 있을까?

당연히 아닙니다. 유기 인증을 받기 위해서는 까다로운 기준을 충족해야 합니다. 그 기준은 다음과 같습니다:

투입물 관리
- 비료는 화학합성물이 아닌, 유기농 승인 자재(OMRI 등록)만 사용해야 합니다.
- 배양액도 안전해야 합니다. 중금속, 병원균이 검출되지 않도록 정기 검사를 받아야 하며,
- 살충제 역시 자연 유래 물질만 사용 가능합니다. 예를 들어 님오일(인도 열매 추출)이나 제충국(국화류) 추출물 같은 것들입니다.

시스템 설계
- 배양액은 거의 재활용돼야 합니다. 폐수가 흘러 나가지 않도록 순환율이 95% 이상이어야 하죠.
- 또한 뿌리 주변에 유익한 미생물 환경을 조성해야 합니다. 유산균이나 방선균을 인위적으로 넣는 방식이 대표적입니다.

기록 관리
- 비료나 농약 사용 이력은 3년 이상 보관해야 하며,
- 가능하면 태양광, 풍력 같은 재생에너지로 운영하는 것이 권장됩니다.

⑥ 왜 허용했을까? - 기술과 환경, 그리고 도시의 변화

수경재배를 유기농으로 인정하는 데는 분명한 이유가 있습니다.

환경 효율성
- 물 사용량은 기존 농업 대비 90% 이상 절감,
- 토양을 사용하지 않아 침식, 산림 훼손 없음,
- 밀폐 시스템 덕에 오염 물질 유출 최소화. 이처럼 환경적으로도 더 친환경적인 면이 많다는 점이 주목받았습니다.

도시형 농업의 등장
- 고층 빌딩 안에서 작물을 키우는 수직농장,
- 도심 속에 위치한 지붕 온실,
- 뉴욕, 시카고 같은 대도시의 지속 가능한 식량 공급을 위한 대안으로 수경재배는 이미 주요 트렌드가 되었습니다. 이런 현실적인 필요도 유기 인증 허용의 이유가 된 셈입니다.

당연히 반대 목소리도 있습니다.

"흙 없는 유기농은 유기농이 아니다"

전통 유기농 농가들은 "유기농의 본질은 '토양 생태계 복원'에 있다"고 주장합니다. 2023년 설문조사에서는 미국 내 전통 유기농장 68%가 수경재배 유기 인증에 반대한다는 결과도 있었습니다.

⑦ 그 외 다른 국가들은 어떻게 할까?

EU는 2018년부터 수경재배 작물은 유기 인증 불가로 명시했습니다. 일본 역시 토양 기반 재배만 유기농으로 인정하고 있습니다. 결국, 나라마다 유기농의 정의와 방향성이 다르게 진화하고 있는 것입니다.

⑧ 새로운 개념도 등장 - "Bioponics"

양액에 화학 비료 대신 어분 추출물, 퇴비 여과액 같은 유기물을 사용하는 수경재배를 "Bioponics(바이오포닉스)"라고 부릅니다. 미국은 이 방식에 대해서도 점진적으로 인증을 확대하고 있으며, 코코피트 같은 유기배지와의 조합도 고려 중입니다.

⑨ 유기농, 시대에 따라 진화하는 정의

미국에서 수경재배가 유기농 인증을 받게 된 배경에는

- 법의 유연한 해석,
- 기술의 발전,
- 환경 문제에 대한 새로운 인식,
- 그리고 도시화된 농업의 현실이 맞물려 있습니다.

하지만 그만큼 '진짜 유기농'이란 무엇인가에 대한 질문은 여전히 진행형입니다. USDA는 2025년까지 이 문제를 반영한 새로운 수경재배 유기인증 가이드라인을 발표할 예정이며, 향후 국제 기준과의 정합성도 주요 과제가 될 것입니다.

6부

AI 시대의 스마트팜, 새로운 도약을 위하여

농업의 미래를 묻다: 자율형 온실 챌린지가 던지는 질문
- AI가 인간 농부를 대신할 수 있을까?

자율형 온실 챌린지(Autonomous Greenhouse Challenge)는 네덜란드의 와겐닝겐 대학교에서 주최하는 국제 대회입니다. 이 대회는 사람의 개입 없이 인공지능(AI)과 자동 제어 기술을 이용하여 온실 환경을 운영하고, 실제 작물 재배 성과를 평가하는 데 목적이 있습니다. 즉, 작물의 생장, 품질, 에너지 효율, 경제성 등을 종합적으로 고려하여 AI 기반의 농업 기술이 얼마나 실용적이고 효과적인지를 실험하는 장이라고 할 수 있습니다. 이 대회는 오늘날 농업이 마주한 여러 문제-기후 변화, 노동력 부족, 에너지 위기, 고령화 등-에 대해 기술적 해결책을 제시할 수 있는지를 실증적으로 검토합니다. "사람의 감각과 경험 없이도 농작물을 잘 기를 수 있을까?"라는 근본적인 질문에서 출발하며, AI와 데이터 기반의 정밀 농업이 농업의 지속 가능성과 생산성을 동시에 높일 수 있는지를 실험합니다.

자율형 온실 챌린지는 실제 온실에서 작물을 재배하는 것이 아니라, 정교한 디지털 시뮬레이터 환경에서 진행됩니다. 이 시뮬레이터는 실제 온실과 유사하게 온도, 습도, CO_2, 조명, 환기, 스크린, 관수 등의 제어 요소를 반영하고 있어, 현실적인 온실 운영 환경을 가상으로 구현해 줍니다. 참가팀은 인공지능, 머신러닝, 수학적 모델 등을 활용하여 작물 생장에 최적인 환경을 조성하는 제어 전략을 설계합니다. 이 전략은 코드(JSON 형식)로 작성되어 시스템에 적용되며, 설정한 전략은 시뮬레이션 동안 변경할 수 없습니다. 보통 두 개의 작물 재배 사이클을 운영하며, 전략의 예측력과 지속적인 실행 능력이 중요한 평가 요소가 됩니다.

자율형 온실 챌린지는 단순히 작물 수확량이 많은 팀이 우승하는 방식이 아닙니다. 대회에서는 품질, 에너지 효율, 순이익 등 다양한 항목들을 종합적으로 평가합니다. 이러한 평가 방식은 지속 가능성과 경제성을 동시에 고려한 고도화된 농업 전략이 중요함을 보여 줍니다.

① 실제 사례: IDEAS 팀의 성공 전략

2024년 대회에서는 토마토를 대상으로 한 실험이 진행되었습니다. 이때 IDEAS라는 팀은 작물 밀도를 높이고 에너지 절약형 스크린을 적극 활용하는 전략으로 가장 높은 수익성과 효율성을 달성하며 우승하였습니다. 이는 AI 기반의 전략이 실제 재배 성과에서도 인간 전문가 이상의 결과를 낼 수 있음을 입증한 중요한 사례였습니다.

② 사람 없이 온실을 운영하라?

전통적으로 농업은 '사람의 손'이 중심이었습니다. 토양을 만지고, 하늘을 살피고, 작물의 색을 눈으로 읽는 것. 하지만 이 챌린지는 그런 직관과 경험을 AI와 데이터로 대체해 봅니다. 참가팀은 작물을 직접 재배하지 않습니다. 대신, 시뮬레이션으로 구현된 '가상 온실'에서 온도, 습도, 조명, CO_2 농도, 수분 공급 등 모든 요소를 AI가 자동으로 조절합니다. 전략은 코드로 제출되며, AI는 실시간으로 변화하는 환경과 작물 반응에 맞춰 스스로 판단하고 제어합니다. 무엇보다 이 대회가 주목받는 이유는, "얼마나 많이 생산했는가?"만으로 평가하지 않는다는 점입니다. '품질, 에너지 효율, 물 사용량, CO_2 절감, 순이익'까지 종합적으로 평가합니다. 실제로 AI가 인간보다 높은 수익을 내는 결과도 속속 등장하고 있습니다. 2024년 대회에서 IDEAS팀은 토마토를 고밀도 재배하고, 에너지 스크린을 적극 활용한 전략으로 가장 높은 수익을 기록했습니다. AI가 단지 재배만이 아니라, '비즈니스 관점'까지 최적화한 것입니다.

③ 자율형 온실이 우리에게 던지는 메시지

자율형 온실 챌린지는 단순히 "기계를 잘 다루는 법"을 가르쳐 주는 대회가 아닙니다. 이 대회가 주는 진짜 메시지는, 농업이 이제 기술과 데이터, 그리고 전략의 산업으로 진입하고 있다는 선언입니다. 다음은 이 대회를 통해 우리가 읽어야 할 세 가지 핵심 시사점입니다.

1. 노동력 부족 시대, '무인 농업'은 더 이상 공상 과학이 아닙니다. 전 세계 농촌은 지금 심각한 인력 위기에 직면해 있습니다. 특히 한국, 일본, 유럽의 농촌은 고령화가 급속히 진행되고 있으며, 젊은 세대는 농업을 기피합니다. 하지만 자율형 온실 챌린지는 사람 없이도 작물이 자랄 수 있음을 보여 줍니다. 그리고 그 품질과 수익성도 인간이 관리하는 것보다 결코 뒤지지 않음을 증명했습니다. 이것은 단순한 자동화가 아닙니다. 센서가 수집한 데이터를 기반으로 AI가 작물 생육 상태를 실시간 분석하고, 온실 내부 환경(온도·습도·CO_2·조도 등)을 스스로 조절합니다. 기술이 '농사의 감(感)'을 대체하고 있는 것입니다. 이런 변화는 향후 다음과 같은 실질적 전환으로 이어질 수 있습니다:

- 농부 한 명이 관리할 수 있는 범위가 수백 평 → 수천 평으로 확대
- 농업 진입 장벽이 낮아짐 → 비전공자, 청년, 도시인도 농업에 진입 가능
- 고된 육체노동이 아닌 데이터 기반의 전략 농업으로의 전환

AI와 자동화는 단지 '일손을 대신하는 기계'가 아니라, 농업의 구조 자체를 바꾸는 기술로 진화하고 있습니다.

2. 기후 위기 시대, 불확실성을 이기는 농업 시스템의 탄생입니다. 기후 변화는 더 이상 미래의 위협이 아닙니다. 이미 전 세계 곳곳에서 폭염, 집중호우, 이상 한파, 가뭄 등이 일상화되고 있습니다. 이런 환경에서 노지 농업은 예측이 불가능하고, 안정적인 생산이 어려워지고 있습니

다. 하지만 자율형 온실은 어떤 환경에서도 기후를 재현하고, 통제하며, 예측 가능한 수확을 가능하게 합니다. 예를 들어, 폭염이 와도, AI는 차광 스크린, 냉방, 안개 분사로 온도를 조절합니다. CO_2가 빠르게 소실돼도, AI는 적정 농도를 유지시켜 광합성을 극대화합니다. 습도가 급변해도, 자동 환기와 제습을 통해 병해 위험을 최소화합니다. 이러한 시스템은 '농업의 불확실성'을 낮추고, 예측 가능한 생산을 가능하게 하는 핵심 기반이 됩니다. 결국, 자율형 온실은 식량 안보를 지키는 전략적 기술 인프라로 평가받을 수 있습니다.

3. '농업의 전문성을 데이터와 알고리즘으로 계승·표준화할 수 있는가?' 그동안 농업은 "장인의 손과 감각"에 의존해 왔습니다. 어떤 온도가 좋을지, 언제 물을 줘야 할지, 병해가 오기 전에 어떤 징후를 읽어야 할지. 이는 숙련자만의 영역이었습니다. 하지만 자율형 온실 챌린지는 이 질문을 던집니다:

"이 경험과 직관을 데이터로 바꿀 수 없다면, 그건 과학이 아니다."

- AI는 잎의 광합성 반응, 증산량, 생장 속도 등을 수치로 추적합니다.
- 이 데이터를 학습한 알고리즘은 "온실 A에서 잘된 전략"을 "온실 B, C, D에서도 복제"할 수 있게 합니다.
- 결국 농업의 지식이 개인의 경험에서 '재현 가능한 기술'로 업그레이드되는 것입니다.

이 변화는 다음과 같은 파급효과를 가져옵니다:

- 전 세계 어디서나 동일 품질의 작물을 재배할 수 있는 농업 표준화
- 후속 세대에게 기술을 '구술이 아닌 디지털 코드'로 전수
- 플랫폼 농업, SaaS 기반 농업 서비스의 등장

④ 농업은 '감(感)'의 예술에서, '데이터'의 과학으로 이동하고 있다

오랜 시간 동안 농업은 경험과 직관, 이른바 '감'의 예술로 여겨져 왔습니다. 언제 물을 줘야 하는지, 어떤 시점에 수확을 해야 하는지, 병해의 징조는 무엇인지, 이 모든 판단은 농부의 눈과 손끝, 몸으로 체득한 감각에 의존해 왔습니다. 하지만 지금, 그 전통적 상식이 조용히 그리고 강력하게 도전을 받고 있습니다. 바로 자율형 온실 챌린지라는 무대를 통해서 말입니다. 이 대회는 증명합니다. 사람이 매일 온실에 들어가지 않아도, 자연의 도움 없이도, AI와 자동화 시스템만으로도 작물은 스스로 자란다는 사실을. 물론 이 변화가 당장 모든 농업을 대체하진 않을 것입니다. 그러나 분명한 건, '농사를 짓는 방식'의 패러다임이 근본적으로 달라지고 있다는 것입니다.

이제 농업은

- 자연의 직관에서 → 데이터의 해석으로
- 손의 감각에서 → 알고리즘의 판단으로
- 장인의 숙련에서 → 시스템의 복제로

그 무게 중심을 옮기고 있습니다. 자율형 온실 챌린지는 단지 한 번의 대회나 기술 경진이 아닙니다.

그것은 "농업은 어디까지 자동화될 수 있는가?", "기술이 인간의 전문성을 어디까지 대체하거나 보완할 수 있는가?"라는 근본적 질문에 대한 실험이자 선언입니다. 그리고 이 실험은 아직 끝나지 않았습니다. 지금 이 순간에도 세계 곳곳에서는 센서가 수집한 데이터를 분석하고, 우리가 눈치채지 못하는 사이, 농업은 예술이자 과학, 그리고 이제는 디지털 산업으로 진화하고 있는 것입니다.

AI가 작물의 하루를 설계한다
– Priva 'Plantonomy'가 보여 주는 스마트팜의 진짜 진화

"AI가 농사를 짓는다고요?"

지금 이 순간, 이미 네덜란드에서는 실제로 AI가 작물의 하루 일과를 설계하고 있습니다. 바로 Priva사의 AI 재배 플랫폼, 'Plantonomy'가 그 주인공입니다.

스마트팜이 점점 정교해지고 자동화된다고는 하지만, 여전히 대부분의 농장은 사람이 직접 설정하고 조정해야 할 일들이 많습니다. 그러나 Plantonomy는 한 걸음 더 나아가, 작물의 생리 리듬을 중심에 둔 '지능형 자동 제어 시스템'을 실현했습니다.

이번 장에서는 이 독특한 플랫폼이 어떻게 작동하는지, 그리고 스마트팜의 미래에 어떤 영감을 주는지를 소개해 보려 합니다.

① 작물도 하루를 산다 - 그리고 AI는 그 리듬을 이해한다

식물은 단순히 햇빛과 물만 있으면 자라는 존재가 아닙니다. 빛을 받는 낮에는 광합성으로 에너지를 축적하고, 밤에는 그 에너지를 이용해 생장하는 정교한 하루 일과를 가지고 있죠. Plantonomy는 바로 이 '24시간 작물 리듬'을 해석하고 조절하는 AI 플랫폼입니다.

흐린 날에는 광합성이 줄어들기 때문에 작물은 덜 자랍니다. 이때 온실 내부 온도가 높다면, 오히려 불필요한 호흡으로 에너지를 낭비하게 됩니다. Plantonomy는 이를 감지하고 자동으로 온도를 낮춰 에너지 낭비를 막고, 물 흡수량이 줄면 급액도 줄여 뿌리 스트레스를 완화합니다. 즉, 이 시스템은 사람 대신 AI가 작물의 하루 컨디션을 이해하고 대응하는 것입니다.

② 데이터를 어떻게 수집하고, 어떻게 판단할까?

Plantonomy는 마치 의사가 환자의 상태를 진단하듯, 온실 속 환경을 실시간으로 모니터링합니다. 센서와 장비를 통해 수집하는 정보는 다음과 같습니다:

- 온실 안팎의 온도, 습도, CO_2, 일사량, 광량 등 기후 정보
- 작물에 공급되는 양액의 양, 배액의 EC와 pH
- 보광등, 커튼, 급액기, 환기창 등 설비의 상태
- 작물의 증산량, 잎 온도, 하루 일장시간 등 생육 관련 지표

이 모든 데이터는 Priva의 클라우드 서버로 올라가고, Plantonomy의 AI는 이를 작물의 생장 속도, 에너지 균형, 수분 상태로 변환해 해석합니다.

③ 그러고 나서 어떤 일이 벌어질까?

AI는 분석된 정보를 기반으로, 다음과 같은 제어 전략을 자동으로 실행합니다:

- 급액의 시작 시간과 주기, 양 조절
- 난방·냉방의 시작 시점과 온도 범위 설정
- 보광등의 켜고 끄는 시점 결정
- 커튼과 환기창의 개폐 각도 조정
- CO_2 농도 유지 시점 설정

이 모든 설정은 사람의 손을 거의 거치지 않고 이루어지며, AI는 작물의 상태를 지속적으로 관찰하고 결과에 따라 전략을 미세하게 조정합니다. 예를 들어, 배액량이 낮아지면 급액량을 늘리고, 낮 동안 잎 온도가 너무 높으면 보광 점등 시간을 줄이는 방식입니다.

④ 농가는 어떤 정보를 받게 되나?

Plantonomy는 단순히 "AI가 알아서 한다"에서 그치지 않습니다. 농민은 다음과 같은 정보를 PC나 모바일 앱을 통해 실시간으로 확인할 수 있

습니다:

- 오늘의 생육 전략과 설정값 요약
- 기후 및 급액 그래프
- 예측 기반 작물 생장 흐름
- 작물의 스트레스 지수
- 설정값에 대한 권장 사항 및 조정 가능 옵션

무엇보다 중요한 점은, 전문가가 아니어도 운영이 가능하도록 인터페이스가 직관적으로 설계되어 있다는 것입니다.

⑤ 농업의 중심축이 '사람'에서 '식물'로

Plantonomy의 가장 큰 특징은 식물의 생리적 리듬을 기반으로 온실 환경을 자동 제어한다는 점입니다. 기존의 스마트팜 제어는 대부분 숙련된 운영자의 경험이나 정해진 스케줄에 따라 이루어졌습니다. 하지만 Plantonomy는 하루 24시간 작물이 빛과 에너지를 어떻게 흡수하고 소비하는지를 실시간 분석해, 그 흐름에 맞춰 온도, 습도, CO_2, 급액 주기 등을 조정합니다.

예를 들어, 흐린 날에는 광합성량이 줄어들기 때문에 작물의 에너지 소모도 줄어듭니다. Plantonomy는 이를 인식해 온실의 온도를 낮춰 불필요한 호흡에 의한 에너지 낭비를 막고, 동시에 급액도 줄여 뿌리 스트레스를 완화합니다.

이는 단순한 '자동화'를 넘어, 작물을 이해하는 AI의 등장이라고 볼 수 있습니다.

⑥ 초보도 전문가처럼… 스마트한 농업 민주화

또한 Plantonomy는 숙련자의 판단과 기술이 없어도 작물에 적합한 환경을 지속적으로 유지해 주는 특징 덕분에, 초보자나 후계 농업인도 전문가 수준의 관리가 가능합니다.

이는 단순히 '노동력 절감'이나 '편리함'의 문제가 아닙니다. 경험 격차를 줄여 누구나 고품질 농산물 생산에 참여할 수 있게 만드는 농업 민주화의 과정입니다. 특히 청년층의 농업 진입 장벽을 낮추고, 기후 변화나 재난 상황에도 흔들리지 않는 탄력적인 농업 시스템 구축에 기여할 수 있다는 점에서 그 의미가 큽니다.

⑦ AI 기반 스마트팜의 미래는 어떻게 설계되어야 할까?

Plantonomy의 사례는 분명 고무적이지만, 동시에 우리가 고민해야 할 부분도 있습니다. 한국을 포함한 아시아권의 농업 현장은 네덜란드와는 기후, 작물, 에너지 비용, 기술 인프라 등 여러 면에서 차이가 있습니다. 따라서 다음과 같은 방향에서의 발전이 필요합니다:

1. 로컬 최적화된 AI 알고리즘 개발
    - 고온 다습한 여름, 일조 시간이 짧은 겨울 등 한국적 조건에 맞는 생육 리듬 예측 모델 개발이 중요합니다.
2. 데이터 통합 인프라 구축
    - 센서, 제어기, 양액기 등 여러 장비에서 나오는 데이터를 통합해 AI가 학습하고 제어할 수 있는 구조를 마련해야 합니다.
3. 사용자 중심 인터페이스 설계
    - 농업인은 기술자가 아닙니다. 누구나 직관적으로 사용할 수 있는 '친절한 스마트팜' 플랫폼이 되어야 합니다.
4. 농가 단위의 클라우드 기반 연동 모델
    - 지역 단위의 농가들이 데이터를 공유하고 AI 서비스를 함께 활용할 수 있는 SaaS 기반 연합형 운영 모델도 미래형 농업의 열쇠가 될 것입니다.

⑧ AI, 식물의 언어를 해석하다

스마트팜이 단순히 센서와 자동화 장비의 조합이라면, Plantonomy는 한 걸음 더 나아가 "AI가 식물의 언어를 해석하고, 그에 응답하는 시대"를 열어 가고 있습니다. AI는 이제 작물의 생장 곡선을 계산하는 도구가 아니라, 농업이라는 유기적 시스템 안에서 생태적 지능을 구현하는 파트너로 자리매김하고 있습니다.

AI가 농사를 짓는 시대. 그 속에서도 본질은 변하지 않습니다. 기술은 도구일 뿐, 농업의 주체는 여전히 사람과 자연, 그리고 작물 그 자체입니다.

Plantonomy는 그 조화를 추구하는 길 위에서, 스마트팜의 미래가 어디를 향해야 하는지를 조용히 말해 주고 있습니다.

작물이 알려 주는 리듬에 맞춰 재배하라
- Priva의 Plantonomy와 국내 벤치마킹을 위한 세 가지 과제

앞 장에서도 말씀드렸듯이, 이미 네덜란드의 Priva는 AI 기반 솔루션으로 'Plantonomy'라는 혁신적인 플랫폼을 선보였습니다.

① **Plantonomy란 무엇인가?**

Plantonomy는 단순한 재배 보조 도구가 아닙니다. 식물의 생체 리듬 (biorhythm)에 맞춰 기후와 양액을 자동으로 조절하는, '예측형 작물 재배 플랫폼(Predictive Cultivation)'입니다.

② **주요 특징 요약**

- AI 기반의 자동 기후·양액 제어
  - 작물의 수분 균형(Transpiration & Water Uptake)을 중심으로 자동 설정

- 작물 생장에 맞춘 '생체 리듬 제어'
  - 작물의 generative(생식생장) 또는 vegetative(영양생장)에 대한 구분
- 온실 내 센서 데이터와 작물 데이터 통합 분석
  - 생장 사진, 꽃 수, 엽수, 과실 크기 등 주간 데이터를 분석
- 성과 분석 및 피드백 루프 자동화
  - KPI 추적, 목표 대비 실적 비교, 조기 이상징후 탐지
- Grower Intelligence 플랫폼과 연동
  - 데이터 기반 작물 모니터링+AI 자동제어 단계로의 진입을 도와주는 브릿지 역할

③ 그럼 이러한 시스템, 우리나라에서도 개발할 수 있을까?

Plantonomy는 고도로 디지털화된 온실과 재배 문화, 그리고 데이터 활용 인프라를 바탕으로 설계된 시스템입니다. 따라서 단순히 소프트웨어를 들여오는 것만으로는 부족하며, 민간 기업, 정부, 교육기관이 각각의 역할을 다해야 성공적인 도입이 가능합니다.

④ 민간기업의 역할: 기술 실증과 현장 최적화의 중심

국내 민간기업, 특히 스마트팜 인프라 구축·운영 기업들은 이러한 플랫폼 도입의 실질적 주체입니다. 이들은 먼저 고도화된 자동화 설비와 데이터 수집 시스템을 갖춘 시범 온실을 구축하고, 이 플랫폼이 실제 현장에서 어떻게 작동하는지를 실증하는 테스트베드를 운영해야 합니다.

예측형 제어 시스템은 단순한 온실 자동화와는 차원이 다른 정밀성과 작물 이해를 필요로 하기 때문에, 기존 환경제어 기술에 대한 높은 이해도와 운영 역량이 요구됩니다.

또한, Priva의 BioLogics 개념에 기반한 '수분 균형(Transpiration balance)' 제어 방식을 토마토, 파프리카, 딸기 등 국내 주요 작물에 맞게 로컬 튜닝하는 과정도 기업의 몫입니다. 무엇보다 중요한 것은 이 기술이 일부 하이엔드 농장에 국한되지 않고, 다양한 규모와 조건의 농가로 확산될 수 있도록 단가 구조와 사용성을 개선하려는 노력이 필요하다는 점입니다.

이를 위해 기업은 기술 이전과 동시에, 한글화된 매뉴얼 제작, 사용자 교육 콘텐츠 개발, 원격 컨설팅 서비스 체계 구축 등의 역할도 병행해야 합니다.

⑤ 정부와 지자체의 역할: 제도 설계자이자 실증 지원자

정부와 지자체는 새로운 기술이 현장에 안착할 수 있도록 정책적 환경을 조성하는 설계자이자 지원자입니다. 우선, 스마트팜 혁신밸리나 스마트농업 테스트베드 단지를 중심으로 플랫폼 기반의 실증 재배 시범 사업을 추진하고, 이를 통해 얻은 데이터를 기반으로 국내 재배 환경에 적합한 모델을 구축해야 합니다.

또한, 예측형 제어 시스템이 제대로 작동하려면 고도화된 환경센서와 작물 생장정보 수집 시스템이 필요합니다. 정부는 이러한 인프라를 표준화하고 보급하는 데 필요한 지원 예산 및 장비 보조 정책을 마련해야 합니다.

더불어 민간기업들이 수집한 데이터를 농가 간 안전하게 공유하고, AI 학습 기반으로 활용할 수 있도록 데이터 보호 및 표준화 관련 법 제도 정비, 그리고 데이터 공유에 대한 인센티브 구조도 함께 설계해야 합니다. 정책 로드맵상으로는, 단순 자동화에서 벗어나 AI 기반의 예측형 농업이 국가 스마트농업 전략의 중장기 과제로 명시되어야 하며, 기술 실증을 넘어 생산성과 지속 가능성 측면에서의 효과 검증까지 포괄하는 구조가 필요합니다.

⑥ 교육기관(대학 및 전문교육기관)의 역할: 사람을 키우는 지식 인프라

이와 같은 시스템은 아무리 기술이 뛰어나도, 그 철학과 원리를 이해하고 운용할 줄 아는 사람 없이는 무용지물이 됩니다. 따라서 대학과 농업 교육기관은 스마트팜 기술을 이해하는 것에 그치지 않고, AI와 작물 생리학, 데이터 해석력을 결합한 융합형 인재를 양성해야 합니다.

이를 위해 기존의 작물재배학, 농업공학 커리큘럼에 다음과 같은 과목이 추가되어야 합니다:

- 예측형 재배론(Predictive Cultivation Theory)
- Priva 시스템 및 BioLogics 해석 실습
- 시계열 기반 생장 데이터 분석과 AI 학습 설계
- 스마트팜 운영 시뮬레이션 프로젝트

또한, Priva 아카데미 등 글로벌 기업과 협력해 국제 공인 교육 프로그램을 도입하고, 졸업 후 기업 또는 컨설팅 기관에서 바로 실무에 투입될 수 있는 전문 Grower 양성 과정도 신설될 필요가 있습니다. 이러한 교육은 단지 학생뿐 아니라, 기존 농업인, 기술인력, 농장 경영자를 위한 단기 재교육 프로그램으로도 확대되어야 합니다.

⑦ 기술은 혼자 오지 않는다

Plantonomy는 단순한 시스템이 아닙니다. 그것은 사람, 기술, 정책, 교육이 유기적으로 맞물릴 때 비로소 작동하는 미래형 농업의 총체입니다. 민간은 실증하고, 정부는 길을 만들고, 학교는 사람을 키우는 것. 이 세 가지 축이 조화를 이루는 것이야말로 Plantonomy와 같은 혁신 기술이 우리나라 스마트팜 현장에 뿌리내리는 유일한 길입니다.

⑧ '데이터 중심 재배'가 아니라, '작물 중심 재배'로

Plantonomy는 단순히 AI가 자동으로 조절해 주는 시스템이 아닙니다. 식물의 리듬을 이해하고, 그 흐름을 따라가며 기술로 보완해 주는 시스템입니다.

스마트팜의 다음 단계는 '자동화'가 아니라, AI와 식물의 리듬이 함께 춤추는 예측형 농업(Predictive Cultivation)입니다.

AI와 스마트팜의 만남, 그 한계를 넘어서기 위한 해법은?
– AI 시대, 넘어야 할 벽은 무엇인가?

스마트팜이라는 단어는 이제 더 이상 낯설지 않습니다. 센서와 자동화 기술을 활용해 작물 생육 환경을 정밀하게 제어하고, 데이터 기반으로 농업을 혁신하는 이 새로운 방식은 기후 위기 시대의 생존 전략으로 각광받고 있죠. 그런데 이 스마트팜에 인공지능(AI) 기술을 접목하려는 시도는 왜 생각만큼 빠르게 확산되지 않을까요?

답은 의외로 간단합니다. AI가 제대로 작동하려면 '배울 데이터'가 필요하기 때문입니다.

① AI가 농업을 배우기 어려운 이유

AI는 대량의 데이터를 통해 패턴을 학습하고 예측력을 키우는 존재입니다. 하지만 농업은 특성상 재배 주기가 매우 길고, 계절이나 외부 기후에 영향을 많이 받습니다. 토마토나 딸기처럼 1년에 한두 번밖에 수확할 수 없는 작물의 경우, 학습용 데이터를 모으는 데만 수년이 걸릴 수 있습니다.

자동차나 금융 분야처럼 하루에도 수십만 건의 데이터가 쏟아지는 영역과 비교해 보면, 농업은 AI에게는 너무 느리고 답답한 분야일 수 있습니다.

② **그럼에도 불구하고, 해법은 있다**

그렇다고 AI가 농업에 적합하지 않다고 단정지을 수는 없습니다. 오히려 이러한 제약 속에서 새로운 방식의 접근이 필요한 시점입니다. 다음은 현재 스마트팜에서 AI 활용을 가속화하기 위한 몇 가지 전략적 해법들입니다.

디지털 트윈과 가상 데이터로 실험 시간 단축

현실에서 실험을 반복하기 어려운 농업 분야에선, **'디지털 트윈(Digital Twin)'** 기술이 강력한 도구가 됩니다. 실제 온실을 가상 환경에 그대로 복제해, 다양한 기후 조건과 생육 상황을 시뮬레이션으로 실험할 수 있는 것이죠.

이런 방식으로 실제 재배 없이도 수천 건의 가상 데이터를 만들어 AI가 빠르게 학습할 수 있습니다. 시간적 한계를 넘는 가장 현실적인 방법입니다.

물리 법칙 기반의 AI 설계

농업은 물리, 화학, 생리학적 원리에 기반한 분야입니다. 따라서 AI에게 무작정 데이터를 학습시키는 대신, 작물 생장에 영향을 미치는 기본 원리(예: 증산, 일사, CO_2 흡수 등)를 반영한 모델을 설계하면 적은 데이터로도 뛰어난 예측력을 가질 수 있습니다. 이를 물리 기반 AI(Physics-informed AI)라고 부릅니다.

전국의 온실을 연결하는 연합학습

개별 스마트팜의 데이터는 작지만, 전국 수천 개의 온실 데이터를 연결해 학습시키면 이야기가 달라집니다. 문제는 개인 농장의 민감한 데이터를 외부로 제공하는 데에 대한 거부감이죠. 이를 해결할 수 있는 기술이 바로 연합학습(Federated Learning)입니다. 데이터는 각자 보유하되, AI 모델만 서로 공유해 공동 학습을 진행하는 방식이죠. 민감한 정보는 보호하면서도 집단지성을 실현할 수 있습니다.

고해상도 센싱으로 데이터 밀도 높이기

예전에는 온실마다 온도센서 1~2개로 만족했지만, 이제는 작물체 온도, 잎 온도, 절대습도, 증산량 등 수십 가지 요소를 5분 단위로 측정합니다. 이처럼 센싱 기술이 정밀해질수록 동일 시간 대비 수집 가능한 데이터의 양도 기하급수적으로 증가합니다.

AI에게 '스스로 배우는 법'을 가르친다

마지막으로, 최근 주목받는 방법은 강화학습(Reinforcement Learning)

입니다. 정답 데이터를 주지 않더라도, AI가 시행착오를 반복하며 스스로 최적의 환경제어 방식을 찾아가는 구조입니다. 작물의 생장 결과(수확량, 품질 등)를 '보상'으로 인식하는 구조라, 농업 AI에 적합한 구조로 주목받고 있습니다.

③ 스마트팜 AI의 미래는 '공생형 혁신'

AI는 더 이상 일부 대기업의 전유물이 아닙니다. 다양한 기술이 현실적으로 상용화되면서, 농업에서도 점점 더 정교하고 실용적인 AI 시스템이 도입되고 있습니다. 하지만 농업에선 '빅데이터'보다 '올바른 데이터'와 '올바른 해석'이 더 중요합니다.

기술이 사람을 대체하는 것이 아니라, 사람과 함께 성장하는 '공생형 AI'의 시대. 그 미래가, 바로 스마트팜에서부터 시작될 수 있습니다.

AI 시대에도 '사람'이 필요한 이유
- 스마트팜 재배전문가는 사라지지 않습니다

스마트팜 기술의 비약적인 발전은 이제 농업이라는 전통 산업에 '디지털 혁신'이라는 새로운 물결을 몰고 왔습니다. 자동화, 센서, 데이터 분석, 그리고 인공지능까지. 마치 사람이 필요 없어질 것 같은 착각을 불러일으키죠.

하지만 과연, 진짜로 사람은 더 이상 필요 없는 존재가 되어 가고 있을까요? 특히 재배전문가의 역할은 사라질 수 있을까요?

답은 분명합니다. AI 시대에도, 오히려 AI 시대이기 때문에 재배전문가는 더더욱 필요합니다.

① 농업은 단순 데이터 게임이 아니다

많은 사람들이 AI가 데이터만 충분히 주어지면 모든 것을 알아서 판단하고 작물을 재배해 줄 것이라고 기대합니다. 하지만 현실은 다릅니다. 농업은 단순한 숫자의 문제가 아니라, 복잡한 생명 시스템을 다루는 과학이자 예술이기 때문입니다.

작물의 생장은 온도, 습도, 일사, CO_2 같은 물리 환경뿐 아니라,

- 뿌리 주변의 양분 농도
- 증산 작용의 미세한 변화
- 병해충 발생 조건
- 품종별 생리학적 차이

등 수많은 요소가 복합적으로 얽혀 있습니다. 이 복합성을 AI가 모두 이해하기 위해선 단지 데이터를 많이 쌓는 것으로는 부족합니다.

② 그래서 등장한 '물리 기반 AI'

최근에는 이 한계를 극복하기 위해 물리 기반 AI라는 접근이 떠오르고 있습니다. 이는 단순히 데이터를 학습시키는 방식이 아니라, 작물 생리에 관한 물리적·과학적 지식을 AI 학습 구조에 반영하는 방법입니다. 예를 들어, 증산량이 절대습도 차이(HD)에 따라 달라진다는 원리를 모델이 이해하고, 일조량에 따른 광합성 반응을 수치로 계산해 예측에 반영하는 식이죠. 하지만 여기서 핵심 질문이 생깁니다.

"이러한 물리 원리는 누가 알려 줄 수 있는가?"

바로, 경험과 과학을 겸비한 재배전문가의 영역입니다.

③ 재배전문가는 AI의 '교사'다

AI는 아무리 똑똑해도, 올바른 질문을 던져 주고, 올바른 기준을 제시해 주는 사람 없이는 결코 정답에 도달할 수 없습니다. 농업 AI가 "이상한 판단"을 할 때, 그것이 왜 틀렸는지 설명해 주고, 어떤 환경 조건이 중요한지를 '교육'해 줄 수 있는 존재가 바로 재배전문가입니다. 이제 스마트팜에서의 재배전문가는 단순히 농작물을 기르는 사람을 넘어,

- AI 모델을 설계하는 **공동 설계자이자**,
- 온실 데이터를 해석하는 **컨설턴트**,
- 알고리즘의 성능을 검증하는 **실험 디자이너**로 거듭나고 있습니다.

④ 기술이 발전할수록 사람의 통찰이 더 중요하다

사실, 기술은 늘 사람의 통찰을 돋보이게 합니다. 자동차가 생겨도 숙련된 운전자가 필요했고, MRI가 개발되어도 경험 많은 의사의 판독이 중요하듯, 스마트팜이 아무리 자동화되어도 '생명의 신호'를 읽는 사람의 감각과 경험은 대체되지 않습니다. AI는 빠르고 강력하지만, 무엇을 위해, 어떤 기준으로 판단해야 하는지를 알려 주는 건 여전히 사람의 몫입니다.

⑤ AI와 공존하는 새로운 농부의 시대

스마트팜과 AI는 이제 농업의 미래입니다. 그러나 그 미래는 결코 '사람 없는 농장'이 아닙니다. 오히려 기술과 함께 일하는 사람, AI를 이해하고 길들이는 재배전문가의 시대입니다.

AI는 재배전문가의 가치를 떨어뜨리는 것이 아니라, 그들의 역할을 더 고도화시키고, 더 전문적으로 만들고, 더 영향력 있게 만드는 도구가 될 것입니다.

서로의 데이터는 지키고, 똑똑한 AI는 함께 만든다
– 스마트팜의 미래를 여는 연합학습(Federated Learning)

스마트팜이 확산되면서 작물 재배 데이터를 기반으로 인공지능이 스스로 학습해 농장 환경을 제어해 주는 기술이 주목받고 있습니다. 그런데 여기에는 생각보다 큰 걸림돌이 하나 있습니다.

바로 데이터가 부족하다는 점이죠. 토마토 한 작기를 마치려면 몇 달이 걸리고, 온실마다 조건도 다릅니다. AI가 '학습'하려면 수천 건 이상의 데이터가 필요한데, 개별 스마트팜이 제공할 수 있는 데이터는 턱없이 부족한 경우가 대부분입니다.

그렇다면 "전국 농장의 데이터를 모으면 되지 않을까?"

맞습니다. 이론상으로는 아주 좋은 생각입니다. 전국 수천 개의 온실 데이터를 모아 하나의 AI가 학습한다면, 훨씬 더 똑똑한 제어 시스템을 만들 수 있겠죠. 하지만 현실은 그렇게 간단하지 않습니다.

농장 데이터는 민감한 정보입니다.

- 어떤 조건에서 얼마나 수확했는지
- 양액이나 보광 설정을 어떻게 했는지
- 생장 패턴이나 병해 발생 시기 등

이런 데이터는 일종의 **경영 노하우**에 해당하기 때문에, 농가 입장에서는 쉽게 외부에 넘길 수 없습니다.

"내 농장의 비밀이 공개되면 어떡하지?" 라는 불안이 생기는 건 당연합니다.

① 그래서 등장한 해법: 연합학습

연합학습은 데이터는 각자 보유하면서도, AI는 함께 학습시키는 똑똑한 방식입니다. 조금 쉽게 풀어 볼게요.

② 예시로 이해하는 연합학습: 스마트폰의 자동완성

우리가 매일 사용하는 스마트폰에도 이 기술이 쓰입니다. 예를 들어, 여러분이 문자 입력을 할 때 "고마워" 다음에 "요"가 자동완성으로 뜬다고 해 볼게요. 이 기능을 더 똑똑하게 만들려면, 수백만 명의 사용자가 어떤 말을 입력했는지 학습해야 합니다. 그런데 개인정보 때문에 그 데이터를

다 본사 서버로 보내는 건 불가능하겠죠? 그래서 스마트폰은 사용자의 입력 데이터를 각자 휴대폰 안에서만 학습시킵니다. 그리고 학습된 AI 모델(예측 규칙)만 본사로 보내는 거죠. 본사는 그걸 바탕으로 더 똑똑한 자동완성 기능을 만들고, 다시 각자의 폰에 업데이트합니다.

이렇게 하면 개인정보는 지키고, AI는 모두가 함께 진화할 수 있는 구조가 완성됩니다.

③ 연합학습, 스마트팜에도 딱 맞는 구조

스마트팜에서도 마찬가지입니다. 예를 들어 전국 500개의 토마토 농장이 있다고 해 볼게요. 이들이 모두 데이터를 직접 제공하는 것은 부담스럽지만, 자신의 온실 내에서만 AI를 학습시킨 뒤, 그 결과(모델 파라미터)만 공유한다면?

- 내 온실의 생장 데이터는 보호되고
- 모두가 함께 훈련시킨 AI는 점점 똑똑해지고
- 지속적으로 업데이트되며 성능이 향상됩니다.

이런 구조에서는 농장 간의 협력도 가능해지고, 데이터 생태계가 건강하게 커지는 기반이 만들어지는 셈이죠.

④ AI도, 농업도 결국은 '신뢰'가 기본

기술은 점점 발전하지만, 신뢰 없는 기술은 뿌리내리기 어렵습니다. 연합학습은 농업 데이터의 민감성을 존중하면서도, 협력을 이끌어 낼 수 있는 가장 이상적인 방식 중 하나입니다. 농가의 경영 노하우는 보호하면서, AI는 모두 함께 키우는 시스템. 이런 기술적 기반이 만들어진다면, 앞으로 스마트팜은 지금보다 훨씬 빠르고 건강하게 발전해 나갈 수 있을 것입니다.

데이터가 부족해도 배우는 AI
– 강화학습은 스마트팜에 적합할까?

스마트팜의 AI 기술은 이제 단순한 자동화의 영역을 넘어, 스스로 판단하고 최적의 환경을 찾아가는 '자율 제어 시스템'을 향해 진화하고 있습니다. 그 중심에는 최근 주목받는 '강화학습(Reinforcement Learning, RL)'이 있습니다.

강화학습은 우리가 흔히 생각하는 AI 학습 방식과는 조금 다릅니다. 정답 데이터를 수천 건 제공하지 않아도, 시행착오를 통해 스스로 정답에 가까운 방향을 찾아가는 방식이죠. 일종의 "스스로 배우는 AI"라고 할 수 있습니다.

① 강화학습, 왜 스마트팜에 적합한가?

농업은 시간과 비용이 많이 드는 산업입니다. 작물 하나를 수확하기까지는 수개월이 걸리고, 그 과정에서 수많은 변수(날씨, 병해충, 영양 상태 등)가 영향을 줍니다. 이 때문에 대량의 데이터를 빠르게 수집해 AI를 학습시키는 것이 어렵습니다. 이럴 때 강화학습은 강력한 대안이 될 수 있습니다.

- "이 조건에서 토마토가 많이 열렸다." → 보상 점수 +
- "이 조건에서는 병해가 많았다." → 보상 점수 -

이런 식으로 작물의 반응을 '피드백'으로 받아들여, AI가 스스로 최적의 조건을 찾는 능력을 기릅니다. 즉, 정답 데이터를 주지 않아도, 결과를 통해 학습하기 때문에 데이터 부족 문제를 일정 부분 극복할 수 있다는 장점이 있습니다.

② 그런데, 현실은 그렇게 간단하지 않다

이론적으로는 완벽해 보이지만, 실제 스마트팜 현장에 강화학습을 적용하기에는 몇 가지 중대한 현실적 한계가 존재합니다.

시행착오 자체가 '위험'하다

강화학습은 "실수하면서 배우는 구조"입니다. 하지만 스마트팜에서는 AI가 잘못된 판단을 했을 경우,

- 작물의 품질이 저하되거나

- 수확량이 감소하거나
- 병해충이 확산되는 등

한 번의 시행착오도 상당한 손실로 이어질 수 있습니다. 예를 들어, "습도를 너무 낮춰 봤더니 작물이 시들었다"는 한 번의 실험이, 실제로는 몇 백만 원의 손해로 이어질 수 있습니다.

한 번의 학습에 너무 오랜 시간이 걸린다
작물 생장은 느립니다. 한 번의 시도 → 수확 결과 → 피드백을 받기까지 몇 주, 길게는 몇 달이 걸립니다. 즉, 일반적인 강화학습 알고리즘처럼 수천 번의 시도를 반복하며 빠르게 진화하는 구조는 시간적으로 불가능에 가깝습니다.

③ 그렇다면, 해결 방법은 없을까?

이런 한계를 극복하기 위해선 강화학습을 그대로 적용하기보다, 스마트팜 맞춤형으로 보완된 강화학습 구조가 필요합니다.

가상환경에서 먼저 학습시키기(Sim-to-Real 학습)
실제 농장에서 시행착오를 할 수 없다면, 디지털 트윈 기반의 가상 온실 모델에서 수천 번의 시뮬레이션 실험을 먼저 진행할 수 있습니다. 이후, 실제 농장에서는 이미 '검증된 전략'만 적용하기 때문에 위험을 최소화할 수 있습니다. 이 방식은 "Sim-to-Real" 또는 "모델 기반 강화학습"이라 불립니다.

하이브리드 방식 도입: 전문가 지식+강화학습

전통적인 농업 전문가의 지식(예: "토마토는 밤에 급격한 온도 변화를 싫어한다")을 알고리즘에 반영하면, AI가 비효율적이거나 위험한 실험은 애초에 하지 않도록 유도할 수 있습니다. 즉, AI는 전문가의 '가드레일' 안에서만 자유롭게 실험하며 빠르게 학습합니다.

보상을 단기화하고 중간 지표 도입

'수확량' 같은 장기 목표 외에도,

- 잎의 색 변화
- 광합성량 변화
- 절대습도와 증산량의 변화 등

단기적인 피드백 지표를 보상으로 설정하면, 훨씬 빠르게 AI가 반응하고 진화할 수 있습니다.

④ 강화학습은 농업을 'AI 실험장'이 아닌 '지능형 관리 시스템'으로 이끌 수 있다

강화학습은 무모한 실험이 아니라, 잘 설계된 환경과 보상 시스템 안에서 AI가 스스로 배우는 가장 자연스러운 방식입니다. 다만, 농업에서는 실험의 대가가 크기 때문에, 다음의 원칙이 중요합니다.

"실험은 가상환경에서, 적용은 신중하게."

AI는 이제 농민을 대체하는 존재가 아니라, 농민과 함께 학습하는 파트너입니다. 강화학습이라는 도구도, 인간의 지혜와 경험이라는 기반 위에서 가장 빛을 발할 수 있습니다.

스마트팜 데이터를 모으자!
– 말은 쉽지만, 표준화는 왜 이렇게 어려울까?

스마트팜 시대가 열리며 농업은 더 이상 '감'에만 의존하는 산업이 아닙니다. 온도, 습도, 일사, CO_2, 양액 조성, 생장률….

이제는 숫자와 센서로 말하는 농업, 즉 '데이터 농업'이 중요해졌죠. 그래서 많은 전문가들이 한목소리로 이야기합니다.
"재배 데이터를 모으고 공유해야 한다. 그래야 AI도 발전하고 농업도 똑똑해진다."

특히, 교육기관이나 실증농장, 민간기업 등에서 수집된 데이터를 크라우드소싱 방식으로 모아 표준화된 포맷으로 공유한다면, 전국적으로 엄청난 시너지 효과가 생길 수 있습니다.

하지만 현장은 말합니다.

"그게 말처럼 쉽지 않다구요."

① 현실적인 문제 1: 농장은 제각각, 데이터도 제각각

스마트팜이라고 해서 모두가 같은 구조를 가진 건 아닙니다.

- 어떤 농장은 반밀폐형 유리온실, 어떤 곳은 PE 비닐하우스
- 어떤 곳은 Priva, 어떤 곳은 국내 중소업체 제어기
- 작물도 토마토, 오이, 딸기, 상추….
- 센서의 설치 위치나 종류도 모두 다릅니다.

즉, 기온이 26.5℃로 동일하더라도 이 수치가 같은 의미를 가지지 않을 수 있다는 것이죠. 예를 들어, A 농장의 측정 센서는 천장에 있고, B 농장은 작물 생장점 근처에 센서가 있다면, 동일한 숫자여도 작물 입장에서는 전혀 다른 환경일 수 있습니다.

② 현실적인 문제 2: 측정 기준, 단위, 주기가 제각각

- 어떤 곳은 습도를 상대습도(RH)로, 어떤 곳은 절대습도(AH)로 기록합니다.
- 온도는 1시간 평균값인지, 순간값인지, 아니면 15분 평균인지조차 모호한 경우도 많습니다.
- 양액 농도도 EC 단위는 같아도 기준 농도(기준 원수, 희석비 등)가

다르기 일쑤입니다.

결국, 공유된 데이터라도 분석이 어렵고, AI가 학습하기에는 '신뢰할 수 없는 정보'가 되어 버립니다.

③ 현실적인 문제 3: 농부들의 참여 유도 어려움

많은 농민들은 이렇게 말합니다.
"내가 왜 내 데이터를 남한테 줘야 하나요?"
"그거 해 봤자 내 농사에 도움이 되나요?"
이건 당연한 반응입니다. 데이터 공유는 투자이고, 그 투자에 대한 실질적 보상이나 혜택이 없다면 움직이지 않는 것이 현실입니다.

④ 해결을 위한 세 가지 전략

그렇다면, 이 어려운 문제를 어떻게 풀어 가야 할까요?
정답은 표준화와 인센티브, 그리고 기술적 설계의 조합입니다.

범용 데이터 포맷과 '상대 표준화' 도입
완전한 표준화는 어렵지만, 기준값을 상대적으로 정리하는 방식이 유효합니다.

예를 들어:

- 온실 내 평균 온도를 작물 생장점 기준 온도로 보정
- 습도를 절대습도 기준으로 변환
- 모든 데이터를 5분 단위로 리샘플링하여 정렬

이런 방법으로 다양한 농장을 최대한 '공통 기준' 위에 올려놓을 수 있습니다. 또한, 센서 포맷, 위치, 단위에 대한 '데이터 수집 가이드라인'을 국가 단위로 제작하여 제공해야 합니다.

참여 농가에 대한 실질적 인센티브 제공

데이터를 공유한 농가에게는 분석 리포트 제공, AI 추천 정보 피드백, 국비 지원 우대 등의 혜택을 줄 수 있습니다.

예:

- "당신의 온실과 유사한 50개 농장 중, HD 제어를 적용한 그룹은 수량이 12% 증가했습니다."
- "AI 분석 결과, 이 시점에 보광 조도를 20% 늘리는 것이 수익에 유리합니다."

이렇게 되면 데이터 제공이 '남을 위한 일'이 아니라, '나의 농사를 개선하는 투자'로 인식됩니다.

데이터 허브 플랫폼과 익명화 기술 도입

농가의 민감한 정보를 보호하면서 데이터를 공유하려면, 데이터 익명

화 기술과 중앙 허브 플랫폼이 필요합니다.

- 작물 종류, 지역, 설비 형태 등은 메타정보로 분류
- 개인 정보나 농장명 등은 제외한 채 구조화된 데이터만 저장
- 플랫폼에서는 AI 모델을 학습시키고, 분석 결과만 피드백 제공

이런 구조라면 농가도 안심하고 참여할 수 있습니다.

⑤ 데이터는 '연결'될 때 비로소 힘을 가진다

스마트팜은 더 이상 장비만 설치한다고 완성되지 않습니다. 진짜 경쟁력은 '데이터'를 얼마나 잘 모으고, 해석하고, 공유할 수 있는가에 달려 있습니다. 물론, 농장마다 다르고, 조건마다 다른 현실은 만만치 않습니다. 하지만 우리는 서로 다른 퍼즐 조각을 맞춰 가야 합니다. 그 퍼즐의 테두리를 만드는 것이 바로 데이터 표준화의 첫걸음입니다.

10년 치 농업 데이터를 AI가 잘 읽으려면?

– 스마트팜 예측 모델을 위한 메타데이터, 사람, 교육의 삼박자

스마트팜의 핵심은 '데이터'입니다. 하지만 데이터를 모아만 둔다고 AI가 자동으로 똑똑해지지는 않습니다. 특히 10년 이상 쌓인 재배 이력, 기후 정보, 생장 패턴 등의 데이터를 정밀한 예측 모델로 활용하기 위해선, 세 가지 요소가 반드시 필요합니다.

바로:

- 데이터를 읽기 위한 메타데이터
- 데이터를 해석할 수 있는 전문가
- 그런 전문가를 키우는 교육 체계입니다.

① **어떤 메타데이터가 필요한가?**

AI 예측 모델이 스마트팜에서 정확하게 작동하기 위해서는, 단순히 온

도나 습도 같은 수치 데이터를 입력하는 것만으로는 충분하지 않습니다. 중요한 것은 그 수치들이 어떤 맥락 속에서 기록되었는지를 이해하는 것이며, 이를 가능하게 해 주는 것이 바로 메타데이터(metadata)입니다. 메타데이터는 데이터 그 자체를 설명하는 정보입니다. 예를 들어 온실 내부 온도가 25℃라고 할 때, 이 수치가 생장점에서 측정된 것인지, 천장 근처인지, 외부 센서인지에 따라 의미는 완전히 달라집니다. 또한, 측정된 시간이 오전인지 오후인지, 그날 외기 온도는 몇 도였는지, 어떤 작물이 어떤 생육 단계였는지도 함께 고려해야 예측 모델은 현실과 가까운 판단을 내릴 수 있습니다.

환경 정보에 대한 맥락적 설명

우선, 온실 환경에 관한 메타데이터가 필요합니다. 측정 위치가 어디인지, 센서의 종류와 정확도는 어느 정도인지, 그리고 어떤 주기로 측정된 데이터인지가 포함되어야 합니다. 예컨대 5분 단위 평균값인지, 순간 측정값인지에 따라 AI가 파악하는 온실의 반응 속도나 변동성이 달라질 수 있기 때문입니다. 또한, 해당 온실이 유리온실인지, 비닐하우스인지, 반밀폐형 구조인지에 대한 정보도 필수적입니다. 온실 구조는 내부 환경의 보존력, 외기와의 열 교환, 환기 효율 등에 큰 영향을 미치기 때문입니다.

작물의 종류와 생육 정보

다음으로 중요한 것이 작물 정보 메타데이터입니다. 어떤 품종인지, 정식일과 수확일은 언제인지, 지금은 생육 초기인지, 개화기인지, 수확

직전인지 같은 생육 단계 정보가 포함되어야 합니다. 더불어 해당 품종의 생리적 특성-예를 들면 C3 혹은 C4 식물인지, 장일성인지 단일성인지, 수분 요구량이 많은 작물인지-은 AI가 생장 반응을 예측할 때 필수적인 기준이 됩니다. 여기에 병해충 발생 이력까지 포함된다면, 환경 변화가 작물 생육에 어떤 영향을 줄 수 있는지를 더욱 정교하게 판단할 수 있습니다.

재배 전략과 관리 이력

AI는 작물의 상태만 보는 것이 아니라, 인간이 어떻게 관리했는지, 즉 재배 전략의 메타데이터도 함께 학습해야 합니다. 양액의 EC나 pH 설정, 언제 레시피가 변경되었는지, 보광등은 어떤 시점에 얼마나 오랫동안 켜졌는지, 그리고 환기나 난방, 제습은 어떤 조건에서 작동되었는지와 같은 설정 이력은 AI 모델이 과거 관리 패턴과 결과를 연결 지을 수 있게 해 줍니다. 나아가 수확량이나 품질 같은 결과 데이터가 함께 주어질 경우, AI는 이 모든 입력값이 어떤 생산성과 연결되는지를 학습할 수 있습니다.

외부 기상 조건의 영향

끝으로, 외부 환경에 대한 메타데이터는 스마트팜의 내부 조건을 이해하는 데 결정적인 변수입니다. 외기 온도와 습도, 이산화탄소 농도뿐 아니라, 지역별로 평균 일사량이나 풍속, 강수량 같은 정보도 포함되어야 합니다. 특히 외기 조건이 온실 내부의 설정값과 어떻게 조화를 이루었는지를 이해하는 데 필요하며, 장마철이나 사막기후, 고산지대처럼 특수한 외부 환경에서는 필수적으로 반영되어야 합니다.

예를 들어, "2020년 6월, 제주 지역의 PE(비닐하우스형) 온실에서 GSP-215 품종의 토마토를 HD(습도부족분) 기반 제어 전략으로 재배했고, 평균 일사량은 13MJ/㎡, DLI는 18mol이었다"라는 정보가 포함되어야만, AI는 이 데이터를 정확히 해석하고, 유사한 상황에서의 생육 예측이나 환경 제어 전략을 유효하게 제안할 수 있습니다.

AI는 데이터를 기반으로 학습하지만, 그 데이터의 '상황'을 알지 못하면 예측의 정확도는 떨어질 수밖에 없습니다. 결국 스마트팜에서 AI의 진짜 힘은 수치의 정확도만이 아니라, 맥락의 풍부함에서 나옵니다. 그러므로 모든 환경·작물·전략·기상 조건이 함께 설명된 메타데이터가 곧 스마트농업의 경쟁력이라 할 수 있습니다.

② 재배전문가는 어떤 역량이 필요한가?

데이터를 단순히 수집하는 기술자와, 그 데이터를 '맥락' 속에서 해석하고 활용할 수 있는 전문가는 다릅니다. 스마트팜 시대의 재배전문가는 다음과 같은 복합 역량을 갖추어야 합니다:

1. 작물 생리학과 생육 단계에 대한 이해
2. 환경제어 원리(온도, 습도, CO_2, 광 등)의 물리·화학 기반 지식
3. 데이터 해석력 - 수치가 작물에 미치는 영향 판단
4. AI/IoT 시스템의 기본 원리 이해(센서, 제어기, 알고리즘 등)
5. 모델링 기초(시계열 분석, 변수 간 상관관계 등)

이러한 전문가들은 단지 데이터를 '측정'하는 사람이 아니라, 데이터의 의미를 해석하고, AI가 학습할 수 있는 방식으로 가공하는 농업 데이터 디자이너에 가까운 존재입니다.

③ 교육기관은 어떤 교육 프로그램을 구성해야 하나?

오늘날 스마트팜 시대에 걸맞은 인재를 양성하기 위해서는, 교육기관의 커리큘럼도 근본적인 전환이 필요합니다. 기존의 단순한 실습 중심 교육에서 벗어나, 농업과 과학기술, 데이터 해석 능력까지 아우르는 융합형 전문 인재를 길러내는 방향으로 교육체계를 새롭게 구성해야 합니다.

우선, 작물의 생육 원리를 과학적으로 이해하는 능력을 키우기 위해 '스마트팜 작물생리학' 과목을 도입할 필요가 있습니다. 이 과목에서는 작물의 생장 단계별로 필요한 온도, 습도, 광, 이산화탄소 등 환경요구조건을 학습하고, 품종별 생리적 특성과 생육 반응의 차이를 이론과 사례를 통해 심층적으로 다룹니다.

여기에 더해 '환경제어 물리학'은 온실 내 기후를 이해하는 데 기초가 되는 과목입니다. 에너지의 이동, 수분의 증발 및 이동, 절대습도(HD)와 증산량, 광합성 효율 등 온실 환경 제어에 필수적인 물리적 원리를 실습과 병행하여 학습하게 됩니다. 이러한 기초 과학 지식은 이후의 환경제어 및 AI 연계 과목의 기반이 됩니다.

또한, 스마트팜의 핵심 자산인 데이터를 해석하고 활용할 수 있는 능력을 키우기 위해 '스마트팜 데이터 해석 실습' 과목이 필요합니다. 실제 센서 데이터를 기반으로 시계열 분석의 기본 개념을 익히고, 농업 데이터의 특성과 노이즈 처리, 이상치 감지 등의 기초적인 데이터 과학 훈련을 포함합니다.

이와 함께 인공지능(AI)의 기초 개념을 이해하고, 이를 농업 분야에 어떻게 응용할 수 있는지 다루는 'AI 기초와 농업 응용' 과목도 중요합니다. 이 과목에서는 머신러닝과 강화학습의 원리를 배우고, 실제로 작물 생장 예측, 수확량 분석, 이상 생육 판단 등에 AI가 어떻게 사용되는지를 실습을 통해 체득합니다.

스마트팜 운영의 핵심 과제 중 하나인 데이터 표준화와 설계 능력을 기르는 '데이터 표준화와 메타데이터 설계' 과목도 필수입니다. 다양한 센서나 작물 환경 데이터를 수집할 때 어떻게 기준을 정립하고, 일관된 형식으로 통합할 수 있는지를 배우며, 현장 시스템과 연동 가능한 데이터 체계를 설계하는 실무 역량을 갖추게 됩니다.

이러한 이론과 실습 과목에 더해, 실제 R&D 환경을 경험할 수 있는 'R&D 실험 설계법' 과목을 통해 실증 데이터를 수집하기 위한 과학적 실험 설계법을 익힐 수 있어야 합니다. 요인 실험, 블록 설계, 통계적 분석 등 농업 연구 현장에서 요구되는 실험계획법을 현장 사례와 함께 학습합니다.

뿐만 아니라, 교육기관은 Priva, Hoogendoorn, Ridder 등 실질적으로 사용되는 스마트팜 제어 시스템을 활용한 실습을 반드시 포함시켜야 하며, 학생들이 현장 문제를 직접 해결해 보는 '현장 기반 캡스톤 프로젝트'와 같은 문제해결형 교육도 함께 운영해야 합니다.

마지막으로, 데이터 기반 의사결정 능력을 키우기 위한 '농업 경영 전략 수립 과정'도 함께 구성되어야, 교육생이 단순 기술 인력이 아닌 전략적 사고를 갖춘 인재로 성장할 수 있습니다.

이처럼 스마트팜 교육 커리큘럼은 단순히 기계 다루는 법을 가르치는 것이 아니라, 농업의 과학화, 데이터화, 자동화에 대한 본질적 이해를 바탕으로 미래 농업을 주도할 수 있는 인재를 육성하는 데 초점을 맞추어야 합니다.

④ 기술의 힘은, 해석할 수 있는 사람에게 달려 있다

AI는 데이터를 학습해 예측합니다. 하지만 어떤 데이터가 의미 있고, 어떤 맥락에서 해석되어야 하는지를 '이해하는 사람'이 없다면, 그 기술은 무용지물입니다. 메타데이터는 데이터의 맥락을 설명해 주는 언어이고, 재배전문가는 AI와 농업을 연결해 주는 해석자이며, 교육기관은 그 해석자를 키우는 곳입니다. 10년간 쌓인 스마트팜 데이터도, 결국 사람을 통해 진짜 가치를 찾게 됩니다.

농부를 위한 기술이어야 진짜 스마트하다
– '친절한 스마트팜'을 만들기 위한 오늘의 고민과 내일의 해법

스마트팜 기술은 분명 눈부시게 발전했습니다. 센서는 더 정밀해졌고, 자동 제어 시스템은 복잡한 환경도 빠르게 조절할 수 있습니다. AI는 작물의 생장 조건을 예측하고, 클라우드는 데이터를 실시간으로 분석해 줍니다.

그런데, 여전히 농민들 사이에선 이런 말이 들려옵니다.

"기계는 똑똑한데…. 내가 못 따라가겠어요."
"어플을 켜기도 전에 작물은 말라 버렸죠."
"설치해 놓고도 결국 수동으로 바꿨어요."

무슨 문제가 있는 걸까요?

① 스마트팜 기술, 왜 '불친절'하게 느껴질까?

스마트팜은 기술적으로는 이미 상당한 수준에 도달했습니다. 정밀한 센서, 자동화된 제어 시스템, AI 기반 데이터 분석 등 농업 현장을 지능화할 수 있는 기술은 준비되어 있습니다. 그러나 정작 그 기술을 사용하는 농민들에게는 '친절하지 않다'는 인상을 주는 경우가 많습니다. 기술은 완성되었지만, 사용자 경험에서는 여전히 갈 길이 먼 셈입니다. 왜 그런 걸까요? 그 이유를 네 가지 측면에서 짚어 볼 수 있습니다.

첫째, 정보는 넘치지만 설명은 부족합니다.
현재의 스마트팜 시스템은 온도, 습도, 이산화탄소 농도, 광량, 토양 수분 등 수많은 수치를 실시간으로 제공하지만, 이러한 정보가 농민의 행동으로 자연스럽게 연결되지 않는다는 문제가 있습니다. 수치는 많은데, 정작 농민이 궁금한 건 "그래서 지금 뭘 해야 하나요?"라는 질문입니다. 예를 들어, 딸기 재배 온실에서 습도가 높아지면, 시스템은 그저 습도 수치만 보여 줄 뿐입니다. 농민이 직접 해석하고 판단해야 하죠. 이러한 한계를 해결하기 위해서는, "지금 딸기가 과습 상태입니다. 환기창을 열까요?"와 같은 설명형 인터페이스와 조언 중심의 UI/UX 설계가 필요합니다. 단순히 수치를 보여 주는 것을 넘어서, 상황 판단과 대응까지 도와주는 '스마트한 조력자'로서의 역할이 요구됩니다.

둘째, 제어 시스템이 장비 중심이라는 점도 문제입니다.
현재 대부분의 스마트팜 제어기는 팬을 언제 켜고, 히터를 몇 도에 설정하며, CO_2를 얼마나 공급할지를 사용자가 직접 설정해야 합니다. 그러나 농민은 기계 전문가가 아니라 작물 전문가입니다. 농민이 알고 싶은 것은 장비의 작동 조건이 아니라, "이 작물을 잘 키우려면 지금 무엇을 해야 하나?"입니다. 따라서 시스템 설계도 작물 중심으로 바뀌어야 합니다. '딸기에 맞는 환경 유지하기'처럼 버튼 하나만 눌러도 최적의 제어 조건이 자동으로 설정되는, 메타코드화된 재배 레시피 시스템이 필요합니다. 이렇게 되면 농민은 복잡한 설정 대신 작물과의 대화에 집중할 수 있게 됩니다.

셋째, 설치와 유지관리의 어려움도 '불친절함'을 키우는 요소입니다.
스마트팜 장비를 처음 설치하려면 센서를 부착하고, Wi-Fi를 연결하고, 서버 세팅을 해야 하는데 이 과정이 결코 단순하지 않습니다. 특히 전자기기에 익숙하지 않은 사용자에게는 큰 진입장벽이 됩니다. 문제는 설치 이후에도 이어집니다. 장비에 문제가 생기면 어디서 고장이 났는지 파악하는 것조차 어렵습니다. 따라서 앞으로의 시스템은 QR 코드 하나로 앱을 설치하고 장비를 등록할 수 있도록, 플러그앤플레이 방식의 설치 UX를 갖추고, 자가 진단 기능이 내장된 시스템 설계가 중요합니다. 기술이 사용자를 기다리는 것이 아니라, 사용자가 쉽게 다가갈 수 있도록 구조를 바꾸는 것이 필요합니다.

마지막으로, 디지털 기기에 익숙하지 않은 고령 농민에게는 스마트폰조차 부담이 될 수 있습니다. 일부 농민들은 "앱을 쓰다가 작물을 놓친다"는 말을 할 정도로 디지털화된 환경에 어려움을 느끼고 있습니다. 스마트폰의 작은 글씨, 복잡한 메뉴, 자주 바뀌는 인터페이스는 익숙하지 않은 사용자에게는 장벽이 됩니다. 이런 사용자 경험의 문제를 극복하기 위해서는, "온도 몇 도야?", "물 줄까?"처럼 말로 묻고 답할 수 있는 음성 인식 기반 인터페이스와, 간단한 챗봇 시스템이 필수적으로 도입되어야 합니다. 사용자가 기계를 배우는 것이 아니라, 기계가 사용자를 이해하는 방향으로 바뀌어야 하는 것입니다.

결국 스마트팜 기술이 진정으로 '스마트'해지기 위해서는, 기술의 정교함만이 아니라 사람 중심의 설계가 필요합니다. 농부의 질문에 답하고, 작물을 기준으로 제어하며, 설치와 유지보수를 쉽게 만들고, 고령 사용자도 편하게 접근할 수 있어야 합니다. 지금까지의 스마트팜이 '기계 중심의 자동화'였다면, 앞으로는 '사람 중심의 지능화'로 나아가야 할 때입니다.

② **그렇다면 어떤 스마트팜이 '친절한 스마트팜'일까?**

'친절한 스마트팜'은 단지 기술을 단순화하는 것에 그치지 않습니다. 오히려 기술의 복잡성을 농부가 느끼지 않도록 감추고, 농부의 언어와 방식으로 자연스럽게 작동하는 시스템을 구현하는 것이 핵심입니다. 농부가 기술을 배우는 것이 아니라, 기술이 농부에게 다가가는 구조로의 전환이 필요합니다. 이를 위해 스마트팜 시스템은 다음과 같은 세 가지 단계로 진화해야 합니다.

첫 번째 단계는 '보는 것부터 친절하게 만드는 것'입니다.

지금까지의 스마트팜 시스템은 너무 많은 수치를 화면에 나열해 사용자를 압도하곤 했습니다. 하지만 친절한 스마트팜은 농부가 한눈에 상황을 파악할 수 있도록 정보를 재구성합니다. 숫자를 줄이고, 시각화 중심의 대시보드로 정보를 보여 줍니다. 예를 들어, 물방울 아이콘의 색이 진해지면 '관수 필요', 해 아이콘이 어두워지면 '광 부족'임을 직관적으로 알 수 있는 방식입니다. 여기에 더해 "지금 물을 줄까요?"라거나 "다음 주에는 기온이 떨어지니 히터를 점검하세요"와 같은 능동형 알림 메시지가 제공되면, 농부는 상황을 미리 예측하고 준비할 수 있습니다. 이는 단순한 정보 제공이 아닌, '이해 가능한 방식으로 전달되는 정보'로서 농부의 판단을 돕는 데 큰 역할을 합니다.

두 번째 단계는 '묻고 답하는 스마트팜'으로의 발전입니다.

농부는 어느 날 갑자기 환풍기가 작동한 것을 보고 궁금해할 수 있습니다. "왜 지금 팬이 켜졌지?"라는 질문에 스마트팜 시스템은 지금까지 침묵하거나 단순한 수치만을 보여 줬다면, 이제는 AI 기반의 설명형 챗봇이 그 질문에 답을 해야 합니다. "현재 습도가 90% 이상으로 상승했기 때문에 팬을 작동시켰어요. 과습은 병해 위험을 높일 수 있어요"라는 식의 설명이 제공되면, 농부는 단순히 상황을 이해하는 것을 넘어, 기후와 작물 사이의 관계까지 자연스럽게 배우게 됩니다. 또한 생육 단계별로 맞춤형 조언을 주는 인터페이스가 함께 작동하면, 농부는 '작물 전문가'의 조언을 언제든지 손쉽게 얻을 수 있는 셈입니다.

세 번째 단계는 '농부가 신경 쓰지 않아도 되는 스마트팜'입니다.

진정한 의미의 자동화는 사용자가 계속 주의를 기울이지 않아도 시스템이 알아서 문제를 감지하고 대응해 주는 것입니다. 이를 위해서는 작물 스스로가 자신의 상태를 알려 주는 자가진단 기능이 필요합니다. 예를 들어, 작물이 스트레스를 받는 징후가 감지되면 "잎 온도가 기준보다 3℃ 높습니다. 냉방 설정을 확인해 보세요" 같은 경고가 자동으로 전송됩니다. 또한 장비 고장이 발생하면 단순히 '고장' 메시지만 띄우는 것이 아니라, "CO_2 센서 연결 오류-전원 케이블 확인 바랍니다"처럼 해결 가이드가 함께 제공되는 알림 시스템이 갖춰져야 합니다. 이처럼 시스템이 문제를 먼저 감지하고, 해결 방법까지 안내해 준다면 농부는 작물과 현장에 더 집중할 수 있게 됩니다.

요컨대, '친절한 스마트팜'은 기술을 감추는 것이 아니라, 기술을 사람에 맞춰 재해석하고 표현하는 방식의 혁신입니다. 농부가 정보를 수동적으로 읽는 것이 아니라, 시스템과 자연스럽게 대화하며 판단하고, 나아가 시스템이 먼저 행동해 주는 환경이 마련될 때, 스마트팜은 진정한 의미에서 사용자 친화적이 될 수 있습니다. 이는 기술이 사람에게 맞춰 가는 방향이며, 농업의 미래가 더욱 따뜻하고 인간 중심적으로 진화해 가는 모습이라 할 수 있습니다.

③ 핵심은? 사용자 중심 설계

아무리 기술이 고도화되었다 하더라도, 그 기술을 사용자가 쉽게 쓸 수 있도록 설계되지 않았다면 현장에서는 무용지물이 될 수 있습니다. 특히 농업 분야에서는 기술 자체보다 그 기술을 어떻게 '쓰게 할 것인가'가 훨씬 더 중요합니다. 기술은 농부의 손에 닿아야 비로소 가치가 생기며, 그러기 위해서는 사용자 중심의 설계가 반드시 전제되어야 합니다.

우선, 센서가 많다고 해서 정보가 잘 전달되는 것은 아닙니다. 온도, 습도, 이산화탄소, 토양 수분 등 수많은 데이터를 수집하더라도, 그것이 무엇을 의미하는지 알려 주지 않는다면 농부에게는 오히려 불친절한 시스템이 됩니다. "현재 수분이 낮습니다"라는 메시지보다 "지금 토마토가 가뭄 스트레스를 받고 있어요. 관수가 필요합니다"라는 식의 맥락 있는 해석과 설명이 함께 제공되어야, 정보는 비로소 행동으로 이어질 수 있습니다.

또한, 제어가 아무리 자동으로 이루어진다고 해도 '왜 지금 이 장치가 작동하는지'를 설명해 주지 않으면 농부는 불안할 수밖에 없습니다. 예를 들어, 히터가 자동으로 꺼졌다고 할 때, 단순히 '설정 온도에 도달했기 때문'이라는 기계적인 판단을 넘어서, "현재 외기 온도가 올라가면서 내부 온도가 안정되어 히터를 껐습니다. 작물에는 적정한 온도입니다"와 같은 이유와 배경을 함께 제공하는 설명형 인터페이스가 농부의 신뢰를 쌓는 핵심입니다.

마지막으로, 스마트폰 앱이 아무리 잘 만들어져 있어도 고령 농민이 터치하기 어렵거나 조작이 복잡하다면 사실상 무용지물입니다. 글자가 작고 메뉴가 복잡한 앱은 오히려 농부에게 기술을 거부하게 만드는 요인이 됩니다. 이런 경우에는 음성 인식이나 단순 버튼 방식, 혹은 자동으로 메시지를 읽어 주는 기능처럼 '기술의 문턱'을 낮추는 설계가 필수적입니다. 결국, 스마트팜 기술은 '얼마나 똑똑하냐'가 아니라, '얼마나 다정하게 다가가느냐'가 관건입니다. 기술이 사람을 배려할 때, 비로소 농업의 미래도 따뜻해질 수 있습니다.

④ 기술보다 중요한 것은, '농부의 입장'

스마트팜 기술이 아무리 정교해지고 자동화되더라도, 그 기술이 농부의 현실과 삶을 배려하지 않는다면 오히려 부담이 될 수 있습니다. 결국 가장 중요한 것은 기술이 아니라, 그 기술을 사용하는 사람, 곧 농부의 입장입니다. 스마트팜은 단순한 자동화 시스템이 아닙니다. 그것은 농민이 기술을 스스로 이해하고 통제할 수 있는 주체가 되느냐, 아니면 기술에 점점 지쳐 소외되느냐의 갈림길에 서 있는 중요한 선택의 문제입니다. 앞으로의 스마트팜은 농민의 언어와 방식에 더 가까워져야 합니다. 복잡한 설정 화면을 마주한 채 팬의 작동 조건이나 히터의 제어 온도를 하나하나 조정하는 시대는 끝나야 합니다. 이제는 '딸기에게 맞는 환경 유지'처럼 작물 중심의 버튼 하나로 자동 설정이 이뤄지는 방식으로 발전해야 합니다. 농민이 기술을 따라가는 것이 아니라, 기술이 작물과 농민의 언어를 배우는 시대가 되어야 합니다. 수많은 수치가 나열된 데이터 화면 역시 다시 생각해 볼 필요가 있습니다. 온도 27.8℃, 습도 82%, CO_2 560ppm…. 이런 정보는 전문가에게는 유용할지 모르지만, 농민에게는 오히려 혼란을 줄 수 있습니다. 그보다 "현재 토마토가 햇빛 부족으로 성장 속도가 느려지고 있어요. 보광등 점검이 필요합니다"와 같이 한 줄의 조언으로 실질적인 도움을 주는 스마트팜이 되어야 합니다. 수치를 줄이고, 맥락을 전하는 방향으로 설계가 바뀌어야 합니다.

또한, 디지털 기기 조작에 익숙하지 않은 고령 농민에게는 작은 터치 버튼 하나도 큰 장벽이 될 수 있습니다. 그래서 이제는 손가락보다 '말'로 소통할 수 있는 스마트팜이 필요합니다. "지금 온도 몇 도야?", "물이 부족해?"라고 물으면, 시스템이 답해 주고 필요한 조치를 제안하는 방식의 음성 기반 인터페이스가 더 많은 사람을 위한 스마트팜을 만드는 핵심입니다. 결국 기술이 앞서가야 하는 것이 아니라, 사람이 중심이 되어야 합니다. 농민의 입장에서 시작하고, 농민의 언어로 말하며, 농민의 삶을 배려하는 스마트팜. 그것이 바로 우리가 지향해야 할, 진짜 '친절한 스마트팜'입니다. 기술보다 중요한 것은 언제나 사람이며, 농업의 미래는 기술의 정밀함이 아니라 사람에 대한 따뜻한 이해 위에서 피어날 것입니다.

누구나 쓸 수 있는 스마트팜, 정말 가능할까?
– 친절한 스마트팜이 마주한 현실의 벽과 그 돌파 전략

고령의 농부도, 처음 농사를 짓는 청년도 쉽게 쓸 수 있는 기술. 센서를 보지 않아도, 앱을 켜지 않아도 작물이 스스로 말을 걸어오는 농장. 이 얼마나 멋진 미래입니까.

하지만 농업 현장에서 일하는 많은 이들은 이렇게 말합니다.

"그게 말처럼 쉽지 않죠."
"농민이 쓰기 좋게 만들자고 하면서, 개발은 엔지니어들끼리 합니다."
"기술은 쏟아지는데, 쓸 사람은 줄고 있어요."

왜 '누구나 쓸 수 있는 스마트팜'은 현실에선 그토록 멀게만 느껴질까요?

① 친절한 스마트팜을 가로막는 현실의 벽들

'친절한 스마트팜'이 농업의 미래로 떠오르고 있지만, 그 길을 가로막는 현실의 벽은 여전히 높습니다. 기술은 나날이 정교해지는데, 정작 그 기술이 농부의 삶과 현장에 얼마나 잘 녹아들고 있는지를 따져보면, 해결해야 할 과제가 많습니다. 크게 세 가지 지점에서 그 한계를 짚어 볼 수 있습니다.

첫 번째는, 기술과 농민 사이에 놓인 '사용성의 간극'입니다.
현재 대부분의 스마트팜 시스템은 기술자와 엔지니어 중심으로 설계되어 있습니다. 센서를 설치하고, 앱을 설정하며, 서버와 연동하고, 통신 모듈을 연결하는 과정은 전문가에게는 익숙할지 몰라도, 현장의 농민에게는 여전히 벅찬 과업입니다. "Wi-Fi 연결이 자꾸 끊긴다"거나, "센서에 문제가 있는 것 같은데 어디가 고장 났는지 모르겠다", "앱을 켜면 숫자만 가득해서 뭘 해야 할지 모르겠다"는 농민들의 목소리는 기술이 사용자의 눈높이를 놓치고 있음을 보여 줍니다. 기술은 존재하지만, 그 기술을 사람의 방식으로 풀어내지 못하면 결국 외면받을 수밖에 없습니다.

두 번째 현실의 벽은, 소규모 농가에게는 부담이 될 수밖에 없는 비용과 리스크입니다.
스마트팜 시스템은 센서와 제어기, 서버, 클라우드 연동까지 다양한 구성요소로 이뤄져 있고, 이 모든 것이 적지 않은 비용을 요구합니다. 초기 설치비용뿐 아니라, 운영 중 발생하는 유지보수 비용, 고장 시의 대응 비용까지 고려하면, 규모가 작은 농가에게는 큰 부담이 될 수밖에 없습니다. 더욱이 시스템에 이상이 생겼을 때, 그 고장이 수확 실패로 이어질 수 있다는 불안은 '기술 의존'에 대한 회피 심리를 더욱 강하게 만듭니다. 그래서 많은 농민이 "차라리 내가 눈으로 보고 손으로 관리하는 게 낫겠다"는 결정을 내리게 되는 것입니다. 이는 기술 자체가 나빠서가 아니라, 그 기술이 농민의 현실을 충분히 고려하지 못했기 때문입니다.

세 번째로 중요한 문제는, 모든 농장과 농민이 똑같지 않다는 사실을 시스템이 간과하고 있다는 점입니다. 작물의 종류는 물론, 온실의 구조, 기후 조건, 그리고 농민의 디지털 숙련도까지 각 현장은 제각기 다릅니다. 하지만 기존의 스마트팜 시스템은 표준화된 모델을 중심으로 설계되어 있어, 다양한 조건을 유연하게 반영하기 어렵습니다. 그 결과, 실제 농장에 설치되었음에도 제대로 활용되지 못하거나, 작동을 멈춘 채 방치되는 경우도 많습니다. '표준화된 기술'이 아니라 '현장 맞춤형 기술'이 필요한 이유가 여기에 있습니다. 기술이 사용자를 중심으로 다시 설계되지 않는 이상, 스마트팜은 일부 농가에만 국한된 도구로 남을 수 있습니다.

스마트팜이 진정으로 친절해지기 위해서는, 기술 그 자체보다 '사용하는 사람'의 다양성과 현실을 먼저 이해하는 태도가 선행되어야 합니다. 농민의 언어로 말하고, 농민의 방식으로 작동하며, 각기 다른 농장의 조건에 유연하게 반응할 수 있는 시스템. 그것이야말로 기술과 사람이 진정으로 만나는 스마트팜의 미래일 것입니다.

② 그렇다면, 어떻게 해야 이 현실을 넘을 수 있을까?

지금 스마트팜이 직면한 현실의 벽을 넘기 위해서는 단순히 기술을 개선하는 것을 넘어서, 기술을 바라보는 철학과 설계 방식 자체를 근본적으로 바꾸는 일이 필요합니다. 스마트팜은 더 이상 기술자들만의 영역이 아닙니다. 농부가 주체가 되어 기술을 이해하고, 신뢰하며, 자연스럽게 사용할 수 있는 '사람 중심의 스마트팜'으로 전환되어야 합니다. 이를 위해 다음과 같은 네 가지 방향이 필요합니다.

첫째, '농민 중심 설계'의 철학을 개발 초기부터 담아야 합니다. 스마트팜 기술은 단순히 기능만 잘 작동하면 되는 것이 아닙니다. 그것을 누가, 어떻게 사용하는지를 설계의 출발점으로 삼아야 합니다. 디자인 단계부터 고령의 농민, 초보 농부, 외국인 근로자 등 실제 사용자군을 대표하는 사람들이 직접 참여해 실사용 테스트를 반복하고, 그 결과를 반영하는 '사용자 중심 설계(User-centered Design)'가 반드시 필요합니다. 인터페이스는 간단하고 명확해야 하며, 알림 방식과 설명 언어 역시 기술자가 아닌 현장의 눈높이에 맞춘 표현으로 제공되어야 합니다. 단순히 '습도 89%'라고 표시하는 것이 아니라, "현재 토마토 뿌리 쪽 토양이 과습 상태입니다. 환기를 고려해 보세요"와 같은 이해 가능한 설명이 시스템에 녹아들어야 합니다.

둘째, 비용 부담을 낮추는 '모듈형·SaaS 모델'로 전환이 필요합니다. 소규모 농가에게 스마트팜은 여전히 '비싼 장비'라는 인식이 강합니다.

이러한 장벽을 넘기 위해서는 한 번에 모든 장비를 갖춰야 하는 시스템이 아니라, 센서 하나, 제어기 하나부터 시작할 수 있는 모듈형 구조가 필요합니다. 여기에 클라우드 기반 웹·모바일 제어가 가능한 SaaS형 서비스형 스마트팜 구조를 도입하면, 농가는 초기 투자비용을 크게 줄일 수 있고, 농장의 규모와 필요에 따라 점진적으로 시스템을 확장해 갈 수 있습니다. 복잡한 서버 설치 없이도 스마트폰이나 태블릿 하나로 작물 상태를 보고 조치를 취할 수 있는 구조는 농가의 진입 장벽을 획기적으로 낮출 수 있습니다.

셋째, 농민, 개발자, 행정이 실질적으로 협력할 수 있는 구조가 마련되어야 합니다. 지금까지 스마트팜 기술 개발은 공급자 중심으로 이루어져 왔고, 농민은 기술을 받아들이는 수동적 위치에 머물러 있었습니다. 그러나 현장에서 농민들이 원하는 것은 '똑똑한 기술'이 아니라, "쓸 수 있는 기술", "작물에 도움이 되는 기술"입니다. 기술자가 농민의 고민을 모르는 현실, 농민이 시스템을 이해하지 못하는 현실을 연결해 줄 중간자 역할이 필요한데, 이 역할을 스마트팜 전문 컨설턴트나 지역 스마트팜 센터가 맡을 수 있습니다. 정부나 지자체는 이러한 연결 구조를 적극적으로 지원해야 하며, 사용자 테스트를 거친 기술에 인증을 부여하는 '현장 검증 기반 인증제도' 등을 도입하여 농민의 신뢰를 높이는 것도 중요합니다.

마지막으로, 스마트팜 기술은 단순히 작동하는 기술이 아니라 '설명하는 기술'로 진화해야 합니다. 자동으로 팬이 작동하고, 온실이 가동되더라도, 왜 그렇게 되는지 모르면 농민은 불안할 수밖에 없습니다. "왜 지금 팬이 돌았지?"라는 질문에 시스템이 "현재 내부 습도가 기준보다 높아 병해 위험이 있어, 환기를 시작했어요"라고 챗봇이나 음성으로 설명해 주는 구조가 되어야 합니다. 더 나아가 "지금 이 작물은 물이 부족한 상태입니다. 지금 급수하시겠습니까?"라고 먼저 말을 거는 능동형 스마트팜으로 발전해야 합니다. 농민이 기술을 감시하는 것이 아니라, 기술이 농민을 보조하며, 이해시키고 안심시키는 파트너로 기능해야 진정한 의미의 '친절한 스마트팜'이 될 수 있습니다.

결국 스마트팜의 미래는 단순한 자동화가 아니라, 농민과 기술이 신뢰를 기반으로 함께 일하는 관계에 있습니다. 농부가 기술을 믿고 맡길 수 있을 때, 그리고 기술이 농부를 이해하고 돕는 방식으로 진화할 때, 우리는 비로소 스마트팜이 농업의 대안을 넘어 사람과 기술이 공존하는 새로운 농업의 길이 될 수 있다는 가능성을 실현할 수 있을 것입니다.

③ 기술을 낮추는 것이 아니라, 사람을 높이는 길

'친절한 스마트팜'이라는 개념은 흔히 오해되곤 합니다. 단지 기술을 단순하게 만들고, 기능을 줄이는 것이라고 생각하기 쉽습니다. 그러나 진정한 의미에서의 친절한 스마트팜은 기술을 낮추는 것이 아니라, 사람을 높이는 길입니다. 이 말은 곧, 기술이 사람을 이끄는 것이 아니라, 사람이 기술을 주도할 수 있도록 설계되어야 한다는 뜻입니다. 농민이 시스템을 단지 '사용하는 사람'이 아니라, 그 작동 원리를 이해하고 판단하며, 필요할 때 수정하고 개선할 수 있는 '주체'가 되는 것입니다. 이때 스마트팜은 비로소 농민의 삶을 도와주는 진짜 도구가 됩니다. 지금 우리는 바로 그 출발점에 서 있습니다. 누구나 어렵지 않게 시작할 수 있어야 하고, 한번 설치한 후에도 복잡한 유지보수 없이 문제없이 안정적으로 운영할 수 있어야 하며, 시스템이 어떤 이유로 어떤 행동을 했는지를 쉽고 명확하게 설명해 주는 구조가 마련되어야 합니다. 이러한 조건을 모두 만족시킬 수 있을 때, 우리는 그것을 '친절한 스마트팜'이라 부를 수 있습니다. 그것은 단지 기계가 똑똑해지는 것이 아니라, 농민이 기술과 소통하며 더 똑똑해지는 과정이기도 합니다. 스마트팜의 진정한 진보는 최신 기술의 탑재 여부가 아니라, 사람이 기술과 얼마나 잘 어울리며 성장할 수 있느냐에 달려 있습니다. 농업 기술은 사람을 중심에 둘 때 비로소 제 역할을 다할 수 있으며, 그 길 위에 있는 스마트팜이야말로 우리가 지향해야 할 사람 중심의 농업 기술의 미래입니다.

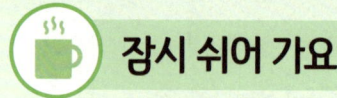

로봇이
농사를 짓는 시대?
– 스마트팜 자동화의 현주소와
넘어야 할 장벽들

   스마트팜 기술의 발달로 오늘날의 온실에서는 로봇과 자동화 시스템이 실제로 작물 재배에 활용되고 있습니다. 파종, 관수, 환기, 조명 조절과 같은 반복 작업은 이제 사람이 일일이 손대지 않아도 자동으로 이루어질 수 있습니다. 일부 온실에서는 수확 작업도 로봇이 담당하고 있으며, 인공지능과 사물인터넷을 통해 온도, 습도, 이산화탄소 등 환경 요소를 실시간으로 감지하고 제어하는 시스템이 운영되고 있습니다.

   이러한 기술 도입 덕분에 노동력은 최대 50%까지 절감되고, 생산성은 30% 이상 향상되었다는 사례도 보고되고 있습니다. 하지만 이러한 변화가 농업의 완전한 혁신을 의미하는 것은 아닙니다. 특히 온실에서의 로봇 완전 자동화는 아직까지도 여러 현실적인 장벽에 가로막혀 있습니다.

① 완전 자동화를 가로막는 장애 요소

첫 번째로, 현재의 로봇은 사람처럼 섬세하게 작물을 다루기는 어렵습니다. 예를 들어 딸기나 토마토처럼 연약한 과일을 손상 없이 수확하거나, 덩굴형 작물처럼 형태가 유동적인 작물을 다루는 작업에는 아직 한계가 존재합니다. 단순하고 반복적인 작업에는 기계가 적합하지만, 돌발 상황이나 예외적인 환경에서는 여전히 사람의 손이 필요합니다.

두 번째로, AI의 인식 정확도는 온실 내부의 환경 변수에 영향을 받습니다. 온실 내부는 빛의 반사, 습기, 작물의 키의 차이 등 복합적인 요소로 인해 센서의 오류가 발생할 수 있으며, AI가 학습한 생육 데이터 역시 토마토나 상추 등 일부 작물에 집중되어 있어 다양한 품종을 동시에 관리하는 데는 어려움이 따릅니다.

세 번째로, 기계의 내구성과 에너지 효율 문제도 무시할 수 없습니다. 고온·고습한 온실 환경에서 24시간 연속 가동이 가능한 로봇이나 센서는 아직 보편화되지 않았습니다. 또한 온실에 로봇을 도입할 때 전기 사용량은 중요한 이슈로 자리 잡고 있습니다. 로봇의 도입은 온실 전체의 에너지 소비를 증가시킬 수 있으며, 이에 따라 전력 관리와 에너지 효율화가 필수적인 고려 사항으로 떠올랐습니다. 실제로 온실 자동화 및 로봇 시스템의 전력 소비는 온실 규모, 자동화 수준, 기후, 재배 작물 등 다양한 요인에 따라 달라집니다. 따라서 단일 수치로 일반화하기는 어렵지만, 전력 소비가 온실 운영 비용과 환경 부담에 직접적인 영향을 미치기 때문에, 에너지 효율화가 온실 로봇 도입의 핵심 과제로 인식되고 있습니다. 이러한 문제를 해결하기 위해 AI 기반 최적화, 저전력 설계, 신재생에너지 연계 등 다양한 기술적·운영적 노력이 이어지고 있습니다. 전기 사용량을 줄이고 에너지 효율을 높이는 것이 온실 로봇 도입의 성패를 가르는 중요한 열쇠가 될 것입니다.

네 번째로는 비용 문제가 있습니다. 대규모 온실의 경우 자동화 설비에 대한 투자비를 규모의 경제로 일부 상쇄할 수 있지만, 0.5~1ha 미만의 소규모 농가에서는 동일한 설비를 도입해도 단위면적당 비용이 두 배 이상 발생하게 됩니다. 유지보수 인력도 부족하기 때문에 고장 발생 시 추가적인 수리비용이 부담으로 작용할 수 있습니다.

마지막으로, 로봇이 오작동하여 작물을 훼손하거나 사고가 발생할 경우 그 책임을 누가 질 것인가에 대한 법적 불확실성도 문제이며, 자동화가 고용 구조에 미치는 영향에 대해서도 사회적 합의가 충분하지 않은 상황입니다.

② 기술적·정책적 해결을 위한 네 가지 핵심 과제

AI 학습 데이터 확보

AI가 작물의 생육 상태를 정확히 판단하려면 방대한 양의 생육 이미지와 환경 데이터(예: 온도, 습도, 조도 등)가 필요합니다. 하지만 현재는 주로 상추, 토마토처럼 상업화가 잘된 일부 작물에 대한 데이터만 존재하여 다양한 품종에 대한 대응이 어렵습니다.

이에 따라, 1ha당 50대 이상의 카메라를 설치해 1분 단위로 생육 데이터를 수집하는 데이터 플랫폼 구축이 추진 중이며, 데이터가 부족한 작물의 경우 3D 모델링 기술을 통해 합성 데이터를 생성하는 연구도 활발히 진행되고 있습니다. 정부와 농촌진흥청 등은 이미 벼, 콩 등 주요 작물의 생육 이미지를 수백만 장 단위로 확보하고 있으며, 기존 플랫폼을 통해 환경·생육 데이터와 일부 작물 이미지를 점진적으로 개방하고 있습니다.

에너지 효율화

로봇 및 센서의 지속적인 가동에 필요한 전력 사용량이 많아지면서 운영비 부담이 커지고 있습니다. 이를 해결하기 위해 로봇 상단에 500W급 태양광 패널을 장착하여 주간 작업 중 70% 이상을 자체 충전으로 해결하거나, NB-IoT 기반의 초저전력 센서를 도입해 전력 소모를 90%까지 줄이는 기술이 도입되고 있습니다.

또한 인공지능 기반의 에너지 관리 시스템을 통해 피크 시간대의 전력 사용을 회피하는 자동 스케줄링 알고리즘도 상용화되고 있습니다.

표준화와 호환성

현재는 각 제조사의 시스템 간 호환성이 부족하여 농가가 다양한 장비를 혼합해 사용하는 데 어려움이 많습니다. 물론 이를 개선하기 위해 ISO에서는 CAN FD(ISO 11898-1:2015)와 CANopen FD(CiA 1301 등)와 같은 통신 프로토콜이 산업 및 농업 분야에서 널리 활용되고 있고, 주요 농

기계 제조사들이 제어 소프트웨어의 API를 외부에 일괄적으로 공개한다는 공식 발표는 없으나, agrirouter 2.0과 같은 표준 데이터 교환 플랫폼을 통해 여러 제조사 간의 데이터 호환성과 연동이 점차 확대되고 있습니다.

또한, 장비를 USB처럼 간단히 연결하고 바로 사용할 수 있는 '플러그앤플레이' 시스템도 개발되고 있어 현장의 편의성이 향상될 것으로 기대됩니다.

소규모 농가를 위한 맞춤형 솔루션

소규모 농가는 고가의 자동화 시스템 도입에 현실적인 제약이 많기 때문에, 저렴하고 확장 가능한 모듈형 키트가 주목받고 있습니다. 예를 들어, "Farmblox"라는 브랜드의 플러그앤플레이 온실 자동화 시스템은 센서, 관수, 기상장비 등을 사용자가 손쉽게 설치·확장할 수 있는 모듈형 시스템을 제공하며, 설치가 매우 간편하고 다양한 센서를 지원한다고 합니다.

또한, 지역 단위로 고성능 AI 서버를 공동 이용하는 스마트팜 공유 플랫폼도 운영되고 있어, 초기 투자 부담을 줄이는 데 도움이 되고 있습니다.

③ 미래를 향해: 인간과 로봇의 협업 시대

전문가들은 2030년까지 온실 내 단순 반복 작업의 약 80%가 자동화될 수 있을 것으로 전망하고 있습니다. 실제로 AI와 로봇 기술의 발전으로 파종, 관수, 환경 관리 등 반복적 작업의 자동화율이 빠르게 높아지고 있습니다. 그러나 딸기처럼 섬세한 손길이 필요한 수확 작업은 여전히 기술적 도전 과제로 남아 있으며, 관련 기술의 본격적인 상용화는 2035년 이후에나 가능할 것이라는 전망이 지배적입니다.

결국 완전 자동화보다는, 기계와 사람이 각자의 강점을 살려 역할을 분담하는 **하이브리드 협업 모델**이 미래 농업의 핵심이 될 것입니다. 자동화는 분명히 다가오는 미래지만, 그 미래를 성공적으로 실현하기 위해서는 기술 개발뿐만 아니라 법적, 제도적, 사회적 기반 마련이 함께 이루어져야 할 것입니다.

스마트팜,
미래 농업의 퍼즐을 맞추다

ⓒ 이인규, 2025

초판 1쇄 발행 2025년 7월 7일
    2쇄 발행 2025년 12월 1일

지은이	이인규
펴낸이	이기봉
편집	좋은땅 편집팀
펴낸곳	도서출판 좋은땅
주소	서울특별시 마포구 양화로12길 26 지월드빌딩 (서교동 395-7)
전화	02)374-8616~7
팩스	02)374-8614
이메일	gworldbook@naver.com
홈페이지	www.g-world.co.kr

ISBN   979-11-388-4473-4 (03520)

- 가격은 뒤표지에 있습니다.
- 이 책은 저작권법에 의하여 보호를 받는 저작물이므로 무단 전재와 복제를 금합니다.
- 파본은 구입하신 서점에서 교환해 드립니다.